人力资源和社会保障部职业技能鉴定推荐教材

21世纪高等职业教育 规划教材 双证系列

园林树木
（第二版）

主　编　孙居文
副主编　王秀林　田知理
　　　　王　鹏　王延平

上海交通大学出版社

内 容 简 介

本书较全面地介绍了园林树木的基本知识,分为绪论、总论、树种各论、技能训练四部分。总论侧重树木的理论知识,各论讲述树木的形态特征和识别要点,并配插图 427 幅,注重树种的观赏价值和园林用途的内容。书中附有思考题。同时,编写了技能训练,设计了落叶树种冬态识别、树木蜡叶标本制作、树木液浸标本制作、裸子植物球花球果构造观察、木兰科花形态特征观察、蔷薇科花形态特征观察等 8 项实训内容。

全书内容丰富,详简结合,图文并茂,具有实用性、实践性、针对性、先进性,突出了知识的应用和技能的培养。该书即可供高职业院校园林、园艺、花卉、林学专业教学使用,也可供相应学科的中职院校教学、国家劳动人事部规定的认证考试辅导班以及相关层次的培训和自学使用。

图书在版编目(CIP)数据

园林树木/ 孙居文主编. —2 版. —上海:上海交通大学出版社,2008(2014 重印)

(21 世纪高等职业教育规划教材双证系列)

劳动和社会保障部职业技能鉴定推荐教材

ISBN978-7-313-03395-6

Ⅰ. 园... Ⅱ. 孙... Ⅲ. 园林树木—高等学校:技术学校—教材 Ⅳ. S68

中国版本图书馆 CIP 数据核字(2008)第 100604 号

园 林 树 木
(第二版)

孙居文 主编

上海交通大学出版社出版发行

(上海市番禺路 951 号 邮政编码 200030)

电话:64071208 出版人:韩建民

凤凰数码印务有限公司 印刷 全国新华书店经销

开本:787mm×1092mm 1/16 印张:18.75 字数:461 千字

2003 年 8 月第 1 版 2008 年 7 月第 2 版 2014 年 8 月第 7 次印刷

ISBN978-7-313-03395-6/S·579 定价:48.00 元

前　言

本教材是按照教育部高等职业教育教材建设的要求,从农林高职院校职业性、技艺性特点出发,遵照培养应用型人才的目标和以能力培养为本位的教育思想编写的。其内容不仅突出实用性、实践性、先进性,还力求与就业岗位、国家劳动人事部规定的认证考试内容相衔接。

全书分为绪论、总论、树种各论、技能训练四部分。其中树种各论是重点,不仅介绍了树木分类的基础理论和基本知识,阐述了树木的形态特征和识别要点,还突出了技能训练,设计了落叶树种冬态识别、树木标本制作等8项实训内容。书中附有思考题,供复习时参考。遴选树种的原则是面向全国,南北兼顾,以我国园林中常见及有发展前途的树种为主,对某些观赏价值较高,我国特产,特别是近年从国外引入或新培育的应用前景良好的变种、变型、品种也择要介绍。全书共选入76科259属527种及208变种、变型、品种。裸子植物按郑万钧教授的系统编排,被子植物按恩格勒系统(1936年)编排。

本书除作为高职院校园林、园艺、花卉、林学等专业的教材外,还可供中职院校教学、国家劳动人事部规定的认证考试辅导班以及相关层次的培训和园林爱好者自学使用。

全书共有插图427幅,均引自已出版的书刊,主要有《中国高等植物图鉴》《中国树木志》、《树木学》等,恕不一一列举,在此谨向原作者致谢。

本书自2003年8月出版以来,多次重印,并得到了广大读者和专家的好评,也收到了广大师生提出的宝贵意见和建议,在此谨致以诚挚的感谢。为使该书更适应高职院校园林、园艺、林学等相关专业的教学,根据读者和专家的建议,结合园林工作实际,对原版进行了修订和补充:一是把书名《园林树木学》改为《园林树木》;二是对原版中疏漏和不当之处进行了修正;三是根据《国际栽培植物命名法规》(1995年第6版)对书中部分栽培植物的学名进行了修正;四是补充了一些新近引种成功的园林树种;五是对实训内容进行了修正和补充。

本书第一版编者有孙居文、薛秋华、曹颖、宋金斗、王秀林、李健等。山东农业大学林学院孙居文对本书第一版进行了全面修订,并完成了第二版的定稿。济宁职业技术学院田知理、山东省农业管理干部学院王鹏和山东农业大学林学院王延平认真审阅了书稿,并提出了宝贵意见。本书由孙居文担任主编,王秀林、田知理、王鹏、王延平担任副主编。参加本书编写的还有曹帮华、赵燕燕等。

本书的编写过程中,全体编者付出了辛勤的劳动,也得到了相关院校领导的大力支持,上海交通大学出版社为本书的编辑出版提供了诸多方便,在此一并致谢。由于编者水平有限,有错误和不当之处,敬请提出宝贵意见。

编　者

2008年7月

目　　录

绪 论

1. 园林树木学的定义和内容

树木是所有木本植物的总称,包括乔木、灌木、木质藤本。园林树木是指在城乡各类园林绿地、休疗养胜地及风景名胜区栽植利用的各种木本植物。园林树木学是以园林建设为宗旨,对园林树木的形态、分类、分布、习性、繁殖、观赏特性及园林应用等方面进行系统研究的学科。

园林树木学的内容包括绪论、总论、树种各论和技能训练四部分。总论介绍园林树木学的基本知识,包括园林树木的分类、作用、分布区、引种驯化、选择与配置等。树种各论介绍树种的形态、分布、习性、繁殖、观赏特性和园林用途,其中形态特征占有较大比重。

园林树木学是园林专业的一门专业课,属于应用科学的范畴,是树木学的一个分支。植物学、植物分类学、植物生理学、土壤肥料学、气象学等是学习本课程的基础学科。它与园林花卉学、园林植物栽培学关系密切。园林植物是园林建设的主体,其中园林树木所占比重最大,从园林建设的趋势来看,必定是以植物造园为主流。因此,学好园林树木学对园林规划设计、绿化施工、园林养护管理等有重大实际意义。

2. 园林树木学的学习方法

园林树木学具有较强的理论性和实践性,特点是描述性强、涉及的树种多、名词术语多、需要记忆的内容多、树种的拉丁学名难记。因此,初学者感到有些困难。有效的方法,一是理论联系实际。在认真听课并熟悉文字描述的同时,多观察生长的树木和标本,观察时作重点笔记,对近似种进行对比、分析、归纳,在理解中记忆,这是学好本课程的关键。二是养成随时随地学习的习惯。不论是走在林阴大道上,还是在园林中游览都是学习的好机会。当地的专家和园林工作者对当地的树木最熟悉、最了解,是学习或工作中不可少的良师益友。三是养成采集标本的习惯。通过查阅资料,鉴定标本,巩固知识。总之,要学好园林树木学,就必须多观察、多动手、多询问、多总结、多记忆,通过学习达到能够正确鉴定树种名称,了解生态习性,掌握常见树种及其主要变种、品种的形态,及其花、果、叶等部位的观赏特性及园林用途,才能合理地选择和配置树种,创造出优美的园林景色。

3. 园林树木在园林建设中的地位和作用

园林是以一定的地块,对山石、水系、建筑和植物等物质要素,遵循科学和艺术的原则创作而成的优美空间环境,是供人们游憩的场所。

园林植物是指园林建设中所需的一切植物材料,包括木本植物和草本植物。没有园林植物的园林就没有生机,就不能称为真正的园林。而园林植物中又以园林树木占有较大比重。园林树木是构成园林风景的主要素材,也是发挥园林绿化效益的主要植物群体。

园林树木在园林绿化中是骨干材料。有人比喻说乔木是园林风景中的"骨架"或主体,亚乔木、灌木是园林风景中的"肌肉"或副体,藤本是园林中的"筋络"或支体。配以花卉、草坪、地被植物等"血肉",紧密结合,混为一体,形成相对稳定的人工群落。从平面美化到立体构图,园林树木都起着主导作用。因此,园林树木是优良环境的创造者,又是园林美的构成者。

园林树木在园林中具有巨大的作用。它通过其色彩、姿态、风韵构成各种美景,造成引人入胜的景境。由于树木是活的有机体,随着一年四季的变化,即使在同一地点也会表现出不同的景色,形成各异的情趣。人们在与大自然、植物的接触中,可以荡涤污垢,纯洁心灵,美誉精神,陶冶情操。此外,生态园林是园林建设的大趋势,树木可以通过改善和保护环境等生态功能发挥重要作用,同时树木还具有创造财富的生产功能。关于园林树木的作用,将在总论中详细介绍。

4. 我国丰富多彩的园林树木资源

我国素有"世界园林之母"之称。我国园林树木资源可概括为三多,即种类多、特有种多和种质资源多。据不完全统计,原产我国的树种约 9 000 余种,其中许多名花以我国为其分布中心。如山茶属,全球共约 250 种,其中 90％产于我国;杜鹃花属全球共约 800 种,我国就有 600余种;裸子植物全世界共有 12 科 71 属约 753 种,我国原产的有 11 科 37 属 232 种;木兰科全世界共 90 种,我国有 73 种;丁香属约有 30 种,我国就有 25 种;槭树属共有 250 种,我国就有150 余种;毛竹属约有 50 种,我国有 40 种;腊梅全世界共 6 种,也都原产我国。

我国树木的第二个特点是特有的科、属、种众多。我国特有的科有银杏科、水青树科、昆栏树科、杜仲科、珙桐科等。特有的木本属有金钱松属、银杉属、水松属、水杉属、白豆杉属、青钱柳属、青檀属、拟单性木兰属、宿轴木属、腊梅属、串果藤属、石笔木属、牛筋条属、枳属、金钱槭属、梧桐属、喜树属、通脱木属、鸭头梨属、称锤树属、香果树属、双盾木属、猬实属等。特有树种更是不胜枚举。一些我国特产的科、属、种树木在我国园林中尚少见栽培,应设法繁育苗木、推广应用。

我国树木的第三个特点是种质资源丰富。许多资源已在世界性的观赏植物育种工作中做出了卓越贡献。如我国的资源在山茶花、月季花、杜鹃花的育种工作中起到了不可替代的作用。当今世界上风行的现代月季、杜鹃花及山茶花,虽然品种上百逾千,但大多数都含有中国植物的血缘。再者,用我国原产的玉兰和辛夷,19 世纪在巴黎杂交育成的二乔玉兰,生长更旺,抗性更强,已广泛栽植于许多国家的庭院中。

我国人民在长期的栽培实践中,培育出了大量的观赏价值较高的品种和类型。如梅花的品种多达 300 种以上;牡丹园艺品种总数在 500 种以上;桃花品种在千种以上。此外,还有黄香梅、龙游梅、红花檵木、红花含笑、重瓣杏花等极珍贵的种质资源。

我国树种丰富的原因,一是幅员辽阔,气候多样,地形、土壤变化大;二是地史的变迁。冰川时期,我国有不少地区未受冰川的直接影响,因而保存了许多古老的树种,称之为活化石,如银杉、水杉、水松、银杏、鹅掌楸等。

"谁占有资源,谁就占有未来"。我们一定要把我国丰富多彩的园林树木种质资源充分发掘和利用起来,让它们更好地为祖国的园林建设和旅游事业服务。

总　　论

1　园林树木的分类

地球上的植物约 50 万种,原产我国的高等植物 3 万余种,其中木本植物近 9 000 种。目前,园林实践中栽培利用的树木仅为其中很小一部分,大量的种类还未被开发与利用。要充分挖掘树种资源,对它们进行形态识别,科学合理地进行树种规划,扩大对它们的利用,就必须首先对其进行科学地、系统地分类。

1.1　自然分类法

1. 植物分类方法

自然分类法一般采用如下的一系列分类单位进行分类:界、门、纲、目、科、属、种,有时也设亚门、亚纲、亚目、亚科、亚属、亚种和变种等。

"种"是自然界中客观存在的一个类群,这个类群中的所有个体具有极其近似的形态特征和生理、生态特性,个体间可以自然交配产生正常的后代而使种族延续,他们在自然界中占有一定的分布区域。

"亚种"是种内的变异类型,除了在形态构造上有显著不同之外,在地理分布上也有较大范围的地带性分布区域。

"变种"虽然在形态上有显著变化,但没有明显的地带性分布区域。

"变型"是指在形态特征上变异比较小的类型,如花色、叶色等。

"品种"是人工培育的植物,当达到一定数量、成为生产资料并产生经济效益时即可称为该种植物的"品种"。

现以桃树为例分类如下:

界······植物界 Regnum Plantae
门······种子植物门 Spermatophyta
　亚门······被子植物亚门 Angiospermae
　纲······双子叶植物纲 Dicotyledoneae
　　亚纲······离瓣花亚纲 Archichlamydeae
　　　目······蔷薇目 Rosales
　　　　亚目······蔷薇亚目 Rosineae
　　　　　科······蔷薇科 Rosaceae
　　　　　　亚科······李亚科 Prunoideae
　　　　　　　属······梅属 Prunus
　　　　　　　　亚属······桃亚属 Amygdalus
　　　　　　　　　种······桃 Prunus persica

按照上述的等级次序,植物分类学家以"种"作为基本单位,集合相近的种为属,又将类似的属集合为一科,将类似的科集合为一目,类似的目集合为一纲,再集纲为门,集门为界。这就形成一个完整的自然分类系统。

2. 植物分类系统

裸子植物门是根据郑万钧编著的《中国植物志》第七卷的系统排列;而被子植物门目前常用分类系统有两种:一种是恩格勒(Engler)系统,一种是哈钦松(J. Hutchinson)系统。

(1)恩格勒系统。本系统是德国植物学家恩格勒(Engler)根据假花学说建立的,其特点是:

① 被子植物门分为单子叶植物和双子叶植物两个纲,单子叶植物纲在前(1964年新系统为双子叶植物纲在前)。

② 双子叶植物纲分为离瓣花和合瓣花两个亚纲,离瓣花亚纲在前。

③ 离瓣花亚纲,按无被花、单被花、双被花的次序排列,因此把菜荑花序类作为原始的双子叶植物处理,放在最前面,如将杨柳科、桦木科、壳斗科等放在木兰科之前。

④ 在各类植物中又大致按子房上位、子房半下位、子房下位的次序排列。

此分类系统较为稳定而实用,世界各国及我国北方多采用。

(2)哈钦松系统。本系统是英国植物学家哈钦松(J. Hutchinson)根据真花学说建立的,其特点是:

① 认为单子叶植物比较进化,故排在双子叶植物之后。

② 在双子叶植物中,将木本与草本分开,并认为乔木为原始性状,草本为进化性状。

③ 认为花的各部分离生、螺旋状排列,具有多数离生雄蕊,两性花等为原始性状;而花的各部分合生、附生、轮生、雄蕊合生,单性花为进化性状。

④ 单叶、互生是原始性状,复叶、对生或轮生为较进化性状。

⑤ 单子叶植物起源于毛茛目,较双子叶植物进化。

目前很多人认为该系统较合理,我国南方多采用该系统。

3. 植物分类检索表

分类检索表是鉴别植物种类的重要工具之一。通过检索表,初步查出科、属、种的名称,从而鉴定植物。

在检索表的编制中,首先要大量采集植物标本,熟悉它们的各部形态特征。通过形态对比,找出其区别点,然后一分为二。在得到的两部分中再分别一分为二,如此进行下去,直到得出植物种名。区别时先从大的方面区别,再从小的方面区别。常用的检索表有两种:一种是定距检索表,一种是平行检索表。这里只介绍常用的定距检索表,它是每两两相对进行区别。例如:

1. 胚珠裸露,无子房包被 ……………………………………………… 裸子植物门

  2. 茎不分枝,叶大形、羽状 ………………………………………… 苏铁科

  2. 茎正常分枝,单叶

    3. 叶扇形、落叶乔木 ………………………………………… 银杏科

    3. 叶非扇形,常为针形、线形、鳞形

4. 珠鳞和苞鳞分离,每珠鳞具 2 个倒生胚珠 ·· 松科

4. 珠鳞和苞鳞愈合,每珠鳞具 2～9 个直立胚珠 ··· 杉科

1. 胚珠包藏于子房内 ·· 被子植物门

这里只是简单的介绍,在以后的树种各论及实验中还将详细叙述。

1.2 植物拉丁文简介

1. 拉丁语字母表

拉丁语字母在古代只有 21 个,以后又加进了 J U W Y Z 5 个,因此现代拉丁语字母和英语完全一样,都是 26 个,书写形式也完全相同,但在发音上却有许多差异。

印刷体		国际音标		印刷体		国际音标	
大写	小写	名称	发音	大写	小写	名称	发音
A	a	[a]	[a]	N	n	[en]	[n]
B	b	[be]	[b]	O	o	[o]	[o]
C	c	[tse]	[k][ts]	P	p	[pe]	[p]
D	d	[de]	[d]	Q	q	[ku]	[k]
E	e	[e]	[e]	R	r	[er]	[r]
F	f	[ef]	[f]	S	s	[es]	[s]
G	g	[ge]	[g][dʒ]	T	t	[te]	[t]
H	h	[ha]	[h]	U	u	[u]	[u]
I	i	[i]	[i]	V	v	[ve]	[v]
J	j	[jota]	[i]	W	w	[dupleksve]	[v]
K	k	[ka]	[k]	X	x	[iks]	[ks]
L	l	[el]	[l]	Y	y	[ipsilon]	[i]
M	m	[em]	[m]	Z	z	[zeta]	[z]

注:① c 在元音 a o u、双元音 au、一切辅音之前及一词之末发[k],如 Camellia(茶属)、Corylus(榛属)、Cupressus(柏木属)、Caudatus(尾状的)、Cryptomeria(柳杉属)。

② c 在元音 e i y,双元音 ae oe eu 之前发[ts],如 Cedrus(雪松属)、Cinnamomum(樟属),Cycas(苏铁属)、Caesalpinia(云实属)、Coeruleus(天蓝色的)、Chartaceus(纸质的)。

③ 同理,G 在第 1 种情况下发[g],如 Gardenia(栀子花属);G 在第 2 种情况下发[dʒ],如 Ginkgo(银杏属)。

④ Q 永远与 u 连用,发[ku],如 Quercus(栎属)。

2. 语音的分类

(1) 元音。发音时气流自由通过口腔,不受任何阻碍发出的音称元音。

① 单元音:共有 6 个:a、e、i、o、u、y。

② 双元音:两个元音字母结合在一起,读成一个音或发连音,划音节时不能分开,通常有 4 个。

3

双元音	发音	例词
ae	[e]	*E-lae-a-gnus*(胡颓子属)
oe	[e]	*Phoe-nix*(刺葵属)
au	[au]	*Pau-low-ni-a*(泡桐属)
eu	[eu]	*Eu-ca-lyp-tus*(桉树属)

(2)辅音。发音时,气流通过口腔受到舌、唇等的阻碍发出的音称辅音。

① 单辅音:共有 20 个。发音时声带不振动的称清辅音,声带振动的称浊辅音。

② 清音:p、t、k、f、s、c、h、q、x。

③ 浊辅音:b、d、g、v、z、l、m、n、r、j、w。

④ 双辅音:两个辅音字母结合在一起发一个音,划音节时不能分开,共有 4 个。

双辅音	发音	例词
ch	[k][h]	*Mi-che-li-a*(白兰花属)
ph	[f]	*Phe-llo-den-dron*(黄檗属)
rh	[r]	*Rham-na-ce-ae*(鼠李科)
th	[t]	*The-a-ce-ae*(茶科)

3. 音节及拼音

(1)音节。音节是单词读音的单位,元音是构成音节的主体,一个单词中有几个元音就有几个音节。通常一个元音与一个或多个辅音构成一个音节。元音若前、后无辅音字母时可以单独构成一个音节,如云杉属 *Pi-ce-a*,冷杉属 *A-bi-es*。辅音(或双辅音)不能单独成为一个音节。

① 单音节词:*Rhus*(盐肤木属)、*Flos*(花)。

② 双音节词:*Ro-sa*(蔷薇属)、*Pi-nus*(松属)、*Ju-glans*(胡桃属)。

③ 多音节词:*Ma-gno-li-a*(木兰属)、*Po-pu-lus*(杨属)、*Cun-ning-ha-mi-a*(杉木属)。

(2)划分音节的规则。

① 两个元音(或双元音)之间只有一个辅音时,该辅音与其后面一个元音划在一起成为一个音节,如 *Ma-lus*(苹果属)、*Pi-ce-a*(云杉属)、*Sa-bi-na*(圆柏属)。

② 两个元音(或双元音)之间如有两个或两个以上辅音时,只最后一辅音与其相邻的元音划成一个音节,其余的辅音划归前一音节,即元辅+辅元,元辅辅+辅元,如 *Eu-ca-lyp-tus*(桉树属)、*Gink-go*(银杏属)。

③ 第一音节之前或最后一音节之后有两个或两个以上辅音时,应把这几个辅音并在该音节内,如 *Pla-ta-nus*(悬铃木属)。

④ 辅音后连着 l 或 r 时,则此辅音与 l 或 r 划在一个音节内,如 *Ce-drus*(雪松属)、*E-phe-dra*(麻黄属)、*Ju-glans*(胡桃属)、*In-flo-res-cen-ti-a*(花序)。

⑤ 下列字母组合在分音节时永远划在一起:ch、ph、rh、th、gu、qu、gn。例如,*Ma-chi-lus*(润楠属)、*Phel-lo-den-dron*(黄檗属)、*Rho-do-den-dron*(杜鹃花属)、*Zan-tho-xy-lum*(花椒

属）、*Bru-gui-e-ra*（木榄属）、*A-qui-fo-li-a-ce-ae*（冬青科）、*E-lae-a-gnus*（胡颓子属）。

（3）拼音。就是把一个辅音字母和一个元音字母合并在一起发音，或是把一个元音字母和一个辅音字母合并在一起发音。前者称为顺拼音，后者称为倒拼音。例如，*Fu-ta-ce-ae*（芸香科）、*Fir-mi-a-na*（梧桐属）、*Al-nus*（赤杨属）、*Ul-mus*（榆属）。

4. 音量

元音的长短称为音量。长元音的音量大约比短元音的音量长一倍，即读长元音所需要的时间比短元音多一倍。元音长短的判断与重音节的判别有关。

（1）长元音判别法（在该字母上方划横线"‐"表示）。

① 双元音都是长音，如 *Crat āē gus*（山楂属）。

② 元音在两个或两个以上的辅音之前，如 *chin ē nsis*（中国的）。

③ 元音在 x 或 z 之前，如 *T ā xus*（红豆杉属）、*Lesped ē za*（胡枝子属）。

④ 下列的词尾都是固定的长音：

—*ā le*	—*ā lis*	—*ā mus*	—*ā re*	—*ā ris*
—*ā rus*(*a*,*um*)	—*ā tis*	—*ā tus*(*a*,*um*)	—*ē bus*	—*ē mus*(*a*)
—*ē tis*	—*ī nus*(*a*,*um*)	—*ī quus*(*a*,*um*)	—*ī vus*(*a*,*urn*)	—*ō na*
—*ō nis*	—*ō num*	—*ō rim*	—*ō sus*(*a*,*um*)	—*ū ra*
				—*ū rum*

（2）短元音判别法（在该字母上方划"ˇ"表示）。

① 元音之前的元音或 h 之前的元音，如 *Til ĭ a*（椴属）、*hup ĕ hensis*（湖北的）。

② 元音在 ch、ph、rh、th、qu，之前，如 *M ă chilus*（润楠属）、*Ziz ў phus*（枣属）。

③ 元音在辅音 b、p、d、t、c 与 l 或 r 相组合之前，如 *P ĭ crasma*（苦木属）。

④ 下列词尾都是固定的短音：

—*ĭ bis*	—*ĭ cus*(*a*,*um*)	—*ĭ dus*(*a*,*um*)	—*ĭ lis*
—*ĭ le*	—*ĭ mus*(*a*,*um*)	—*ĭ nis*	—*ĭ ne*
—*ĭ ni*	—*ŏ lus*(*a*,*um*)	—*ŭ lus*(*a*,*um*)	

5. 重音

在一个多音节的单词内，把某一个音节内的元音字母读得特别重一些称为重音。通常以"ˊ"符号加在重读的元音字母上方表示。重读音节的规则是：

（1）单音节词无重音，如 *Rhus*（盐肤木属）。

（2）双音节词，重音总是在倒数第二音节上，如 *Pí-nus*（松属）、*Má-lus*（苹果属）。

（3）三个或三个以上音节的词，如果倒数第二音节的元音发长音时，重音就在倒数第二音节上，如 *Pla-ty-clá-dus*（侧柏属）、*Sa-bí-na*（圆柏属）、*Li-tho-cár-pus*（石栎属）。

（4）三个或三个以上音节的词，倒数第二音节的元音发短音时，重音就在倒数第三音节上，如 *Cas-tá-ne-a*（栗属）、*Ta-xó-di-um*（落羽杉属）、*Cun-ning-há-mi-a*（杉木属）。

6. 植物的学名

植物的学名是国际上通用的植物名称,均用拉丁文或拉丁化的其他外文表示,又称植物的拉丁学名。

每种植物的学名均采用林奈的双名法,属名和种名,种名之后附以命名人的姓氏,如银杏的学名 *Ginkgo biloba* Linn.,*Ginkgo* 是属名(银杏属),*biloba* 是种名,指叶二裂的,Linn. 为命名人林奈 Linnaeus 的缩写。

(1) 科名(*Familia*)。通常是由该科中具有代表性的属名去掉词尾,加上词尾-aceae 形成的。如

科 名	属 名	词 尾	科名形成
Pinaceae 松科	*Pinus* 松属	*-us*	*Pin＋aceae*
Magnoliaceae 木兰科	*Magnolia* 木兰属	*-a*	*Magnoli＋aceae*
Fagaceae 壳斗科	*Fagus* 水青冈属	*-us*	*Fag＋aceae*
Betulaceae 桦木科	*Betula* 桦木属	*-a*	*Betul＋aceae*

(2) 属名(*Genus*)。单数名词,第一字母必须大写,多为古拉丁或古希腊对该属的称呼,也用特征、产地、人名等来表示。如:

松属 *Pinus*,古拉丁名,源出 *pin*,山岭之意。

朴属 *Celtis*,古希腊名。

杜鹃花属 *Rhododendron*,希腊语 *Rhodo*(玫瑰红色的)、*dendron*(树木),意为开红花的树。

杉木属 *Cunninghamia*,纪念英国人 Cunningham,他在 1702 年发现杉木。

台湾杉属 *Taiwania*,台湾的拉丁名拼音。

(3) 种名(*Species*)。通常为形容词或名词的所有格,第一字母小写,性应与属名一致。种名通常表示形态特征、产地或用途,不同植物可能出现相同种名,但各种植物的属名决不重复。

① 白皮松 *Pinus bungeana* Zucc. ex Endl.

花椒 *Zanthoxylum bungeanum* Maxim.

② 毛白杨 *Populus tomentosa* Carr.

毛泡桐 *Paulownia tomentosa*(Thunb.)Steud.

(4) 变种、变型以及栽培品种名。

① 变种:在种名之后加 var.(varietas 的缩写)、变种名及变种命名人,如新疆杨 *Populus alba* Linn. var. *pyramidalis* Bunge(为银白杨 *Populus alba* Linn. 的变种)。

② 变型:在种名之后加 f.(forma 的缩写)、变型名及变型定名人,如垂枝圆柏 *Sabina chinensis*(Linn.)Ant. f. *pendula*(Franch.)Cheng et W. T. Wang。

在定名人后面出现的 f.(filiua 的缩写)系指定名人之子,如 Kengf.(指耿以礼之子耿伯介),Chengf.(指郑万钧之子郑斯绪)。

③ 栽培品种:栽培品种的命名受《国际栽培植物命名法规》的管理。品种名称由它所隶属的植物中或属的学名加上品种加词构成,品种加词必须放在单引号内,词首字母大定,用正体,不写命名人。如鸡爪槭的品种红枫 *Acer palmatum* 'Atropurpureum'、龙柏 *Sabina chinensis* 'Kaizuca'、月季品种和平 *Rosa* 'Peace'。

（5）命名人。各级分类单位之后均有命名人，命名人通常以缩写形式出现，如林奈 Linnaeus，缩写为 Linn.（akgL.）。

如两人合作命名，则在两个命名人之间加 et（"和"），如水杉 *Metasequoia glyptostroboides* Hu et Cheng（由胡先骕与郑万钧两人合作研究发表）。

如命名人并未公开发表而由别人代为发表时，则在命名人后加"ex"或"apud"（"由"的意思），再加上代为发表的人的名字，如榛子 *Corylus heterophylla* Fisch. ex Bess. 表示由 Bess. 代替 Fisch. 发表。

如命名人建立的名称，其属名错误而被别人改正时，则原定名人加括号附于种名之后，如杉木 Lambert 命名时放在松属中定为 *Pinus cunninghamia* Lamb.，而 Hooker 改正了 Lambert 的错误，把它移到杉木属 *Cunninghamia*，故杉木的学名为 *Cunninghamia lanceolata* (Lamb.)Hook.。

1.3 人为分类法

在实际工作中，根据园林树木的生长习性、观赏特性、园林用途等方面的差异，将各种园林树木主观地划归不同的大类，以便在园林建设工作中应用。

1. 按生长习性分类

（1）乔木类。树体高大，具明显主干。此类树木多应用于园林露地。

（2）灌木类。树体矮小，通常无明显主干，多数呈丛生状或分枝接近地面。许多为理想的观花、观叶、观果以及基础种植、盆栽观赏树种。

（3）藤蔓类。地上部分不能直立生长，常借助茎蔓、吸盘、吸附根、卷须、钩刺等攀附在其他物体上。藤蔓类主要用于园林垂直绿化、坡面绿化。

2. 按主要观赏特性分类

（1）观叶树木。指叶色、叶形、叶大小、着生方式等有独特表现的树木，如银杏、鹅掌楸、红枫、鸡爪槭、黄栌、红叶李、美人梅等。

（2）观形树木。主要指树冠的形状和姿态有较高观赏价值的树木，如苏铁、南洋杉、雪松、圆柏、垂柳等。

（3）观花树木。指花色、花形、花香等有突出表现的树木，如玉兰、含笑、米兰、牡丹、腊梅、珙桐、梅花、月季等。

（4）观果树木。主要指果实显著，挂果丰满，宿存时间长的一类树木，如南天竹、火棘、枸子、金橘、构骨、石榴、山楂、垂丝卫矛、俄罗斯山楂等。

（5）观枝干树木。指枝、干具有独特的风姿或有奇特的色泽、附属物等的一类树木，如白皮松、龙爪柳、椰榆、梧桐、悬铃木、红瑞木、刺楸卫矛、皂荚等。

（6）其他。如观根、针刺等。

3. 按园林用途分类

（1）风景林类。指多用丛植、群植、林植等方式，配置在建筑物、广场、草地周围或用于湖滨、山野来营建风景林或开辟森林公园，建设疗养院、度假村、乡村花园等的乔木树种。

人们主要是观赏由风景林木形成的平面、立面层次、外形轮廓、色彩变化的群体美。应用上,各地应优先选用乡土树种,并根据习性、功能等方面的差异,搞好树种间的搭配。

(2)防护林类。指能从空气中吸收有毒气体,阻滞尘埃,削弱噪声,防风固沙,保持水土的一类树木。它们可再分为以下几类:

①防大气污染类。包括:

对二氧化硫吸收较强的树种是:忍冬、卫矛、旱柳、臭椿、榆、花曲柳、水蜡、山桃等。

对氯气吸收较强的树种是:银柳、旱柳、臭椿、赤杨、水蜡、卫矛、花曲柳、忍冬等。

对其他有毒气体吸收较强的树种是:泡桐、梧桐、大叶黄杨、女贞、榉树、垂柳等。

②防噪声类:以叶面大而坚硬,叶片呈鳞片状重叠排列,树体从上至下枝叶密集的常绿树较理想。

③防火类:多以树脂含量少,体内水分多,叶细小,叶表皮质厚,树干木栓层发达,萌发再生力强,枝叶稠密,着火不发生烟雾,燃烧蔓延缓慢者为佳。

④防风类:选择适应当地环境,生长快,生长期长,根系发达,抗倒伏,枝干柔韧,寿命长,树冠呈塔形或柱形者为宜。

⑤保持水土类:优良的保持水土类树木应根系发达,侧根多,耐干瘠,萌蘖性强,枝叶盛,生长快,固土作用大。

(3)行道树类。主要指栽植在道路系统,如公路、街道、园路、铁路两侧,整齐排列,以遮荫、美化为目的的乔木树种。行道树为城乡绿化的骨干树,能统一组合城市景观,体现城市与道路特色,创造宜人的空间环境。

行道树应树冠整齐,冠幅较大,树姿优美,抗逆性强,对环境的保护作用大,根系发达,抗倒伏,生长迅速,寿命长。我国树种资源丰富,适宜各地作公路、街道的行道树的种类甚多,银杏、鹅掌楸、椴树、悬铃木、七叶树被称为世界五大行道树,其中悬铃木誉称"行道树之王"。

(4)孤赏树类。主要指以单株形式布置在花坛、广场、草地中央,道路交叉点,河流曲线转折处外侧,水池岸边,缓坡山冈,庭院角落,假山、登山道及园林建筑等处起主景、局部点缀或遮荫作用的一类树木。

孤散植树类表现的主题是树木的个体美,故姿态优美,开花配果茂盛,四季常绿,叶色秀丽,抗逆性强的阳性树种更为适宜。

(5)垂直绿化类。主要根据藤蔓植物的生长特性和绿化应用对象来选择树种。

(6)绿篱类。通常以耐密植,耐修剪,养护管理简便,有一定观赏价值的种类为主。

(7)造型类及树桩盆景、盆栽类。造型类是指经过人工整形制成的各种物象的单株或绿篱。

(8)木本地被类。指那些低矮的,通常高度不超过50cm,铺展力强,处于园林绿地植物群落底层的一类树木。地被植物的应用,可以避免地表裸露,防止尘土飞扬和水土流失,调节小气候,丰富园林景观。地被类以耐荫、耐践踏,适应能力强的常绿种类为主,如铺地柏、沙地柏、扶芳藤、爬行卫矛、匍匐枸子等。

2 园林树木的作用

园林树木是城乡绿地及风景区绿化的主要植物材料,在园林中起着骨干作用。园林树木的作用在于其观赏价值主要处于美的支配之下。此外,园林树木还有改善和保护环境条件,有利于人们身心健康和生产植物产品的作用。

2.1 园林树木的美化作用

园林树木不论是乔木、灌木、藤木,还是观花、观果、观叶的树种,都具有色彩美、姿态美、象征美,不同的树种各有所长。或孤植、丛植、列植,或成片、成林、成林带,都能发挥其个体或群体美的观赏作用。树木之美除其固有的色彩、姿态、象征外,还能随着季节和年龄的变化而有所丰富和发展,而且随着光线、气温、气流、雨、霜、雪、雾等气象上的复杂变化而形成朝夕不同、四时互异、千变万化、丰富多彩的景色变化,使人们感受到动态美和生命的节奏。欧阳修在《醉翁亭记》中赞美了大自然的园林景观:"朝而往,暮而归,四时之景不同,而乐亦无穷也。"

1. 园林树木的色彩美

园林树木的各个部分如花、果、叶、树干、树冠、树皮等,具有各种不同的色彩,并且随着季节和年龄的变化而呈现多种多样的色彩。群花开放时节,争芳竞秀;果实成熟季节,绿树红果,点缀林间,为园林增色不浅。苏轼《初冬诗》:"一年好景君须记,正是橙黄橘绿时。"

(1) 花色。花朵是色彩的来源,是季节变化的标志,既能反映大自然的天然美,又能反映出人类匠心的艺术美,人们往往把花作为美好、幸福、吉祥、友谊的象征。以观花为主的树木有其独特的优越性,可组成立体图案,在园林中常以其为主景,或孤植,或团状群植,每当花季群芳争艳,芬芳袭人,配置得当,可四时花开不绝。根据花的不同色彩以及具有的芳香举例如下:

① 红色系花:如山茶、红牡丹、海棠、桃花、梅花、蔷薇、月季花、红玫瑰、垂丝海棠、皱皮木瓜、绯红晚樱、石榴、红花夹竹桃、杜鹃、木棉、合欢、木本象牙红等。红色象征热情奔放。

② 黄色系花:如迎春、金钟花、连翘、棣棠、金桂、腊梅、瑞香、黄花杜鹃、黄木香、黄月季花、黄花夹竹桃、金丝桃、金丝梅等。黄色象征高贵。

③ 白色系花:如白玉兰、白兰花、白丁香、绣球花、白牡丹、刺槐、六月雪、珍珠花、喷雪花、麻叶绣线菊、白木香、白桃、梨、白鹃梅、溲疏、山梅花、山桂花、白梓树、白花夹竹桃、八角金盘、络石等。白色在花坛和切花中最引人注目,和其他色彩配置在一起,能够起到强烈的对比作用,能把其他花色烘托出来。同时,也显示了自己的恬静和优雅的风姿,给人以清新的感受。白色象征纯洁。

④ 蓝色系花:如紫藤、木槿、紫丁香、紫玉兰、醉鱼草、毛泡桐、八仙花、牡荆、兰香草、金叶莸等。蓝色或紫色的花朵给人以安宁和静穆之感。蓝色象征幽静。

(2) 果色。一般果实的色彩以红、紫为贵,黄色次之。果实成熟多在盛夏和凉秋之际。在夏季浓绿、秋季黄绿的冷色系统中,有红紫、淡红、黄色等暖色果实点缀其中,可以打破园景寂寞单调之感,与花具有同等地位。在园林中适当配置一些观赏果树,美果盈枝,可以给人以丰富繁荣的感受,尤其在秋季,园林花卉渐少,树叶也将凋落,如配以果树,可打破园景萧条之感,为园林景观增色添彩。根据果实不同的色彩举例如下:

① 红色或紫色：葡萄、石榴、榆叶梅、枸骨、南天竹、花椒、杨梅、樱桃、花红、平枝枸子、多花枸子、海棠、山楂、枣、火棘、黄连木、鸡树条荚蒾、金银忍冬、小檗等。

② 橙黄色：银杏、杏、梨、木瓜、柚、柑橘、无患子、栾树、黄山栾、柿等。

③ 蓝黑色：女贞、樟树、桂花、野葡萄、毛梾、十大功劳、君迁子、五加、常春藤等。

果实的美化作用除色彩鲜艳外，其花纹、光泽、透明度、浆汁的多少、挂果时间的长短等均影响着园林景色。且大多数的果实均具有较高的经济价值，有的美味可口、营养丰富，是人们生活中不可缺少的美食。

（3）叶色。许多园林树木色彩的类型和格调主要取决于叶色。因为叶色与花色、果色相比，群体效果显著，在一年中呈现的时间长，能起到良好的突出树形的作用，观赏价值高。叶色被认为是风景园林色彩的创造者。

叶的色彩随着树种及所处的环境不同而不同，尤其是叶色不但随树种不同而异，而且还随着季节的交替而变化。有早春的新绿，夏季的浓绿，秋季的红叶、黄叶之交替，变化极为丰富，若能充分掌握，精巧安排，可组成色彩斑斓的自然景观。根据叶色特点分为以下几类：

① 绿色叶类：绿色属于叶子的基本颜色，可以进一步分为淡绿和浓绿。淡绿的叶色如杨、柳、悬铃木、刺槐、槭类、竹类、水杉、落羽杉、金钱松等；浓绿的叶色如松类、圆柏、柳杉、雪松、云杉、冬青、枸骨、女贞、桂花、大叶黄杨、黄杨、榕树、荷花玉兰、棕榈、南天竹等。绿色象征和平。

② 春色叶类：春季新发的嫩叶叶色有显著变化的树种称"春色叶树"。如石栎、樟树入春新叶黄色，远望如黄花朵朵，幽然如画；石楠、山麻杆、卫矛、香椿、臭椿、红叶臭椿、五角枫、紫叶海棠、紫叶板栗、茶条槭等早春嫩叶鲜红，艳丽夺目，给早春的园林带来勃勃生机。

③ 秋色叶类：秋季叶色有显著变化的树种称"秋色叶树"。秋季观叶树种的选择至关重要，如果树种的选择与搭配得当，可以创造出优美的景色，给人们以层林尽染，"不似春光，胜似春光"之感。秋色叶树以红叶树种最多，观赏价值最大，如槭类、枫香、乌桕、火炬树、盐肤木、黄栌、黄连木、卫矛、榉树、爬山虎、紫叶板栗、蒙古栎等。秋季叶呈黄色的如银杏、鹅掌楸、栾树、悬铃木、水杉、落羽杉、金钱松等。各地园林工作者对此类树木极为重视。

④ 异色叶类：有些树种的变种、变型、品种其叶常年均为异色，称为"异色叶树"。全年叶呈紫红色的如紫叶李、紫叶桃、红叶小檗、红栌、红枫、红叶椿、美人梅等；全年为金黄色的如金叶鸡爪槭、金叶雪松、金叶圆柏、金叶国槐、金叶银杏、金叶连翘、金叶黄杨、金叶卫矛、金叶莸、金叶女贞等。近年来，园林工作者又不断选育出新的彩叶品种。

⑤ 双色叶类：凡叶片两面颜色显著不同者称为"双色叶树"，如银白杨、胡颓子、秋胡颓子、红背桂等。

（4）树皮。树皮的颜色也具有一定的观赏价值，冬季意义更大。如白桦树皮洁白雅致，斑叶稠李树皮黄褐色发亮，山桃树皮红褐色而有光泽。还有紫干紫竹、红干红瑞木、绿干红瑞木、绿梧桐、具斑驳色彩的黄金间碧玉竹等均很美丽。如用绿色枝条的棣棠、终年鲜红色枝条的红瑞木配置在一起，或植为绿篱，或丛植在常绿树间，在冬季衬以白雪，可相映成趣，色彩更为显著。

2. 园林树木的形态美

园林树木种类繁多，体态各异。如雪松树体高大、姿态优美，松树苍劲挺拔，毛白杨高大雄伟，牡丹的娇艳，碧桃的妩媚，各有其独特之美。园林树木的千姿百态是设计构景的基本因素，对园林意境的创造起着巨大的作用,不同形态的树木经过艺术配置可以产生丰富的层次感、韵律感。

园林树木的形态美主要表现在以下几个方面:

(1) 树干的形态。

① 直立干:高耸直立,给人以挺拔雄伟之感,如毛白杨、落羽杉、水杉、梧桐、泡桐、悬铃木等。

② 并生干:两干从下部分枝而对立生长,如栎、刺槐、臭椿、楝、泡桐等萌生性强的树种。

③ 丛生干:由根部产生多数干,如千头柏、南天竹、泡桐、金钟花、迎春、珍珠梅、李叶绣线菊、麻叶绣线菊等。

④ 匍匐干:树干向水平方向发展成匍匐于地面者,如铺地柏、偃柏,以及一般木质藤本。

此外,还有侧枝干、横曲干、光秃干、悬岩干、半悬岩干等各种形态。

(2) 树冠的形态。

① 尖塔形:这类树形的顶端优势明显,中央主干生长较旺。尖塔形主要由斜线和垂线构成,但以斜线占优势,因此,具有由静而趋于动的意向,整体造型静中有动,动中有静,轮廓分明,形象生动,有将人的视线或情感从地面导向高处或天空的作用,如雪松、南洋杉、云杉、冷杉。

② 圆柱形:顶端优势仍然明显,主干生长旺,树冠上、下部直径相差不大,树冠紧抱,冠长远远超过冠径,整体形态细窄而长,如北美圆柏、紫杉、钻天杨、塔柏、龙柏、蜀桧等。圆柱形树冠以垂直线为主,给人以雄健、庄严与安稳的感觉。由于这类树形的树木,通过引导视线向上的方式,突出了空间的垂直面,因此能产生较强的高度感染力。

③ 圆球形:这类树形树种众多,应用广泛。树形构成以弧线为主,给人以优美、圆润、柔和、生动的感受,如樟、石楠、榕树、加杨、球柏、千头柏等。在人的视觉感受上,圆球形无明确的方向性,容易在各种场合,与多种树形取得协调搭配。

④ 棕榈形:这类树形除具有南国热带风光情调外,还能给人以挺拔、秀丽、活泼的感受,既可孤植观赏,更宜在草坪、林中空地散植,创造疏林草地景色。

⑤ 垂枝形:外形多种多样,基本特征为具有明显悬垂或下弯的细长枝条,如垂柳、垂槐、垂枝榆、垂枝梅、垂枝朴、垂枝桃等。由于枝条细长下垂,并随风拂动,常形成柔和、飘逸、优雅的观赏特色,能与水体产生很好的协调。

⑥ 雕琢形:是人们模仿人物、动物、建筑及其他物体形态,对树木进行人工修剪、蟠扎、雕琢而形成的各种复杂的几何形体,如门框、树屏、绿柱、绿塔、绿亭、熊猫、孔雀等。如果园林中根据特定环境恰当应用,会获得别具特色的观赏效果,但用量要适当,少而精。

⑦ 风致形:指露地生长的树木,因长期受自然力,特别是风的作用,而形成的具观赏价值的特殊形体。

⑧ 藤蔓形:依生长形态与使用方式,可大致分为攀援与悬垂两种类型。

此外,还有不规则的老柿树,枝条苍劲古雅的松柏类。树冠的形状是相对稳定的,并非绝对的,随着环境条件以及树龄的变化而不断变化,形成各种富于艺术风格的体形。总的来说,凡具有尖塔状及圆锥状树形者,多有严肃端庄的效果;具有柱状较狭窄树冠者,多有高耸静谧的效果;具有圆钝、卵形树冠者,多有雄伟、浑厚的效果;丛生者多有朴素、浑美之感;而拱形及垂枝类型者,常形成优雅、和平的气氛,且多有潇洒的姿态;匍匐生长的有清新开阔、生机盎然之感,可创造大面积的平面美;大型缠绕的藤本给人以苍劲有力之感。

(3) 叶的形态。叶的形态十分复杂,千变万化,各有不同。叶形奇特的往往引起人们的注意,如鹅掌楸叶形似马褂、羊蹄甲的羊蹄形叶、变叶木的戟形叶、银杏的扇形叶等。不同形态和大小的叶,具有不同的观赏特性,如棕榈、蒲葵大型掌状叶给人以朴素之感。椰子、王棕的大型羽状叶给人以轻快、洒脱的联想,具有热带的情调;鸡爪槭的叶形,会形成轻快的气氛;合欢的羽状叶会产生轻盈的效果。

(4) 花的形态

① 单花及花序 花的观赏效果除色彩之外,还有各式各样的形状和大小。有单花的,如花朵硕大的牡丹,春天盛开,气息豪放。梅花的花朵虽小,"一树独先天下春"。玉兰树之花,亭亭玉立。拱手花篮,朵朵红花好似古典的宫灯,垂于枝叶间。有排成各式花序的,如金链花的蝶形花组成下垂的总状花序,长约 40cm;合欢的头状花序呈伞房状排列,花丝粉红色,细长如缨;络石的花排成右旋的风车形;龙吐珠未开放时,花瓣抱若圆球形,红白相映,如蟠龙吐珠;七叶树圆锥花序呈圆柱状竖立于叶簇中,似一个华丽的大烛台,蔚为奇观。

② 花相 将花或花序着生在树冠上的整体表现形貌称为花相。按照花朵或花序在树冠上的分布特点,花相可大致分为以下三种类型:

外生花相 花或花序着生在枝的顶端,并集中分布于树冠的表层。盛花时,整个树冠几乎被花所覆盖,盛极一时,远距离花感强烈,气势壮观,如栾树、黄山栾、七叶树、紫薇、紫藤、叶子花、夹竹桃、刺槐、丁香、月季、牡丹、杜鹃、玉兰、金叶莸等。

内生花相 花或花序主要分布在树冠内部,着生于大枝或主干上,花常被叶片遮盖。外观花感较弱,如桂花、紫荆、白兰花、含笑等。

均匀花相 花以散生或簇生的形式,着生于枝的节部或顶部,且在全树冠分布均匀,花感较强,如金钟花、郁李、榆叶梅、腊梅、米兰、绣线菊、棣棠、金银花、荷花玉兰、梅、桃、樱花、茶花等。

以上三种花相,各有特点,先花后叶者,均能充分展示花的风姿,许多开花时载叶的树木,花叶相间,同样也能显现花的绚丽。

(5) 果的形态。许多园林树木的果实既有很高的经济价值,又有突出的美化作用,在园林中为了以观赏为主要目的而选择观果树种时,除了色彩以外,还要注意选择果实的形状。果实的形状,一般以奇、巨、丰为佳。

① 奇:指果实的形状奇异有趣为主。铜钱树的果实形似铜元;象耳豆的荚果弯曲,两端浑圆相接,犹如象耳一般;腊肠树的果实好比香肠;秤锤树的果实如秤锤一样;梓树的蒴果细长如筷,经冬不落。

② 巨:指单体果实较大,如椰子、柚子、木波罗,或果实虽小,但果穗较大的如油棕、鱼尾葵、接骨木等。

③ 丰:指全树而言,无论是单果还是果穗均有一定的丰盛数量,如石榴、枣、南天竹、鸡树条荚蒾、枸子、俄罗斯山楂等。

(6) 皮。树皮的外形不同,给人以不同的观赏效果,还可随树龄的变化呈现不同的观赏特性。如老年的核桃、栎树呈不规则的沟状裂,给人以雄劲有力之感;白皮松、悬铃木、木瓜、椰榆、青檀等具有片状剥落的树皮,斑驳可爱;紫薇树皮细腻光滑,给人以清洁亮丽的印象;白桦树皮大面积纸状剥落,用皮代纸写信从古至今为人们所喜爱;还有大腹便便的佛肚竹,别具风格。

　(7) 枝。枝条的粗细、长短、数量和分枝角度的大小,都直接影响树姿的优美。如油松侧枝轮生、水平伸展,使树冠成层状,尤其(树冠)老时更为苍劲;垂柳的小枝,轻盈婀娜,摇曳生姿,植于水边,低垂于碧波之上,最能衬托水面的优美;一些落叶树种,冬季枝条像画一样清晰,衬托蔚蓝色的天空或晶莹的雪地,其观赏价值更具特殊的意义。

　(8) 附属物。树木的裸根突出地面,形成一种独特的景观。如水杉、落羽杉的板状根,膝状呼吸根给人以力的美感;榕树类盘根错节,郁郁葱葱,树上布满气生根,倒挂下来,犹如珠帘下垂,当落至地又可生长成粗大树干,奇特异常,给人以新奇的感受。很多树木的刺、毛也有一定的观赏价值,如黄榆、卫矛的木栓翅,枸橘的枝条绿色而多刺,刺楸具粗大皮刺等,均富有野趣。叶子花的叶状苞片紫红色,似盛开美丽花朵。珙桐(鸽子树)开花时,两片白色的大苞片宛若群鸽栖上枝梢,蔚为奇观,象征着勤劳、勇敢、智慧的我国人民热爱和平的性格。

3. 园林树木的象征美

　象征美亦称"内容美"、"风韵美",是指树木除了色彩、形态美之外的抽象美,多为历史形成的传统美,是极富于思想感情的联想美。它与各国、各民族的历史发展、各地区的风俗习惯、文化教育水平等有密切关系。在我国人们往往以某一树种为对象,而成为一种事物的象征,如:
　① 四季常青的松柏类,象征坚贞不屈的革命精神。
　② 花大艳丽的牡丹,象征"国色天香",繁荣兴旺,富丽堂皇,"总领群芳,惟我独尊"。
　③ 花色艳丽、姿态娇美的山茶,象征长命、友情、坚强、优雅和协调。
　④ 花香袭人的桂花,象征庭桂流芳。
　⑤ 春花满园的桃、李,象征桃李满天下。
　⑥ 松、竹、梅三者配置一起,称之为岁寒"三友",象征文雅高尚。
　⑦ 玉兰、海棠、牡丹、桂花配置一起,象征满堂富贵。
　总之,园林树木美的延伸,能体现传统,形成地方及民族风格。有关这方面的内容十分丰富,实践中,要注意园林树木美内涵延伸的多样性与复杂性,取其健康有益部分。关键在于用得巧妙、得体,应根据特定环境,突出主体,体现时代精神。

4. 园林树木的芳香

　常见的香花树木有米兰、白兰花、桂花、栀子、含笑、月季、腊梅、茉莉、香花槐等。花的香味来源于花器官内的油脂类或其他复杂的化学物,它们能随花朵的开放过程,不断分解挥发性的芳香油,如安息香油、柠檬油、香橼油以及桉树脑、樟脑、萜类等,刺激人的嗅觉,产生愉快的感觉。

　花的芳香既沁人心脾,振奋精神,还能招引蜂蝶,增添情趣。由于芳香不受视线的限制,使芳香树木常成为芳香园、夜花园的主题,起到引人入胜的效果。

　园林树木芳香的情况十分复杂,无评价、归类的统一标准。自然界绝大多数树木的花是没有芳香的,少数种类如臭牡丹、暴马丁香等,花或叶还有恶臭,对此应慎用。此外,还有些树木的叶等器官,在特定条件下能产生刺激嗅觉的芳香。

　以上这些园林树木美化作用的艺术效果的形成并不是孤立的,必须全面地考虑和安排,作为园林师,在美化配置之前必须深刻体会和全面掌握不同树种各个部位的观赏特性,从而进行细致搭配，才能创造出优美的园林景色。

2.2　园林树木改善和保护环境的作用

1. 调节气候

（1）园林树木能改善温度条件。夏季在树阴下会使人感到凉爽和舒适，这是由于树冠能遮挡阳光，减少辐射热，降低小环境内的温度所致。有人做过试验，树木的枝叶能吸收太阳辐射到树冠热量的 35％左右，反射到空中 20％～25％，再加上树叶可以散发一部分热量，因此树阴下的温度可比空旷地降低 5～8℃，而空气相对湿度可增加 15％～20％，所以夏季在树阴下会感到凉爽。不同的树种有不同的降温能力，这主要取决于树冠大小、树叶密度等因素。

（2）园林树木能提高空气湿度。据统计，林木生长过程中所蒸腾的水分，要比它本身的重量大 300～400 倍。1hm² 阔叶林夏天要向空气中蒸腾 2 500t 以上的水分。1hm² 松林每年可蒸腾近 500t 水分。1 株中等大小的杨树，在夏季白天，每小时可由叶部蒸腾水 25kg，1 天的蒸腾量就有 500kg 之多。若有 1 000 棵树，其效果就相当于在该处洒泼 500t 的水。据测定，一般在树林中空气湿度要比空旷地的湿度高 7％～14％。不同的树种具有不同的蒸腾能力，在城市绿化时选择蒸腾能力较强的树种对提高空气湿度具有明显作用。

2. 减少有害气体，净化空气

（1）园林树木能自然净化空气。由于树木吸收 CO_2 并放出 O_2，而人呼出的 CO_2 只占树木吸收 CO_2 的 1/20，这样大量的 CO_2 被树木所吸收，又放出 O_2，从而就积极恢复并维持空气自然循环和自然净化的能力。所以说园林树木就成为净化空气的"城市绿色工厂"。

（2）吸收有毒气体。大气污染包括多种有毒气体，而以 SO_2 为主，HF、Cl_2 次之。许多园林树木不但对这些有毒物质有一定抗性，还能够通过枝、叶吸收有毒物质后，再经过体内新陈代谢活动而自行解毒，故可降低有毒成分在大气中的含量，减轻危害，在环境保护上发挥相当大的作用。

3. 滞尘作用

树木的枝叶对空气中的烟尘和粉尘有明显的阻挡、过滤和吸附作用，是空气的天然过滤器。据测定，林地吸附粉尘的能力比裸地大 75 倍。树种不同，滞尘能力不同，一般树冠浓密、叶片宽大、平展，叶面粗糙或多茸毛的树种，滞尘能力较强。

4. 杀菌作用

城镇中闹市区空气里细菌数比公园、绿地多 7 倍以上，其原因主要是公园、绿地中很多植物能分泌杀菌剂。例如，桉树、肉桂、柠檬等树木含有芳香油，具有杀菌力。据计算，1hm² 的圆柏林，能分泌 30kg 的杀菌素。

5. 减弱噪声

噪声对环境的污染，是城市一大公害。当噪声超过 70dB 时，就会对人体有不利影响，如长期处于 90dB 以上噪声环境中工作，就有可能患噪声性耳聋及其他疾病。据测定，道路两边栽植40m宽的林带,可以降低噪声10~40dB,公园中成片的树木可降低噪声26~40dB。这是由于树木有声波散射作用,声波通过时,枝叶摇动,使声波减弱而逐渐消失。同时树叶表面的气孔和粗糙的绒毛,也能吸收部分噪声。

6. 防风固沙、保持水土

(1) 防风固沙。园林树木的种植在防风固沙方面有显著的功效,如公园中的风速要比城区的小80%~94%。如能组成防护林带,则可防风、防沙和固沙,三北防护林带就足以说明这种功效。又如北京地区通过植树造林已减少大风灾害天气十几天。

(2) 防止水土流失。园林树木防止水土流失作用比较显著。从全国的统计资料来看,大面积的植树造林对保持水土、涵养水源确有巨大的作用。

(3) 防止土壤污染。我国城市土壤污染物以各种有毒重金属元素居多,种植根系对这些有毒元素具吸收与抗性的树种,可以净化土壤和地下水,阻止土壤理化特性进一步恶化。

2.3 园林树木的经济作用

园林树木的经济作用主要有四方面:苗木生产、抚育间伐、旅游开发、生产植物产品。

(1) 苗木生产。要发展园林树木,必然需要大量苗木,特别是需要优质苗木,而只靠原有的苗圃提供,远不能满足市场需求。若能结合绿地设施,开辟若干苗圃地,则既可以扩大绿地面积,又可以从出售苗木中获取一定的经济收入,从中得到一部分园林养护资金。

(2) 抚育间伐。森林公园面积大,树木多,如果不在一定时期内进行抚育间伐,树木的生长繁衍能力就会急剧下降,树木的各种功能也会受到不利影响,所以必须在一定时期内进行树木抚育间伐。间伐下来的木材,可以出售,获取一定的经济利益。

(3) 旅游开发。优美的园林树木景观,会吸引人们返朴归真回到大自然去享受无穷乐趣,这就使我们可以搞森林旅游,为园林事业提供大量资金。

(4) 生产植物产品。在不影响园林树木美化、绿化和防护功能的前提下,可以从园林树木生产的植物产品中创造价值。

在园林树木结合生产时,应当注意园林树木的防护和美化作用是主导的、基本的,园林生产是次要的、派生的。要防止过分片面强调生产,导致破坏树木,使树木难以发挥其各种主要功能。要处理好两者关系,分清主次,充分发挥园林树木的作用。

3 园林树种的地理分布与引种驯化

3.1 树种分布区的概念

树种分布区是指某一树种或分类群在地球表面所占有的一定范围的分布区域,包括水平分布区和垂直分布区,根据树种起源分为天然分布区和栽培分布区。树种分布区是受气候、土壤、地形、生物、地史变迁及人类活动等因子的综合影响而形成的。它反映着树种的历史、散布能力及其对各种生态因素的要求和适应能力。如银杏、水杉等孑遗树种在第四纪冰川时,由于所处的地形、地势优越,而得以在我国继续保存,繁衍生长,并通过引种驯化扩大了栽培区域。水杉自 1941 年在湖北省利川县发现以来,目前已在全国 20 多个省(市、自治区)栽培,世界各国竞相引种,已达 45 个国家之多。

3.2 树种分布区的类型

1. 天然分布区

天然分布区是指树种依靠自身繁殖、侵移和适应环境而形成的分布区,分水平分布区和垂直分布区两种。

(1)水平分布区。水平分布区是指树种在地球表面依据经度、纬度所占有的分布范围,一般按植被带来表示。我国植被带由南向北的顺序为:热带雨林、季雨林——亚热带常绿阔叶林——暖温带落叶阔叶林——温带针阔混交林——寒温带针叶林。由东向西的顺序为:湿润森林区——半干旱草原区——干旱荒漠区。还有的按行政区划(国别和省、自治区)、地形(河流、山脉、平原、沙漠)或经纬度来表示。

(2)垂直分布区。垂直分布区是指树种在山地自低而高所占有的分布范围,与自低纬度至高纬度水平分布的植被带在外貌上大致相似。一般以海拔(m)或以垂直分布带(热带雨林带——常绿阔叶林带——落叶阔叶林带——针叶林带——灌丛带——高山苔原带)来表示。如马尾松在华东、华中的垂直分布为海拔 800m 以下山地。油松水平分布大体在北纬 $33°\sim41°$、东经 $102°\sim118°$,即以华北为分布区的中心;其垂直分布是在东北南部(辽宁)海拔 500m 以下,在华北北部海拔 1 500m 以下,在华北南部则在海拔 1 900m 以下。

2. 栽培分布区

栽培分布区是由于人类生产活动或园林建设的需要,从其他地区引入的树种,在新地区栽培而形成的分布区。如刺槐原产北美,我国自 19 世纪末引种以来,在北纬 $23°\sim46°$、东经 $124°\sim86°$ 的广大区域内都有栽培,尤以黄淮流域最盛,多栽植于平原及低山丘陵。了解园林树种的栽培分布区域,对开发利用树种和进一步掌握规划本地区园林树种具有现实意义。

3.3 园林树木的引种及驯化

1. 引种驯化的概念及成功的标准

(1)引种驯化的概念。引种是把某种栽培或野生植物突破原有的分布区引进到新地种植的过程。驯化是把当地野生或从外地引种的植物经过人工培育,使之适应在新环境条件下生长发育的过程。引种的目的或是为了驯化,或只是为育种提供原始材料。驯化分自然驯化和风土驯化两种情况。某种植物被引种到新的环境时,不需要一个由不适应到适应的过程,遗传性状并不改变而表现较强的适应性,这种驯化称为自然驯化或简单驯化。某种植物被引种到新环境时,需要一个由不适应到适应的过程,需经人工培育,改变植物的遗传性,这样的驯化称为风土驯化或气候驯化。

(2) 引种驯化成功的标准。

① 引种植物在引种区内不再需要特殊的保护措施,能露地越冬、越夏和开花。

② 不降低原有的优良性状和经济价值。

③ 没有严重的病虫危害。

④ 种子繁殖的植物要从种子或苗木开始长到成熟植株,能正常开花结实并产生具有生命力的种子为止,即能传宗接代。

⑤ 无性系植物通过栽培,只要能正常生长、开花和正常无性繁殖即可。

2. 引种驯化的步骤及措施

(1) 引种驯化的具体步骤。

① 选择鉴定原始材料。引种驯化的原始材料即最初引来的种子、插条或苗木等原始繁殖材料,来源有购买、交换、自采及赠送等途径。无论从何而来,首先要对原始材料进行鉴定,即了解该树种的原产地、形态特征、生物学特性、生态要求及利用价值等。

② 栽培试验。栽培试验首先是苗圃实验,通过苗圃实验可以确定种源的变异类型,初步预测不同种源对当地环境的适应能力,了解其抗寒性、抗热性、抗旱性、抗涝性、抗病性、耐盐力、耐酸力等,还能预测各个种源在当地的生长发育表现,初步选择出适合当地环境条件的最优种源。

苗圃试验时,对同一树种不同种源的原始材料要用同一试验地,土壤及各种技术措施都要一致,以免造成人为的差异。为了防止单一栽培方式的失败,同一树种的各个种源都需采用多种栽培方式试验,如可用室内栽培 1～2 年再出室与室外栽培、冬季部分防寒部分不防寒、幼苗夏季遮荫与不遮荫等方式对比。

苗圃试验取得一定成果后,再作面积较大的、不同园林绿地的、不同生境条件的对比试验,试验时间长短依树种的生物学特性而定,达到引种驯化成功的标准后,即可在生产上推广应用。

③ 生产推广。引种驯化试验成功的树木,立即大量繁殖并推广。推广种苗的同时应介绍栽培技术,以利于推广与成功。

(2) 引种驯化的技术措施。引种驯化的技术措施多种多样,要根据当地的生态环境、技术与设施条件选择使用。

① 合理选地发挥小地形的作用。城市里因建筑物和水体众多,形成多种多样的小地形,冷暖、阴阳、干湿及土壤条件均不一致,可根据引种树木的生态要求选地种植。

② 防风、防寒、防旱及防高温。防风可采取设风障或立支柱等措施。防寒措施有施肥、灌水、覆土、盖草、覆膜、施用土面增温剂、树体喷洒化学药剂和幼苗室内培育等。防旱措施有灌水、中耕、幼苗覆膜等。防高温措施有遮荫、喷水和涂白等。

③ 处理种苗增强树木抗性。低温处理刚萌动的种子或幼苗,即先给予 $0 \sim 6℃$ 的低温半个月,然后转入 $-9 \sim 3℃$ 的低温 1 周左右,再慢慢升温至正常温度培育,可增强树木的抗寒能力。把浸种后刚萌动的种子风干后再浸种,待开始萌动后再风干,如此 $2 \sim 3$ 次可提高树木的抗旱力。用 $0.3\% \sim 0.4\%$ 的 NaCl 或 $CaCl_2$ 溶液浸种,可提高树木的抗盐性。

④ 逐代迁移驯化法和多代连续驯化法。逐代迁移驯化法是先把种子引入距原产地较近的地方种植,待开花结果后,再采种子逐渐向较远处引种。多代连续驯化法是将引入的种子或苗木,第一代在人工保护条件下栽培,待开花结果后再采种在当地播种培育,逐代地加强对当地环境条件的适应性。以上两种方法也可结合使用。

⑤ 嫁接法。利用砧木的抗逆性可提高接穗或整株的抗逆性,如以抗寒性、抗旱性较强的山定子为砧木嫁接苹果,可使苹果的抗逆力大为提高。

⑥ 斯巴达式选择。对引种材料在幼苗期间给予寒冷或高温等逆境条件,并控制水肥,选择能生存者栽种。

4 园林树木的选择与配植

4.1 选择与配植的原则

园林树木的配植千变万化,在不同地区、不同场合、不同地点,由于不同的目的要求,可有变化多样的组合与配植方式。同时,由于树木是有生命的有机体,在不断地生长变化,所以能产生各种各样的效果。因而树木的配植是个相当复杂的工作,也只有具备多方面广博而全面的学识,才能做好配植工作。

总之,合理配植园林树木,要以最好地实现园林绿化的综合功能为原则,掌握园林树木的习性与要求,在适地适树的基础上把它们很好地搭配起来。园林树木配植中有适用、美观和经济三大原则,它们是一个统一的整体。

1. 树木配植中的适用原则

所谓"适用"即在考虑到充分发挥园林综合功能的同时,重点满足该树种在配植时的主要目的。如道路两侧栽植的树种,应符合行道树的树种选择条件与配置要求;在陵园墓地栽植的树种,应给人以庄重、肃静的感受等。此外,有许多树种具有各种经济用途,应当对生长快、材质好的速生、珍贵、优质树种以及其他一些能提供贵重林副产品的树种给予应有的位置。

2. 树木配植中的美观原则

园林树木有其外形之美、色彩之美、风韵之美以及与建筑物等配合协调之美,故在配植中应切实做到在生物学规律的基础上努力讲究美观,为人们创造一个优美、宁静、舒适的环境。同时也要注意适用,并尽可能贯彻经济原则。

3. 树木配植的经济原则

(1) 在树木配植中降低成本的途径。

① 节约并合理使用各类材料。要将树种酌量搭配,重点使用,注意成本核算。

② 多用乡土树种。各地乡土树种适应本地风土的能力最强,而且种苗易得,又可突出本地园林的地方特色,因此须多加应用。

③ 能用小苗而获得良好效果时,就不用或少用大苗。小苗成本低,种易得。对于栽培粗放、生长迅速而又大量栽植的树种,应较多选用。

④ 切实贯彻适地适树,审慎安排植物种间关系。应做到避免无计划的返工,也要避免几年后进行计划外的大调整。

(2) 在树木配植中妥善结合生产的途径。结合生产之道甚多,但须做到既不妨碍园林树木主要功能,又要注意经济实效,如花、果采用、药用、苗木繁殖、果品生产等。

4. 树木特性与环境条件相适应的原则

树木的特性包括生物学特性和生态学特性两个方面。

(1) 生物学特性与环境条件相适应。生物学特性即树种在生命过程中在形态和生长发育上所表现的特点和需要的综合,包括树木的外形、生长速度、寿命长短、繁殖方式及开花结实的特点等。这些特点在配植时必须与环境相协调,以增加园林的整体美。如在自然式园林中,树形应采用具有自然风格的树种;在整形式园林中应选择较整齐或有一定几何形状的树种;在庭园中作中心植的孤植树可配植寿命较长的慢生树种;在不同的形式结构与色彩的建筑物前,应采用不同树形、体量以及色彩的树种,以便与建筑物调和或对比衬托。

(2) 生态学特性与环境条件相适应。生态学特性即树种同外界环境条件相互作用所表现的不同要求和适应能力,如对气温、水分、土壤、光照等的要求。每一个树种都有它的适生条件,所以在树种选择与配植时,一定要做到适地适树,最好多采用乡土树种。在设计时要注意树种的喜光程度、耐寒程度及土层的厚度、土壤的酸碱度和干湿程度等,还要注意病虫害方面相互蔓延的可能性。总之,应以树种的本身特性及其生态条件作为树种选择的基本因素来考虑。

5. 季相变化必须很好配合

树种的色彩美在园林中的效果最为明显,在树种配植时要求四季常青,季相变化明显,并且花开不断。因为任何一个公园或居民区的绿化,总不能使某一季节百花齐放,而另外季节则一花不开,显得十分单调、寂寞。所谓"四时花香、万壑鸟鸣"或"春风桃李、夏日榴长、秋水月桂、冬雪寒梅"就是这个道理。我国古代人民就很重视树木的季相变化和各种花期的配合。宋欧阳修诗中有"深红淡白宜相间,先后仍须次第栽,我欲四时携酒赏,莫教一日不花开。"莫教一日不花开确实不容易做到,因为大部分树木的开花期多集中在春夏两季,过了夏季开花的树种就逐渐少了。因此,在园林中配植树木时,要特别注意夏季以后观花、观叶树种的配植,要掌握好各种树种的开花期,做好协调安排。

为了体现强烈的四季不同特色,可采用各种配植方法来丰富每一个季相。如以白玉兰、碧桃、樱花、海棠等作为春季的重点;荷花、玉兰、紫薇、石榴、月季花、桂花、夹竹桃等以体现夏秋的特点;银杏、鸡爪槭、七叶树、枫香树、无患子、乌桕、卫矛等红叶、黄叶体现深秋景色;以黄瑞香、腊梅、茶花、梅花、南天竹等点缀冬景,其色彩效果十分鲜明,也体现了春、夏、秋、冬四季不同的景色。实践证明,一个植物景点以具有两季左右的鲜明色彩效果为最好。

6. 色彩必须调和

园林树木的花、果、叶都具有不同的色彩,而且同一种树的花、果、叶的色彩也不是一成不变的,而是随着季节的转移做有规律的变化。如叶有淡绿、浓绿、红叶、黄叶之分,花、果亦有红、黄、紫、白各色。因此在树种配植时,不要在同一时期出现单一色彩的花、果、叶,而形成单调无味的感觉。要注意色彩的调和与变化,使各种景色在不同时期交错出现。

4.2 园林树木的配植方式

所谓配植方式,就是搭配园林树木的样式。园林树木的配植方式,有规则式和自然式两大类。前者整齐、严谨,具有一定的种植行距,且按固定的方式排列;后者自然、灵活,参差有致,没有一定株行距和固定的排列方式。

1. 规则式配植

(1) 中心植:在广场、花坛等中心地点,可种植树形整齐、轮廓严正、生长缓慢、四季常青的园林树木。如在北方可用桧柏、云杉等,在南方可用雪松、整形大叶黄杨、苏铁等。

(2) 对植:在大门口、建筑物前等处,左右各种一株,使之对称呼应。对植之树种,要求外形整齐美观,两株大体一致。通常多用常绿树,如桧柏、龙柏、云杉、海桐、桂花、柳杉、罗汉松、广玉兰等。

(3) 列植:将树栽得成排成行,并保持一定的株行距。通常为单行或双行,多用一种树木组成,也可间植搭配。在必要时亦可植为多行,且用数种树木按一定方式排列。列植多用于行道树、绿篱、林带及水边种植等。

(4) 正方形栽植:按方格网在交叉点种植树木,株行距相等。优点是透光通风良好,便于抚育管理和机械操作。缺点是幼龄树苗易受干旱、霜冻、日灼和风害,又易造成树冠密接,对密植不利,一般在无林绿地中极少应用。

(5) 三角形种植:株行距按等边或等腰三角形排列。每株树冠前后错开,故可在单位面积内比用正方形方式栽植较多的株数,可经济利用土地面积。但通风透光较差,机械化操作不及正方形栽植便利。

(6) 长方形栽植:是正方形栽植的一种变形,特点为行距大于株距。这种栽植方式在我国南北果园中应用,均有悠久的历史。好处在于行距较宽,通风透光好,便于间作、抚育管理的机械化操作;而株间较密,可起彼此拥簇的作用,为树苗生长创造了良好的环境条件,且可在同样单位面积内栽植较多的株数;可实行合理密植。可见长方形栽植兼有正方形和三角形两种栽植方式的优点,而避免了它们的缺点,是一种较好的栽植方式。我国果农经过长期的生产实践,得出这样的结论:"不怕行里密,只怕密了行"——这是很有科学根据的经验之谈,在园林树木的规则式种植中可供参考。

(7) 环植:按一定株距把树木栽成圆环。有时仅有一个圆环,甚至半个圆环,有时则为多重圆环。

2. 自然式配植

自然的配植方式有孤植、丛植、群植等,不论组成树木株数和种类有多少,均要求搭配自然,宛若天生。

(1) 孤植。园林中的孤植树,不论其功能是庇荫与观赏相结合,或者主要是为了观赏,都要求具有突出的个体美。组成孤植树个体美的主要因素为体形壮伟,树大荫浓,如樟树、榕树、悬铃木、橡栎类、白皮松、银杏、雪松、橄榄、毛白杨等;或体态潇洒,秀丽多姿,如桦木、槭树、垂柳、柠檬桉、金钱松、南洋杉、合欢、喜树等;或花繁色艳,如海棠、玉兰、紫薇、梅花、樱花、碧桃、山茶、广玉兰、梨、凤凰木、桂花、白兰、黄兰等,既有色又有香,更是理想的孤植树。此外,有观秋叶或异色叶之孤植树。前者如白蜡、银杏、黄栌、槭树、野漆树、枫香、乌桕等,后者如红叶李、鸡爪槭等。凡作为庇荫与观赏兼用的孤植树,最好选用乡土树种,这样可望叶茂荫浓,树龄长久。

(2) 丛植。一个树丛系有两三株至八九株同种树木组成。按功用可分为两类,即以庇荫为主,同时供观赏用者,和以观赏为主者。属于以庇荫为主的树丛,多由乔木树种组成,以采用单一树种为宜;属于以观赏为主的丛植,则可将不同种类的乔木与灌木混交,且可与宿根花卉相配。丛植与孤植之相同处在于均要考虑个体美,不同处则为丛植时还要很好地处理株间、种间关系,集体美与个体美统筹兼顾。

① 丛植时需要在适地适树的基础上切实处理好株间关系和种间关系。所谓株间关系,主要对疏密远近等因素而言;所谓种间关系,主要对不同乔木树种之间以及乔木与灌木之间的搭配而言。在安排株间关系时,应在整体上注意适当密植,以促使树丛及早郁闭;在局部上做到疏密有致,以免失之于机械呆板,但又需要做出合理安排,以便远近期结合,分批移出或疏伐大苗。在处理种间关系时,问题就复杂得多,因为既要掌握适地适树,又要搞好搭配关系。具体安排时,最好尽量选用搭配关系完全有把握的树种,混交树种宜少不宜多,树种之间最好阳性与阴性、快长与慢长、乔木与灌木、普通树与珍贵树有机地结合起来。配植时,在"适地"上有某种程度的共同需要,而在生长习性和生态因子的要求上彼此又有一定的差异。如油松与元宝枫混交,马尾松、麻栎与杜鹃混交等,都是在生物学特性和适用、美观等方面比较恰当的例子。

② 丛植时宜以一二种主要树种为骨干,最好是乡土树种,而以若干次要树种陪衬之。组成一个树丛的主要树种,种类不宜过多,否则既易引起杂乱、繁琐的感觉,又不易完全处理好种间关系。选择主要树种时,最需注意适地适树,宜选用乡土树种,以反映地方特色。对于次要树种的选择,须注意它们和主要树种及其他次要树种之间的种间关系以及搭配之美。如在华北以油松或槐树作为骨干,而在其间搭配少数槭树或丁香,并以金银花、枸杞作为地被植物,就可以形成一个既有重点,又有代表性的树丛。

(3) 群植。群植系由十多株至百株左右的乔、灌木成群配植。它与树丛不同,首先在于所用的树木的株数增加,面积扩大;其次是这是人工组成的群体,必须多从整体上来探讨生物学特性与美观、适用等问题;再次是树群一方面与园林环境发生关系,更重要的是树群之间不同的树木之间互为条件,要着重研讨每株树在人工群体中的生物环境。

① 群植多采取密闭的形式,要求长期相对稳定,适当密植是及早郁闭的手段;而在郁闭后的人工植物群体中,种间及株间关系就成为保持树群稳定性的主导因素。

② 树群可由一种或多种园林乔、灌木所组成,单纯树群和混交树群各有优点,要因地制宜地加以应用。

③ 群植时要注意在人工群体的条件下满足每个树种的生态要求,在郁闭后的树群内部,每个树种都有一个经过加工的生态环境,此一综合的环境因素对其是否适合,就成为它能否生存和健康生长的主要条件。例如,把阳性的玫瑰种在以悬铃木为主体的树群下,由于后者树大荫浓,玫瑰无法正常生长。

④ 在混交树群中采用复层混交与单株至块状混交相结合方式。

⑤ 树群组成需有重点,种类不宜太多,要考虑到树龄与季节变化。例如,在北京,可以种以毛白杨、白皮松、元宝枫、榆叶梅为主组成的一个稳定而美观的树群,其中以白皮松为背景,以毛白杨为骨架,配用元宝枫以便观秋季之红叶,配用榆叶梅以便观娇艳之春花。整个树群所用主要树种,原则上均以不超过 5 种为妥,这样才可以做到相对稳定,重点突出。如元宝枫树梢耐荫,又系小乔木,主要为观红叶用,均可每三五株掩映于两种大乔木之下方偏前处;榆叶梅喜光耐旱,而需排水良好,可在最前方成丛与元宝枫呈较大块状的混交,以便突出艳红娇丽的春景。

(4) 林植。林植是较大规模成带、成片的树林状的种植方式。这里乔木数量很大,组成一个完整的人工群落。园林中的林带与片林在种植方式上可较整齐,有规则,但比真正的森林,仍可略为灵活自然,做到疏密有致,因地制宜,并应除防护功能之外,着重注意在树种选择和搭配时考虑到美观和符合园林实际需要。通常园林中的林植方式有以下几种:

① 自然式林带:是一种大体成狭长带状的风景林,多由数种乔、灌木所组成,亦可只由一种树木构成。林带宽度在各处可因环境和需要而有一定变化,配植树木时要注意种间关系和防护功能,也要考虑美观上的要求。紧密结构的自然式林带,林木的株行距较小,以便及早郁闭,供防尘、隔声、屏障视线、隔离空间或作背景等用。至于以防风为主的林带,则以疏松结构者为宜。自然式林带内的树木栽植有一定的灵活性,可以变化,不应成行、成排,且须注意林冠线的起伏和变化。林带外缘宜种植美丽可观的灌木,如黄栌、玫瑰、溲疏、连翘等。

② 密林:林木郁闭度一般在 0.7~1.0,以观赏为主,并可起改善气候、保水保土等多方面作用,还可适当结合生产,可分纯林和混交林两类。

纯林:由一种树木组成。栽植时可为规则的或自然的,但前者经若干年后分批疏伐,渐成为疏密有致的自然式纯林。纯林以选乡土树种为妥,多为乔木,有时也可为灌木,如在北京可用白皮松、桧柏、侧柏、元宝枫、河北杨、毛白杨、香椿、梨、杏、玫瑰、黄栌等。

混交林:由两种或两种以上乔、灌木所构成的郁闭群落。其间植物种间关系复杂而重要。在种植混交林时,除要考虑空间各层之间和植株之间的相互均衡外,还要考虑地下根系深浅及株间的相互均衡,使在密林内部,不论地上或地下,都保持生物学的均衡。如北方可在自然均衡的基础上辅以人工抚育措施,使其形成健壮而长寿的密林。在进行混交、选择树种时,须多注意向自然学习,总结原有园林方面的经验。层次和树种不宜过多,即要求稳定可靠。如在华北山区常见油松、元宝枫与胡枝子天然混交,就可仿用到园林中。因油松为阳性主要乔木,元宝枫为半阴性"伴生树种",前者是主体,后者则在其下构成中层林冠,通过改良土壤、辅作和护土等作用,可以促进主要树种的生长;胡枝子作为第三层下木,既可改良土壤,又有观赏和防护作用。这样,三者种间关系协调,可保持长期正常而稳定的生长。入秋红叶、紫花以苍松为背景,尤为艳丽可观。

③ 疏林:林木郁闭度在 0.4~0.6,可构成一片错落有致的赏游胜地。疏林系模仿自然界疏林草地而设置,树林全由单纯乔木构成,地下则为经过人工安排的木本或草本地被植物所覆盖。疏林树以乡土树种为宜,在林中要布置得或疏或密,或散或聚,形成一片淳朴简洁的园林风光。疏林也可同时起防护作用,在有利条件下适当结合生产,如种植干果类树、省工的水果类树,也可种植供食用或提取香精的桂花、白兰等。

思考题:

1. 植物种、变种、品种各是怎样定义的? 举例说明。
2. 简述园林树木的三大作用。
3. 举例说明园林树木在园林建设中的地位。
4. 恩格勒系统和哈钦松系统各有何特点?
5. 何谓树种分布区? 了解树种分布区有何实际意义?
6. 简述园林树木选择与配植的主要原则。

树 种 各 论

园林树木属于种子植物中的木本植物。种子植物具有胚珠,由胚珠发育成种子,靠种子繁殖后代。种子植物又根据胚珠有无子房包被或种子有无果皮包被,可分为裸子植物与被子植物两类。

裸子植物与被子植物主要特征对比表

裸子植物	被子植物
(1) 乔木,稀为灌木或藤本	(1) 乔木、灌木、藤本、草本
(2) 花单性,无花被,特称球花	(2) 花两性或单性,具花被(或退化)
(3) 风媒花,花粉自珠孔直达珠心,苏铁、银杏具游动精子	(3) 虫媒、风媒、鸟媒花,花粉先落在柱头上,再由花粉管进入珠心,无游动精子
(4) 无子房,胚珠裸露	(4) 具子房,包着胚珠
(5) 无双受精现象	(5) 有双受精现象,形成胚及胚乳
(6) 球果或核果状种子	(6) 形成多种类型果实
(7) 子叶 2～18	(7) 子叶 1、2 稀 3
(8) 木质部具管胞,只有麻黄目、买麻藤目具导管	(8) 木质部通常具导管,仅少数原始类型树木不具导管

裸子植物 *Gymnospermae*

乔木,稀为灌木或藤木。次生木质部具管胞,稀具导管,韧皮部仅有筛管。叶多为针形、条形、披针形、稀椭圆形或折扇形。球花单性,胚珠裸生于大孢子叶上,大孢子叶从不形成密闭的子房,胚珠发育成种子。

裸子植物在地球上分布广泛,常组成大面积森林,具有重要的生态意义和经济价值。多为重要用材树种和纤维、树脂、栲胶等资源树种,有些是药用树种,还有不少著名园林绿化树种。

全世界共 12 科 71 属约 800 种,我国有 11 科 41 属 250 余种,包括引种栽培 1 科 8 属 50 余种。

1. 苏铁科 *Cycadaceae*

常绿木本植物,树干粗短,不分枝。髓部大,木质部和韧皮部较窄。叶二型:鳞片状叶互生于主干上,呈褐色,外有粗糙绒毛;营养叶集生茎端呈羽状深裂。雌雄异株,雄球花直立,单生树干顶端,小孢子叶扁平,鳞状或盾形,螺旋状排列,腹面着生多数小孢子囊,雄精细胞有纤毛,能游动;大孢子叶上部羽状分裂或近于不分裂,生于树干顶部羽状叶和鳞叶之间,胚珠 2～10。种子核果状,具 3 层种皮,胚乳丰富。

共 10 属约 110 种;我国 1 属 10 种。

苏铁属 *Cycas* L.

主干柱状直立。营养叶的羽状裂片条形或条状披针形,中脉显著。雄球花长卵形或圆柱形;大孢子叶扁平,全体密被黄褐色绒毛,不形成雌球花,稀形成疏松的雌球花。种子的外种皮肉质,中种皮木质,内中皮膜质。

约 17 种,我国 10 种。

苏铁(铁树) *Cycas revoluta* Thunb. 图 1:

树干高约 2m,稀达 8m 以上,有明显螺旋状排列的菱形叶柄残痕。树冠棕榈状。羽状叶长达 0.5～2.0m,厚革质而坚硬,羽状条形,长 8～18cm,宽 0.4～0.6cm,边缘显著反卷。雄球花长圆柱形,长 30～70cm,小孢子叶木质,密被黄褐色绒毛,下面着生多数药囊;雌球花头状半球形,大孢子叶长 14～22cm,羽状分裂,裂片 12～18 对,在孢子叶柄两侧着生 2～6 个裸露直生胚珠。种子倒卵形,微扁,红褐色或橘红色,密生灰黄色短绒毛,后渐脱落。花期 6～8 月,种熟期 10 月。

产于我国华南、西南各省区,在福建、台湾等地多露地栽植,长江流域和华北地区多盆栽。

喜光,喜温暖、湿润气候,不耐寒。喜肥沃湿润的沙壤土,不耐积水,寿命长。在华南,10 年以上的树几乎每年都开花。

可播种、分蘖、埋插繁殖。

树形古朴,主干粗壮坚硬,叶形似羽状,四季常青,为重要观赏树种。在热带地区常植于花坛中心,孤植或丛植草坪一角,对植门口两侧。亦可作大型盆栽,装饰居室,布置会场。羽状叶是插花的好材料。

图 1　苏铁

1. 羽状叶的一段;2. 羽状裂片横切片;3. 大孢子叶及种子;4. 孢子叶的腹面;5. 聚生的花药;6. 幼苗

2. 银杏科 *Ginkgoaceae*

落叶乔木。有长枝和短枝,鳞芽。叶扇形,具长柄,叶脉二叉状,在长枝上螺旋状排列,在短枝上簇生。雌雄异株;球花生于短枝顶端叶腋或苞腋;雄球花呈柔荑花序状,雄蕊多数,每雄蕊有 2 花药,雄精细胞有纤毛,能游动;雌球花有长柄,柄端分 2 叉,叉端有 1 盘状珠座,各生 1 直立胚珠。种子核果状。

银杏属 *Ginkgo* L.

仅一种,形态特征同科。

银杏(白果树) *Ginkgo biloba* L. 图 2:

高达 40m,胸径 4m;树皮灰褐色,深纵裂;大枝斜上伸展;老树树冠广卵形,青壮年树冠圆锥形。长枝上的叶顶端常 2 裂;短枝上的叶顶端波状,常不裂;叶扇形,上缘宽 5～8cm,叶柄长 5～8cm,基部楔形。种子椭圆形或球形,外种皮肉质,熟时淡黄色或橙黄色,被白粉,有臭味;中种皮骨质,白色,具 2～3 条纵脊;内种皮膜质,红褐色。花期 3～5 月,种熟期 8～10 月。

我国特产,为子遗植物,浙江天目山地区有野生。现广泛栽培于广州以北沈阳以南的广大地区。

图 2　银杏

1. 种子和长短枝;2. 雌球花枝;3. 珠座及胚珠;4. 雄球花枝;5. 雄蕊;6. 除去外种皮种子;7. 种仁纵剖面

喜光,对气候与土壤适应范围很广。深根性,萌蘖性强,具有一定的抗污染能力,对氯气、臭氧抗性较强。寿命可达千年以上。山东省莒县浮来山有株古银杏,高 24.7m,胸围 15.7m,树冠盖地面积达 1 亩多。据树下古碑文记载,此树为商代所植,距今 3 000 余年,为我国最古老的银杏树。各地古银杏树既是文化遗产,又是风景资源。

可播种、嫁接、扦插、分蘖。

树姿挺拔、雄伟、古朴,叶形奇特,秋叶金黄。丛植或混植于槭类、黄栌、乌桕等红色叶树种中,背衬苍松翠柏,深秋黄叶与红叶交相辉映。作行道树、庭荫树,对植前庭入口等均极优美。银杏老根古干,隆肿突起,如钟似乳,适于作桩景。木材可做雕刻、建筑、家具材料。种仁食用或药用。国家二级重点保护树种。

主要栽培品种:黄叶银杏('Aurea'),叶鲜黄色;垂枝银杏('Pendula'),小枝下垂;斑叶银杏('Variegata'),叶有黄斑。极有开发价值。

3. 南洋杉科 *Araucariaceae*

常绿乔木,大枝轮生。叶钻形、鳞形、宽卵形或披针形,螺旋状排列。雌雄异株,稀同株;雄球花具多数雄蕊,螺旋状排列;雌球花单生枝顶,苞鳞多数,螺旋状排列,珠鳞不发育或与苞鳞合生,仅先端分离,胚珠 1,倒生;球果大,2～3 年成熟;发育苞鳞具 1 种子,扁平。

共 2 属约 30 余种;我国引入 2 属 4 种。

南洋杉属 *Araucaria* Juss.

大枝平展或斜上展,冬芽小。同一株上的叶大小悬殊。雄球花大而球果状;雌球花的苞鳞腹面具合生珠鳞,仅先端分离,胚珠与珠鳞合生。球果大,直立,苞鳞先端具三角状或尾状尖头,种子有翅或无翅。

约 18 种;我国引入 3 种。

南洋杉 *Araucaria cunninghamii* Sweet. 图 3:

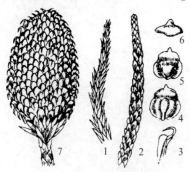

原产地树高 60～70m,胸径 1m 以上;树皮灰褐色,粗糙,横裂;大枝平展,侧生小枝密集下垂;幼树冠呈整齐的尖塔形,老时平顶状。叶二型;侧枝及幼枝上的叶多呈针状,质软,开展,排列疏松;生于老枝上的叶则紧密,卵形或三角状锥形。球果卵圆形,长 6～10cm。苞鳞先端有长尾状尖头向后弯曲,种子两侧有薄翅。

原产大洋洲,我国华南露地栽培,其他各地温室盆栽。

树形高大,姿态优美,与雪松、日本金松、金钱松、巨杉(世界爷)合称为世界五大公园树种。宜孤植为园景树或纪念树,亦作为行道树。北方常盆栽作室内装饰或布置会场。

图 3　南洋杉

1～2. 枝叶;3～6. 苞鳞背腹面;7. 球果

4. 松科 *Pinaceae*

常绿或落叶乔木,稀为灌木。叶条形、针形、四棱形,螺旋状排列,簇生或束生。球花单性,雌雄同株;雄球花具多数雄蕊,每雄蕊具 2 花药,花粉有气囊;雌球花具多数珠鳞和苞鳞,每珠鳞具 2 倒生胚珠;种鳞与苞鳞分离;雄蕊、珠鳞均螺旋状排列。球果 1～3 年成熟,熟时种鳞宿存或脱落,木质或革质,发育的种鳞各具 2 粒种子;种子有翅或无翅。

共 10 属约 230 种;我国 10 属 93 种 24 变种,另引入栽培 24 种 2 变种。

分属检索表

1. 叶条形,少四棱形或针状,均不成束:
  2. 无长、短枝之分,叶在枝上螺旋状着生;球果当年成熟:
    3. 枝上有圆形平伏叶痕;球果成熟后种鳞自中轴脱落 ·················· 冷杉属(*Abies*)
    3. 枝上有木钉状叶枕;种鳞宿存 ························· 云杉属(*Picea*)
  2. 有长、短枝之分,叶在长枝上螺旋状着生,在短枝上簇生;球果当年或翌年成熟:
    4. 常绿性,叶坚硬:
      5. 叶针状;球果翌年成熟,种鳞脱落 ·················· 雪松属(*Cedrus*)
      5. 叶条形;球果当年成熟,种鳞宿存 ·················· 银杉属(*Cathaya*)
    4. 落叶性,叶柔软;种鳞木质,脱落 ·················· 金钱松属(*Pseudolarix*)
1. 叶针形,2、3、5 针一束;种鳞有鳞盾和鳞脐 ·················· 松属(*Pinus*)

(1) 冷杉属 *Abies* Mill.

常绿乔木,树干端直,树冠尖塔形;仅具长枝,小枝有圆形平伏叶痕。叶条形扁平,上面中脉凹下,下面有两条白色气孔带,螺旋状排列或扭成 2 列状,树脂道 2,中生或边生。球花单生于叶腋。球果直立,长卵形或圆柱形;种鳞木质,熟时从中轴上脱落;苞鳞微露或不露出;种翅宽长。约 50 种,我国 22 种 3 变种。

分种检索表

1. 苞鳞露出或微露出;叶先端凹或钝:
  2. 叶边缘反卷或微反卷,先端尖或渐尖;苞鳞微露,有急尖头向外反卷 ·············· 冷杉(*A. fabri*)
  2. 叶边缘不反卷,幼树叶先端二叉状;苞鳞先端有急尖头,直伸·············· 日本冷杉(*A. firma*)
1. 苞鳞不露出;叶先端急尖或渐尖 ·················· 杉松(*A. holophylla*)

① 冷杉 *Abies fabri*(Mast.)Craib. 图 4:

树高达 40m,树冠尖塔形。树皮灰色或深灰色,薄片状开裂。大枝斜上伸展,1 年生枝淡褐色或灰黄色,凹槽内疏生短毛或无毛。叶长 1.5～3cm,先端微凹或钝,边缘反卷或微反卷,下面有 2 条白色气孔带,树脂道 2,边生。球果卵状圆柱形或短圆柱形,长 6～11cm,熟时暗蓝黑色微被白粉;苞鳞微露出,通常有急尖头向外反曲。种子长椭圆形,与种翅近等长。花期 5 月,种熟期 10 月。

产于四川西部高山海拔 2 000～4 000m 地带,组成大面积纯林。喜温凉、湿润气候,耐荫性极强,喜中性或微酸性土壤。浅根性,播种繁殖。

树姿古朴,冠形优美,易形成庄重、肃静的气氛。在适生区构成美丽的风景林。

② 日本冷杉 *Abies firma* Sieb. et Zucc. 图 5:

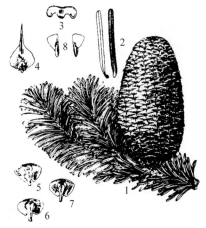

图 4 冷杉
1. 球果枝;2. 叶;3. 叶横切面;4. 苞鳞腹面及珠鳞、胚珠;5～7. 种鳞、苞鳞的背、腹面;8. 种子

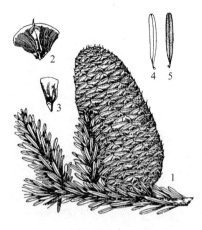

图 5　日本冷杉

1. 球果枝；2. 种鳞背面及苞鳞；3. 种子；
4、5. 叶的上下面及顶端

原产地高达 50m，胸径 2m，树冠塔形。1 年生枝淡黄灰色，凹槽中有细毛。叶长 2.5～3.5cm，幼树之叶先端 2 叉状，树脂道常 2，边生；壮龄树及果枝叶先端钝或微凹，树脂道 4，中生 2，边生 2。球果长 10～15cm，熟时淡褐色，苞鳞长于种鳞，明显外露。种子具较长的翅。

原产日本，我国台湾、浙江、安徽及南京、庐山、青岛、大连、北京等地有栽培，以庐山生长最好。

喜冷凉湿润气候，耐荫性强，喜深厚肥沃沙质的酸性或中性土壤，不耐烟尘。

以播种为主，也可扦插。

树冠尖塔形，秀而挺拔，以壮年期最佳。绿化树、用材树，也是造纸原料。

③ 杉松（辽东冷杉）*Abies holophylla* Maxim. 图 6：

树高达 30m。树皮暗褐色，浅纵裂，1 年生枝淡黄褐色，无毛。叶长 2～4cm，先端尖或渐尖；树脂道 2，中生。球果圆柱形，长 6～14cm，熟时淡褐色或深褐色。苞鳞不及种鳞之半，绝不露出。种子倒三角形，种翅宽大，较种子长。

产辽宁、吉林长白山和牡丹江流域，常栽作观赏树。北京紫竹园、北海公园有栽培。

耐荫，极耐寒。喜冷湿气候及深厚、湿润、排水良好的酸性棕色森林土。浅根性，抗病虫害及烟尘能力较强，对 SO_2 及 HF 抗性较强。

树姿雄伟、端庄，栽作风景林。绿化树、用材树，也是造纸原料。

（2）云杉属 *Picea* Dietr.

常绿乔木，枝轮生；小枝具木钉状叶枕。叶四棱状条形，四面均有气孔带，或为扁平条形，中脉两面隆起，上面有两条气孔带，螺旋状排列。树脂道多为 2，边生。雄球花多单生叶腋，雌球花单生枝顶。球果卵形或圆柱形，下垂；种鳞近革质，宿存；苞鳞极小或退化，种翅倒卵形。

约 40 种；我国有 20 种 5 变种，另引栽 2 种。

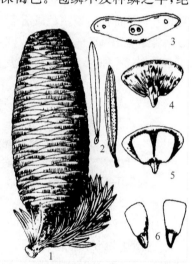

图 6　杉松

1. 球果枝；2. 叶；3. 叶横切面；4、5. 种
鳞背、腹面；6. 种子

分种检索表

1. 一年生枝褐色、黄褐色；宿存芽鳞反曲；叶四面均有气孔带：
 　2. 一年生枝多少有白粉和柔毛；叶顶端急尖；球果长 8～12cm …………………… 云杉（P. asperata）
 　2. 一年生枝无白粉；球果长 5～9cm：
 　　3. 叶顶端尖，横剖面微扁四棱形，叶表面每边 5～8 条气孔线 ………… 红皮云杉（P. koraiensis）
 　　3. 叶顶端钝或钝尖，横剖面四棱形，叶表面每边 6～7 条气孔线 ……………… 白杆（P. meyeri）
1. 一年生枝灰白色、淡黄灰白色，无毛；宿存芽鳞不反曲；叶长 0.8～1.3cm，气孔带不明显，四面均为绿色；球果长 4～8cm，径 2.5～4cm ……………………………………………………… 青杆（P. wilsonii）

① 云杉 *Picea asperata* Mast. 图7:

树高达45m,胸径1m。树皮淡灰褐色,不规则鳞片脱落;树冠尖塔形。1年生枝褐黄色,疏生或密生短柔毛,稀无毛。冬芽有树脂,宿存芽鳞反曲。叶四棱状条形,长1～2cm,先端尖,四面有气孔线。球果近圆柱形,长8～12cm,熟时栗褐色;种鳞倒卵形,先端圆或圆截形,全缘,鳞背露出部分具明显纵纹。种子倒卵形,花期4～5月,种熟期9～10月。

我国西南高山区特有树种,产四川、陕西、甘肃等省。

较喜光,稍耐荫,喜冷凉、湿润气候,耐干燥及寒冷,浅根性。播种繁殖。

枝叶茂密,苍翠壮丽。下枝能长期存在,在园林中孤植、群植或作风景林栽植。

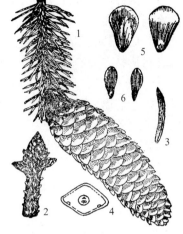

图7 云杉
1. 球果枝;2. 小枝及芽;3、4. 叶及其横剖面;5. 种鳞;6. 种子

② 红皮云杉 *Picea koraiensis* Nakai. 图8:

树冠尖塔形,大枝斜展或平展,树皮裂缝常为红褐色。1年生枝黄褐色,无白粉,无毛或有疏毛;宿存芽鳞反曲。叶四棱形,长1.2～2.2cm。球果长5～8cm,熟时黄褐至褐色,种鳞露出部分平滑。产东北大、小兴安岭和张广才岭、长白山及内蒙古等地,辽宁东部有野生。

③ 青杆 *Picea wilsonii* Mast. 图9:

树冠圆锥形,1年生枝淡灰白色或淡黄灰白色,无毛。冬芽卵圆形,无树脂,宿存芽鳞紧贴小枝,不反曲。叶横断面菱形或扁菱形,较细密,长0.8～1.3cm,先端尖,气孔带不明显,四面均为绿色。球果长5～8cm,熟时黄褐色或淡褐色;种鳞先端圆或急尖,鳞背露出部分较平滑。花期4月,种熟期10月。

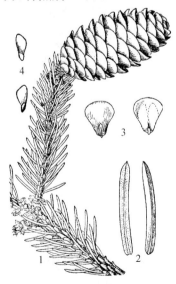

图8 红皮云杉
1. 球果枝;2. 叶;3. 种鳞;4. 种子

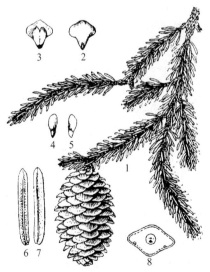

图9 青杆
1. 球果枝;2. 种鳞背面及苞鳞;3. 种鳞腹面;4、5. 种子背、腹面;6、7. 叶表、背面;8. 叶横剖面

29

我国特产树种,产河北、山西、陕西、青海、甘肃、内蒙古、四川、湖北等地,沈阳有引种栽培。为本属中分布较广的树种之一。

耐荫、耐寒、耐干冷气候,在深厚、湿润、排水良好的中性或微酸性土壤上生长良好。

树形整齐,叶较细密,可在花坛中心、草地、门前、公园、绿地栽植,还可盆栽室内装饰。

④ 白杆 *Picea meyeri* Rehd. et wils. 图 10:

树冠塔形,小枝黄褐色或红褐色,常有短柔毛,宿存芽鳞反曲。叶四棱状条形,长 1.3～3cm,四面有白色气孔带,呈粉状青绿色,先端微钝。球果长 6～9cm,鳞背露出部分有条纹。我国特产树种,分布河北、陕西、山西及内蒙古等地,为华北高山区的主要树种之一,辽宁有栽培。

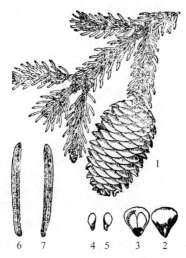

图 10 白杆
1. 球果枝;2. 种鳞背面及苞鳞;3. 种鳞腹面;4、5. 种子背、腹面;6、7. 叶表、背面

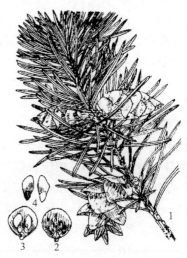

图 11 银杉
1. 球果枝;2、3. 种鳞及苞鳞背、腹面;4. 种子

(3) 银杉属 *Cathaya* Chun et Kuang

仅 1 种,我国特产,稀有树种,古生植物。

银杉 *Cathaya argyrophlla* Chun et Kuang. 图 11:

常绿乔木,高达 20m。树皮暗灰色,不规则薄片状开裂;枝有长枝及短枝,1 年生枝黄褐色,密生短柔毛,后脱落;叶枕稍隆起。叶镰状条形,在长枝上螺旋状排列,在短枝上近轮状簇生;上面中脉凹下,下面有 2 条白色气孔带;长枝叶长 4～5cm,短枝叶不足 2.5cm。雄球花单生于 2 年生枝叶腋;雌球花单生新枝下部叶腋。球果卵圆形,长 3～6cm,当年熟;种鳞 13～16枚,熟时张开,蚌壳状,木质,宿存,种鳞远大于苞鳞;种子有翅。

产广西龙胜、四川金佛山、贵州道真县及湖南新宁等林区。喜光,喜温暖湿润气候及排水良好的酸性土壤。播种或嫁接繁殖。国家一级重点保护树种,应重视保护和繁殖。

树姿如苍虬,壮丽可观。宜孤植大型建筑物前,群植草坪中作风景林。

(4) 金钱松属 *Pseudolarix* Gord.

仅 1 种,我国特产,孑遗植物。

金钱松 *Pseudolarix kaempferi* (Lindl.)Gord. 图 12:

落叶乔木,高达 50m,胸径 150cm;树冠宽塔形,树皮深褐色,深裂成鳞状块片。大枝不规则轮生,有长、短枝之分;1 年生长枝淡红褐色或黄褐色,无毛。叶条形,柔软,在长枝上螺旋状排列,在短枝上 15～30 枚簇生,呈辐射状平展。雌雄同株,雄球花簇生短枝顶端,雌球花单生短枝顶端。球果卵圆形或倒卵形,当年成熟,熟时淡红褐色,直立;种鳞木质脱落;种子有翅。花期 4～5 月,种熟期 10～11 月。

产于江苏、浙江、安徽、福建、江西、湖南、湖北等地,北京、山东泰山有栽培。

喜光、喜温暖湿润气候及深厚、肥沃、排水良好的中性或酸性土壤,不耐干瘠,不适应盐碱地和低洼积水地;有相当的耐寒性,能耐—20℃的低温,抗风性强,抗雪压。深根性,生长速度中等偏快。

播种、扦插,亦可嫁接繁殖。移植树木,应在发芽前进行,否则不易成活。

树姿挺拔雄伟,秋叶金黄色,极为美丽,为珍贵的观赏树。在浙江天目山常与银杏、柳杉、杉木、枫香、交让木、毛竹等混生形成美丽的自然景色。根皮供药用;种子榨油。国家二级重点保护树种。

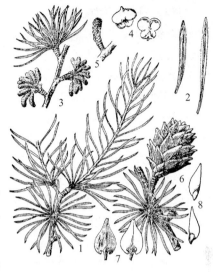

图 12　金钱松

1. 长短枝;2. 叶;3. 雄球花枝;4. 雄蕊;
5. 雌球花枝;6. 球果枝;7. 种鳞;8. 种子

(5) 雪松属 *Cedrus* Trew

常绿乔木,树干端直;大枝平展或斜展,有长、短枝之分。叶三棱状针形,坚硬。在长枝上螺旋状排列,在短枝上簇生状。雄、雌球花分别单生于短枝顶端。球果大,直立,2 年或 3 年成熟;种鳞木质,宽大,扇状倒三角形,排列紧密,密生细毛,熟时与种子同时脱落;苞鳞小,不露出。

共 4 种,我国产 1 种,另引栽 2 种。

雪松 *Cedrus deodara*(Roxb.)G. Don. 图 13:

树高达 70m,树冠塔形,枝下高极低。树皮淡灰色,裂成不规则的鳞状块片;小枝细长微下垂;1 年生长枝淡灰黄色,密生短绒毛,短枝灰色。针叶长 2.5～5cm,各面有数条气孔线。雌雄异株,稀同株。球果卵圆形或椭圆状球形,长 7～12cm,熟时红褐色;种子近三角形,种翅宽大。花期 10～11 月,种熟期翌年 10 月。

产于喜马拉雅山西部,我国西部、西南部有天然林,辽宁以南各城市有栽培。

喜光,有一定耐荫力;喜温和凉润气候,耐寒性较强。对土壤要求不严,较耐干旱瘠薄,不耐水涝;浅根性,抗风性弱;不耐烟尘,对 HF、SO_2 反应极为敏感,受害后叶迅速枯萎脱落,由此,可作为大气监测树种。隔音效果好。

雪松下部的大枝、小枝均应保留,使之自然贴近地面才显整齐美观,万万不可剪除下部枝条,否则从园林

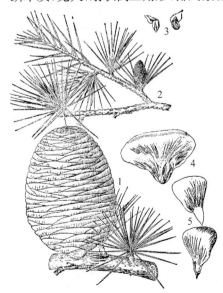

图 13　雪松

1. 球果枝;2. 雄球花枝;3. 雄蕊;4. 种鳞;
5. 种子

观赏角度而言是弄巧成拙。但作行道树时因下枝过长妨碍车辆行驶,故常剪除下枝而保持一定的枝下高度。

播种、扦插或嫁接繁殖。

树体高大,主干耸直,侧枝平展,姿态雄伟,为世界著名观赏树。最宜孤植草坪、花坛中央、建筑前庭中心、广场中心,列植干道、甬道两侧极为壮观。当冬季洁白的雪片积于翠绿色的枝叶上,形成许多高大的银色金字塔,更引人入胜。木材致密,供建筑等用。

国外常见有以下品种:银梢雪松('Albospica'),小枝顶梢绿白色;银叶雪松('Argentea'),叶较长,银灰蓝色;金叶雪松('Aurea'),树冠塔形,高3~5m,针叶春季金黄色,入秋黄绿色,冬季粉绿黄色。引进繁育上述品种很有实际意义。

(6) 松属 *Pinus* L.

常绿乔木,稀灌木;大枝轮生。冬芽显著,芽鳞多数。叶二型;鳞叶(原生叶)单生,螺旋状排列,在苗期为扁平条形,后退化成膜质片状;针叶(次生叶)束生,2、3或5针一束,生于鳞叶腋部不发育的短枝顶端,基部为芽鳞组成的叶鞘所包,叶鞘宿存或早落。雌雄同株,雄球花多数,聚生于新枝下部;雌球花1~4,生于新枝近顶端。球果翌年成熟;种鳞木质,宿存,其露出部分为鳞盾,有明显的鳞脊或无,鳞盾的中央或顶部有隆起或微凹的鳞脐,有刺或无刺;种子有翅或无翅。

约80余种;我国有22种10变种,另引栽16种2变种。

分种检索表

1. 叶鞘早落,叶内具维管束1:
  2. 针叶5针一束;鳞脐顶生,无刺状尖头:
    3. 种子无翅或具极短翅;针叶长;球果大,长9cm以上:
      4. 小枝密生黄褐色柔毛;球果熟时种鳞不张开;种子不脱落 ·················· 红松(*P. koraiensis*)
      4. 小枝绿色,无毛;球果熟时种鳞张开;种子脱落 ·················· 华山松(*P. armandii*)
    3. 种子具结合而生的长翅;小枝密柔毛;针叶短,长3.5~5.5cm; ·················
      球果较小,4.0~7.5cm ·················· 日本五针松(*P. parviflora*)
  2. 针叶3针一束;鳞脐背生,具短尖刺;小枝灰绿色,无毛;老树皮不规则片状剥落,有乳白色斑块;种子有短翅 ·················· 白皮松(*P. bungeana*)
1. 叶鞘宿存,叶内维管束2:
  5. 针叶2针一束:
    6. 树脂道边生:
      7. 小枝淡橘黄色,被白粉;种鳞较薄,鳞盾平;树皮裂片近膜质 ·················· 赤松(*P. densiflora*)
      7. 小枝淡黄褐色,或灰褐色,无白粉:
        8. 鳞盾显著隆起,鳞脊明显,鳞脐疣状突起;针叶较短,常扭转;树干上部 ·················
        树皮淡黄色 ·················· 樟子松(*P. sylvestris var. mongolica*)
        8. 鳞盾肥厚隆起,微隆起或平,鳞脐有短刺或无
          9. 针叶粗硬,鳞盾肥厚隆起,鳞脐有刺;球果淡黄色或淡褐色 ·················· 油松(*P. tabulaeformis*)
          9. 针叶细软,鳞盾平或微隆起,鳞脐无刺;球果栗褐色 ·················· 马尾松(*P. massoniana*)
    6. 树脂道中生:
      10. 冬芽褐色或栗褐色,针叶较细软 ·················· 黄山松(*P. taiwanensis*)
      10. 冬芽银白色,针叶粗硬 ·················· 黑松(*P. thunbergii*)

5. 针叶 3 针一束或与 2 针并存:
  11. 树脂道多 2(～4),中生;鳞脐具基部粗壮而反曲的尖刺;种子红褐色 ……… 火炬松(*P. taeda*)
  11. 树脂道 2～9,内生;鳞脐瘤状,具短尖刺;种子黑色并有灰色斑点 ……… 湿地松(*P. elliottii*)

① 日本五针松 *Pinus parviflora* Sieb. et Zucc. 图 14:
  原产地高达 25m。树冠圆锥形;树皮灰黑色,不规则鳞片剥裂。1 年生枝密生淡黄色柔毛。叶 5 针一束,较短细,长 3.5～5.5cm,有白色气孔线,叶鞘早落,树脂道 2,边生。球果卵圆形或卵状椭圆形,长 4～7.5cm,熟时淡褐色;种鳞长圆状倒卵形,鳞脐凹下;种子具结合而生的长翅。花期 4～5 月,种熟期翌年 6 月。

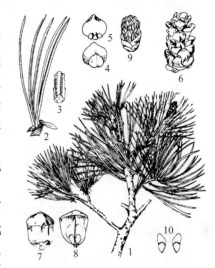

图 14　日本五针松
1. 雄球花枝;2. 针叶;3. 针叶中段的腹面;
4. 珠鳞背面及苞鳞;5. 珠鳞腹面及胚珠;
6. 球果;7、8. 种鳞背、腹面;9. 雄球花;
10. 种子

  原产日本;我国长江流域部分城市及青岛、丹东等地有栽培。常嫁接繁殖,也可播种或扦插。

  为珍贵的园林树种。由于生长慢,寿命长,形态美,可塑性强,适宜制作各类盆景和庭园美化,在长期的人工栽培条件下,使其集松树"气、骨、色、神"之大全,收"老、绿、劲、奇"为一体,形成了自己的独特风格。在公园绿地可孤植、对植。

② 红松 *Pinus koraiensis* Sieb. et Zucc. 图 15:
  树皮灰褐色,内皮红褐色,鳞片状脱落;1 年生枝密生锈褐色绒毛。叶 5 针一束,长 6～12cm,叶鞘早落。球果长 9～14cm;熟时种鳞不开裂,种鳞先端向外反曲,鳞脐顶生;种子大,无翅。产黑龙江的小兴安岭及吉林的长白山。山东泰山有栽培,生长欠佳。耐寒而不抗热。用材树;种子供食用。

③ 华山松 *Pinus armandii* Franch. 图 16:
  树冠圆锥形,树皮幼时灰绿色,平滑;1 年生枝灰绿色无毛。叶 5 针一束,长 8～15cm,有

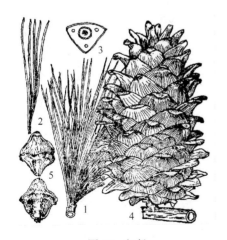

图 15　红松
1. 枝叶;2. 一束针叶;3. 叶横剖面;4. 球
果;5. 种鳞

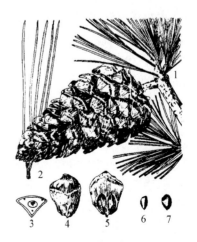

图 16　华山松
1. 球果枝;2. 一束针叶;3. 叶横剖面;
4、5. 种鳞背、腹面;6、7. 种子

极细齿,叶鞘早落。球果长 10～22cm;熟时种鳞开裂,种鳞先端不反曲;种子无翅或上部具棱脊。

产我国西部、西南部,包括宁夏、山西、陕西、河南、甘肃等地,泰山引种生长良好。

喜温凉气候,耐寒力强,不耐盐碱。播种繁殖。

高大挺拔,针叶苍翠,冠形优美,生长迅速,是优良的庭园绿化和风景林树种。

④ 白皮松(虎皮松) *Pinus bungeana* Zucc. ex Endl. 图 17:

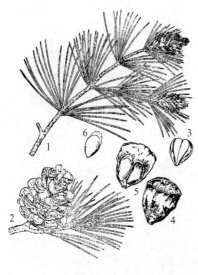

图 17　白皮松

1. 雄球花枝;2. 球果枝;3. 雄蕊;4,5. 种鳞;6. 种子

树高达 30m;主干明显,或从基部分成数干。树冠阔圆锥形或卵形;老树皮片状剥落,灰褐色、黄褐色、乳白色;幼树树皮灰绿色,平滑。1 年生枝灰绿色,无毛;冬芽红褐色。叶 3 针一束,粗硬,长 5～10cm,略弯曲,叶鞘早落。球果卵圆形,长 5～7cm,熟时淡黄褐色;鳞盾近菱形,横脊显著;鳞脐背生,具三角状短尖刺。种翅短,易脱落。花期 4～5 月,种熟期翌年 10～11 月。

我国特产树种,是东亚惟一的三针松。产于山西、河南、陕西、甘肃、四川、湖北、山东、河北、北京,南至长江流域、长沙、昆明,北至辽宁南部及内蒙古呼和浩特以南,均有栽培。

喜光,幼年稍耐荫,适生于干冷气候,不耐湿热,能耐 $-30℃$ 低温。对土壤要求不严,可生长在 pH7～8 的土壤上,是惟一能耐轻度盐碱的松树。对 SO_2 及烟尘抗性较强。深根性,生长慢,寿命长。

播种繁殖,种子应层积处理。注意防治立枯病。

树姿优美,树皮斑驳奇特,碧叶白干,宛若银龙,可谓独具奇观。我国自古以来即配植于宫廷、寺院以及名园、墓地之中。可孤植、群植成林或列植成行。山东曲阜颜庙旁之虎皮松高达 35m,干周约 5m,自主干上分出 9 个主枝,树形雄伟、壮丽,为我国古典园林中最古之白皮松巨树之一。白皮松是珍贵树种,已成为北京古都园林的特色树种。苗木有开发价值。

⑤ 赤松 *Pinus densiflora* Sieb. et Zucc. 图 18:

树高达 30m。树皮橙红色,呈不规则鳞状薄片脱落,近膜质;树冠圆锥形或伞形;冬芽红褐色。叶 2 针一束,长 8～12cm,比黑松、油松短,细软。树脂道 4～9,边生。球果卵圆形或卵状圆锥形,长 3～5.5cm,熟时淡黄褐色。种鳞较薄,鳞盾扁菱形,较平坦,横脊微隆起。鳞脐平或微凸起,有短刺,稀无刺。花期 4～5 月,种熟期翌年 9～10 月。

产黑龙江东部鸡西、东宁,经长白山至辽东半岛、山东半岛,南达江苏云台山区。

极喜光,适于温带沿海山区或平地。喜酸性或中性排水良好砂质土壤。不耐盐碱,深根性,抗风力强。

"烟叶葱茏苍麂尾,霜皮剥落紫龙鳞"是对赤松的逼真

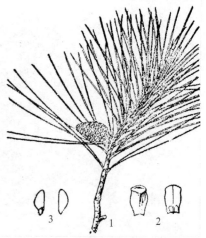

图 18　赤松

1. 球果枝;2. 种鳞;3. 种子

写照。适于门庭、入口两旁对植、草坪中孤植、林内群植或与红叶树类如黄栌、槭树类混植。亦为树桩盆景佳木。

⑥ 樟子松(獐子松、海拉尔松) *Pinus sylvestris* L. var. *mongolica* Litv. ：

树高达 30m。老树皮下部黑褐色，上部黄褐色，鳞片状开裂；1 年生枝淡黄褐色，无毛。冬芽褐色或淡黄褐色。叶 2 针一束，粗硬，常扭转，长 4~9cm，树脂道 6~11，边生。球果长卵形，长 3~6cm，淡褐灰色，鳞盾长菱形，鳞脊呈四条放射线，肥厚，特别隆起，向后反曲，鳞脐疣状凸起，具易脱落短刺。花期 5~6 月，种熟期翌年 9~10 月。

为欧洲赤松分布至远东的一个地理变种，产于黑龙江的大兴安岭、海拉尔以西和以南沙丘地带。辽宁的章古台流动沙丘引种成功，为固沙造林树种，山西雁北地区也有引种。

极喜光，适应严寒气候，能耐－40~－50℃的低温和严重的干旱，为我国松属中最耐寒的树种。喜酸性土壤，在干燥瘠薄、岩石裸露、沙地、陡坡均可生长良好。不宜在盐碱土、排水不良的粘重土壤上栽植。深根性，抗风沙。

树干端直高大，枝条开展，枝叶四季常青，为优良的庭园观赏绿化树种。为东北地区速生用材、防护林和"四旁"绿化的理想树种之一，防风固沙效果显著。适应性强，在沈阳以北至大兴安岭沙丘地带，以及东北、西北城市作园林绿化树种前景可观。沈阳、北京园林有栽培。国家三级重点保护树种。

⑦ 油松 *Pinus tabulaeformis* Carr. 图 19：

树高达 25m。青壮年树冠广卵形，老树冠呈平顶状；树皮灰褐色，裂成不规则较厚鳞状块片，裂缝及上部树皮红褐色；1 年生枝较粗，褐黄色，无毛。冬芽红褐色，圆柱形。叶 2 针一束，粗硬，长 10~15cm，树脂道 5~10，边生。球果卵圆形，长 4~9cm，熟时淡褐色。鳞盾扁菱形肥厚隆起，微具横脊，鳞脐凸起有刺。花期 4~5 月，种熟期翌年 9~10 月。

产东北南部、华北、西北。为华北植物区系的代表种之一。

极喜光，适于华北和西北干冷气候，能耐－30℃以下低温。喜深厚肥沃、排水良好的酸性、中性土壤，不耐低洼积水，不耐盐碱，耐干瘠。深根性，寿命长。很多名山古刹中均能看到寿达百年的高龄古树，山东泰山有 3 株"五大夫"松，北京北海团城上之"遮阴候"及潭柘寺、戒台寺均有著名油松古树。

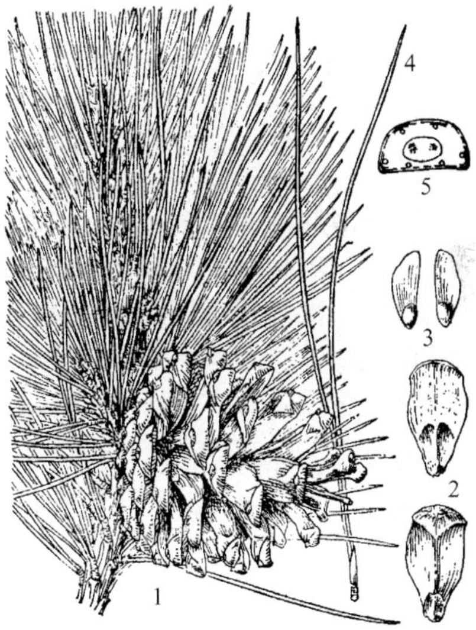

图 19 油松

1. 球果枝；2. 种鳞；3. 种子；4. 一束针叶；
5. 针叶横剖面

树姿苍劲古雅，枝叶繁茂，不畏风雪严寒，故誉为有坚贞不屈、不畏强暴的气魄，象征着革命英雄气概。天安门广场人民英雄纪念碑两侧的油松林，烘托着巨大的花岗岩石碑，象征着烈士们的崇高伟大的革命精神，万古长青，永垂不朽。在园林绿化中孤植、丛植、群植、混植均可。伴生树种有元宝枫、栎类、桦木、侧柏等。为荒山造林先锋树种之一。

变种：扫帚油松（var. *umbraculifera* Liou et Wang），小乔木，大枝向上斜伸，高 8~15m，形成帚状树冠，被视为庭园观赏的名贵树种。

⑧ 马尾松 *Pinus massoniana* Lamb. 图 20：

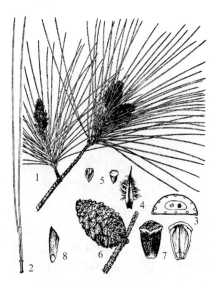

图 20　马尾松
1. 雄球花枝；2. 针叶；3. 叶横剖面；4. 芽鳞；
5. 雄蕊；6. 球果枝；7. 种鳞；8. 种子

高达 45m，胸径 150cm。壮年树冠狭圆锥形，老树冠呈伞状；树皮上部红褐色，下部灰褐色；1 年生枝淡黄褐色。冬芽褐色，圆柱形。叶 2 针一束，较细而软，长 12～20cm，树脂道 4～7，边生。球果卵圆形，长 4～7cm，熟时栗褐色，鳞盾菱形，平或微隆起，微具横脊，鳞脐微凹无刺。花期 4～5 月，种熟期翌年 10～12 月。

是我国分布最广、数量最多的一种松树。北自河南、山东南部，东起沿海低山丘陵，西南至四川、贵州，遍布于华中、华南各地。

极喜光，喜温暖湿润的气候，耐寒性差。对土壤要求不严，喜土层深厚、肥沃、酸性、微酸性的土壤。耐干旱瘠薄，不耐水涝及盐碱土。深根性，天然更新能力强，对 Cl_2 有较强抗性。

树冠如伞，姿态古奇，配以翠竹、红梅、牡丹、菊花、兰草，颇有诗情画意。若与枫树混植，松涛起伏，红叶粲然，尤饶幽趣，为江南及华南自然风景区习见绿化树种及造林先锋树种。

⑨ 黄山松（台湾松）*Pinus taiwanensis* Hayata. 图 21：

树皮深灰褐色，老树树冠平顶呈广伞形；1 年生枝淡黄褐色，无毛及白粉。冬芽深褐色，卵圆形。叶 2 针一束，短而较粗硬，通常 7～10cm，树脂道 3～9，中生。球果卵圆形，长 3～5cm，熟时栗褐色，鳞盾扁菱形稍肥厚而隆起，横脊显著，鳞脐具短刺。花期 4～5 月，种熟期翌年 10 月。

我国特产树种，产于台湾、福建、浙江、安徽、江西、湖南、湖北、河南、贵州。

极喜光，喜凉润的高山气候，在空气湿度大、土层深厚、排水良好的酸性黄壤上生长良好。深根性。

树姿雄伟、优美。适于自然风景区成片栽植，园林中可植于岩际、道旁，或聚或散，或与枫、栎混植。作树桩盆景。

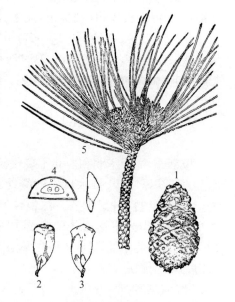

图 21　黄山松
1. 球果；2.3. 种鳞背、腹面；4. 针叶横断面；
5. 种子

⑩ 黑松（日本黑松、白芽松）*Pinus thunbergii* Parl. 图 22：

树皮黑灰色，裂成不规则较厚鳞状块片；幼树树冠狭圆锥形，老时呈伞形；小枝淡褐黄色，粗壮。冬芽银白色，圆柱形。叶 2 针一束，粗硬，长 6～12cm，树脂道 6～11，中生，叶先端针刺状。球果圆锥形，长 4～6cm，熟时褐色，鳞盾微肥厚，横脊显著，鳞脐微凹有短刺。花期 4～5 月，种熟期翌年 10 月。

原产日本及朝鲜。我国山东沿海、江苏、浙江、安徽、福建、台湾、辽东半岛等地均有栽培。

喜光,喜温暖湿润的海洋性气候。以排水良好的适当湿润富含腐殖质的中性壤土生长最好,耐瘠薄、盐碱,不耐积水。对海岸环境适应能力较强。极耐海风、海雾。深根性。

为著名的海岸绿化树种,宜作海岸风景林、防护林、海滨行道树、庭荫树。姿态古雅,容易盘扎造型,为制作树桩盆景的好材料。可作嫁接日本五针松及雪松之砧木。

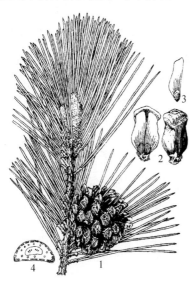

图 22 黑松
1. 球果枝;2. 种鳞;3. 种子;4. 针叶
横剖面

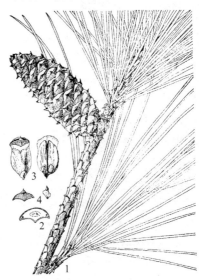

图 23 火炬松
1. 球果枝;2. 叶横剖面;3. 种鳞及种子;
4. 鳞盾和鳞脐

⑪ 火炬松(火把松) *Pinus taeda* L. 图 23:

树冠呈紧密圆头状,树皮老时呈暗灰褐色,枝每年生长数轮。叶 3 针一束,罕 2 针一束,刚硬,稍扭转,长 15～25cm;叶鞘长达 2.5cm;树脂道通常 2,中生。球果卵状长圆形,长 7.5～15cm,鳞盾沿横脊显著隆起,鳞脐具基部粗壮而反曲的尖刺。花期 3～4 月,种熟期翌年 10～11 月。

原产美国东南部,是我国引种驯化成功的国外松之一,华东、华中、华南均有引栽。长江以南各地低山丘陵可用于造林,喜温暖湿润气候。适生于酸性或微酸性土壤,在土层深厚肥沃,排水良好处生长较快,不耐水涝及盐碱土。深根性。重要采脂树种。

⑫ 湿地松 *Pinus elliottii* Engelm. 图 24:

干形通直,树冠圆形,树皮灰褐色。叶 2 针、3 针一束并存,粗硬,长 18～30cm,树脂道 2～9,多内生。叶鞘长 1.3cm。球果卵状圆锥形,长 6.5～13cm,褐色,有光泽;鳞盾肥厚,有锐横脊,鳞脐瘤状,具短尖刺。

原产美国东南部。我国 30 年代开始引栽,现已推广至长江以南各地,最北可达山东。极喜光,对气温的适应

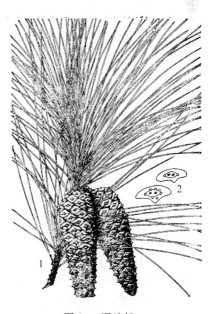

图 24 湿地松
1. 球果枝;2. 叶横剖面

性较强,能耐 40℃的极端最高温和-20℃的极端最低温。适生于中性以至强酸性红、黄沙壤。耐水湿,可生长在低洼沼泽地、湖泊、河边,故名湿地松。但长期积水生长不良,也较耐旱。深根性,抗风力强,能抗 11~12 级台风袭击。长江流域以南风景林和造林的重要树种,也是重要采脂树种。

5. 杉科 *Taxodiaceae*

常绿或落叶乔木,树冠尖塔形或圆锥形;树干端直,树皮长条片脱落。叶螺旋状排列,稀交互对生,披针形、钻形、鳞形或条形,同一树上的叶同型或异型。球花单性,雌雄同株;雄球花具多数雄蕊,各具花药 2~9 个,花粉无气囊;雌球花顶生,具多数珠鳞,珠鳞与苞鳞半合生或完全合生或珠鳞甚小或苞鳞退化,每珠鳞内有胚珠 2~9 个;雄蕊、珠鳞均螺旋状排列或交互对生。球果木质或革质,发育种鳞具 2~9 粒种子,种子常有翅。

共 10 属 16 种;我国 5 属 7 种,另引入栽培 4 属 7 种。

分属检索表

1. 叶和种鳞均为螺旋状排列:
  2. 常绿,叶革质:
    3. 叶条状披针形,叶缘有锯齿;种鳞小,苞鳞大,宽而扁,革质 ……………… 杉木属(*Cunninghamia*)
    3. 叶钻形或鳞状钻形,全缘;种鳞大,苞鳞退化或与种鳞结合而生:
      4. 种鳞扁平,革质,苞鳞退化 …………………………………………… 台湾杉属(*Taiwania*)
      4. 种鳞盾形,木质,上部有 3~7 齿裂,背部有分离的苞鳞尖头 ………… 柳杉属(*Cryptomeria*)
  2. 落叶或半常绿,叶异型,着生条形叶的小枝冬季与叶同时脱落,着生鳞叶的小枝冬季宿存
    5. 小枝绿色;种鳞扁平;种子椭圆形,下端有长翅 …………………… 水松属(*Glyptostrobus*)
    5. 小枝褐色;种鳞盾形;种子三棱形,棱背上常有厚翅 ………………… 落羽杉属(*Taxodium*)
1. 叶和种鳞均对生,叶条形,排成 2 列,无芽小枝冬季与叶同落,种鳞盾形,木质 ………………………
    …………………………………………………………………………………………… 水杉属(*Metasequoia*)

(1) 杉木属 *Cunninghamia* R. Br.

常绿乔木。叶条状披针形,螺旋状着生,基部扭转成 2 列状,叶基下延,叶缘有细锯齿。雄球花簇生枝顶,每雄蕊具 3 花药;雌球花 1~3 个集生枝顶,苞鳞与珠鳞合生,苞鳞大,扁平革质,先端尖,边缘有不规则细锯齿,珠鳞小,胚珠 3;种鳞腹面着生种子 3,种子扁平,两侧具窄翅。

共 2 种,我国特产。

杉木 *Cunninghamia lanceolata*(Lamb.) 图 25:

树高达 30m。干形通直,树皮灰黑色,长条状剥落;大枝平展。幼树树冠尖塔形,老时广圆锥形。叶在主枝上辐射伸展,在小枝上扭转成 2 列状,条状披针形,镰状微弯,长 2~6cm,上面深绿色,下面淡绿色,沿中脉两侧各有 1 条白色气孔带,叶缘有细锯齿。球果卵球形,长2.5~5cm,熟时黄棕色;种子长卵形,暗褐色,有光泽。花期 3~4 月,种熟期 10~11 月。

产秦岭、淮河以南各省区,其中浙江、安徽、江西、福建、湖南、广东、广西是杉木的中心产区。山东烟台、临沂有引种,生长尚可。

较喜光,喜温暖湿润气候,怕风、怕旱、不耐寒,最适生长在温暖多雨、静风多雾的环境。喜

深厚、肥沃、排水良好的酸性土壤,不耐盐碱土。浅根性,速生,萌芽、萌蘖力强。对有毒气体也有一定抗性。播种或扦插繁殖。

树干端直,树冠参差,极为壮观。适于大面积群植,可作风景林。我国南方重要速生用材树种之一。

(2) 台湾杉属 *Taiwania* Hayata.

常绿大乔木,大枝平展,小枝细长下垂。叶螺旋状排列,2型,大树叶鳞形,幼树及萌芽枝上的叶钻形。雄球花5～7个生于枝顶;雌球花单生枝顶,直立,苞鳞退化。球果小,种鳞革质,宿存,扁平,发育种鳞具2粒种子;种子扁平,两侧具窄翅。

共2种,均产我国。

秃杉 *Taiwania flousiana* Caussen. 图26:

高达75m,胸径250cm。树冠圆锥形,树皮灰黑色,呈不规则条状剥落,内皮红褐色。叶厚革质,大树叶长2～5mm,幼树及萌枝叶长6～15mm,直伸或微向内弯。球果圆柱形,长1.5～2.2cm,熟时褐色;种鳞21～39片,背面顶端尖头的下方有明显腺点。种子倒卵形或椭圆形。

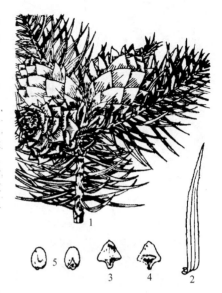

图25 杉木

1. 球果枝;2. 叶;3. 苞鳞背面;4. 苞鳞腹面及种鳞;5. 种子

产云南、贵州、湖北等地,上海、杭州、南京有栽培。

喜光,适生于温凉和夏秋多雨、冬春干燥的气候,喜排水良好的红壤、山地黄壤或棕色森林土,浅根性树种,生长快,寿命长。

树体高大,姿态雄伟,枝条婉柔下垂,蔚然可观。适生区为优良风景林,国家一级重点保护树种。

(3) 柳杉属 *Cryptomeria* D. Don

常绿乔木,树冠尖塔形。叶钻形,螺旋状排列。雄球花单生小枝顶部叶腋,多数密集成穗状;雌球花单生枝顶,珠鳞与苞鳞合生,仅先端分离。球果近球形,种鳞木质,盾形,上部肥大,有3～7裂齿,背面中部以上具有三角状分离的苞鳞尖头,发育种鳞具2～5粒种子;种子微扁,周围有窄翅。

共2种;我国产1种,另引入栽培1种。

① 柳杉 *Cryptomeria fortunei* Hooibrenk ex Otto et Dietr. 图27:

图26 秃杉

1. 球果枝;2. 枝、叶一段;3、4. 种鳞背、腹面;5、6. 种子

树高达40m。树皮红褐色,长条片状脱落;树冠圆锥形,大枝近轮生,小枝柔软下垂。叶长1～1.5cm,略向内弯曲,幼树及萌枝上叶长达2.4cm,球果径1.2～2cm。种鳞约20枚,上部多4～5裂齿,呈短三角形;发育种鳞具2种子。花期4月,种熟期10月。

我国特有树种,产长江流域以南,山东、河南、山西等地有少量栽培。

图 27　1~5. 柳杉；6~10. 日本柳杉
1、6. 球果枝；2、7. 种鳞背面及苞鳞上部；
3、8. 种鳞腹面；4、9. 种子；5、10. 叶

中等喜光；喜温暖湿润、云雾弥漫、夏季较凉爽的气候。喜酸性土壤。浅根性，对 SO_2、Cl_2、HF 均有一定抗性，为优良防污染树种。播种或扦插繁殖。

树枝挺秀，小枝略垂，适孤植于花坛中心，对植建筑物两侧，亦可用于工矿区绿化。自古以来常用作墓道树和风景林。

② 日本柳杉 *Cryptomeria japonica*（L. f.）D. Don. 图 27：

与柳杉的区别：叶直伸，通常先端不内曲，长 0.4~2cm。种鳞 20~30 枚，先端裂齿和苞鳞的尖头均较长，每种鳞各具 2~5 种子。

园艺品种较多，如千头柳杉、短丛柳杉、圆球柳杉等。

原产日本，我国长江中下游各地和山东青岛、泰安有引栽，生长良好。

（4）水松属 *Glyptostrobus* Endl.

仅 1 种，产我国，第四纪冰川期后的孑遗植物。

水松 *Glyptostrobus pensilis*（Staunt.）Koch. 图 28：

落叶或半常绿乔木，高达 10m。树冠圆锥形；树皮褐色，树干具扭纹，生于低湿环境者树干基部膨大成柱槽状，并有呼吸根伸出土面；枝条经冬保持绿色。叶异型，条形叶及条状钻形叶较长，柔软，在小枝上各排成 2~3 列，冬季与小枝同落；鳞形叶较小，紧贴生于小枝上，冬季宿存。球花单生于具鳞叶的小枝顶端。球果倒卵球形，长 2~2.5cm，直立；种鳞木质，背部上缘具三角形尖齿 6~10，近中部有一反曲尖头；发育种鳞具 2 粒种子，种子椭圆形微扁，种子下部具长翅。花期 1~2 月，种熟 10~11 月。

产江西、福建、广东、广西、云南、四川等地，长江流域各城市有栽培。日本有不少水松古木，北海道最大 1 株树干直径 2.2m，树龄 3 000 年。

极喜光，喜温暖湿润气候，不耐低温。极耐水湿，不耐盐碱土。浅根性，但根系强大，萌芽、萌蘖力强，寿命长。

叶入秋变褐色，颇为美丽。在水边、低湿处栽植尤为雅致，也可作防风护堤树。材质轻浮，浮力大，可用作救生圈、瓶塞等。国家二级重点保护树种。

（5）落羽杉属 *Taxodium* Rich.

落叶或半常绿乔木，干基膨大，常有膝状呼吸根。具脱落性小枝。叶二型，螺旋状排列，条形叶着生在无芽的 1 年生枝上排成 2 列，冬季与枝同时脱落；钻形叶着生在有芽的小枝上，冬季宿存。雄球花集生枝顶；雌球花单生去年枝顶。球果种鳞木质，盾形，苞鳞与种鳞仅先端分

图 28　水松
1. 球果枝；2. 雌球花枝；3、4. 种鳞背、腹面；
5. 种子

离,向外凸起呈三角状小尖头;发育种鳞各具 2 种子,种子呈不规则三角形,有锐脊状厚翅。

共 3 种,产北美及墨西哥,我国均有引种。

① 落羽杉(落羽松) *Taxodium distichum* (L.) Rich. 图 29:

高达 50m,胸径 3m,幼树树冠圆锥形,老时伞形;树皮褐色,纵裂成长条片脱落。侧生小枝排成 2 列。叶条形,长 1～1.5cm,扁平,排成羽状 2 列,互生状。球果径 2.5cm,熟时淡褐黄色,被白粉,种鳞脱落。花期 3 月,果期翌年 10 月。

原产北美东南部沼泽地区,长江流域广泛栽培,山东、河南也有引种栽培。

喜光,喜温暖湿润气候,适生于海岸、沼泽或潮湿地。生长快,寿命长,根系发达。

树形整齐美观,近羽毛状的叶丛入秋变为古铜色,极为秀丽,是世界著名的园林树种。

② 池杉(池柏) *Taxodium ascendens* Brongn. 图 29:

与落羽杉的区别:叶多钻形,长 0.4～1cm,紧贴小枝上,仅上部稍分离。

③ 墨西哥落羽杉(墨杉) *Taxodium mucronatum* Tenore.:

半常绿或常绿乔木,树干上有很多不定芽萌发的小枝。叶条形,扁平,长约 1cm,排成较紧密的羽状 2 列。

图 29　1～3. 落羽杉　4～5. 池杉
1. 球果枝;2. 种鳞顶部;3. 种鳞侧面;
4. 小枝及叶;5. 小枝与叶局部

(6) 水杉属 *Metasequoia* Miki ex Hu et Cheng

仅 1 种,我国特产,有活化石之称,第四纪冰川期后的孑遗植物。

图 30　水杉
1. 球果枝;2. 雄球花枝;3. 球果;4. 种子;
5. 雄球花;6. 雄蕊

水杉 *Metasequoia glyptostroboides* Hu et Cheng. 图 30:

落叶乔木,高达 35m。树皮灰褐色,长条片脱落;幼树树冠尖塔形,老树则为广圆形,树干基部常膨大;小枝及侧芽均对生,冬芽显著,芽鳞交互对生。叶交互对生,条形,柔软,扭成羽状二列,冬季与侧生无芽小枝同时脱落。雄球花单生叶腋或枝顶;雌球花单生枝顶;雄蕊、珠鳞均交互对生。球果近球形,具长柄;种鳞木质,盾形,熟时宿存中轴上;发育种鳞具种子 5～9 个,种子扁平,周围有狭翅。花期 2 月,种熟期 11 月。

天然分布于四川石柱县、湖北利川县及湖南南龙山、桑植等地。目前已普遍引种,东起江苏、浙江沿海,西达云贵高原,南自广东、广西,北至辽宁都有栽培。已成为长江中、下游各地平原河网地带重要的"四旁"绿化树种之一。

喜光,喜温暖湿润气候,在深厚、肥沃的酸性土壤上生长最好;喜湿又怕涝,浅根性,速生。播种或扦插繁殖。

树姿优美挺拔,叶色翠绿鲜明,秋叶转棕褐色,最宜列植堤岸、溪边、池畔,群植在公园绿地低洼处或成片与池杉混植。在湖边等近水处点缀或草坪中散植几丛,效果均好,是城市郊区、风景区绿化的重要树种。国家一级重点保护树种。

6. 柏科 *Cupressaceae*

常绿乔木或灌木。叶鳞形或刺形,鳞叶交互对生,刺叶交互对生或3叶轮生。球花单性,雌雄同株;雄蕊和珠鳞均交互对生或3枚轮生,雌球花具珠鳞3~18,每珠鳞各具1~3个直生胚珠,苞鳞与珠鳞合生,仅尖头分离。球果1~2年熟,熟时开裂或肉质合生。种子具窄翅或无翅。

共22属约150种;我国8属30种,6变种;另引栽1属。

分属检索表

1. 球果种鳞木质或近革质,熟时开裂,种子通常有翅,稀无翅:
  2. 种鳞扁平或近扁平,球果当年成熟:
    3. 种鳞木质,厚,背部顶端有一弯曲钩状尖头,种子无翅 ·················· 侧柏属(*Platycladus*)
    3. 种鳞近革质,薄,顶端有钩状突起,种子两侧有翅 ·················· 崖柏属(*Thuja*)
  2. 种鳞盾形,球果翌年或当年成熟:
    4. 鳞叶小,长2mm以内;球果具4~8对种鳞,种子两侧具窄翅:
      5. 球果当年成熟 ·················· 扁柏属(*Chamaecyparis*)
      5. 球果翌年成熟 ·················· 柏木属(*Cupressus*)
    4. 鳞叶大,长3~6mm;球果具6~8对种鳞,种子上部具2大小不等的翅 ····· 福建柏属(*Fokienia*)
1. 球果肉质,浆果状,熟时不开裂,种子无翅:
  6. 叶全为刺叶或鳞叶,或同1株树上两者兼有,刺叶下延生长 ·················· 圆柏属(*Sabina*)
  6. 叶全为刺叶,基部有关节,不下延生长 ·················· 刺柏属(*Juniperus*)

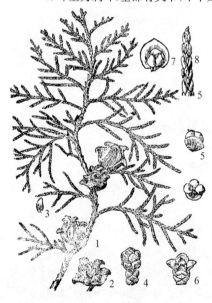

图31 侧柏
1. 球果枝;2. 球果;3. 种子;4. 雄球花;5. 雄蕊;6. 雌球花;7. 珠鳞及胚珠;8. 鳞叶枝

(1) 侧柏属 *Platycladus* Spach

仅1种,我国特产。

侧柏 *Platycladus orientalis*(L.)Franco. 图31:

乔木,高达20m。老树干多扭转,树皮淡褐色,细条状纵裂。小枝扁平,排成一平面,两面同型,背面有腺点;鳞叶交互对生,长1~3mm,先端微钝。球花单性,雌雄同株,单生枝顶,雌球花具4对珠鳞,仅中间2对珠鳞各有1~2胚珠。球果当年成熟,开裂,种鳞木质,背部中央有一反曲的钩状尖头,中部2对种鳞各具1~2种子;种子长卵圆形无翅。花期3~4月,种熟期9~10月。

产我国南北各地,目前全国各地均有栽培。

喜光,适应广泛;耐干瘠,耐盐碱;喜深厚、肥沃钙质土壤。不耐积水,浅根性,但侧根发达,萌芽性强,耐修剪。寿命长,抗SO_2、HCl等有毒气体。播种繁殖。品种嫁接繁殖。

我国应用最普遍的观赏树木之一,自古以来即多栽于庭园、寺庙、墓地等处。北京中山公园就有辽代古柏；山东泰山岱庙的汉柏，相传为汉武帝所植；山东曲阜孔林之老柏树、陕西黄陵县轩辕庙的"轩辕柏"，据推算，树龄已超过 2 700 年；在园林中可片植、列植，还可用于道路庇荫或作绿篱，也可用于工厂和"四旁"绿化。品种可作花坛中心植，装饰建筑、雕塑或组色块均较合适。用材树；种子榨油，根、枝、叶、树皮药用。

栽培品种有：千头柏('Sieboldii')，丛生灌木，无明显主干，枝密生直展，树冠卵状球形，叶鲜绿色。金塔柏('Beverleyensis')，小乔木，树冠窄塔形，叶金黄色。洒金千头柏('Aurea')，外形与千头柏相似，嫩叶黄色。金黄球柏('Semperaurescens')，矮型紧密灌木，树冠近球形，高达 3m，叶全年金黄色。目前，园林绿化中常用。

（2）崖柏属 *Thuja* L.

本属与侧柏属的区别为：球果具 4～6 对种鳞，种鳞薄革质，扁平，苞鳞与种鳞完全愈合，仅种鳞顶端具突起尖头。发育的种鳞各具 2 粒种子；种子扁平，两侧有翅。

共 6 种，我国 2 种，另引入栽培 3 种。

北美香柏 *Thuja occidentalis* L. 图 32：

乔木，树皮红褐色；树冠圆锥形。两侧鳞叶先端尖，内弯，中间鳞叶明显隆起并有透明油圆腺点，鳞叶长 1.5～3mm，揉碎有香气。球果长椭圆形，淡黄褐色，种鳞多 5 对，下面 2～3 对发育，各具 1～2 种子。

原产北美，品种很多。华东各城市有栽培，北京可露地越冬。

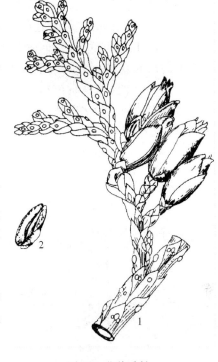

图 32 北美香柏
1. 球果枝；2. 种子

喜光，有一定耐荫力，耐瘠薄，耐修剪，能生长在潮湿的碱性土壤上，抗烟尘和有毒气体能力强。播种、扦插或嫁接繁殖。

树冠整齐，可孤植和丛植于庭园、广场、草坪边缘或点缀装饰树坛，可作风景小品，尤以栽作绿篱最佳。

（3）柏木属 *Cupressus* L.

乔木，稀灌木；着生鳞叶小枝通常不排成一平面。鳞叶交互对生，仅幼苗或萌枝上的叶为刺形。雌雄同株，球花单生枝顶。球果圆球形，翌年成熟；种鳞 4～8 对，木质，盾形，熟时开裂，发育种鳞有 5 至多数种子；种子扁，有棱角，两侧具窄翅。子叶 2～5。

共 20 种，我国 5 种，另引入栽培 4 种。

① 柏木 *Cupressus funebris* Endl. 图 33：

高达 35m，胸径 200cm。树冠圆锥形，树皮淡褐灰色。小枝细长下垂，生鳞叶小枝扁平，排成一平面，两面均绿色，先端尖。球果径 0.8～1.2cm，熟时暗褐色，种鳞 4 对，

图 33 柏木
1. 球花、球果枝；2. 小枝放大示鳞叶；
3、4. 雄蕊；5. 雌球花；6. 球果；7. 种子

43

顶端为不规则五角形或方形,发育种鳞具 5~6 种子。花期 3~5 月,种熟期翌年 5~6 月。

广布于长江流域各地,南达广东、广西,西至甘肃、陕西,以四川、湖北、贵州栽植最多。

喜光,喜温暖湿润气候,最适深厚、肥沃的钙质土壤,耐干瘠。是亚热带地区石灰岩山地钙质土上的指示植被。浅根性,萌芽力强,耐修剪,抗有毒气体能力强。寿命长。播种繁殖。

为庭园最常见之观赏树木。树姿秀丽清雅,在风景区成片栽植,可发挥其特有之美。石灰岩地区造林及园林绿化树种。

(4) 扁柏属 *Chamaecyparis* Spach

图 34 日本扁柏

1. 球果枝;2. 球果;3. 种子;4. 鳞叶排列

与柏木属的区别为:生鳞叶小枝通常扁平,排成一平面。球果当年成熟,发育种鳞有种子 3(1~5);子叶 2。

共 6 种,我国 1 种,1 变种,另引入栽培 4 种。

① 日 本 扁 柏 *Chamaecyparis obtusa* (Sieb. et Zucc.) Endl. 图 34:

原产地高达 40m。树冠尖塔形。生鳞叶小枝背面白粉不明显,鳞叶肥厚,先端钝,紧贴小枝。球果径 8~12mm,种鳞 4 对,种子近圆形,两侧有窄翅。花期 4 月,种熟期 10~11 月。

原产日本;我国华东各城市均有栽培,北京可露天越冬。

中等喜光,喜温暖湿润气候,浅根性。

播种繁殖,品种可扦插、压条或嫁接。

树形挺秀,枝叶多姿,或成片状伸展若云,或似孔雀之尾。与花柏、罗汉柏、金松同为日本珍贵名木。可作风景林、园景树、行道树,也可作隐蔽树或背景树及绿篱。其品种可孤植,在规则式园林中整修成绿墙、绿门及花坛模纹。木材可供建筑、造纸、雕刻等。

常见品种有:云片柏('Breviramea'),小乔木,高达 5m,树冠窄塔形,生鳞叶的小枝排成规则的云片状。洒金云片柏('Breviramea Aurea'),小枝延长而窄,顶端鳞叶金黄色。凤尾柏('Filicoides'),丛生灌木,小枝短,扁平而密集,鳞叶小而厚,顶端钝,背有脊,常有腺点,深亮绿色,外形颇似凤尾蕨状。孔雀柏('Tetragona'),灌木或小乔木,枝近直展,生鳞叶的小枝辐射状排列,或微排成平面。

② 日 本 花 柏 (花 柏) *Chamaecyparis pisifera* (Sieb. et Zucc.) Endl. 图 35:

与日本扁柏的区别:生鳞叶小枝下面白粉显著,鳞叶先端锐尖,两侧叶较中间叶稍长。球果径约 6mm,种鳞 5~6 对,种子三角状卵形,两侧有宽翅。

原产日本;我国引种栽培。

中等喜光,喜温暖湿润气候和湿润土壤,较耐寒,耐

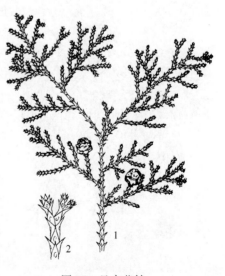

图 35 日本花柏

1. 球果枝;2. 鳞叶放大

修剪。

　　枝叶细柔,姿态婆娑,栽培变种姿态奇特,观赏价值很高。可于公园、庭园、机关、学校中孤植、丛植、群植于假山石畔、花坛或花境处,都可取得良好观赏效果。植于甬道、纪念性建筑物周围亦颇雄伟壮观。日本园林中常见。

　　栽培品种有:线柏('Filifera'),灌木或小乔木,树冠球形,小枝细长下垂,鳞叶形小,端锐尖。绒柏('Squarrosa'),灌木或小乔木,树冠塔形,小枝不规则着生,枝叶浓密,叶全为柔软的线形刺叶,背面有 2 条白色气孔带。羽叶花柏('Plumose'),灌木或小乔木,树冠圆锥形,枝叶紧密,小枝羽状,鳞叶刺状,柔软开展,长 3~4mm,表面绿色,背面粉白色。

(5) 福建柏属 *Fokienia* Henry et Thomas

仅 1 种,我国特产。

福建柏 *Fokienia hodginsii* Henry et Thomas. 图 36:

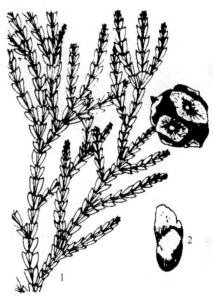

高达 20m;树皮紫褐色,浅纵裂。小枝扁平,排成一平面。鳞叶 2 型,幼树及萌枝中央的鳞叶呈楔状倒披针形,两侧的鳞叶近长椭圆形,先端急尖,明显成节,上面绿色,下面被白粉。球花雌雄同株,单生枝顶。球果径 2~2.5cm;种鳞 6~8 对,木质,盾形,顶部中间微凹,有小凸起尖头,熟时开裂;发育种鳞各具 2 种子,种子卵形,种脐明显,上部有一大一小的薄翅。花期 3~4 月,种熟期翌年 10~11 月。

产浙江、福建、江西、湖南、广东、广西、贵州、四川、云南等地。安徽引栽,生长良好。

喜光,稍耐荫,适于温暖湿润气候;在肥沃、湿润的酸性或强酸性黄壤或红壤上生长良好。浅根性,侧根发达。

树干挺拔雄伟,鳞叶紧密,蓝白相间,奇特可爱。在园林中常片植、列植、混植或孤植草坪中,亦可盆栽作桩景。国家二级重点保护树种。

图 36　福建柏
1. 球果枝;2. 种子

(6) 圆柏属 *Sabina* Mill.

乔木或灌木,冬芽不显著。叶 2 型,刺叶 3 枚轮生或交互对生,叶基下延生长,无关节;鳞叶交互对生。球花雌雄异株或同株,单生小枝顶。球果浆果状,种鳞肉质,不开裂,通常翌年成熟,稀 3 年成熟;种鳞 2~4 对;种子 1~6,无翅。

共 50 种;我国 17 种 3 变种,另引入栽培 2 种。

分种检索表

1. 叶全为鳞叶,或鳞叶、刺叶并存,或仅幼树全为刺叶:
  2. 球果卵形或近球形;刺叶 3 叶轮生或交互对生,鳞叶背面腺体位于中部以下;多乔木:
    3. 鳞叶先端钝,刺叶 3 叶轮生,等长;生鳞叶的小枝近圆形;球果翌年成熟,种子 2~4 ··············
    ···················· 圆柏(*S. chinensis*)
    3. 鳞叶先端尖,刺叶交互对生,不等长;生鳞叶的小枝四棱形;球果当年成熟,种子 1~2 粒 ········

.... 北美圆柏(*S. virginiana*)

  2. 球果倒三角状或叉状球形;壮龄树几全为鳞叶,背面腺体位于中部;幼树多刺叶,交互对生;匍匐灌木 .... 砂地柏(*S. vulgaris*)

1. 叶全为刺叶:

  4. 直立灌木;球果具 1 粒种子 .... 粉柏(*S. squamata*)

  4. 匍匐灌木;球果具 2～3 粒种子 .... 铺地柏(*S. procumbens*)

① 圆柏(桧柏)*Sabina chinensis*(L.)Ant. 图 37:

高达 20m。树皮灰褐色,纵裂成条状剥落,干有时扭转;幼树树冠尖塔形,老树呈广圆形。幼树全为刺叶,等长,老树全为鳞叶,壮龄树两种叶并存;鳞叶先端钝,生鳞叶的小枝近圆形;刺叶 3 叶轮生。雌雄异株,稀同株。球果 2 年熟,近球形,径 6～8mm,熟时暗褐色,外被白粉;种子 1～4。花期 4 月,种熟期翌年 10～11 月。

原产东北南部及华北,北起辽宁、内蒙古,南达华南北部,东起沿海,西至四川、云南、陕西、甘肃等省区。

喜光又耐庇荫,喜温凉稍干燥的气候,耐寒冷。对土壤适应广,耐干旱瘠薄,深根性,耐修剪,易整形,寿命长。对 SO_2、Cl_2 和 HF 等多种有害气体抗性强,阻尘和隔音效果良好。

播种繁殖,变种、品种用腹接或扦插,砧木用圆柏或侧柏。

图 37　圆柏

1. 球果枝;2. 刺叶小枝放大;3. 鳞叶小枝放大;
4. 雄球花枝;5. 雄球花;6. 雌球花

树形优美,老树干枝扭曲,奇姿古态,可独成一景,是我国自古喜用的园林树种之一。多配植于庙宇、陵墓作甬道树和纪念树。可群植草坪边缘作背景树。龙柏独具特色,侧枝扭转向上,宛若游龙盘旋,常对植、列植建筑庭前两旁,或植于花坛中心或作绿篱、组模纹色块。塔柏等柱形品种用于高速公路绿化。偃柏是良好地被植物,是重要的用材树和绿化树。

圆柏的变种、品种很多,在习性、树形、枝叶、色泽均富多样性。常见的有:龙柏('Kaizuca'),树冠窄圆柱状塔形,侧枝短而环抱主干,端梢扭转上升,如龙舞空,小枝密,全为鳞叶,老时翠绿色。球果蓝绿色,略有白粉。金叶桧('Aurea'),圆锥状直立灌木,刺叶和鳞叶,鳞叶初为金黄色,后变绿色。塔柏('Pyramidalis'),树冠圆柱形;枝直伸密集,叶几乎全为刺形。鹿角桧('Pfitzeriana'),丛生灌木,干枝自地面而向四周斜展,上伸,全为鳞叶。偃柏('Sargentii'),匍匐灌木,刺叶或鳞叶。

② 铅笔柏 *Sabina virginiana*(L.)Ant. 图 38:

与圆柏区别为:树冠柱状圆锥形。刺叶交互对生,不等长;生鳞叶小枝细,四棱形,鳞叶先端尖。球果当年成熟,径 5～6mm。熟时蓝绿色,被白粉。种子 1～2 粒。花期 3 月,种熟期 10 月。

原产北美。华东地区引种栽培。山东泰安生长良好。

喜温暖,适应性强,对 SO_2 及其他有害气体抗性较强。播种繁殖。

树形挺拔,枝叶清秀,为优良绿化树种。木材为高级铅笔杆的材料,驰名于世。

③ 粉柏(翠柏) *Sabina squamata* (Buch. —Ham.) Ant. 'Meyeri':

为高山柏的栽培品种,直立灌木,小枝密集全为刺叶,3叶交叉轮生,条状披针形,两面均被白粉。球果卵圆形,径约6mm,种子1。

黄河流域至长江流域常栽培,北京可露地越冬。用圆柏或侧柏作砧木嫁接繁殖。

树冠浓郁,叶色翠蓝,适合孤植,点缀假山石或建筑物,盆栽室内装饰。

④ 铺地柏 *Sabina procumbens* (Endl.) Iwata et Knsaka. 图39:

匍匐小灌木,枝条沿地面伏生,枝梢向上伸展;全为刺叶,3叶轮生,上面凹,有2条白色气孔带常于上部汇合,下面蓝绿色。球果近球形,径8~9mm,熟时黑色,外被白粉,种子2~3,有棱脊。

原产日本,我国各地园林常见栽培。以扦插为主,也可嫁接、压条或播种。

姿态蜿蜒匍匐,色彩苍翠葱茏,是理想的木本地被植物。

⑤ 砂地柏(叉子圆柏) *Sabina vulgaris* Ant. 图40:

图38 铅笔柏

1. 刺叶枝和鳞叶枝;2. 刺叶枝放大;3. 鳞叶枝放大

图39 铺地柏

1. 球果枝;2. 叶枝;3. 叶;4. 球果

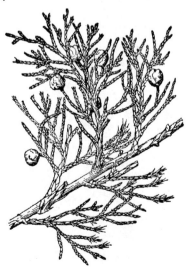

图40 砂地柏

47

匍匐灌木,高不及 1m。枝密生,斜上伸展。叶 2型:刺叶仅出现在幼树上,长 3～7mm,上面凹,下面拱形,中部有腺体;壮龄树几全为鳞叶,背面有明显腺体。雌雄异株。球果卵球形或球形,径 7～8mm,熟时蓝黑色,有蜡粉;种子 2～3(1～5)。

产西北及内蒙古,北京、西安、济南等地有引种。

耐旱性强,可作园林绿化中的护坡、地被、固沙树种。是理想的木本地被植物。

(7) 刺柏属 *Juniperus* L.

乔木或灌木,冬芽显著。全为刺叶,3 叶轮生,基部有关节,不下延。雌雄同株或异株,球花单生叶腋;雄球花具 5 对雄蕊;雌球花具珠鳞 3,苞鳞与珠鳞合生,仅顶端尖头分离,胚珠 3。球果 2～3 年成熟,浆果状;种鳞 3,肉质合生,种子通常 3,无翅。

约 10 余种;我国 3 种,另引入栽培 1 种。

① 刺柏 *Juniperus formosana* Hayata. 图 41:

高达 12m,树冠窄塔形或圆锥形。小枝下垂;叶条状刺形,长 1.2～2cm,先端渐尖,具锐尖头,上面中脉绿色,隆起,两侧各有 1 条白色气孔带,下面绿色,有光泽。球果近球形,径 6～9mm。熟时淡红褐色,被白粉或脱落;种子半月形,具 3～4 棱脊。花期 3 月,种熟期翌年 10 月。

我国特产,东起台湾,西至西藏,西北至甘肃、青海,长江流域各地普遍分布。山东泰安岱庙有种植,生长良好。

喜光,喜温暖湿润气候,适应性强,耐干瘠,常出现于石灰岩上或石灰质土壤中。

播种或嫁接繁殖。

因其枝条斜展,小枝下垂,树冠塔形或圆锥形,姿态优美,故有"垂柏"、"堕柏"之称。适于庭园和公园中对植、列植、孤植、群植。也可作水土保持树种。

② 杜松 *Juniperus rigida* Sieb. et Zucc. 图 42:

高达 10m。树冠塔形或圆锥形,小枝下垂。叶条状刺形,质厚,坚硬,长 1.2～1.7cm,先端锐尖,上面中脉凹下成深槽,内有 1 条窄白粉带,下面有明显纵脊。球果径 6～8mm,熟时淡褐黑色,被白粉,种子近卵圆形,顶端尖,有 4 条钝棱脊。花期 5 月,种熟期翌年 10 月。

产东北、华北,西至陕西、甘肃、宁夏等地。

图 41　刺柏

1. 球果枝;2. 雄花枝;3. 刺叶放大;4. 雄蕊背腹面;5. 球果;6. 种子

图 42　杜松

1. 球果枝;2. 刺叶侧面;3. 刺叶横切面

7. 罗汉松科(竹柏科)*Podocarpaceae*

常绿乔木或灌木。叶螺旋状着生,稀对生;条形、鳞形、披针形或长椭圆形。雌雄异株,稀同株;雄球花穗状,单生或簇生叶腋,稀顶生,雄蕊多数,螺旋状互生,花药 2;雌球花具数枚螺旋状着生的苞片,通常仅顶端的苞腋着生 1 胚珠,或苞腋均具胚珠。种子核果状或坚果状,有假种皮,有梗或无梗。

共 7 属 130 余种;我国 2 属 14 种 3 变种。

罗汉松属 *Podocarpus* L'Her. ex Persoon

乔木,稀灌木。叶互生或对生,叶形不一。雌雄异株,雄球花单生或簇生叶腋;雌球花常单生叶腋,基部有苞片数枚,顶部苞腋有套被和倒生胚珠 1,花后套被增厚成肉质假种皮,苞片发育成种托。种子核果状,全部为肉质假种皮所包。着生肉质或干瘦的种托上,具长梗。

我国 13 种 3 变种。

① 罗汉松 *Podocarpus macrophyllus*（Thunb.）D. Don. 图 43:

乔木,高达 20m。树冠广卵形;树皮灰褐色,薄片状脱落。叶条形,螺旋状着生,长 7～12cm,先端尖,两面中脉明显。雄球花 3～5 簇生叶腋;雌球花单生叶腋。种子卵圆形,熟时假种皮紫黑色,被白粉,种托红色肉质圆柱形,柄长 1～1.5cm。花期 4～5 月,种熟期 8～9 月。

产长江流域以南,西至四川、云南。北方盆栽。

喜光,耐半荫,喜温暖湿润气候,耐寒性差。萌芽力强,耐修剪,抗病虫害及多种有害气体,寿命长。播种或扦插繁殖。

树姿秀丽葱郁,绿色种子之下有比它大 1 倍的红色种托,好似许多披着红色袈裟正在打坐的罗汉惹人喜爱。耐修剪,可作绿篱,亦可作树桩盆景材料。适于工厂及海岸绿化。

变种:短叶罗汉松（var. *maki*（Sieb.）Endl.）,小乔木或灌木,枝向上伸展。叶密生,长 2.5～7cm,先端钝圆。狭叶罗汉松（var. *angustifolius* Blume）,灌木或小乔木,叶长 5～9cm,先端渐尖或长尖。

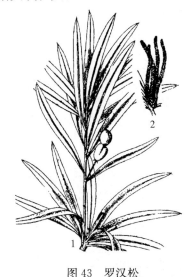

图 43 罗汉松
1. 种子枝;2. 雄球花枝

图 44 竹柏
1. 种枝;2. 雄球花枝;3. 雄球花;
4. 雄蕊;5. 雌球花枝

② 竹柏(猪油木、罗汉柴) *Podocarpus nagi*(Thunb.)Zoll. et Mor. ex Zoll. 图 44:

与罗汉松的区别:叶对生或近对生,卵形至椭圆状披针形,形状、大小极像竹叶,革质,无中脉,具多数平行细脉。雄球花穗状圆柱形,单生叶腋,常呈分枝状。种子球形,熟时假种皮暗紫色,种托干瘦,不膨大,木质。花期 3～4 月,种熟期 9～10 月。

产华南,长江流域有栽培。

耐荫树种,畏强光。喜温暖湿润气候;不耐修剪。播种或扦插繁殖。

叶形如竹,挺秀美观。适于建筑物南侧、门庭入口、园路两边配植。在公园绿地中,可作园景树,亦可与其他针叶、阔叶树种混交。著名木本油料树种,叶、树皮药用。

图 45 鸡毛松
1. 种子枝;2. 条形叶;3. 鳞叶;
4. 种子

③ 鸡毛松 *Podocarpus imbricatus* Blume. 图 45:

高达 30m。叶 2 型,幼树、萌枝或小枝上部的叶钻状条形,羽状 2 列,形似羽毛;老枝及果枝上叶鳞形,螺旋状排列。熟时假种皮红色,无柄。

主产海南、广东、广西、云南等地,华南地区园林绿化及造林树种。国家三级重点保护树种。

8. 三尖杉科(粗榧科) *Cephalotaxaceae*

常绿乔木或灌木,小枝常对生。叶条形或条状披针形,螺旋状着生而基部扭成 2 列,上面中脉隆起,下面有 2 条宽气孔带。球花单性,常异株,雄球花 6～11 聚生成头状,腋生,基部着生多数苞片;雌球花具长梗,常生于苞腋,花梗上具数对交互对生的苞片,每苞腋有直生胚珠 2,胚珠基部具囊状珠托。种子核果状,翌年成熟,全包于由珠托发育而成的假种皮内,外种皮骨质,内种皮膜质。

1 属 9 种;我国 7 种 3 变种,引栽 1 变种。

三尖杉属(粗榧属) *Cephalotaxus* Sieb. et Zucc. ex Endl.
形态特征同科。

① 三尖杉(山榧树、三尖松) *Cephalotaxus fortunei* Hook. f. 图 46:

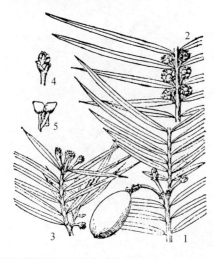

图 46 三尖杉
1. 种子及雌球花枝;2. 雄球花枝;3. 雌球花枝;4. 雌球花;5. 雌球花上之苞片与胚珠

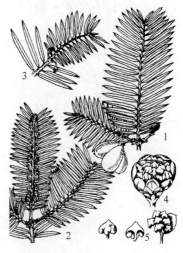

图 47 粗榧
1. 种子枝;2. 雄球花枝;3. 雌球花枝;
4. 雄球花;5. 雌球花上之苞片与雄蕊

50

高达 20m。树冠广圆形,枝细长,稍下垂;树皮褐色或红褐色。叶条状披针形,略弯,长 4～13cm,先端渐尖,叶基楔形。种子椭圆状卵形,熟时假种皮紫色或紫红色,顶端有小尖头。花期 4 月,种熟期 8～10 月。

主产长江流域及河南、陕西、甘肃的部分地区。

耐荫树种,喜温暖湿润气候,不耐寒,萌芽力强。播种、扦插繁殖。作隐蔽树、背景树及绿篱;可修剪成各种姿态供观赏。用材树,枝、叶、根、种子药用。

② 粗榧(中国粗榧) *Cephalotaxus sinensis*（Rehd. et Wils.）Li. 图 47:

与三尖杉的区别:叶较短,长 2～5cm,通常直,叶基圆形或圆截形。

我国特产。产长江流域及其以南地区,北京有栽培。

喜光,有一定耐寒力,不耐移植。播种或扦插。栽培变种可做切花装饰材料。在草坪边缘、林下或与其他树种配置。叶、枝、种、根可提取多种生物碱,对白血病有疗效。

9. 红豆杉科（紫杉科）*Taxaceae*

常绿乔木或灌木。叶条形或条状披针形,螺旋状互生或对生。球花单性,常异株;雄球花单生叶腋或排成穗状花序而集生枝顶,雄蕊多数;雌球花单生或成对生于叶腋,胚珠单生于顶部苞片发育的杯状、盘状或囊状的珠托内。种子核果状,全部或部分被珠托发育成的肉质假种皮所包,当年或翌年成熟。

共 5 属 23 种;我国 4 属 12 种 1 变种。

(1) 红豆杉属 *Taxus* L.

乔木或灌木,小枝不规则互生。叶条形,互生,上面中脉隆起,下面有 2 条气孔带。球花雌雄异株,单生叶腋。种子卵形或倒卵形,坚果状,当年成熟,生于红色杯状的假种皮内,上部露出。

共 11 种,我国 4 种 1 变种。

① 东北红豆杉(紫杉) *Taxus cuspidata* Sieb. et Zucc. 图 48:

高达 20m。树皮有浅裂纹,树冠阔卵形或倒卵形。叶长 1～2.5cm,通常直,在主枝上呈螺旋状排列,在侧枝上呈不规则 2 列,上面绿色,有光泽,下面有 2 条淡黄绿色气孔带,中脉上无乳头状突起。种子卵圆形,紫红色,有光泽,上部通常具 3～4 钝脊,种脐三角形或四方形。花期 5～6 月,种熟期 9～10 月。

极耐荫,喜肥沃、湿润、疏松、排水良好的棕色森林土,在积水地、沼泽地、岩石裸露地生长不良。浅根性,耐寒性强,寿命长。播种,软材扦插易成活。

枝叶茂密,浓绿如盖;树形优美。其枝叶茂而不易枯疏,可修剪成各种整型绿篱。该树耐寒,常绿,又有极强的耐荫性,为高纬度地区园林绿化的良好材料,北京正在推广应用。

栽培品种:矮丛紫杉(枷罗木)('Nana'),半球状密丛灌木,可推广应用。微型紫杉('Minima'),高在 15cm 以下,产我国东北东部,为世界保护树种。

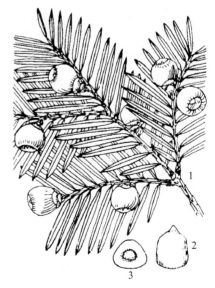

图 48　东北红豆杉
1. 种子枝;2. 种子;3. 种子横剖面

② 南方红豆杉 *Taxus mairei*(Lemee et Levl.)S. Y. Hu et Liu. 图49:

与东北红豆杉的区别:叶镰状弯曲,长 2～4cm,叶缘不反曲,叶背中脉无乳头状突起。种子卵圆形,上部具2钝脊,种脐近圆形或椭圆形。

产长江流域以南各省区及河南、陕西、甘肃等地。

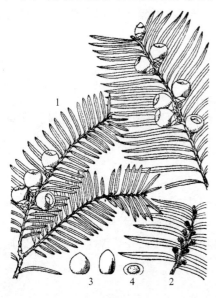 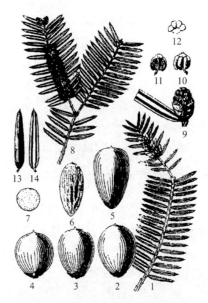

图49 南方红豆杉
1. 球果枝;2. 雄球花枝;3. 种子;4. 种子横剖面

图50 榧树
1. 雌球花枝;2～5. 种子;6. 种子(去假种皮);7. 种子横剖面(去假种皮及外种皮);8. 雄球花枝;9. 雄球花;10～12. 雄蕊;13、14. 叶表、背面

(2) 榧树属 *Torreya* Arn.

乔木,小枝近对生。叶2列,交互对生或近对生,条形或条状披针形,坚硬,先端有刺状尖头,上面中脉不明显或微明显,下面有2条气孔带。雄球花单生叶腋;雌球花成对生于叶腋,每雌球花具胚珠1,直生于杯状的珠托上。种子核果状,翌年秋季成熟,全包于肉质的假种皮内。

共7种;我国4种,另引入栽培1种。

榧树 *Torreya grandis* Fort. et Lindl. 图50:

树高达25m。树皮淡灰黄色,纵裂,树冠广卵形。叶条形,直伸,长 1.1～2.5cm,上面光绿色,下面淡绿色。种子近椭圆形,长 2～4.5cm,熟时假种皮淡褐色,外被白粉。花期4月,种熟期翌年10月。

产江苏、浙江、福建、安徽、江西、湖南、贵州,以浙江诸暨栽培最多。品种有:香榧、芝麻榧、米榧、栾泡榧、圆榧、大圆榧、细圆榧等,以香榧最佳。

耐荫树种。喜温暖、湿润、凉爽、多雾气候;不耐寒,宜深厚、肥沃、排水良好的酸性或微酸性土壤,在干旱瘠薄、排水不良、地下水位较高的地方生长不良,寿命长,抗烟尘。

播种、嫁接、扦插或压条繁殖。

树冠圆整,枝条紧密,且适应性较强,为我国特有的观赏树种,干果珍品,为园林结合果实生产的优良树种。

10. 麻黄科 *Ephedraceae*

灌木、亚灌木或草本状;茎直立或匍匐,多分枝,小枝对生或轮生,绿色,圆筒状,具节。叶退化为膜质的鞘,对生或轮生,基部合生。雌雄异株,稀同株;球花具苞片 2～8 对,交互对生或 2～8 轮(每轮 3 片)苞片;雄球花每苞片的腹面有 1 雄花,雄蕊 2～8 枚,花丝连合成 1～2 束;雌球花仅顶端 1～3 枚苞片有雌花,每雌花具 1 顶端开口的囊状假花被。种子 1～3,当年成熟,熟时苞片肉质或干膜质,假花被发育成革质假种皮。

仅 1 属 40 种;我国 12 种 4 变种。

麻黄属 *Ephedra* Tourn. ex L.

形态特征同科。

草麻黄 *Ephedra sinica* Stapf. 图 51:

草本状灌木,高 20～40cm,木质茎短或匍匐状。小枝直伸或略曲,节间长 3～4cm,径约 2mm。叶对生,鞘状,2裂。雄花序多呈穗状,常具总柄;雌球花单生。种子通常2,包于肉质红色的苞片内,黑红或灰褐色。花期 5～6 月,种熟期 8～9 月。

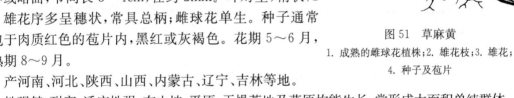

图 51 草麻黄
1. 成熟的雌球花植株;2. 雄花枝;3. 雄花;
4. 种子及苞片

产河南、河北、陕西、山西、内蒙古、辽宁、吉林等地。

性强健、耐寒,适应性强,在山坡、平原、干燥荒地及草原均能生长,常形成大面积单纯群体。茎绿色,四季常青,可作地被植物,固沙保土。富含生物碱,为重要药用植物。

思考题:

1. 简述裸子植物的主要特征。

2. 银杏俗称"白果",种子核果状,为什么形态学上不能称它为果?

3. 一般说来,松科、杉科、柏科依次进化,从球花、球果的构造上表现在哪些方面?

4. 水杉的枝、叶、雄蕊、珠鳞均交互对生,在这一点上与柏科近似,为什么将其放在杉科而不放在柏科?

5. 区别下列属、种:① 冷杉属与云杉属。② 圆柏属与刺柏属。③ 水杉与落羽杉。④ 圆柏与铅笔柏。⑤ 水杉与池杉。⑥ 侧柏与柏木。

6. 雪松为针叶,为什么不放在松属?

7. 联系实际谈谈雪松的观赏特性和园林用途。

8. 列表区别日本五针松、华山松、白皮松、赤松、油松、黑松。

9. 请写出侧柏在园林绿化中常见的品种、变种、变型,并举例说明。

10. 请写出圆柏在园林绿化中常见的品种、变种、变型,并举例说明。

11. 请写出世界五大公园树种和五大行道树种。

12. 举出 5 种我国特有的裸子植物。

13. 试述裸子植物在自然界中的作用及其经济意义。

53

被子植物门 *Angiospermae*

木本或草本。次生木质部常具导管及管胞,韧皮部具筛管及伴胞。叶多宽阔,具典型的花;胚珠藏于子房内,发育成种子,子房发育成果实。

被子植物起源于侏罗纪末期或下白垩纪初期,距今1.35亿年,一般认为由种子蕨进化而来,是现代植物界中最繁茂、最高级的类群。

被子植物具有广泛的经济价值,与人类的生产、生活关系极为密切,对改善环境、保护环境、维持生态平衡有重要意义。

1. 木麻黄科 *Casuarinaceae*

常绿乔木。小枝绿色纤细多节。叶退化成鳞片状,每节4~12枚,基部连成鞘状。花单性同株或异株,无花被;雄花序穗状,雌花序头状,生于短枝顶;雌蕊由2心皮合成,外被2小苞片,子房上位,1室,胚珠2;雄花具1雄蕊,风媒传粉。果序球果状,木质,小坚果上端具翅。

本科1属,约65种,我国引入9种。

木麻黄属 *Casuarina* L.

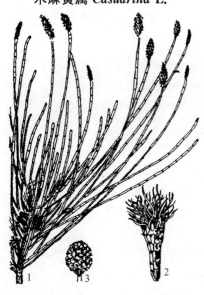

图 52 木麻黄
1. 花枝;2. 雌花序;3. 果序

形态特征同科。

木麻黄 *Casuarina equisetifolia* Adans. 图52:

高达30~40m。树皮成狭长条状脱落。叶退化成三角鳞片状生于节间,小枝细长似松针,灰绿色,长10~27cm,径0.6~0.8mm,节间长4~6mm,鳞叶7枚,节间有棱脊7条。花单性同株。果序球形,径1~1.6cm,木质苞片被柔毛;坚果具翅。花期5月,果熟期7~8月。

原产大洋洲及太平洋地区;我国华南沿海如福建、广东、广西、海南、台湾、四川、云南有栽培。常见栽培种有:千头木麻黄(*Casuarina nana*)常绿灌木或小乔木。干直立多分枝,树冠圆锥形。

强阳性树种,喜湿热,不耐寒,耐旱,耐盐碱,耐湿,适应性强;生长快,寿命短。用播种或用半成熟枝扦插繁殖。

本种是我国沿海地区营造防风林的良好树种,防风固沙效果好;可作为行道树,遮荫树。千头木麻黄树形优雅,适于花槽栽植、绿篱、造型树等。

思考题:

1. 我们看到的木麻黄细似松针的是其什么器官?为什么?
2. 木麻黄的主要作用是什么?

2. 杨柳科 *Salicaceae*

落叶乔木或灌木。单叶互生,稀对生,有托叶。花单性异株,葇荑花序,花生于苞片腋部,无花被;雄蕊2至多数,子房上位,1室,2心皮,侧膜胎座,花柱短。蒴果2～4裂,种子小,基部有白色丝状长毛,无胚乳。

本科3属约600种,分布于寒温带、温带、亚热带;我国产3属,约300种,全国均有分布。

(1) 杨属 *Populus* L.

乔木;小枝较粗,髓心五角形。顶芽发达,芽鳞多数。叶柄较长,叶片常宽大。花序下垂,苞片具不规则缺裂,花盘杯状;雄蕊4至多数,花丝较短,花药红色,风媒传粉。

本属约100种,分布于北温带;我国约60余种。

分种检索表

1. 叶有裂、缺刻或波状齿,叶片背面密被白色或灰色绒毛;芽有柔毛:
  2. 叶缘波状或有粗大牙齿,嫩枝、幼芽密生绒毛,老叶或短枝叶下面及叶柄上的绒毛渐脱落 ……………………………………………………………………………………… 毛白杨(*P. tomentosa*)
  2. 叶3～5掌状裂或波状缺刻,幼枝、叶柄及长枝下面密生白色绒毛,老叶背面密具白毡毛:
    3. 树冠宽阔,树皮灰白色;叶缘波状钝齿 ……………………………… 银白杨(*P. alba*)
    3. 树冠窄塔形,树皮暗绿色;叶缘波状钝齿或萌枝叶3～5掌状深裂 ……………………………………………………………………………………… 新疆杨(*P. alba* var. *pyramidalis*)
1. 叶缘有较整齐的钝锯齿,叶背面无毛或仅有短柔毛或幼叶背面疏有毛;芽无毛:
  4. 叶柄侧扁无沟槽,叶缘半透明:
    5. 树冠宽大,叶近三角形,叶柄顶端常有腺体 ………………… 加杨(*P.* ×*canadensis*)
    5. 树冠圆柱形,叶菱状三角形或菱状卵形,长大于宽,叶基无腺体;树皮光滑,灰白色 ………………………………………………………………………… 箭杆杨(*P. nigra* var. *thevestina*)
  4. 叶柄圆,有沟槽,叶缘不透明;叶小,长4～12cm,菱状倒卵形 …… 小叶杨(*P. simonii*)

① 毛白杨 *Populus tomentosa* Carr. 图53:

高达30m,胸径1.5～2m。树冠卵圆形或卵形。树干通直,树皮灰绿色至灰白色,皮孔菱形;老时树皮纵裂,暗灰色。芽卵形略有绒毛。叶卵形、宽卵形或三角状卵形,先端渐尖或短渐尖,基部心形或平截,叶缘具波状缺刻或锯齿,背面密生白绒毛,后渐脱落。叶柄上部扁平,顶端常有2～4腺体。蒴果2裂,三角形。花期2～3月,叶前开花;果熟4～5月。

原产我国,分布广,北起辽宁南部、内蒙古,南至江苏、浙江,西至甘肃,西南至云南都有分布,以黄河中下游为分布中心。

喜光,喜凉爽湿润气候。对土壤要求不严,喜深厚肥沃沙壤土,在酸性至碱性土上均能生长。深根性。生长较快,寿命较长,长达200年。

图53 毛白杨
1. 枝芽;2. 叶;3. 雄花序;4. 雄花;5. 雌花;
6. 子房纵剖面;7. 子房横剖面;8. 雌花花图
式;9. 雄花花图式;10. 果

图 54 银白杨
1. 叶枝;2. 生雌花序的短枝;3. 雄花(带苞片);4. 雌花(带苞片);5. 雌花(子房带花盘);6. 雄花

无性繁殖为主,埋条、留根、扦插、分蘖均可。生产上多用嫁接繁殖,芽接或枝接。

毛白杨树体高大挺拔,姿态雄伟,冠大荫浓。常用作行道树、庭荫树或营造防护林。可孤植、丛植于建筑周围、草坪、广场;在城镇、街道、公路、学校、运动场、工厂、牧场、水滨周围列植、群植,不但可以遮荫,而且可以隔音挡风尘。毛白杨还是"四旁"绿化及用材林的重要树种。为防止种子污染环境,绿化宜选用雄株。木材可供建筑、家具、胶合板、造纸及人造纤维等用。

② 银白杨 *Populus alba* L. 图 54:

高达 35m,胸径 2m。树冠广卵形或圆球形。树皮灰白色,光滑,老时深纵裂。幼枝、叶及芽密被白色绒毛,老叶背面及叶柄密被白色毡毛。长枝之叶广卵形或三角状卵形,常掌状 3～5 浅裂,裂片先端钝尖,缘有粗齿或缺刻,叶基截形或近心形;短枝之叶较小,卵形或椭圆状卵形,缘有不规则波状钝齿;叶柄微扁,无腺体。花期 3～4 月,果熟期 4～5 月。

新疆有野生天然林分布,西北、华北、辽宁南部及西藏等地有栽培。

喜光,不耐荫。抗寒性强,−40℃条件下无冻害。耐干旱气候。可播种、分蘖、扦插繁殖。银白杨树体高大,银白色叶片和灰白色树干与众不同,叶片在微风吹拂及阳光照射下有奇特的闪烁效果。园林中可作庭荫树、行道树,还可用作固沙、保土、护岸固堤及荒沙造林。

③ 新疆杨 *Populus alba* L. var. *pyramidalis* Bge. 图 55:

高达 30m,胸径 1m。树冠圆柱形,枝条直立;树皮灰绿色,光滑,老时灰白色。短枝上的叶初有白绒毛,后渐脱落,叶广椭圆形,缘有粗钝锯齿。长枝上的叶常 3～7 掌状深裂,边缘具不规则粗锯齿,表面光滑或局部有毛,下面有白色绒毛。

产新疆,南疆较多;陕西、甘肃、内蒙古、宁夏、北京等北方各省有引种栽培,生长良好。

喜光,耐严寒,耐盐碱,耐干热,不耐湿热,适应大陆性气候。扦插、埋条、嫁接繁殖。嫁接最好用胡杨作砧木。新疆杨树姿优美、挺拔,是新疆人民最喜爱的树种之一。常用作行道树、"四旁"绿化及防护林。新疆杨材质较好,可供建筑、家具等用。

④ 加杨 *Populus×canadensis* Moench. 图 56:

高达 30m,胸径 1m。树冠开展卵圆形。树干通直,树皮

图 55 新疆杨
1. 长枝叶;2. 短枝叶;3. 雄花序;4. 雄花;5. 苞片

灰褐色,纵裂。小枝无毛,芽先端反曲。叶近三角形,先端渐尖,基部截形,无腺体或很少有 1～2 个腺体,锯齿钝圆,叶缘半透明。花期 4 月,果熟期 5～6 月。

加杨是美洲黑杨(*P. deltoides* Marsh.)与欧洲黑杨(*P. nigra* L.)的杂交种,有许多品种,广植于欧、亚、美各洲。我国 19 世纪中叶引入,各地普遍栽培,尤以华北、东北及长江流域为多。

喜光,耐寒,亦适应暖热气候,喜肥沃湿润壤土、沙壤土,对水涝、盐碱和瘠薄土地均有一定耐性。生长快,抗 SO_2。扦插繁殖。

树体高大,冠大荫浓,叶片大而有光泽,宜作行道树、庭荫树、公路树及防护林。是华北及江淮平原常见的绿化树种,适合工矿区绿化及"四旁"绿化用,也是速生用材树种。木材轻软,纹理较细,易加工,可供造纸及火柴梗等用。

⑤ 箭杆杨 *Populus nigra* L. var. *thevestina*(Dode) Bean. 图 57:

树高达 30m。树冠窄圆柱形。树皮灰白色,幼时光滑,老时基部稍裂。叶片三角状卵形至卵状菱形,先端渐尖至长尖,基部阔楔形至圆形。缘具钝细齿,两面无毛。

分布华北、西北、黄河中、上游地区。

喜光,能抗干旱气候,耐寒,稍耐盐碱,生长快。扦插繁殖。树姿优美,冠形窄圆紧凑,常用作公路行道树、农田防护林及"四旁"绿化。

⑥ 小叶杨 *Populus simonii* Carr. 图 58:

图 56　加杨
1. 果枝;2. 果(已开裂)

图 57　箭杆杨
1. 长枝及叶;2. 短枝及叶

图 58　小叶杨
1. 长枝;2. 短枝;3. 雄花芽枝;4. 雄花序;
5、6. 雄花及苞片;7、8. 雌花及苞片;9. 开
裂的果实

树高达 20m,胸径 50cm 以上。树冠广卵形,树干直立性差,树皮暗灰色,粗糙纵裂。小枝光滑,萌条及长枝有显著角棱,无毛。叶片菱状倒卵形至菱状椭圆形,中部以上较宽,长 4～12cm,先端短尖,基部楔形,缘具细钝锯齿,下面苍白色;叶柄近圆形,常带淡红色,表面有沟槽,无腺体。花期 3～4 月,果期 4～5 月。

产我国及朝鲜。华东、东北、华北、西北及四川、云南均有分布。

喜光,适应性强,耐寒,亦耐热;耐干旱,又耐水湿;喜肥沃湿润土壤,亦耐干瘠及轻盐碱土。根系发达,抗风沙力强。萌芽能力强,根蘖能力强;寿命较短。适作行道树、防护林,也是防风固沙、保持水土、护岸固堤的重要树种。

(2) 柳属 *Salix* L.

落叶乔木或灌木。小枝细,无顶芽,芽鳞 1。单叶互生,少对生,托叶早落,叶片通常狭长,叶柄较短。花序直立,苞片全缘,花有腺体 1～2,无花盘,花药黄色。蒴果 2 裂,种子细小,基部围有白色长毛,虫媒花。

本属约 520 种,主产北半球;我国约 260 种。

分种检索表

1. 乔木:
　　2. 叶狭长,披针形至线状披针形,雄蕊 2:
　　　　3. 枝条直伸或外展,叶长 5～10cm ·················· 旱柳(*S. matsudana*)
　　　　3. 枝条细长下垂 ························· 垂柳(*S. babylonica*)
　　2. 叶较宽大,卵状披针形至长椭圆形,雄蕊 3～5 ········· 河柳(*S. chaenomeloides*)
1. 灌木,雄花序密被白色绢毛,有光泽 ·············· 银柳(*S. leucopithecia*)

① 垂柳 *Salix babylonica* L. 图 59:

乔木,高达 18m,胸径 1m,树冠倒广卵形。小枝细长下垂,淡黄褐色。叶互生,披针形或条

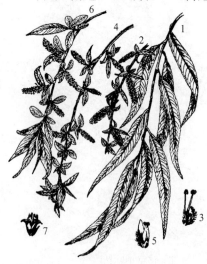

图 59　垂柳
1. 叶枝;2. 雄花枝;3. 雄花;4. 雌花枝;5. 雌花;6. 果枝;7. 果

状披针形,长 8～16cm,先端渐长尖,基部楔形,无毛或幼叶微有毛,具细锯齿,托叶披针形。雄蕊 2,花丝分离,花药黄色,腺体 2;雌花子房无柄,腺体 1。花期 3～4 月,果熟期 4～5 月。

产长江流域及其以南平原地区,华北、东北有栽培。

喜光,极耐水湿,短期水淹至树顶不会死亡,树干在水中能生出大量不定根。高燥地及石灰性土壤亦能适应,过于干旱或土质过于粘重生长差,喜肥沃湿润土壤。耐寒性不及旱柳。发芽早,落叶迟。吸收 SO_2 能力强。扦插、嫁接繁殖。

垂柳枝条细长,柔软下垂,随风飘舞,婀娜多姿,清丽潇洒,最宜配置在湖岸水边,纤条拂水,别有风致。若间植桃花,桃红柳绿为江南园林春景的特色配植方式之一。也可作庭荫树,孤植草坪、水边、桥头;亦可列植作行道树、园路树、公路树。亦适用于工厂绿化,还是固堤护岸

的重要树种。

变种金枝垂柳:枝条金黄色,观赏价值极高。有两个型号;841、842 均系欧洲黄枝白柳(父本)、南京垂柳(母本)杂交育成。均为乔木,雄性,落叶期间枝条金黄色,晚秋及早春枝条特别鲜艳。841 枝条下垂,叶平展似竹叶,树冠长卵圆形;842 枝条细长下垂、光滑,树冠卵圆形。

② 旱柳(柳树) *Salix matsudana* Koidz. 图60:

乔木,高达 20m,胸径 1m。树冠倒卵形,大枝斜展,嫩枝有毛,后脱落,淡黄色或绿色。叶披针形或条状披针形,先端渐长尖,基部窄圆或楔形,无毛,下面略显灰白色,细锯齿,嫩叶有丝毛,后脱落。雄蕊 2,花丝分离,基部有长柔毛,雌花腺体 2。花期 4 月,果熟期 4~5 月。

变种与品种:龙爪柳(f. *tortuosa*(Vilm,)Rehd.),小乔木,枝条扭曲。各地庭院有栽培,供观赏。馒头柳(f. *umbraculifera* Rehd.),树冠半圆形,馒头状,各地有栽培供观赏或作行道树。绦柳(f. *pendula* Schneid.),枝条细长下垂,园林中栽培供观赏或作行道树。

原产我国,东北、华北平原、黄土高原、甘肃、青海等地皆有栽培,以黄河流域为栽培中心,是我国北方平原地区最常见的乡土树种之一。

喜光,不耐庇荫。耐寒性强,耐水湿,耐干旱。喜湿润排水良好的沙壤土及河滩、河谷、低湿地,在粘土、盐碱地生长不良。深根性,固土抗风能力强,萌芽力强,生长快,寿命长达 400 年以上。扦插极易成活,亦可播种。

图 60　旱柳

1. 叶枝;2. 果枝;3. 雄花(带苞片);4. 雌花
(带苞片);5. 果(已开裂)

旱柳枝条柔软,树冠丰满,是我国北方常用的庭荫树、行道树。常栽培在湖、河岸边或孤植于草坪,对植于建筑两旁。亦用作公路树、防护林及沙荒造林,农村"四旁"绿化等。为防环境污染,绿化宜选用雄株。

③ 河柳 *Salix chaenomeloides* Kimura. 图61:

小乔木,小枝褐色或红褐色,有光泽。叶长椭圆形或椭圆状披针形,长 4~10cm,边缘有腺齿,两面无毛,下面苍白色,嫩叶常呈紫红色;叶柄顶端有腺点,托叶半圆形,边缘有腺点。花序长 4~5cm,花序轴基部的叶很小,苞片卵形;雄蕊 3~5,花丝基部有毛,腺体 2;子房仅腹面有 1 腺体。果穗中轴有白色柔毛。

产辽宁南部、黄河中下游至长江中下游。喜光,耐寒,耐水湿。扦插、播种繁殖。常种植水旁,为重要护堤、护岸的绿化树种。

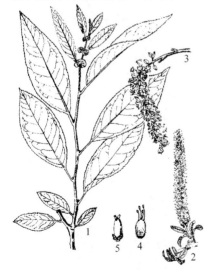

图 61　河柳

1. 叶枝;2. 雄花序;3. 果序;4. 雄花前面
(带苞片);5. 雌花(带苞片)

④ 银芽柳 *Salix leucopithecia* Kimura. 图62:

灌木,高 2~3m。枝条绿褐色,具红晕;冬芽红褐色,有

59

图 62　银芽柳

1. 叶枝；2. 雌花枝；3. 雄花枝；4. 雄花；
5. 雌花

光泽。叶长椭圆形，长 9～15cm，缘具细锯齿，叶背面密被白毛，半革质。雄花序椭圆状圆柱形，长 3～6cm，早春叶前开放，盛开时花序密被银白色绢毛，颇为美观。

原产日本，我国江南一带有栽培。喜光，喜湿润，较耐寒，北京可露地过冬。扦插繁殖，栽培后每年须重剪，以促其萌发更多的开花枝条。

早春花序开放银白色，犹如满树银花，基部围以红色芽鳞，极为美观，是重要的春季切花材料。

思考题：

1. 简述被子植物的主要特征。
2. 毛白杨与银白杨在形态上有何区别？
3. 杨属和柳属有何区别？
4. 简述垂柳的生态习性和园林用途。

3. 杨梅科 *Myricaceae*

常绿或落叶，灌木或乔木。单叶互生，具油腺点，芳香；无托叶。花单性同株或异株，葇荑花序，无花被；雄蕊 4～8；雌蕊由 2 心皮合成，子房上位，1 室，1 胚珠，柱头 2。核果，外被蜡质瘤点及油腺点。

2 属约 50 种，我国 1 属 4 种。

杨梅属 *Myrica* L.

常绿灌木或乔木。叶脉羽状，叶柄短。花雌雄异株，雄花序圆柱形，雌花序卵形或球形。核果，外果皮有乳头状突起。

杨梅 *Myrica rubra* Sieb. et Zucc. 图 63：

高达 12m。树冠近球形，树皮灰褐色。幼枝及叶背有黄色小油腺点。叶倒披针形，长 4～12cm，先端钝圆，基部狭楔形，全缘或近端部有浅齿。雌雄异株，雌花序红色。核果球形，径 1～1.5cm，外果皮肉质，有小疣状突起，熟时深红色，亦有紫、白等色，味甜酸。花期 3～4 月，果熟期 6～7 月。

产长江以南各省区。喜温暖湿润，稍耐荫，对土壤要求不严，但以酸性排水良好的土壤为好。深根性，萌芽力强。

播种、压条及嫁接。7 月采种后，低温层积沙藏，次年 3 月播种。3、4 月间进行高压或用 2～3 年生实生苗嫁接。雌雄异株，在雌株中适当配植雄株，以利授粉。

杨梅枝繁叶茂，树冠圆整，红果可赏可食，适作盆景，是园林结合生产的优良树种。

图 63　杨梅

1. 雄花枝；2. 果枝

思考题：

为使杨梅多结果实，应如何配植？为什么？

4. 胡桃科 *Juglandaceae*

落叶乔木，稀常绿。奇数羽状复叶互生，无托叶。花单性同株，雄花荑黄花序，生于去年生枝叶腋或新枝基部；雌花序穗状或荑黄花序，生于枝顶，花被4裂或无花被，雌蕊由2心皮合成，子房下位，基生胚珠1。核果状或翅果状坚果，种子无胚乳。

本科9属约63种，分布于北半球温带及热带地区；我国8属24种2变种，引入4种。

分属检索表

1. 枝髓片隔状：
  2. 核果状坚果无翅 ·· 核桃属（*Juglans*）
  2. 坚果有翅 ·· 枫杨属（*Pterocarya*）
1. 枝髓充实 ··· 山核桃属（*Carya*）

(1) 核桃属（胡桃属）*Juglans* L.

落叶乔木。枝有片状髓心。鳞芽，芽鳞少数。奇数羽状复叶，揉之有香味，小叶全缘或有疏锯齿。花萼1～4裂，雄蕊8～40，子房不完全2～4室。核果状坚果，果核有不规则皱脊。

本属约18种，我国4～5种1变种，引入栽培2种。

① 核桃（胡桃）*Juglans regia* L. 图64：

高达25m，胸径1m。树冠广卵形至扁球形。树皮灰白色，老时浅纵裂。新枝无毛。小叶5～9(13)，近椭圆形，先端钝圆或微尖，全缘，揉之有香味，下面脉腋簇生淡褐色毛。雌花1～3朵集生枝顶，总苞有白色腺毛。果球形，径4～5cm，外果皮薄，绿色，中果皮肉质，内果皮骨质。花期4～5月，果熟期9～10月。

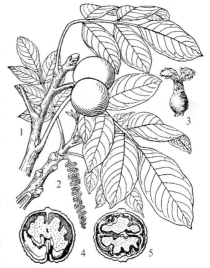

图64　核桃
1. 果枝；2. 雄花枝；3. 雌花；4. 果核纵剖面；5. 果核横剖面

原产我国新疆及伊朗、阿富汗等地。新疆霍城、新源、额敏一带海拔1 300～1 500m山地有大面积野核桃林。现东北南部以南有栽培，以西北、华北为主要栽培区。

喜光，喜温暖凉爽气候。耐干冷，不耐湿热。对土壤肥力要求较高，不耐干瘠和盐碱，在粘土、强酸性土、地下水位高处生长不良。深根性，有粗大的肉质根，怕水淹；生长快，寿命可达300年以上。

播种、嫁接繁殖。

播种繁殖，北方多春播，暖地可秋播。春播前应催芽处理，一般在播前层积沙藏30～35天，也可在播前用冷水浸种7～10天，每天换一次水。多用点播，株距10～15cm，覆土约6cm，种子应尖端向侧方，并使纵脊垂直地面，这样幼苗较易出土。当年苗高30～75cm，在北方冬季要壅土防寒。

嫁接繁殖可用芽接和枝接。砧木北方用核桃楸，南方用枫杨或化香。芽接较易成活，一般在 6～7 月进行。枝接应在砧木发芽后进行,因砧木在发芽展叶后伤流量少,有利愈合。又因胡桃含单宁较多,嫁接时操作要熟练敏捷,尽量缩短切面与空气接触的时间,同时力求切口平滑,否则成活率极低。枝接的方法常采用劈接和插皮舌接。接穗应从优良母株上选取粗壮而饱满的一年生枝条;用枫杨作砧嫁接的胡桃能耐低温。

图 65 核桃楸
1. 幼果枝;2. 果核

核桃树冠开展,庞大雄伟,枝叶茂密,浓荫覆地,干皮灰白色,姿态壮美,宜孤植或丛植庭院、公园、草坪、隙地、池畔、建筑旁。因其花、果、枝、叶挥发气味具有杀菌、杀虫、保健功效,居民新村、风景疗养区亦可作庭荫树、行道树及成片栽植,还是优良的园林结合生产树种。国家二级重点保护树种。核桃木材供雕刻等用,种仁除食用外可制高级油漆及绘画颜料配剂,果核制活性炭。

② 核桃楸(胡桃楸) *Juglans mandshurica* Maxim. 图 65:

与核桃的区别:小枝幼时密被毛。小叶 9～17 枚,卵状矩圆形或矩圆形,长 6～16cm,基部偏斜,叶缘具细锯齿,背面被星状毛及柔毛。核果卵形,顶端尖,有腺毛。果核长卵形,具 8 条纵脊。花期 5 月,果熟期 8～9 月。

产东北,华北、内蒙有少量分布。强阳性,耐寒性强。喜湿润、深厚、肥沃而排水良好的土壤,不耐干瘠。深根性,抗风力强。播种繁殖同核桃。北方地区常作核桃之砧木。园林用途同核桃。为东北地区三大珍贵用材树种,国家三级重点保护树种。

(2) 枫杨属 *Pterocarya Kunth*

落叶乔木,枝髓片状,鳞芽或裸芽。小叶有细锯齿。花序下垂,雄花序单生叶腋,雌花序单生新枝顶。果序下垂,坚果有翅,翅由 2 小苞片发育而成。

本属约 9 种,分布于北温带,我国 7 种 1 变种。

枫杨(枰柳) *Pterocarya stenoptera* C. DC. 图 66:

高达 30m,胸径 1m 以上。树冠广卵形,树皮幼年赤褐色平滑,老时灰褐色浅纵裂。裸芽密生锈褐色毛。羽状复叶互生,叶轴具翅,幼叶上面有腺鳞,沿脉有毛,小叶 10～24(28),矩圆形,缘有细锯齿,顶生小叶常不发育。果序下垂,长 20～30(40)cm,果近球形,具 2 椭圆状披针形果翅。花期 4～5 月,果熟期 8～9 月。

产我国华北、华东、华中、华南和西南等地,黄河、淮河、长江流域最常见。多生于海拔 1 500m 以下溪水河滩及低湿地。

喜光,稍耐庇荫。喜温暖湿润气候。对土壤要求不严,耐水湿,喜山谷、河滩、溪边低湿地。稍耐干瘠,耐轻度盐碱。深根性。萌芽力强,萌蘖性强。

图 66 枫杨
1. 花枝;2. 果枝;3. 冬态枝;4. 具苞片雌花;
5. 去苞片雌花;6. 雄花;7. 果

播种繁殖。1月份温水浸种,层积催芽,早春播种,当年苗高可达 1m。

枫杨冠大荫浓,生长快,适应性强,常用作庭荫树孤植草坪一角、园路转角、堤岸及水池边;亦可作行道树;也是黄河、长江流域以南"四旁"绿化、风景区造林、固堤护岸的优良速生树种。耐烟尘,对有毒气体有一定的抗性,也适于工矿区绿化。干是培养木耳的好材料。

(3) 山核桃属 *Carya* Nutt.

落叶乔木。枝髓充实。奇数羽状复叶互生,小叶具锯齿。雄花葇荑花序 3 个簇生;雄花无花被,具 1 大苞片,2 小苞片;雌花 3～10 集生成穗状。核果状,外果皮木质,4 瓣裂,果核圆滑或有纵脊。

本属约 17 种,产北美及东亚;我国 4 种,引入 1 种。

美国山核桃(薄壳山核桃) *Carya illinoensis* K. Koch. 图 67:

原产地高达 55m,一般能达 20m,胸径 2m。树冠广卵形,幼枝有灰色毛。小叶 11～17,长卵状披针形,先端渐长尖,常镰状弯曲,叶基部不对称,有锯齿,下面脉腋簇生毛,叶柄叶轴有毛。果 3～10 集生,长圆形,有 4 纵脊,果壳薄,种仁大。花期 5 月,果熟期 10～11 月。

原产北美及墨西哥,20 世纪初引入我国,北自北京,南至海南岛都有栽培,以江苏、浙江、福建等地较多。

喜光,喜温暖湿润气候,最适生长在年平均温度 15～20℃,年降雨量 1 000～2 000mm 地区。有一定耐寒性,在北京可露地栽培。适生于深厚肥沃的沙壤土,不耐干瘠,耐水湿。深根性,根系发达,根部有菌根共生。生长快,寿命长达 500 年,在原产地可达千年以上。

图 67 美国山核桃
1. 花枝;2. 雌花;3. 果核横剖面;4. 冬态枝

播种、扦插、分根及嫁接繁殖。

树体高大,根深叶茂,树姿雄伟壮丽。在适生地区宜孤植于草坪作庭荫树。适于河流沿岸、湖泊周围及平原地区"四旁"绿化,也可用作行道树,还可植作风景林。材质优,供军工或雕刻用。种仁味美,种仁含油率 70％以上,比一般核桃含量高、质量好,是重要的干果油料树种。

思考题:

1. 核桃与核桃楸的主要区别是什么?

2. 谈谈核桃的观赏特性、园林用途和繁殖方法。

3. 核桃的果实属于哪个类型? 由哪几部分组成?

5. 壳斗科 *Fagaceae*

常绿或落叶乔木,稀灌木。单叶互生,羽状脉;托叶早落。花单性同株;花萼 4～6 裂,无花瓣;雄花多为葇荑花序,稀穗状或头状;雄蕊与萼片同数或为其 2 倍;雌花单生或 2～7 朵生于总苞内,总苞单生或呈穗状;子房下位,3～7 室,每室胚珠 1～2,仅 1 个发育成种子,花柱与子房同数,宿存于果实顶端。坚果,单生或 2～3(5)生于由总苞木质化形成的壳斗内;果脐近圆形;壳斗上的苞片鳞形、刺形、披针形或粗糙突起,全部或部分包围坚果;种子无胚乳。

共8属约900种;我国有7属300余种。其中落叶树类主产东北、华北;常绿树类主产长江以南,在华南、西南地区最盛,是亚热带常绿阔叶林的主要树种。

分属检索表

1. 雄荑黄花序直立或斜展;总苞球状、杯状或盘状:
  2. 落叶;枝无顶芽;壳斗球状,密被分叉针刺,全包1～3坚果 …………………… 栗属(castanea)
  2. 常绿;枝具顶芽:
    3. 壳斗球状,稀杯状,内含1～3坚果;叶2列,全缘或有齿;果脐隆起 ……… 栲属(Castanopsis)
    3. 壳斗盘状或杯状,稀球状,内含1坚果;叶不为2列,常全缘;果脐凹陷…… 石栎属(Lithocarpus)
1. 雄荑黄花序下垂;总苞杯状或盘状:
  4. 壳斗苞片鳞形、线形、钻形,不结合成同心圆环(即分离);落叶稀常绿 …………… 栎属(Quercus)
  4. 壳斗苞片鳞形,结合成同心圆环;常绿 ……………………… 青冈栎属(Cyclobalanopsis)

(1) 栗属 Castanea Mill.

落叶乔木,稀灌木;小枝无顶芽,芽鳞2～3(4)。叶2列状互生,叶缘有锯齿,侧脉直达齿端呈芒状。雄荑黄花序直立或斜伸,腋生,雄花有雄蕊10～20;雌花2～3朵聚生于多刺的总苞内,着生于雄花序的基部或单独成花序,子房下位,6室。壳斗球形,密被分枝长刺,全包坚果;坚果1～3个生一壳斗中。

约12种,我国3种1变种。果实富含淀粉和糖类,是优良的干果树种。

① 板栗 Castanea mollissima Blume. 图68:
乔木,高达20m。树冠扁球形,小枝有短毛或长绒毛。叶矩圆状椭圆形至卵状披针形,长8～18cm,基部圆或宽楔形,叶缘有芒状齿,上面亮绿色,下面被灰白色星状短柔毛。雄花序直立;雌花集生雄花序基部。壳斗径5～7cm,果半球形或扁球形,暗褐色,较大,径2～3cm。花期5～6月,果熟期9～10月。

辽宁以南均有栽培,以华北及长江流域各地最为集中,产量最大。

喜光,对气候和土壤的适应性强,比较抗旱,耐寒,较耐水涝,以阳坡、肥沃湿润、排水良好、富含有机质的沙壤或砾质壤土上生长最为适宜。深根性,根系发达,寿命长,萌芽性较强,耐修剪。

播种繁殖为主,也可嫁接。

树冠宽圆,枝叶稠密,为著名干果,誉为"铁秆庄稼"。是园林结合生产的优良树种,可辟专园经营,亦可用于山区绿化。

② 锥栗 Castanea henryi (Skan) Rehd. et Wils.:
高达30m,胸径1.5m。小枝无毛,紫褐色。叶卵状披针形,先端渐尖,叶背略有星状毛或无毛。雌花单独形成花序。壳斗径2～3.5cm,内有坚果1粒,卵形,

图68 板栗
1. 花枝;2. 果枝;3. 雄花;4. 雌花;5. 壳斗及果;6. 果;7. 叶背部分放大

64

先端尖。

产长江流域以南至两广。珍贵用材和干果树种。

③ 茅栗 Castanea sequinii Dode：

小乔木或灌木状。小枝有灰色绒毛。叶长椭圆形或倒卵状长椭圆形,叶背具黄褐色腺鳞。壳斗径 3~4cm,内有坚果 2~3 粒,球形或扁球形。

产长江流域以南至华南、西南。可作为板栗砧木。

(2) 栲属(苦槠属) Castanopsis Spach

常绿乔木。枝具顶芽,芽鳞多数。叶 2 列状互生,全缘或有齿,革质。雄花序细长而直立,雄花常 3 朵聚生,萼片 5~6 裂,雄蕊 10~12;雌花 1~5 朵聚生于总苞内,子房 3 室,花柱 3。壳斗近球形,稀杯状,外部具刺,稀为瘤状或鳞状。坚果 1~3,翌年或当年成熟。

约 130 种,我国 70 种 2 变种;主要分布于长江以南温暖地区,多数种类是我国南方常绿阔叶林的建群种。

分种检索表

1. 壳斗外壁无刺,具鳞片 ………………………………………………………… 苦槠栲(C. sclerophylla)
1. 壳斗外壁被各种类型的刺:
  2. 壳斗刺密生 …………………………………………………………………… 甜槠栲(C. eyrei)
  2. 壳斗刺疏生 …………………………………………………………………… 栲树(C. fargesii)

① 苦槠栲(苦槠) Castanopsis sclerophylla（Lindl.）Schott. 图 69：

高达 20m,树冠球形,树皮暗灰色,纵裂。小枝有棱沟,绿色,无毛。叶厚革质,长椭圆形,长 7~14cm,中上部有齿,背面淡银灰色,有蜡层。雄花序穗状,直立。坚果单生于球状壳斗内,壳斗外有环列之瘤状苞片;果苞成串生于枝上。花期 5 月,果熟期 10 月。

主产长江以南各省区,南至南岭以北,为栲属中分布最北(陕南)的一种。

喜雨量充沛和温暖气候,能耐荫,喜深厚、湿润之中性和酸性土,亦耐干瘠。深根性,萌芽力极强,寿命长。对 SO_2 等有毒气体抗性强。

播种繁殖。10 月采种,随即秋播或混沙贮藏至翌春(2~3 月)播种。

枝叶繁密,树冠圆浑,颇为美观,宜于草坪孤植、丛植,亦可于山麓坡地成片栽植。也可用作工厂绿化及防护林带。

② 甜槠栲(甜槠) Castanopsis eyrei（Champ.）Tutch.：

高达 20m,树皮浅裂,枝叶无毛。叶革质,卵形、卵状披针形或长椭圆形,先端尾尖,基部不对称,全缘或近顶端疏生浅齿,两面绿色,有时叶背灰白色。壳斗宽

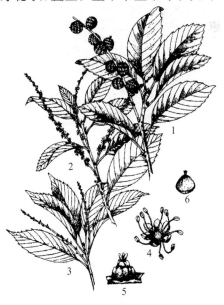

图 69 苦槠栲
1. 果枝;2. 雄花枝;3. 雌花枝;4. 雄花;5. 雌花;6. 果

65

卵形,刺密生,基部或中部以下合生为刺轴,连生成刺环;坚果宽圆锥形,无毛,果脐小于坚果底部。花期4～5月,果熟期翌年9～11月。

产长江以南各地(云南、海南除外)。适应性强,常形成纯林或与木荷、含笑类混生,是南方常绿林的重要树种。园林用途同苦槠栲。

③ 栲树 *Castanopsis fargesii* Franch. :

高达30 m,树皮浅灰色,不裂或浅裂。幼枝、叶下面、叶柄密被红褐色或红黄色粉末状鳞秕。叶长椭圆状披针形,全缘或近顶端偶有1～3对钝齿。果序长12～18 cm,具多数壳斗;壳斗球形,苞刺分枝,疏生,可见壳斗外壳;坚果1个,卵球形。花期4～5月,果熟期10～11月。

产长江以南,南至华南,西达西南,东至台湾省,为栲属中在我国分布最广的一种。耐荫,山谷阴坡生长最好,形成纯林。树干亦可作培养香菇的材料。园林用途同苦槠。

(3) 石栎属 *Lithocarpus* Blume

常绿乔木,具顶芽。芽鳞和叶均螺旋状排列,不为2列,全缘,稀有齿。雄花序直立;雌花在雄花序之下部,子房3室,每室2胚珠,花柱3。壳斗盘状或杯状,部分包坚果;坚果单生,翌年成熟。

约300种,主产东南亚;我国约产100种,分布长江以南各省区。是常绿阔叶林主要成分之一。

石栎(柯)*Lithocarpus glaber*(Thunb.)Nakai. 图70:

图70 石栎
1. 果枝;2. 雄花序;3. 雄花;4. 果

高达20m,树冠半球形。干皮青灰色,不裂;小枝密生灰黄色绒毛。叶长椭圆形,长8～12cm,先端尾尖,基部楔形,全缘或近端部略有钝齿,厚革质,背面有灰白色蜡层。壳斗浅碗状,部分包坚果;坚果椭圆形,具白粉。花期8～9月,果熟期翌年9～10月。

产长江以南各地,南达两广,常生于海拔500m以下丘陵。

稍耐荫,喜温暖气候及湿润、深厚土壤,但也较耐干瘠。播种繁殖。

本种枝叶茂密,绿阴深浓,宜作庭园树。在草坪中孤植、丛植、山坡片植,或作其他花木的背景树都很合适。

(4) 栎属 *Quercus* L.

常绿、半常绿或落叶乔木,稀灌木;有顶芽,芽鳞多数。叶螺旋状互生。雄荑葇花序下垂;雌花序穗状,直立,雌花单生于总苞内,子房3室。壳斗杯状、碟状、半球形或近钟形,包围坚果1/3～3/4;苞片鳞形、条形或钻形。果单生,近球形或椭圆形,当年或翌年成熟。

300余种;我国约60种。多为温带阔叶林的主要成分。

分种检索表

1. 叶卵状披针形至长椭圆形,边缘有刺芒状尖锯齿;果两年熟:

  2. 叶下面有灰白色星状毛;树皮木栓层发达 ……………………………… 栓皮栎(*Q. variabilis*)

  2. 叶下面无毛,淡绿色;树皮木栓层不发达 ……………………………… 麻栎(*Q. acutissima*)

1. 叶倒卵形,边缘波状或波状裂,叶缘有波状齿,齿端无刺芒;果当年熟:
   3. 壳斗苞片披针形,柔软反卷,红棕色;小枝、叶背密被绒毛;叶柄极短 ············· 槲树(*Q. dentata*)
   3. 壳斗苞片鳞片状,或背部呈瘤状突起,排列紧密,不反卷:
     4. 叶背面有灰白色或灰黄色星状绒毛:
       5. 小枝、叶柄、叶背面密生灰褐色绒毛;叶柄长 3～5mm ··················· 白栎(*Q. fabri*)
       5. 小枝、叶柄无毛,叶背面密生灰白色星状绒毛;叶柄长 1～3cm ·········· 槲栎(*Q. aliena*)
     4. 叶背无毛,或仅沿脉有疏毛:
       6. 叶柄长 2～3cm,叶缘 5～7 深裂,裂片再尖裂 ··················· 沼生栎(*Q. palustris*)
       6. 叶柄长 2～5mm,叶缘具波状圆钝裂齿:
         7. 壳斗苞片背面呈瘤状突起;圆钝齿及侧脉各 7～11 对 ············· 蒙古栎(*Q. mongolica*)
         7. 壳斗苞片背部无瘤状突起;圆钝齿及侧脉各 5～7(10)对 ········ 辽东栎(*Q. liaotungensis*)

① 麻栎 *Quercus acutissima* Carr. 图 71:

落叶乔木,高达 30m。树皮深纵裂,叶长椭圆状披针形,长 8～19cm,先端渐尖,基部近圆形,叶缘有刺芒状锐锯齿,下面淡绿色,幼时有短绒毛,后脱落。壳斗杯状,包围坚果 1/2,苞片钻形,反曲,有毛。果卵球形或长卵形,果脐隆起。花期 4～5 月,果熟期翌年 10 月。

分布广泛,南自广东、广西、海南,西南至四川、云南,北至辽宁、陕西、甘肃均有分布。以鄂西、秦岭、大别山区为其分布中心。

喜光,不耐荫,耐寒。对土壤要求不严,喜中性至微酸性土壤;能耐山地、丘陵干瘠土壤。深根性,萌芽力强,寿命长。抗火耐烟能力较强。

播种或萌芽更新。

树干通直,枝条伸展,树姿雄伟,浓荫如盖,叶入秋转橙褐色,季相变化明显,良好的绿化观赏树种。园林中不论孤植、群植或在风景林中与其他树种混交均宜。根系发达,适应性强,是营造防风林、水源涵养林及防火林带的优良树种。壳斗为重要栲胶原料。

图 71 麻栎
1. 果枝;2. 花枝;3. 雄花;4、5. 雌花;6. 果;
7. 叶背部分放大

② 栓皮栎 *Quercus variabilis* Blume. 图 72:

与麻栎的区别为:树皮木栓层发达,富弹性。叶椭圆状披针形至椭圆状卵形,下面密生灰白色星状毛。壳斗包围坚果 2/3。果近球形或卵形,果顶端平圆,2 年熟。

分布与麻栎近似,但较麻栎耐旱,较耐火。特用经济树种,栓皮为国防及工业重要材料。

③ 槲树 *Quercus dentata* Thunb. 图 73:

落叶乔木,树冠椭圆形,不整齐,小枝粗壮,有沟棱,密被黄褐色星状绒毛。叶倒卵形至椭圆状倒卵形,长 10～30cm,先端钝圆,基部耳形,缘具波状圆裂齿 4～10 对,下面灰绿色,密被星状绒毛;叶柄极短,密被棕色绒毛。壳斗杯状,包围坚果 1/2～2/3;苞片长披针形,棕红色,柔软反曲。果卵圆形或椭圆形。花期 4～5 月,果熟期 9～10 月。

产华东、华中、西南、东北南部、华北及西北各地。

喜光,耐寒,耐干瘠,在酸性土、钙质土、轻度石灰性土壤上均能生长。深根性,萌芽力强。

图 72 栓皮栎
1. 雄花枝；2. 果枝；3. 果；4. 叶背
面部分放大

图 73 槲树
1. 果枝；2. 花枝；3. 雄花；4. 雄蕊；5. 花萼；
6. 叶背局部

树形奇雅，枝叶扶疏，可于庭园中孤植或与其他针、阔叶树种混交。入秋叶色紫红，别具风韵。抗烟尘及有害气体，可用于厂矿区绿化。

④ 白栎 *Quercus fabri* Hance：

落叶乔木，高达 20m。小枝密生灰色至灰褐色绒毛。叶倒卵形至椭圆状倒卵形，长 7～15cm，先端钝或短渐尖，基部楔形至窄圆形，缘有波状粗钝齿，背面密被灰黄褐色星状绒毛，网脉明显，侧脉 8～12 对；叶柄长 3～5 mm，被褐黄色绒毛。壳斗碗状，鳞片形小；坚果长椭球形。花期 4 月，果熟期 10 月。

广布于淮河以南、长江流域至华南、西南各省区。

⑤ 槲栎 *Quercus aliena* Blume. 图 74：

落叶乔木，高达 25m，胸径 1m。树冠广卵形。小枝无毛，芽有灰毛。叶倒卵状椭圆形，长 10～22cm，先端钝圆，基部耳形或圆形，缘具波状钝齿，侧脉 10～14 对；背面密生灰色星状毛；叶柄长 1～3cm，无毛。壳斗碗状，苞片鳞形。花期 4～5 月，果熟期 10 月。

产华北、华中、华南及西南各省区。

⑥ 蒙古栎 *Quercus mongolica* Fisch. 图 75：

落叶乔木，高达 30m。小枝粗壮，无毛，具棱。叶倒卵形，长 7～19cm，先端短钝，基部窄耳形，缘具 7～11 对圆钝齿，侧脉 7～11 对，下面无毛；叶柄短，长 2～5mm，无毛。壳斗浅碗状，包围坚果 1/3～1/2，苞片鳞形，具瘤状突起。果卵形或椭圆形。花期 5～6 月，果熟期 9～10 月。

产东北、内蒙古、河北、山西、山东等地。喜光，喜凉爽气候，耐寒性强，可耐—40℃低温，耐干瘠。为适生地区主要落叶阔叶树种之一。秋叶紫红色，别具风韵。为优良秋色叶树种。

图 74 槲栎
1. 雄花枝；2. 果枝；3. 果；4. 壳斗

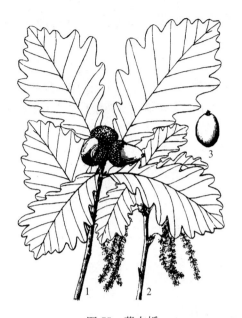

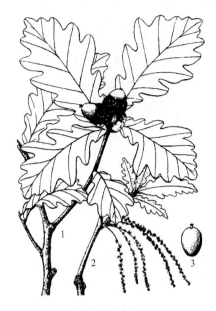

图 75　蒙古栎
1. 果枝;2. 雄花枝;3. 果

图 76　辽东栎
1. 果枝;2. 雄花枝;3. 果

⑦ 辽东栎 *Quercus liaotungensis* Koidz. 图 76:

与蒙古栎的区别:壳斗苞片无瘤状突起,侧脉 5~10 对,叶缘 5~7 对圆钝齿,叶柄无毛。分布、习性、用途同蒙古栎,但抗旱性特强。

⑧ 沼生栎 *Quercus palustris* Muench. 图 77:

落叶乔木,高达 25m。树皮暗灰褐色,不裂。小枝褐绿色,无毛。叶卵形或椭圆形,长 10~20cm,宽 7~10cm,顶端渐尖,基部楔形,边缘具 5~7 深裂,裂片再尖裂,两面无毛。壳斗杯形,包围坚果 1/4~1/3;苞片鳞形,排列紧密;坚果长椭圆形,径 1.5cm,长 2~2.5cm,淡黄色。

原产美洲。河北大厂、北京、辽宁熊岳、青岛、泰安有栽培,生长良好。树冠宽大,扁球形,为优良行道树、庭荫树。

图 77　沼生栎
1. 果枝;2. 叶;3. 果实(带壳斗)

(5) 青冈栎属 *Cyclobalanopsis* Oerst.

常绿乔木,枝有顶芽,侧芽常集生于枝端,芽鳞多数。雄花序下垂,生新枝基部;雌花序穗状,顶生,直立;子房 3 室。壳斗杯状或盘状,苞片结合成同心环。坚果当年或翌年成熟。

约 50 种,主产亚洲热带和亚热带;我国约 70 种,多分布于秦岭及淮河以南各省区,是组成南方常绿阔叶林的主要成分之一。

青冈栎 *Cyclobalanopsis glauca* (Thunb.) Oerst. 图 78:

高达 22m,胸径 1m。树皮平滑不裂;小枝青褐色,幼时有毛,后脱落。叶厚革质,长椭圆形或倒卵状长椭圆形,长 6~13cm,先端渐尖,边缘上半部有疏齿,中部以下全缘,背面灰绿色,有

平伏毛。壳斗杯状,包围坚果 1/3～1/2,苞片结合成 5～8 条同心圆环。坚果卵形或近球形,无毛。花期 4～5 月,果熟期 10～11 月。

分布于长江流域及其以南各省区,北至河南、陕西及甘肃南部,南到两广,西至云南,是本属中分布最广、最北的树种。

喜温暖多雨气候,较耐荫;喜钙质土,常生于石灰岩山地,在排水良好、腐殖质深厚的酸性土壤上生长很好。萌芽力强,耐修剪;深根性。抗有毒气体能力较强。播种繁殖。

树姿优美,枝叶茂密,终年常青,是良好的绿化、观赏及造林树种。因性好荫,宜丛植、群植或与其他常绿树混交成林,一般不宜孤植,也可用作绿篱、绿墙、厂矿绿地、防风林、防火林等。

图 78 青冈栎
1. 果枝;2. 雄花枝;3. 雄花;4. 雌花序

思考题:

1. 本科的主要经济价值是什么?

2. 栓皮栎与麻栎的主要区别是什么?

3. 蒙古栎与辽东栎的主要区别是什么?

4. 壳斗科我国有哪几属? 简述其在林业生产中的地位。

5. 简述板栗的著名产区,为什么称其为"铁秆庄稼"?

6. 榆科 Ulmaceae

落叶乔木或灌木。小枝细,无顶芽。单叶互生,排成 2 列,有锯齿,基部常不对称,羽状脉或 3 出脉;托叶早落。花小,两性或单性同株;单被花,雄蕊 4～8 与花萼同数对生,子房上位,1～2 室,柱头羽状 2 裂。翅果、坚果或核果。种子无胚乳。

本科约 16 属 230 种,主产北温带。我国 8 属约 60 种,遍布全国。

分属检索表

1. 羽状脉,侧脉 7 对以上:
  2. 花两性,翅果 ·················· 榆属(*Ulmus*)
  2. 花杂性,坚果 ·················· 榉属(*Zelkova*)
1. 三出脉,侧脉 6 对以下:
  3. 核果球形,外果皮肉质 ·················· 朴属(*Celtis*)
  3. 坚果,周围具木质翅 ·················· 青檀属(*Pteroceltis*)

(1) 榆属 Ulmus L.

乔木,稀灌木。芽鳞栗褐色或紫褐色,花芽近球形。叶多为重锯齿,羽状脉。花两性,簇生或组成短总状花序;萼钟形,宿存,4～9 裂;雄蕊与花萼同数对生。翅果扁平,顶端凹缺,果核周围有翅。

本属约 45 种,分布于北半球。我国约 25 种,遍布全国。

分种检索表

1. 花在早春展叶前开放,生于去年生枝上
   - 2. 翅果较小,长 1～2cm,无毛,小枝无木栓翅 ·················· 白榆(U. pumila)
   - 2. 翅果较大,长 2～3.5cm,有毛,小枝常具木栓翅 ·············· 大果榆(U. macrocarpa)
1. 花在秋季开放,簇生于叶腋 ···························· 榔榆(U. parvifolia)

① 白榆(榆树)Ulmus pumila L. 图 79:

高达 25m,胸径 1m。树冠圆球形;树皮纵裂,粗糙,暗灰色。小枝灰色,细长,排成 2 列。叶 2 列状互生,卵状长椭圆形,长 2～6cm,先端尖,基部偏斜,缘具重锯齿。花簇生于去年生枝上,叶前开花。翅果近圆形,顶端有缺口,种子位于中央。花期 3～4 月,果熟期 4～5 月。

变种:龙爪榆(var. pendula Rehd),枝卷曲下垂。华北地区园林栽培供观赏。

产华东、华北、东北、西北等地区;华北、淮北平原常见。

喜光,耐寒;喜肥沃、湿润土壤;也耐干瘠和轻盐碱;抗虫力弱。播种繁殖。

在城乡绿化中宜作行道树、庭荫树、防护林及四旁绿化,可作盆景及桩景。幼叶及幼果可食。

② 黄榆(大果榆)Ulmus macrocarpa Hance. 图 80:

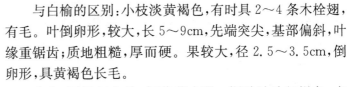

图 79 白榆
1. 叶枝;2. 花枝;3. 果枝;4. 花;5. 果实

与白榆的区别:小枝淡黄褐色,有时具 2～4 条木栓翅,有毛。叶倒卵形,较大,长 5～9cm,先端突尖,基部偏斜,叶缘重锯齿;质地粗糙,厚而硬。果较大,径 2.5～3.5cm,倒卵形,具黄褐色长毛。

分布、习性似白榆,但萌芽力强。深秋叶片红褐色,点缀山林颇为美观,是北方秋色叶树种之一。

③ 榔榆(小叶榆)Ulmus parvifolia Jacq. 图 81:

与白榆的区别:树皮不规则薄鳞片状剥落。叶较小而质厚,易折断,长 2～5cm,缘具单锯齿。秋季开花。翅果长椭圆形,长约 1cm。花期 8～9 月,果熟期 10～11 月。

主产长江流域及其以南地区,北至河北、山东、山西、河南等省。为桩景的好材料。

(2) 榉属 Zelkova Spach

落叶乔木。冬芽卵形,先端不紧贴小枝。单叶互生,羽状脉,具桃尖形单锯齿。花杂性同株,4～5 数,雄花簇生新

图 80 黄榆
1. 花;2. 花枝;3. 枝具木栓翅;4. 果枝

71

图 81　榔榆
1. 花枝；2. 花簇生；3. 花；4 果枝；5. 果

图 82　榉树
1. 花枝；2. 枝叶；3. 花；4. 雌蕊；5～7. 果

枝下部，雌花 1～3 簇生新枝上部。坚果小，上部歪斜，无翅。

本属有 6 种。我国 4 种。

① 榉树（大叶榉）*Zelkova schneideriana* Hand.—Mazz. 图 82：

高达 25m，胸径 1m。树皮深灰色，光滑。一年生枝有毛。叶椭圆状卵形，先端渐尖，基部宽楔形，桃形锯齿排列整齐，内曲，上面粗糙，下面密生灰色柔毛。坚果小，歪斜且有皱纹。花期 3～4 月，果熟期 10～11 月。

分布黄河流域以南。山东、北京有栽培，生长良好。

图 83　光叶榉
1. 果枝；2、3. 坚果（侧面与背面）

喜光略耐荫。喜温暖湿润气候，喜深厚、肥沃、湿润的土壤，耐轻度盐碱，不耐干瘠。深根性，抗风强。耐烟尘，抗污染，寿命长。

播种繁殖。种子发芽率较低，温水浸种，催芽条播。

树姿雄伟，树冠开阔，枝细叶美，绿阴浓密，秋叶红艳。可作庭园秋季观叶树。列植人行道、公路旁作行道树，也可林植、群植作风景林。居民区、农村"四旁"绿化都可应用，也是长江中下游各地的造林树种。室内装饰用材。

② 光叶榉 *Zelkova serrata* Makino. 图 83：

与榉树的区别：小枝、芽紫褐色，无毛。叶质地较薄，表面较光滑，亮绿色，无毛；叶缘锯齿较开张。

产东北南部经华东、华中至西南各地。山东有分布。习性、繁殖、用途同榉树。

(3) 朴属 *Celtis* L.

落叶乔木。树皮深灰色，不裂。单叶互生，叶中上部以上有单锯齿，下部全缘；三出脉弧状弯曲，不达叶缘。花杂性同株,4~5数。核果近球形,果肉味甜。

本属约80种,我国21种。

① 朴树 *Celtis sinensis* Pers. 图84:

高达20m,胸径1m。树冠扁球形。树皮灰色,平滑。幼枝有短柔毛后脱落。叶宽卵形、椭圆状卵形,长2.5~10cm,基部偏斜,中部以上有粗钝锯齿;3出脉,表面凹下,背面明显隆起,沿叶脉及脉腋疏生毛。核果近球形,橙红色,果柄与叶柄近等长。花期4月,果熟期10月。

产我国淮河、秦岭以南。山东有栽培,沈阳有引种,生长良好。

喜光,稍耐荫。喜温暖气候和深厚湿润疏松土壤,耐干瘠和轻度盐碱。适应性强,深根性,抗风。耐烟尘,抗污染。萌芽力强,生长较快,寿命长。

播种繁殖。9~10月采种,堆放后熟,搓洗去果肉,洗净阴干。秋播或层积沙藏至翌年春播。行距约25cm,覆土厚约1cm。1年生苗高35~40cm。

图84 朴树

1. 花枝;2. 果枝;3. 雄花;4. 两性花;5. 果核

树冠圆满宽阔,树阴浓郁,最适合公园、庭园作庭荫树。也可作行道树,也是厂矿绿化及农村"四旁"绿化及防风固堤的好树种,亦可作桩景材料。

② 小叶朴(黑弹树)*Celtis bungeana* Bl. 图85:

与朴树的区别:叶先端渐长尖,锯齿浅钝。两面无毛,或仅幼树及萌枝之叶背面沿脉有毛;叶脉表面平,背面微隆起。核果近球形,熟时紫黑色,果柄长为叶柄长之2~3倍。花期5~6月,果熟期9~10月。

产东北南部、华北,经长江流域至西南。习性、繁殖、园林用途同朴树。

③ 珊瑚朴 *Celtis julianae* Schneid. 图86:

图85 小叶朴

1. 果枝;2. 果核;3. 果实

图86 珊瑚朴

图 87 青檀
1. 花枝；2. 雄花；3. 雌花；4. 果枝

高达 20m。小枝、叶柄、叶下面均密被黄色绒毛。叶厚，较大，卵状椭圆形，长 7～16cm，上面稍粗糙，下面网脉明显突起；中部以上有钝齿。果橘红色，单生叶腋，径 1～1.3cm；果柄长 1.5～2.5cm，是叶柄的 2 倍。花期 3～4 月，果熟期 9～10 月。

主产长江流域及四川、贵州、陕西等地。树势高大，冠阔荫浓，早春满树着生红褐色肥大花丛，状若珊瑚，秋季果球形橘红色，颇美观。观赏效果良好。

(4) 青檀属 *Pteroceltis* Maxim.

本属仅 1 种，我国特产。

青檀（翼朴）*Pteroceltis tatarinowii* Maxim. 图 87：

高达 20m，胸径 1.5m。树皮灰色，薄片状剥落，内皮灰绿色。单叶互生，卵形，3 出脉直伸，侧脉不达齿端，基部全缘，基部以上有锐锯齿，背面脉腋有簇生毛。花单性同株。坚果两侧有薄木质翅。花期 4 月，果熟期 8～9 月。

主产我国黄河流域以南，西南、北京亦有。常生于石灰岩低山区及河流、溪谷岸边。山东长清县灵岩寺有千年青檀古树，誉称"千岁檀"。

喜光，稍耐荫。对土壤要求不严，耐干旱瘠薄，喜石灰岩山地，为石灰岩山地指示树种。根系发达，萌芽力强，寿命长。播种繁殖。

树体高大，树冠开阔，宜作庭荫树、行道树；可孤植、丛植于溪边，适合在石灰岩山地绿化造林。国家三级重点保护树种。木材坚硬，纹理直，结构细，可作建筑、家具等用材；树皮纤维优良，为著名的宣纸原料。

思考题：

1. 谈谈青檀的主要生态特性和用途。
2. 白榆、榔榆、黄榆的主要区别是什么？它们有何主要用途？
3. 列表说明榆属、榉属、朴属、青檀属的区别。
4. 榉树与光叶榉、朴树与小叶朴各有何区别？

7. 桑科 *Moraceae*

乔木、灌木或藤本，稀草本；常有乳汁。单叶互生，稀对生，托叶早落。花单性同株或异株，头状、菜荑或隐头花序；单被花，萼片 4(1～6)，雄蕊与花萼同数对生；子房上位稀下位，通常 1 室，每室 1 胚珠，花柱 2。聚花果或隐花果，由瘦果、核果或坚果组成，外包肥大增厚的肉质花萼。

约 70 属 1800 种。我国 17 属 160 多种。

分属检索表

1. 荑荑花序或头状花序：
　　2. 雄花序为荑荑花序；叶缘有锯齿：
　　　　3. 雌、雄花均为荑荑花序；聚花果圆柱形 ·· 桑属(*Morus*)
　　　　3. 雄花为荑荑花序，雌花为头状花序；聚花果圆球形 ·················· 构属(*Broussonetia*)
　　2. 雌、雄均为头状花序；叶全缘或 3 裂：
　　　　4. 枝有刺；花雌雄异株，雄蕊 4 ··· 柘属(*Cudrania*)
　　　　4. 枝无刺；花雌雄同株，雄蕊 1 ·· 桂木属(*Artocarpus*)
1. 隐头花序；小枝有环状托叶痕 ·· 榕属(*Ficus*)

(1) 桑属 *Morus* L.

落叶乔木或灌木。无顶芽，侧芽芽鳞 3～6。叶互生，3～5 出脉，有锯齿或缺裂；托叶披针形，早落。花单性，异株或同株，组成荑荑花序；花被 4 片；雄蕊 4 枚；子房 1 室，柱头 2 裂。小瘦果藏于肉质花萼内，集成聚花果。

本属约 12 种，我国 9 种。

① 桑树 *Morus alba* L. 图 88：

乔木，树冠倒广卵形。树皮、小枝黄褐色，根皮鲜黄色。单叶互生，卵形或广卵形，锯齿粗钝，有时有不规则分裂，表面无毛，有光泽，背面脉腋有簇毛；托叶披针形，早落。花单性异株，稀同株，花柱极短或无，柱头 2 裂，宿存。聚花果(桑葚)圆筒形，成熟时紫红色或白色，小果为瘦果，外被肉质花萼。花期 4 月，果熟期 5～6 月。

原产华中，现各地广泛栽培，长江中下游及黄河流域较多。

适应性强，喜光，喜温暖，稍耐寒，耐旱亦耐水湿，对土壤要求不严。生长快，萌芽性强，耐修剪，易更新。

播种、扦插、压条、分株、嫁接等方法繁殖。5～6 月取种子随采随播或将种子晾干贮藏于次年春播种。可在落叶后或萌芽前进行硬枝扦插，嫩枝扦插在 5～6 月进行。3～4 月用桑树实生苗嫁接优良品种。桑树的移植在春、秋两季进行，以秋栽为好。

图 88 桑树
1. 雌花枝；2. 雄花枝；3. 雄花；4. 雌花；
5. 聚花果

本种树冠宽阔，枝叶茂盛，秋色叶树种。可入药，可作蚕饲料，是绿化结合生产的良好树种。观赏品种有：垂枝桑('Pendula')和龙桑('Tortuosa')。

② 鸡桑 *Morus australis* Poir.：

叶缘锯齿无刺芒，叶表面粗糙，背面有毛。雌雄异株，花柱明显，柱头 2 裂，与花柱等长。聚花果圆柱形，成熟时紫红色。

主产华北、中南及西南。常生于石灰岩山地。

③ 蒙桑 *Morus mongolica* (Bureau)Schneis. 图 89：

叶缘有刺芒状锯齿,叶表面光滑无毛,背面脉腋常有簇毛。雌雄异株,花柱明显,柱头 2 裂。

产于东北、内蒙古、华北至华中及西南各省。

图 89　蒙桑
1. 果枝;2. 雌花

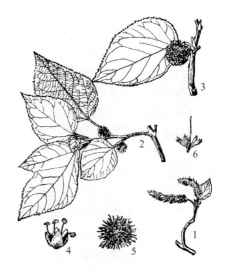

图 90　构树
1. 雄花枝;2. 雌花枝;3. 果枝;4. 雄花;
5. 雌花;6. 雌蕊

(2) 构树属 Broussonetia L'Her. ex Vent.

落叶乔木或灌木,有乳汁。无顶芽,侧芽小。单叶互生,有锯齿,三出脉,托叶早落。雌雄异株,雄花为荑苐花序,雄蕊 4;雌花为头状花序,花柱丝状。聚花果球形,红色。

本属 4 种,我国产 3 种。

构树 *Broussonetia papyrifera*(L.)L'Her. ex Vent. 图 90:

乔木,树皮浅灰色,不裂。小枝、叶柄、叶背、花序柄均密被长绒毛。叶互生,卵形,先端渐尖,基部圆形或近心形,有锯齿,不裂或不规则 2～5 裂,上面密生硬毛。聚花果球形,熟时橙红色。花期 4～5 月,果熟期 8～9 月。

适应性强,喜光,耐干冷、湿热,耐干旱亦耐水湿,对土壤要求不严。抗性强。

播种繁殖,也可用根插、枝插、分株或压条。

枝叶茂密,抗性强,生长快,繁殖快,是城乡绿化尤其是厂矿及荒山坡地绿化的良好树种。

(3) 柘属 Cudrania Trec.

乔木或灌木,常具枝刺,无顶芽。单叶互生,羽状脉,全缘,有时 3 裂;托叶早落。雌雄异株,均为头状花序。聚花果球形,瘦果外被肉质苞片和萼片。

本属约 10 种,我国产 8 种。

柘树 *Cudrania tricuspidata*(Carr.)Bur. 图 91:

灌木或小乔木;枝刺发达。叶卵形至倒卵形,全缘或

图 91　柘树
1. 具刺枝;2. 雌花枝;3. 雌花;4. 雌蕊;5. 雄花;6. 果枝

3裂,叶形变化较大。花单性异株,头状花序。聚花果近球形,熟时红色,肉质。花期5月,果熟期9～10月。

产华东、中南及西南,山东、河北、山西、陕西有分布。可作绿篱、荒山绿化及水土保持树种。

(4) 桂木属 *Artocarpus* Forst.

常绿乔木,有顶芽。叶互生,羽状脉;全缘或羽状分裂;托叶形状大小不一。雌雄同株,雄花序长圆形,雄蕊1;雌花序球形,雌花花萼管状,下部陷入花序轴中,子房1室。聚花果椭球形,瘦果外被肉质宿存花萼。

约60种,我国9种,分布于华南。

波罗蜜(木波罗)*Artocarpus heterophyllus* Lam. 图92:

高达15m,有时具板状根。小枝有环状托叶痕。叶椭圆形至倒卵形,全缘或3裂,两面无毛,背面粗糙,厚革质。雄花序圆柱形;雌花序椭球形,生于树干或大枝上。聚花果圆柱形,长25～90cm,重5～20(50)kg,外皮有六角形瘤状突起。花期2～3月,果熟期7～8月。

原产印度和马来西亚,为热带树种。我国华南有栽培。

极喜光,不耐寒,对土壤要求不严,在深厚肥沃排水良好的酸性土上生长较好。生长快,寿命长。

播种、嫁接、扦插或压条繁殖。

图92 木波罗
1. 叶枝;2. 聚花果

树姿端正,冠大荫浓,花有芳香,老茎开花结果,富有特色,为庭园优美的观赏树。为热带果树,花被、种子可食。在广西、海南等地作为行道树、庭荫树栽培。

(5) 榕属 *Ficus* L.

常绿或落叶,乔木、灌木或藤本,常具气生根。托叶合生,包被芽体,落后在枝上留下环状托叶痕。叶多互生,常全缘。花雌雄同株,生于囊状中空顶端开口的肉质花序托内壁上,形成隐头花序。隐花果,肉质,内藏瘦果。

本属约1000种,我国120多种,主产长江以南。

分种检索表

1. 乔木或灌木,常绿或落叶:
    2. 叶有锯齿或缺裂,表面粗糙;隐花果较大,径约3cm,长约5cm ⋯⋯⋯⋯⋯⋯ 无花果(*F. carica*)
    2. 叶全缘,表面光滑;隐花果较小,径0.5～1.5cm:
        3. 叶较小,长4～8cm,侧脉5～6对,有气生根 ⋯⋯⋯⋯⋯⋯ 榕树(*F. microcarpa*)
        3. 叶较大,长8～30cm,侧脉7对以上:
            4. 叶厚革质,侧脉多数,平行而直伸 ⋯⋯⋯⋯⋯⋯ 印度橡皮树(*F. elastica*)
            4. 叶薄革质,侧脉7～10对 ⋯⋯⋯⋯⋯⋯ 黄葛树(*F. lacor*)
1. 常绿藤本;叶基3主脉,先端圆钝⋯⋯⋯⋯⋯⋯⋯⋯⋯⋯ 薜荔(*F. pumila*)

① 无花果 *Ficus carica* L. 图93:

落叶小乔木或灌木状。小枝粗壮。叶广卵形或近圆形,3～5掌状裂,叶缘波状或有粗齿,表面粗糙,背面有柔毛。隐花果,梨形,绿黄色至黑紫色。

原产地中海沿岸。我国长江流域、山东、河南、新疆南部均有栽培。

喜光,喜温暖湿润,不耐寒。对土壤要求不严。根系发达,生长快,寿命长。

用分株、扦插、压条繁殖。2～3年即可开花结果。

可用于庭院、绿地栽培或盆栽观赏,果可食,可入药,是观赏结合生产的良好树种。

图93 无花果
1. 果枝;2. 雄花;3. 雌花;4. 雌蕊;5. 果序
纵剖面

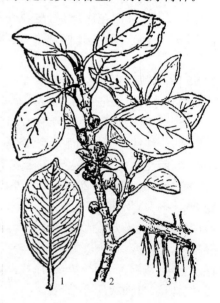

图94 榕树
1. 示叶脉;2. 果枝;3. 气生根

② 榕树 *Ficus microcarpa* L. f. 图94:

常绿大乔木,高达30m。冠大而开展,有气生根悬垂或入土生根,复成一干,形似支柱。单叶互生,倒卵形至椭圆形,革质,全缘或浅波状,无毛。隐花果腋生,近扁球形,熟时紫红色。常见栽培品种有:黄斑榕('Yellow stripe'),叶有不规则黄斑;黄金榕('Golden leaves'),新芽乳黄色。

产浙江、福建、海南、台湾、江西、广东、广西等。

喜温暖湿润气候,要求阳光充足、深厚肥沃排水良好的酸性土壤。生长快,寿命长。

用播种、扦插繁殖。

本种枝叶茂密,树冠开展,气生根入地生长,粗壮如干,可形成"独木成林"的景观。适于作行道树、庭荫树,可作盆景。

本属常用于园林的树种还有:印度橡皮树(*F. elastica*),常绿乔木,全株无毛。叶长椭圆形,长8～30cm,厚革质,有光泽,全缘,侧脉细而密且平行直伸;幼芽有紫红色叶苞,即托叶。本种有多种斑叶观赏品种,颇为美观。扦插、压条繁殖。原产印度、缅甸,我国各地盆栽。高山榕(*F. altissima*),常绿乔木。叶卵形至椭圆形,长8～21cm,厚革质,表面光亮,侧脉6～8对,幼芽嫩绿色,果实椭圆形,扦插或高空压条繁殖。大叶榕(*F. virens*),落叶乔木,叶薄革质,长椭圆形,长8～22cm,顶端渐尖,果生于叶腋,球形,用播种或扦插繁殖。黄葛树(*F. la-*

cor),落叶乔木,叶薄革质,长椭圆形或卵状椭圆形,长 8～16cm,全缘,无毛,果近球形,熟时黄色或红色,产于华南或西南,树大荫浓,可作庭荫树或行道树。细叶垂榕(*F. benjamina*),常绿乔木,枝叶稠密,柔软下垂,叶革质,表面光滑,椭圆形,长 4～10cm,先端锐尖,果球形,扦插或高压,可作造型树、行道树、庭荫树,可盆栽观赏。薜荔(*F. pumila*),常绿藤本,借气生根攀援生长,小枝有褐色绒毛,叶椭圆形,长 4～10cm,全缘,基部 3 主脉,革质,表面光滑,同株上常有异形小叶,柄短而基歪,果梨形或倒卵形,产华东、华中及西南,播种、扦插或压条繁殖。可用于点缀假山、绿化墙垣和树干。

思考题:

1. 桑科上述所列属之间的主要区别是什么?
2. 榕属中可用于观赏的植物有哪些?
3. 桑科中可用于食用的有哪些品种?
4. 桑科与榆科有哪些异、同点?

8. 山龙眼科 *Proteaceae*

乔木或灌木,稀草本。单叶互生,稀对生或轮生,全缘或分裂;无托叶。花两性稀单性;花序头状、穗状、总状;单被花;萼片 4,花瓣状,雄蕊与花萼同数对生;子房 1 室,胚珠多数。蓇葖果、坚果、核果;种子扁平,常有翅。

共 60 属 1 200 多种。我国 2 属 21 种,引种 2 属 2 种。

银桦属 *Grevillea* R. Br.

乔木或灌木。花两性,橙黄色,总状花序;子房有柄。蓇葖果。

约 200 种。我国引栽 1 种。

银桦 *Grevillea robusta* A. Cunn. 图 95:

常绿乔木,高达 30m,树干端直,树冠圆锥形。小枝、芽及叶柄密被锈色绒毛。叶互生,2 回羽状深裂,裂片披针形,边缘反卷,表面深绿色,叶背密被银灰色丝状毛。总状花序,花萼花瓣状,4 枚,橙黄色。蓇葖果。花期 5 月,果熟期 7～8 月。

原产大洋洲;我国华南、西南有栽培。

适应性强,喜光,喜温暖湿润,对土壤要求不严。生长快,抗性强。

用播种繁殖,种子随采随播。

树干通直,树体高耸,枝叶茂密,自然下垂,是绿阴树中的佼佼者,可用作行道树等。

图 95　银桦

思考题:

谈谈银桦在我国的栽培情况和主要用途。

9. 紫茉莉科 *Nyctaginaceae*

草本或木本,有时攀援状。单叶互生或对生,全缘;无托叶。花两性或单性,整齐;通常为聚伞花序;总苞片彩色显著,萼片状;花萼呈花瓣状,圆筒形;无花瓣;雄蕊1至多数;子房上位,1室,1胚珠,花柱1。瘦果。

约30属290种;我国1属4种,引栽2属4种。

叶子花属(三角花属) *Bougainvillea* Comm. ex Juss.

藤状灌木,茎有枝刺。叶互生,有柄。花小,由3枚红色或紫色的叶状大苞片所包围,常3朵簇生,花梗与苞片的中脉合生;萼筒绿色,顶端5～6裂;雄蕊7～8,内藏;子房有柄。果5棱形。

图96 叶子花
1. 花枝;2. 苞片和花;3. 花;4. 雄蕊和雌蕊

约18种;我国引栽2种。

① 叶子花(三角花) *Bougainvillea spectabilis* Willd. 图96:

常绿攀援灌木,茎枝和叶片密生柔毛。叶卵形至卵状椭圆形,长5～10cm。花苞片椭圆形,长宽约3cm,叶状,鲜红、砖红、浅紫色。花期甚长,若温度适宜,可常年开花。

原产巴西;我国华南、西南可露地栽培。

喜温暖湿润气候,不耐寒。要求强光照和富含腐殖质的肥沃土壤。不耐水涝。萌芽力强,耐修剪。扦插为主,压条、分株也可。

花瓣状苞片大而美丽,花期特长,是南方优良的攀援花灌木。用于庭院、宅旁、棚架、长廊或攀附于假山、岩石、围墙之上效果均佳。长江流域及其以北温室盆栽。

常见栽培品种:白叶子花('Alba'),苞片白色。红叶子花('Crimson'),苞片鲜红色。砖红叶子花('Lateritia'),苞片砖红色。

② 光叶子花 *Bougainvillea glabra* Choisy.:

与叶子花近似,其区别为:枝叶无毛或稍有毛。苞片紫红色。栽培品种有:大苞叶子花('Cypheri'),苞片大而美丽。紫红叶子花('Sandariana'),苞片玫瑰紫堇色。斑叶叶子花('Variegata'),叶具白色斑纹。

思考题:

1. 光叶子花与叶子花在形态上有哪些区别?
2. 叶子花有何主要用途?

10. 毛茛科 *Ranunculaceae*

草本,稀为木质藤本或灌木。叶互生或对生,无托叶。花两性稀单性,单生或成聚伞、总状或圆锥花序;雌蕊、雄蕊多数,离生,螺旋状排列;心皮通常多数,稀退化为1,分离或部分连合,

1室,有1个或多数胚珠。聚合蓇葖果或聚合瘦果,稀为浆果或蒴果。

约48属2 000种,主产于北温带。我国约产40属600种。

(1) 芍药属 *Paeonia* Linn.

宿根草本或落叶灌木。芽大,具芽鳞数枚。2回3出复叶或羽状复叶,互生,小叶全缘或深裂。花大而美丽,单生或数朵着生,红色、白色、黄色或紫红色;萼片5,宿存;雄蕊多数,心皮2～5,离生。蓇葖果,成熟时开裂,具数枚大粒种子。

约40种,产北半球。我国15种,多数均花大而美丽,为著名观花植物,兼作药用。

牡丹 *Paeonia suffruticosa* Andr. 图97:

落叶小灌木,高达2m。肉质根肥大;枝多而粗壮。2回3出复叶,小叶广卵形至卵状长椭圆形,先端3～5裂,基部全缘,背面有白粉,平滑无毛。花单生枝顶,大型,径10～30cm,有单瓣和重瓣,花色丰富,有紫、深红、粉红、白、黄、绿等色。果长圆形,密生黄褐色硬毛。花期4～5月,果熟期9月。

图97 牡丹
1. 花枝;2. 根

牡丹品种繁多,花色丰富,约500个品种。常根据花瓣自然增加和雄蕊瓣化作为牡丹花型分类的第一级标准,形成3类11个花型。

① 单瓣类:花瓣宽大,1～3轮,雌、雄蕊正常,单瓣型。

② 千层类:花瓣多轮,由外向内逐渐变小;无内外瓣之分,雄蕊生于雌蕊四周,雌蕊正常或瓣化,全花扁平。有荷花型、菊花型、蔷薇型、千层台阁型4种。

③ 楼子类:外瓣1～3轮,雄蕊部分或全部瓣化,雌蕊正常或瓣化,全花中部高起。有金蕊型、托桂型、金环形、皇冠型、绣球型、楼子台阁型6种。

原产我国西北部,栽培历史悠久。目前以山东菏泽、河南洛阳、北京等地栽培最为著名。"曹州"今菏泽,是我国著名的牡丹之乡,也是世界上最大的牡丹生产基地,栽培牡丹已有800年的历史。形成了三类,六型,八大色系,总共600多个品种。三类是单瓣类、重瓣类和千瓣类;六型是葵花型、荷花型、玫瑰花型、平头型、皇冠型和绣球型;八大色系包括黑、白、黄、绿、红、紫、蓝、粉。各类型都有自己的名贵品种。素有"曹州牡丹甲天下"之称。

喜光,稍耐荫;喜温凉气候,较耐寒,畏炎热,忌夏季曝晒。花期适当遮荫可使色彩鲜艳并可延长开花时间。喜深厚肥沃而排水良好之沙质壤土,忌粘重、积水或排水不良处,中性土最好,微酸、微碱亦可。根系发达,肉质肥大。生长缓慢,1～2年幼苗生长较慢,第三年开始加快。牡丹寿命长,50～100年以上大株各地均有发现。

可用播种、分株和嫁接繁殖。

播种繁殖主要用于繁育新品种。9月种子成熟时采下即播,一般秋播当年只生根,第2年才出苗,4～5年生可开花。

分株繁殖是主要的繁殖方法。牡丹分株和移植最宜于9～10月上旬进行。在土壤封冻前和早春虽也能进行,但往往生长不良或成活率降低。

嫁接繁殖用于大量繁殖和繁殖名贵品种,砧木通常用牡丹和芍药的肉质根,根砧选粗约

2cm,长 15～20cm,且带有须根的肉质根为好。嫁接一般都在牡丹和芍药分株、移栽和采根时进行,即 9～10 月上旬。

牡丹促花技术近年有了长足发展,春节期间可获得不时之花。

牡丹花大色艳,雍容华贵,被誉为"国色天香"、"花中之王",牡丹为我国特产名花,深受我国人民的喜爱。在园林中常用作专类园,供重点美化区应用,又可植于花台、花池观赏。孤植、丛植、片植都可,也可点缀草坪或庭院等处,此外,还可盆栽作室内观赏和切花瓶插等用。

牡丹根皮(丹皮)供药用,花可食用,还可提炼香精。

(2) 铁线莲属 *Clematis* L.

木质藤本,少直立草本。叶对生,单叶或羽状复叶。花常呈聚伞或圆锥花序,稀单生;萼片 4～8,花瓣状;无花瓣;雄蕊多数;心皮多数,离生,柱头羽毛状,白色或淡黄,常宿存。瘦果。

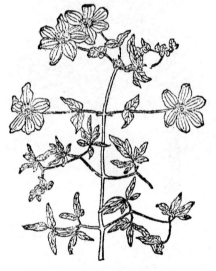

图 98 铁线莲

约 300 种,广布于北温带。我国约 110 种,以西南最多。

铁线莲 *Clematis florida* Thunb. 图 98:

落叶或常绿,蔓茎可达 4m 以上。叶常为 2 回 3 出复叶,小叶卵形至披针形,长 2～5cm,网脉明显。花单生叶腋,在花梗近中部有 2 枚对生叶状苞片;萼片花瓣状,常 6 枚,乳白色,背有绿色条纹,平展;花径 5～8cm,雄蕊暗紫色,无毛。花期夏季。

分布广东、广西、湖南、湖北、四川、浙江、江苏、山东等省。

常见品种有:重瓣铁线莲('Plena'),花重瓣,雄蕊绿白色,外轮萼片较长;蕊瓣铁线莲('Sieboldii'),雄蕊部分变为紫色花瓣状。

喜光,夏季忌阳光直射,宜侧方荫庇。喜肥沃疏松、排水良好石灰质土壤。耐寒性较差,华北多盆栽。耐旱,忌积水。生长旺盛,适应性强。

播种、压条、分株、扦插嫁接繁殖。

铁线莲花大色艳,风格独特,叶柄卷附他物攀援,是优良藤蔓材料,可用于墙垣、凉亭、花架、花柱、拱门、假山、岩石等园林构筑物,也可攀援乔灌木或用作地被、盆栽。

铁线莲属植物在欧美、日本庭园应用甚多,并已培育出许多品种。我国有丰富种质资源,但园林中应用不多。目前较常见的种类有:转子莲(*C. patens* morr. et Dence);杂种铁线莲(*C. jackmanii* Th. Moore);绣球藤(*C. montana* Buch-Ham);圆锥铁线莲(*C. paniculata* Thunb);宽萼铁线莲(*C. platysepala*(Trautv. et Mey)Hand-Mazz);大瓣铁线莲(*C. macropetala* ledeb)等 。

思考题:

1. 牡丹与芍药的主要区别是什么?

2. 牡丹花应如何繁殖?

3. 谈谈钱线莲属植物在园林绿化中应用的前景。

11. 小檗科 *Berberidaceae*

灌木或多年生草本。单叶或复叶,互生。花两性,整齐,单生或组成各式花序;花萼花瓣相似,2至多轮,每轮3枚;花瓣常具蜜腺;雄蕊与花瓣同数对生,稀为其2倍;子房上位,1心皮,1室,胚珠倒生。浆果或蒴果。

约14属600余种;我国约11属280种。

(1) 小檗属 *Berberis* Linn.

落叶或常绿灌木,稀小乔木。内皮层及木质部黄色;枝有变态叶刺。单叶互生,短枝上簇生。花黄色;萼片6,花瓣状;花瓣6,较萼片小,基部有腺体,胚珠1至多数。浆果红色或蓝黑色。

本属约500种;我国约200种。

日本小檗(小檗) *Berberis thunbergii* DC. 图99:

落叶灌木,高2~3m。幼枝紫红色,老枝灰紫褐色,有槽。刺细小不分叉。叶倒卵形或匙形,长0.5~2cm,全缘,两面叶脉不明显。伞形花序簇生状,花黄色,花冠边缘有红晕,小苞片3。浆果红色,种子1~2。花期5月,果熟期9月。

变种与品种:紫叶小檗('atropurpurea'),叶色常年紫红。需光照充足,不宜隐蔽处栽培,否则叶色不艳。金叶小檗('Aurea'),叶金黄色。

原产日本,现我国各地广泛栽植。

喜光,略耐荫。喜温暖湿润气候,亦耐寒。对土壤要求不严,耐旱,喜深厚肥沃排水良好的土壤。萌蘖性强,耐修剪。分株、播种或扦插繁殖。

图99　小檗
1. 花枝;2. 叶;3. 花;4. 果枝

日本小檗春季黄花簇簇,秋季红果满枝。可观果、观花、观叶,亦可栽作刺篱,花坛、草坪中常用组图案、彩带。

(2) 十大功劳属 *Mahonia* Nutt.

常绿灌木,木质部黄色,多无针刺。奇数羽状复叶互生,小叶缘具刺齿。花黄色,总状花序数条簇生;萼片9,3轮;花瓣6,2轮;雄蕊6,分离,花药瓣裂,柱头盾形,胚珠少数。浆果球形,深蓝色,有白粉。

本属共100种;我国约50种。

① 阔叶十大功劳 *Mahonia bealei* (Fort.) Carr. 图100:

树高达4m,全体无毛,枝丛生直立。小叶9~15枚,坚硬,革质,卵形至卵状椭圆形,叶缘反卷,每边有大刺齿2~5枚,侧生小叶基部歪斜,上面深绿色,有光泽,下面黄绿色。花黄色,有香气;总状花序6~9条。果卵形,径约1cm。花期11月至翌年3月,果熟期4~8月。

图100　阔叶十大功劳
1. 花枝;2. 花;3. 去花被,示雌雄蕊;4. 枝叶

分布秦岭、淮河以南至西南、华南,西藏东部也有。

喜光,耐半荫,喜温暖湿润气候,不耐严寒。性强健,对土壤要求不严。萌蘖力较强。播种、插枝、插根、分株均可。

四季常青,枝叶奇特,叶色秀丽,秋叶红色,赏心悦目。华东、中南园林常见栽培观赏,布置树坛、岩石园、庭园,常与山石配置,也可作境界绿篱树种。

② 十大功劳(狭叶十大功劳) *Mahonia fortunei* (Lindl.) Fedde:

本种与阔叶十大功劳的主要区别为:小叶 5～9,狭披针形,叶缘有刺齿 6～13 对;花序 4～8 个簇生。其余同阔叶十大功劳。

(3) 南天竹属 *Nandina* Thunb.

图 101 南天竹
1. 花枝;2. 果枝;3. 叶部分(放大);4. 花;5. 花萼和花瓣;6. 雄蕊;7. 雌蕊;8. 果

本属仅 1 种。产我国及日本。

南天竹(南天竺) *Nandina domestica* Thunb. 图 101:

常绿灌木,高 2m,全株无毛。2～3 回奇数羽状复叶,互生,叶柄基部有抱茎鞘;小叶全缘,椭圆状披针形,先端渐尖,基部楔形。顶生圆锥花序,白色。浆果球形,鲜红色。花期 5～7 月,果熟期 9～10 月。

常见品种有:玉果南天竹('Leucocarpa')果黄绿色。五彩南天竹('Prophyrocarpa')叶色多变,常紫色,果熟紫色。

产我国及日本,长江流域及其以南广泛分布。国内外庭园普遍栽培。

喜温暖湿润通风良好的半荫环境。不耐严寒,黄河流域以南可露地种植。喜排水良好的肥沃湿润土壤,是钙质土的指示植物。不耐贫瘠干燥。生长较慢,实生苗须 3～4 年才开花。萌芽力强,萌蘖性强,寿命长。

播种、分株繁殖。种子宜随采随播或层积催芽。种子后熟期长,春播后约 100 天出苗。

南天竹枝叶清秀如竹,秋冬叶色红艳,红果累累,姿态俏丽,可观果、观叶。丛植庭院或假山旁或草坪边缘或园路转角均极美丽。常盆栽或制作盆景装饰厅堂、居室、大型会场。枝叶或果枝是良好的插花材料。根、叶、果可入药。

思考题:

谈谈南天竹、十大功劳、紫叶小檗在园林绿化中的应用。

12. 木兰科 *Magnoliaceae*

常绿或落叶,乔木或灌木,稀藤本。单叶,互生,全缘,稀浅裂;托叶大,包被幼芽,脱落后枝上留有环状托叶痕。花两性或单性,单生或成花序;萼片常为花瓣状,3 枚稀 4 枚;花瓣 6 或多数;雄蕊多数,螺旋状排列;心皮多数,离生,螺旋状排列,稀轮生。聚合果,小果为蓇葖果、蒴果或浆果,罕为带翅坚果。

本科有 12 属 215 种。我国 10 属约 80 种。

分属检索表

1. 聚合菁葖果;叶全缘,稀先端凹缺:
  2. 花顶生,雌蕊群无柄或具短柄:
    3. 每心皮具 2 胚珠 ·· 木兰属(*Magnolia*)
    3. 每心皮具 4 以上胚珠 ··· 木莲属(*Manglietia*)
  2. 花腋生,雌蕊群具柄 ·· 含笑属(*Michelia*)
1. 聚合翅状坚果;叶两侧有裂片,先端平截 ························· 鹅掌楸属(*Liriodendron*)

(1) 木兰属 *Magnolia* L.

乔木或灌木,顶芽大。单叶互生,全缘,稀叶端 2 裂;托叶与叶柄相连并包被顶芽,脱落后在枝上留有环状托叶痕。花两性,大而美丽,单生枝顶,萼 3,常为花瓣状;花瓣 6～12;雌雄蕊均多数,螺旋状生于伸长的柱状花托上;雌蕊在上,雄蕊在下。聚合菁葖果,室背开裂。种子外被红色假种皮,成熟时悬挂于丝状种柄上。

本属 90 余种,我国约 30 种。花大而美丽,芳香,多为观赏树种。

分种检索表

1. 落叶性;叶片纸质、膜质,背面不被锈褐色短绒毛:
  2. 花与叶对生;花梗细长,长 3～7cm;叶背面有白粉;托叶芽鳞 1 片 ·········· 天女花(*M. sieboldii*)
  2. 花单生枝顶;花梗短,长 1～2cm;叶背面无白粉;托叶芽鳞 2 片:
    3. 花被片极相似,纯白色,9 枚;叶片倒卵形或倒卵状椭圆形,先端宽圆具突尖 ·················
      ··· 白玉兰(*M. denudata*)
    3. 花被片极不相似,外轮短小呈萼片状:
      4. 花叶同时开放;萼片 3,绿色,披针形;花瓣 6,紫色,无芳香;叶片椭圆状倒卵形,侧脉 8～10 对
        ··· 紫玉兰(*M. liliflora*)
      4. 花先叶开放;内两轮花被片白色、淡紫红色,有芳香;外轮 3,绿色,短小:
        5. 花白色;叶片长圆状披针形、长圆状倒披针形、卵状披针形,侧脉 10～15 对;菁葖果密被小瘤
          点 ··· 望春玉兰(*M. biondii*)
        5. 花淡紫色,边缘多为紫色;叶片倒卵形,侧脉 7～9 对;菁葖果有白色皮孔 ·················
          ·· 二乔玉兰(*M.* ×*soulangeana*)
1. 常绿性;叶片厚革质,背面密被锈褐色短绒毛 ············· 广玉兰(*M. grandiflova*)

① 白玉兰(玉兰) *Magnolia denudata* Desr. 图 102:

落叶乔木,树冠卵形或近球形。幼枝及芽均有毛。叶倒卵状椭圆形,先端突尖,基部近圆形,侧脉 8～10 对;幼叶背面有毛。花大,纯白色,芳香,花萼与花瓣相似,共 9 枚。聚合菁葖果,褐色,长约 10cm,弯曲。花期 3～4 月,果熟期 9～10 月。

原产我国中部。北京及黄河流域以南各地普遍栽培。

喜光,耐荫,耐寒,喜肥沃、排水良好的酸性土壤。

用播种、扦插、压条、嫁接繁殖。播种宜随采随播或采后将种子沙藏,次春播种。嫁接用木兰作砧木。

玉兰花大,洁白芳香,花于叶前开放,是良好的早春观花树种,可作为行道树、庭院观赏树。新品种有:红运玉兰;黄运玉兰。

图 102 玉兰

. 叶枝;2. 冬芽;3. 花枝;4. 雌、雄蕊群;5. 果

图 103 紫玉兰

1. 花枝;2. 果枝;3. 雄蕊;4. 雌、雄蕊群;
5. 外轮花被片和雌蕊群

② 紫玉兰(木兰) *Magnolia liliflora* Desr. 图 103:

与白玉兰的区别:落叶灌木。枝上均无毛。叶背脉上有毛。萼片 3,黄绿色,披针形;花瓣6,外面紫红色,内面乳白色。花期较晚。

③ 二乔玉兰 *Magnolia×soulangeana*(Lindl.)Soul. —Bod. 图 104:

落叶小乔木,树高 6～10m。叶倒卵形,先端短急尖,基部楔形。花被片内两轮 6,外面淡紫色,基部较深,里面白色;外轮 3,绿色,花瓣状,但长仅达其半或等长。蓇葖黑色,具白色皮孔。

北京至广州、昆明各城市有栽培。二乔玉兰是白玉兰与紫玉兰的杂交种。比白玉兰、紫玉兰更耐寒、耐旱。优良观赏树。

④ 望春玉兰(望春花) *Magnolia biondii* Pamp. 图 105:

落叶小乔木,树高 6～12m。小枝暗绿色,无毛。叶基本为长圆状披针形,先端急尖,基部楔形,侧脉 10～15 对。花被片 9,外轮 3,萼片状,近条形,长约1cm;内两轮近匙形,长 4～5cm,宽 1.3～1.5cm,内轮较小,白色,外面基部带紫红色。蓇葖黑色,密生突起瘤点。产甘肃、陕西、河南、湖北、湖南、四川等,山东有栽培。优良园林绿化树种。

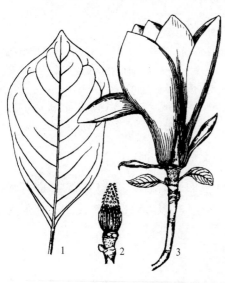

图 104 二乔玉兰

1. 叶;2. 雄蕊群和雌蕊群;3. 花枝

图 105 望春玉兰
1. 花枝;2 果枝

图 106 天女花
1. 花枝;2. 聚合蓇葖果

⑤ 天女花 *Magnolia sieboldii* K. Koch. 图 106：

落叶小乔木,小枝及芽有柔毛。叶宽椭圆形,下面有白粉和短柔毛,叶柄幼时有丝状毛。托叶芽鳞 1 片。花在新枝上端与叶对生,与叶同时开放;花梗细长 3～7cm;花被片 9,外轮 3 片,淡粉红色,其余白色。蓇葖红色。花期 6 月,果熟期 9 月。

分布吉林、辽宁、河北、山东、安徽、江西、浙江、广西等。天女花盛开时芳香怡人,随风飘荡,宛如天女散花,故名。是著名观赏树种,可形成美丽的自然景观。

⑥ 广玉兰(荷花玉兰)*Magnolia grandiflora* L. 图 107：

常绿乔木,树冠阔圆锥形。芽、小枝、叶柄、叶背、果实均有锈色柔毛。叶倒卵状长椭圆形,革质,叶端钝,叶基楔形,叶表面有光泽,边缘反卷。花大,芳香,花瓣多为 6 片;萼片花瓣状,3 枚;花丝紫色。聚合果圆柱状卵形,密被锈色毛;种子红色。花期 4～6 月,果熟期 10 月。

原产北美东部。我国长江流域及其以南常见栽培,山东能露地过冬。

喜光亦耐荫,有一定耐性,喜温暖湿润,要求肥沃湿润排水良好的酸性土壤。根系强大,抗风性强。

播种繁殖,种子随采随播或层积沙藏后春播,还可用扦插、压条、嫁接繁殖。春季用木兰作砧木枝接。

本种叶深绿有光泽,花大且芳香,树形优美,是良好的行道树、庭荫树、独赏树。

(2) 木莲属 *Manglietia* Bl.

常绿乔木。花顶生,花被片 9 枚,3 轮;雄蕊多数;雌

图 107 广玉兰
1. 花枝;2. 雄蕊;3. 雌蕊群纵切面;4. 雌蕊;
5. 雄蕊群和雌蕊群

蕊群无柄,心皮多数,每心皮胚珠 4 至多数。聚合果近球形;蓇葖熟时木质,顶端有喙,2 瓣裂。

约 30 余种,我国 20 多种。

木莲 *Manglietia fordiana*(Hemsl.)Oliv.:

树高达 20m。嫩枝、芽、叶柄、果柄均有红褐色绢毛。叶厚革质,长椭圆状披针形,先端尖,基部楔形,叶背灰绿色。花单生枝顶,白色。聚合蓇葖果红色,卵形。花期 5 月,果熟期 9 月。

产长江以南。包括华南、浙江、安徽、江西、福建、云南。木莲枝繁叶茂,树冠圆整,花洁白芳香,是公园、庭院独赏、群植的优良树种。

(3) 含笑属 *Michelia* L.

常绿乔木或灌木。枝上有环状托叶痕;叶柄与托叶分离。花单生叶腋,芳香;花萼似花瓣,花被片 6～21 枚,每轮 3～6 枚;雌蕊群有柄,每雌蕊有 2 枚以上胚珠;雄蕊群与雌蕊群之间有间隔。聚合蓇葖果,室背开裂;种子 2 至多数,红色。

本属 60 多种,产亚洲热带至亚热带,我国 35 种。多为观赏树、芳香树。

① 白兰花(白兰) *Michelia alba* DC. 图 108:

树高达 17m。新枝及芽有白色绢毛,一年生枝无毛。叶薄革质,椭圆形至椭圆状披针形,叶表面光滑,背面叶脉有疏毛,托叶痕仅及叶柄中下部。花被片 10,乳白色,极香。花期 5～9 月,多不结实。

图 108 白兰花

1. 叶枝;2. 叶柄(示托叶痕);3. 去花被片后之花(示雄蕊群和雌蕊群);4. 雄蕊

原产印度尼西亚、爪哇。我国华南及云南栽培较多。

喜阳光充足、温暖湿润、通风良好的环境,要求肥沃富含腐殖质排水良好的沙质壤土,不耐寒,肉质根,忌积水。

用扦插、高压、嫁接法繁殖。嫁接用木兰或黄兰作砧木,5～8 月进行。

本种是著名的香花树种,在华南地区可作为行道树、庭荫树栽培,是观赏结合生产的优良树种。

同属常见栽培种有:黄兰花(*Michelia champaca* L.)与白兰花很相似。区别为:叶缘呈波状;托叶痕达叶柄中部以上。

花被片 15～20,乳黄色,极芳香。分布云南南部及西南部。习性及栽培与白兰花相似。

② 含笑 *Michelia figo*(Lour.)Spreng. 图 109:

灌木,树冠圆整。枝、芽、叶柄、花柄均被锈褐色绒毛。叶革质,长椭圆形,叶柄极短,托叶痕达叶柄顶端。花被片 6,淡黄色边缘有紫晕,芳香。蓇葖果卵圆形,先端有喙,花期四季。

图 109 含笑

1. 果枝;2. 花

原产华南,长江流域以南有栽培。

喜半荫,喜温暖多湿气候,喜酸性土壤;根肉质,不耐旱涝。

以扦插繁殖为主,亦可播种、压条、嫁接和分株。

含笑是我国著名香花,花含而不放,芳香馥郁,枝叶四季葱绿,可丛植、列植、片植。

同属常见栽培种有:深山含笑(*M. maudiae*),乔木,高 20m。树皮淡灰色。芽、幼枝、叶背上均被白粉。叶革质,长椭圆形,叶背灰褐色。花被片 9,花白色,芳香。花期 3～5 月,果期 9～10 月。产于浙江、福建、湖南等地。可孤植、群植或列植作行道树,是优良的观赏花木。

(4) 鹅掌楸属 *Liriodendron* L.

落叶乔木。冬芽外被 2 片芽鳞状托叶。叶奇异,马褂形,叶端平截或微凹,两侧各具 1～2 裂;托叶痕不延至叶柄。花两性,单生枝顶;萼片 3;花瓣 6;雄蕊、雌蕊均多数,螺旋状排列于花托上;胚珠 2。聚合翅状坚果,纺锤形。

本属现只存 2 种,我国 1 种,北美 1 种。

① 鹅掌楸(马褂木) *Liriodendron chinense* (Hemsl.) Sarg. 图 110:

落叶乔木,树冠圆锥形。1 年生枝灰色或灰褐色。叶马褂形,两侧各有 1 裂,向中部凹入,老叶背部有白色乳状突点。花单生枝顶,橙黄色,花丝短。具翅小坚果组成纺锤形聚合果。花期 4～5 月,果熟期 10 月。

产长江以南各省山区。喜光,有一定耐寒性,喜温暖湿润气候;喜深厚肥沃排水良好的酸性土壤,忌低湿水涝。

播种繁殖。自然授粉的种子发芽率很低,约 5%。人工授粉的种子发芽率较高,应在果实呈现褐色时采收,随采随播。

图 110 鹅掌楸
1. 花枝;2. 雄蕊;3. 果;4. 具翅
小坚果

亦可扦插或压条繁殖。

本种不耐移植,故移植后要加强保护。树冠不开展,一般不行修剪。树形端正,叶形奇特,秋叶黄色,花橙黄色,是优美的园林绿化树种。

② 北美鹅掌楸 *Liriodendron tulipifera* L. 图 111:

与鹅掌楸的区别:树冠广圆锥形。叶缘两侧各有 1～3 裂,向中部浅凹,老叶背面无白粉。花丝较长。原产于北美。习性、繁殖、应用同鹅掌楸。

思考题:

1. 含笑属和木兰属植物的主要区别是什么?

2. 木兰科植物中可用于观赏的品种有哪些?

3. 两种鹅掌楸的繁殖有何特点?简述两者的主要分布、园林用途及观赏特性。

图 111 北美鹅掌楸

13. 腊梅科 *Calycanthaceae*

落叶或常绿灌木,具油细胞,小枝皮孔明显;鳞芽或柄下裸芽。单叶对生,羽状脉,无托叶。花两性,单生叶腋或侧枝顶端,芳香,花萼花瓣相似,多数,螺旋状着生于杯状花托外围,最外轮苞片状,内轮花瓣状;雄蕊 5～30;心皮多数,离生,着生于壶状花托内;胚珠 1～2。聚合瘦果包于壶形果托内。

共 2 属 9 种;我国 2 属 7 种。

图 112 腊梅
1. 花枝;2. 果枝;3. 花纵切面;4、5. 雄蕊;
6、7. 雌蕊;8. 种子

(1) 腊梅属 *Chimonanthus* Lindl.

灌木,顶芽常缺,侧芽鳞芽。叶纸质或近革质,上面粗糙。花单生叶腋,花被多数,黄色、黄白色,花瓣状,带蜡质;雄蕊 5～6;花托在口部缩小,壶形。

共 6 种,我国特产。

腊梅(腊梅花)*Chimonanthus praecox*（L.）Link. 图 112:

落叶大灌木,高达 5m;小枝近四棱形,皮孔明显。叶近革质,椭圆状卵形至卵状披针形,长 7～15cm,全缘,上面粗糙,有硬毛,下面光滑无毛。花芳香,径约 2.5cm,花被片卵状椭圆形,蜡质黄色,内层花被有紫色条纹。果托坛状,小瘦果种子状,栗褐色,有光泽。花期 11 月至翌年 2 月,远在叶前开放,果熟期 8 月。

产我国秦岭。栽培范围很广,南至湖南衡阳,西至四川,北达北京等地都有栽培。河南省鄢陵县有"鄢陵腊梅甲天下"之称。

喜光,稍耐寒,耐旱,怕风,不耐水湿。喜深厚、排水良好的中性或微酸性沙质壤土。花期长,开花早,萌蘖力、发枝力强,耐修剪;寿命长,可达百年。对 Cl_2、SO_2 抗性强。

嫁接繁殖为主,也可播种、分株。

花开于寒月早春,花黄似蜡,浓香四溢,为具我国园林特色的典型冬季花木。各地常与南天竹配置,于隆冬时呈现红果、黄花、绿叶的景观。也是盆景、桩景和切花的好材料。对有毒气体抗性强,可作厂矿绿化树种。

变种:素心腊梅(var. *concolor* Mak.),花被片纯黄色,香味稍淡。磬口腊梅(var. *grandiflora* Mak.),叶长可达 20cm。花较大,径 3～3.5cm,外轮花被片淡黄,内轮有深紫色边缘和条纹,香味最浓。红心腊梅(狗蝇腊梅)(var. *intermedius* Mak.),花较小,花瓣狭长,中心花瓣呈紫色,香气淡。

(2) 夏腊梅属 *Calycanthus* L.

与腊梅属的区别是:裸芽,包被于叶柄基部内。花单生枝顶,径 5～7cm,叶后开花,雄蕊 10～20,心皮 10～35,每心皮 2 胚珠。本属 3 种 1 变种,我国 1 种。

夏腊梅 *Calycanthus chinensis* Cheng et S. Y. Chang:

高达 3m。小枝对生;柄下芽。叶阔卵状椭圆形至卵圆形,长 13～17cm,全缘或具稀疏浅锯齿。花径 4.5～7cm,花被片内外不同,外面 12～14 片,白色,边缘淡紫色;内面 9～12 片,淡黄色,基部散生淡紫红色斑纹。果托钟形,瘦果褐色,基部密被灰白色绒毛。花期5月,果熟期10月。

产于浙江昌化、天台及安徽歙县清凉峰,长江流域有栽培。

喜暖湿气候及排水良好的湿润沙壤土,在阴湿条件下生长旺盛。播种繁殖。夏季开花,花朵大而美丽,宜植于庭园。国家二级重点保护树种。

思考题：

1. 腊梅和夏腊梅之间有哪些区别?
2. 腊梅的主要用途是什么?

14. 樟科 *Lauraceae*

乔木或灌木,具油细胞,有香气。单叶互生,稀对生或簇生,全缘,稀分裂;无托叶。花两性、单性或杂性,伞形、总状或圆锥花序;单被花,花被片常为6,2轮;雄蕊3~4轮,每轮3,第4轮雄蕊常退化,花药瓣裂;子房上位,1室,1胚珠。核果或浆果;种子1,无胚乳。

约45属2 000种,我国20属400种。

分属检索表

1. 圆锥花序,花两性;常绿性:
　　2. 花被片脱落;叶三出脉或羽状脉;果生于肥厚果托上 ·················· 樟属(*Cinnamomum*)
　　2. 花被片宿存;叶羽状脉,花柄不增粗:
　　　　3. 花被裂片薄而长,向外开展或反曲 ··················· 润楠属(*Machilus*)
　　　　3. 花被裂片厚而短,直立或紧抱果实基部 ··················· 楠木属(*Phoebe*)
1. 总状花序,花杂性,花被片脱落;果柄及果托顶端肥大;落叶性 ·················· 檫木属(*Sassafras*)

(1) 樟属 *Cinnamomum* Bl.

常绿乔木或灌木。树皮、枝叶均具香味。叶互生,稀对生,全缘,三出脉、离基三出脉或羽状脉,脉腋常有腺体。花两性,稀单性,圆锥花序;花被裂片6,花后早落;花药4室。浆果状核果,生于由萼筒形成之盘状果托上。

约250种,我国约50种。

分种检索表

1. 脉腋有腺体,叶互生,离基三出脉 ·················· 樟树（*C. camphora*)
1. 脉腋无腺体,明显三主脉;叶互生或近对生:
　　2. 小枝、叶下面、叶柄及花序轴无毛或微被毛 ·················· 阴香(*C. burmanii*)
　　2. 小枝、叶下面、叶柄及花序轴密被淡黄色或灰黄色柔毛·················· 肉桂(*C. cassia*)

① 樟树(香樟) *Cinnamomum camphora* (L.)Presl. 图113:

树高20~30m,最高可达50m,胸径4~5m;树冠广卵形。树皮灰褐色,纵裂。叶互生,卵状椭圆形,长5~8cm,薄革质,离基三出脉,脉腋有腺体,两面无毛,背面灰绿色。圆锥花序生于新枝叶腋;花淡黄绿色。核果球形,径约6mm,熟时紫黑色,果托盘状。花期5月,果熟期9~11月。

图 113　樟树

1. 花枝；2. 花纵剖面；3. 雄蕊；4. 果序

分布大体以长江为北界，南至两广及西南，尤以江西、浙江、福建、台湾等东南沿海为最多。

喜光，稍耐荫；喜温暖湿润气候，对土壤要求不严，而以深厚、肥沃、湿润的微酸性沙壤土最好，较耐水湿，但不耐干瘠和盐碱。主根发达，深根性，萌芽力强，耐修剪，寿命长。有一定抗海潮风、耐烟尘和有毒气体能力，并能吸收多种有毒气体。

播种繁殖为主，软枝扦插、根蘖也可。

本种枝叶茂密，冠大荫浓，树姿雄伟，是城市绿化的优良树种，广泛用作庭荫树、行道树、防护林及风景林。配植于池畔、水边、山坡、平地均相宜，也可选作厂矿区绿化树种。树体各部均可提取樟脑和樟油。

② 阴香 *Cinnamomum burmanii*(C. G. et Th. Nees) Bl. 图 114：

高 20m，胸径 80cm。树皮光滑，有近似肉桂的香味。叶革质，近对生，卵形或长椭圆形，长 5～10cm，宽 2～4.5cm，两面无毛，明显三主脉，脉腋无腺体，叶上面常有虫瘿；叶柄长 0.5～1.2cm。花序长 3～5cm，花序轴和分枝密被灰白柔毛；花长 5mm，花被裂片内外被柔毛。果长卵形，长 8mm，果托杯状，6 齿裂。

产浙江、江西、福建、海南、广东、广西、云南、贵州等。耐荫，喜温热多雨气候，为季雨林树种。播种繁殖。该树树冠浓荫，叶光绿，为优良园林树和行道树。

图 114　阴香

1. 花枝；2. 果

图 115　肉桂

1. 花枝；2. 花；3. 果序

③ 肉桂 *Cinnamomum cassia* Presl. 图 115：

乔木；小枝四棱形，密被灰黄色绒毛，后渐脱落。叶互生或近对生，厚革质，长椭圆形，长 8～20cm，明显三主脉近平行，在表面凹下，脉腋无腺体。花白色；花被裂片两面密被短柔毛。果椭球形，长约 1cm，熟时黑紫色；果托浅碗状，边缘浅齿状。花期 6～7 月，果熟期 10～12 月。

产台湾、浙江、江西、福建、广东、广西及云南等省区。

成年树喜光,喜暖热多雨气候及肥沃湿润的酸性土壤,怕霜冻。生长较缓慢;深根性,抗风力强。播种繁殖。本种树形整齐、美观,在华南地区可作庭园绿化树种。是特种经济树,树皮为食用香料称"桂皮",枝、叶、花、果、根入药。

(2) 楠木属 Phoebe Nees.

常绿乔木或灌木。叶互生,羽状脉,全缘。花两性或杂性,圆锥花序;花被片6,短而厚,宿存花被裂片直立,包被果实基部。核果卵形或椭圆形。

约90种,我国约34种;多为珍贵用材树种。

分种检索表

1. 小枝有柔毛;叶椭圆形至长椭圆形,长7~11厘米,背面密被柔毛 …………………… 楠木(*Ph. zhennan*)
1. 小枝密生锈色绒毛,叶倒卵状椭圆形,长8~22厘米,背面网脉甚隆起并密被锈色绒毛 …………………
………………………………………………………………………………………………… 紫楠(*Ph. sheareri*)

① 紫楠 *Phoebe sheareri* (Hemsl.) Gamble. 图116:

树高达20m,胸径50cm。树皮灰褐色;小枝、芽、叶柄、叶下面、花序、花被密生锈色绒毛。叶倒卵状椭圆形,长8~27cm,先端突短尖或突渐尖,基部楔形,背面网脉甚隆起,侧脉13对;叶柄长1~2cm。聚伞状圆锥花序,腋生。果卵状椭圆形,宿存花被片较大,果熟时蓝黑色,种皮有黑斑。花期5~6月,果熟期10~11月。

广布于长江流域及其以南和西南各省,为本属中分布最北的树种,北界南京。耐荫树种,喜温暖湿润气候及深厚、肥沃、湿润而排水良好之微酸性及中性土壤;有一定的耐寒能力。深根性,萌芽性强;生长较慢。可用播种及扦插法繁殖。紫楠树形端正美观,叶大荫浓,宜作庭荫树及绿化、风景树。在草坪孤植、丛植或在大型建筑物前后配植,显得雄伟壮观。

图116 紫楠
1. 果枝;2. 花;3. 雄蕊

图117 楠木
1. 花枝;2. 果

② 楠木(桢楠) *Phoebe zhennan* S. Lee et F. N. Wei. 图117:

树高达30m,胸径1.5m;树干通直。小枝较细,被灰黄色或灰褐色柔毛。叶椭圆形至长椭圆形,稀披针形或倒披针形,长 7～11cm,先端渐尖,基部楔形,背面密被柔毛,侧脉每边 8～13条,横脉及小脉在背面不明显;叶柄长 1.2～2cm。花序长 7.5～12cm。果卵形或椭圆形,紫黑色,宿存花被片革质。花期 4～5 月,果熟期 9～10 月。

分布贵州东北部、西部及四川盆地西部。

中性树种,幼时耐荫性强,喜温暖湿润气候及肥沃、湿润而排水良好之中性或微酸性土壤。生长速度缓慢,寿命长。深根性,有较强的萌蘖力。播种繁殖。

树干高大端直,树冠雄伟,宜作庭荫树及风景树,在产区园林及寺庙中常见栽培。木材坚硬致密,淡黄褐色,有香气,纹理直,不翘不裂,耐腐朽,是珍贵的建筑及高级家具用材。国家三级重点保护树种。

(3) 润楠属 *Machilus* Ness

常绿乔木或灌木。顶芽大,有多数覆瓦状鳞片。叶互生,全缘,羽状脉。花两性,构造与楠木属相同,惟花被片薄而长,花后宿存并开展或反曲。核果球形,果柄顶端不肥大。

共约 100 种,我国 68 种。

红楠 *Machilus thunbergii* Sieb. et Zucc. 图 118:

图 118　红楠
1. 果枝;2. 花序

乔木,高达 20m,胸径 1m。树皮幼时灰白色,平滑,后变黄褐色。小枝无毛。叶革质,长椭圆状倒卵形至椭圆形,长 5～10cm,全缘,先端突钝尖,基部楔形,两面无毛,背面有白粉,侧脉 7～10 对;叶柄长 1～3.5cm。果球形,径约 1cm,熟时蓝黑色,果柄鲜红色。花期 4 月,果熟期 9～10 月。

分布山东(崂山)、江苏(宜兴)、浙江、安徽南部、江西、福建、台湾、湖南、广东、广西。

喜温暖湿润气候,稍耐荫,有一定的耐寒能力。喜肥沃湿润之中性或微酸性土壤,但也能在石隙和瘠薄地生长。播种和分株繁殖。

本种在我国东南沿海低山区可作用材、绿化及防风林树种。木材可供建筑、造船、家具等用;叶可提制芳香油;种子可榨油,供制肥皂及润滑用。

(4) 檫木属 *Sassafras* Trew.

落叶乔木。叶互生或集生枝顶,全缘或 2～3 裂,羽状脉或离基三出脉。花两性或杂性,总状花序顶生;花被片 6,花后脱落;两性花中具发育雄蕊 9,排成 3 轮,第 3 轮花药基部具 2 个腺体,花药 4 室;雄花具发育雄蕊 9,花药 2 室;雌花均为退化雄蕊。核果近球形;果柄及果托顶端肥大,肉质,橙红色。

共 3 种,美国 1 种,我国 2 种。

檫木(檫树) *Sassafras tzumu* (Hemsl.) Hemsl. 图 119:

高达 35m,胸径 2.5m;树冠广卵形或椭球形。树皮幼时绿色不裂,老时深灰色,不规则纵裂。小枝绿色,无毛。叶多集生枝端,卵形,长 8～20cm,全缘或 3 裂,背面有白粉;叶柄长 2～7cm。花两性,黄色,有香气。果熟时蓝黑色,外被白粉;果柄红色。花期 2～3 月,叶前开放,果熟期 7～8 月。

分布长江流域至华南及西南。

喜光,不耐庇荫;喜温暖湿润气候及深厚而排水良好之酸性土壤。深根性,萌芽力强,生长快。

播种、分株繁殖,也可萌芽更新。

树干通直,叶片宽大而奇特,每当深秋叶变红黄色,春天又有小黄花开于叶前,颇为秀丽,是良好的城乡绿化树种,也是我国南方红壤及黄壤山区主要速生用材造林树种。

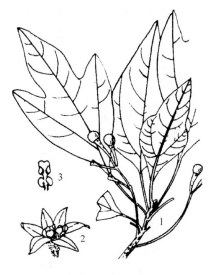

图119 檫木
1. 果枝;2. 花;3. 雄蕊

思考题:

1. 楠木属与润楠属有何区别?

2. 谈谈樟树的观赏价值和园林用途,长江以北为什么不使用?

15. 虎耳草科 *Saxifragaceae*

草本、灌木或小乔木。单叶互生或对生,常有锯齿,羽状脉或3～5出脉,无托叶。花两性,稀单性。萼片、花瓣各4～5;雄蕊与花瓣同数互生,或为其倍数;子房上位至下位,1～7室;胚珠多数,中轴或侧膜胎座。蒴果或浆果,室背开裂。种子小,有翅。

共80属约1 500种;我国27属400余种。

分属检索表

1. 叶互生;子房1室;浆果 ································· 茶藨子属(*Ribes*)
1. 叶对生;子房2～4室;蒴果:
   2. 花二型,可育花小,不育花大且位于花序边缘,或全为不育花 ·········· 绣球属(*Hydrangea*)
   2. 花同型,两性,无不育花:
      3. 萼片、花瓣均为5,雄蕊10;植物体有星状毛 ·········· 溲疏属(*Deutzia*)
      3. 萼片、花瓣均为4,雄蕊多数;植物体常无星状毛 ·········· 山梅花属(*Philadelphus*)

(1) 山梅花属 *Philadelphus* L.

落叶灌木,枝髓白色;茎皮通常剥落。单叶对生,基部3～5出脉,全缘或有齿。花白色,常芳香;单生或聚伞花序,有时为总状花序,顶生;萼片、花瓣4(5～6);雄蕊多数;子房4(3～5)室,下位或半下位。蒴果,4瓣裂,萼片宿存。

约75种;我国18种及12变种和变型。

① 山梅花 *Philadelphus incanus* Koehne. 图120:

树高3～5m。树皮片状剥落,小枝幼时密生柔毛,后渐脱落。叶卵形至卵状长椭圆形,长3～6(10)cm,缘具细尖齿,叶上面疏生短毛,下面密生柔毛,脉上毛尤多。花由5～7(11)朵组成总状花序,花径2.5～3cm,萼外密生柔毛。果倒卵形。花期5～7月,果熟期8～10月。

产湖北、四川、陕西、甘肃、青海、河南等地。

喜光,稍耐荫,较耐寒,怕水湿,宜湿润肥沃而排水良好的壤土。萌芽力强。

可播种、扦插、分株繁殖。

枝叶稠密,花色洁白,清香宜人,花期长,宜丛植、片植于草地、山坡、林缘。花枝可做切花材料。根、皮入药。

图 120　山梅花
1. 花枝;2. 果

图 121　太平花
1. 花枝;2. 雌花;3. 果

② 太平花(京山梅花) *Philadelphus pekinensis* Rupr. 图 121:

与山梅花的区别:小枝通常紫褐色,无毛;叶缘有疏齿,两面无毛或下面脉腋有簇毛,叶柄带紫色;萼、花梗及花柱均无毛;花微有香气。花期 5~6 月,果熟期 9~10 月。

③ 金叶山梅花 *Philadelphus coronarius* 'Aureus'。

图 122　溲疏
1. 花枝;2. 雄蕊

株形紧凑,整个生长季节叶色金黄,花白色,花期 5~6 月。适应性强,适于三北地区栽植,可作色带。

(2) 溲疏属 *Deutzia* Thunb.

灌木,树皮常片状剥落。树体常被星状毛,小枝中空。单叶对生,羽状脉,有锯齿。花两性,多白色,淡紫或桃红色;圆锥或聚伞花序,常着生侧枝顶端,稀单生。萼片、花瓣各 5;雄蕊 10,花丝常有翅,先端有 2 尖齿;子房下位,花柱 3~5,离生。蒴果 3~5 瓣裂,微小种子多数。

约 60 种;我国约 40 余种,主产西部,多为观赏花木。

① 溲疏 *Deutzia scabra* Thunb. 图 122:

落叶灌木,高达 2.5m。小枝中空,红褐色,幼时有星状柔毛。叶卵形至卵状披针形,长 3~8cm,缘有不明显的小尖齿,两面被星状毛,粗糙。直立圆锥花序,长 5~12cm;萼筒杯状,裂片三角形,密被锈褐色星状毛;花白色或外面略带红晕。花期 5~6 月,果熟期 10~11 月。

原产日本;我国浙江、江苏、江西、安徽、湖南、湖北、四川、贵州等地有栽培。

喜光,稍耐荫,喜温暖湿润的气候,喜富含腐殖质的微酸性和中性壤土。萌芽力强,耐修剪。

可扦插、播种、压条或分株繁殖。

初夏白花繁密而素雅,且花期长,可栽作花篱。花枝可供切花瓶插。根、叶、果可药用。

常见变种:白花溲疏(var. *candidissima* Rehd.),花纯白色,重瓣。紫花溲疏(var. *plena* Rehd.),花表面略带玫瑰红色,重瓣。

② 大花溲疏 *Deutzia grandiflora* Bunge. 图 123:

与溲疏的区别:聚伞花序生于侧枝顶端,有花 1～2 朵,花大。叶上面散生星状毛,下面密被白色星状毛。萼筒密被星状毛,萼片线状披针形,长为萼筒的 2 倍。花期 4～5 月,果熟期 6 月。

产山东、湖北、河北、山西、陕西、内蒙古、辽宁等地。

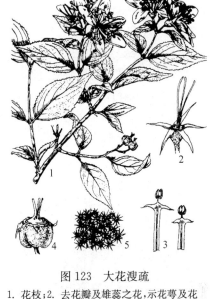

图 123　大花溲疏
1. 花枝;2. 去花瓣及雄蕊之花,示花萼及花柱;3. 雄蕊;4. 果;5. 星状毛

(3) 绣球属(八仙花属) *Hydrangea* L.

落叶灌木,树皮片状剥落。枝髓白色或黄棕色。单叶对生,羽状脉,有锯齿,无托叶。花两性,白色、粉红色至蓝色;顶生伞房状聚伞花序或圆锥花序,花序边缘具大型不孕花,不孕花具 3～5 花瓣状萼片;花序中央为两性花,两性花小,萼片和花瓣均 4～5;雄蕊 8～20(常 10);子房下位或半下位,2～5 室。蒴果,顶端孔裂。

共约 80 余种,我国 45 种。

图 124　绣球

① 绣球(八仙花) *Hydrangea macrophylla* (Thunb.)Ser. 图 124:

树冠球形,树高达 3～4m。小枝粗壮,髓大,白色,皮孔明显。叶大而有光泽,倒卵形至椭圆形,长 7～20cm,两面无毛,缘有粗锯齿,叶柄粗壮。花大型,有许多不孕花组成近球形的伞房花序,顶生,径可达 20cm,萼片(假花瓣)4,卵圆形,花色多变,初时白色,渐转蓝色或粉红色。花期 6～7 月。

产长江流域至华南各地,长江以北盆栽。喜温暖湿润气候和肥沃湿润而排水良好的酸性土。花色因土壤酸碱度的变化而变化,一般 pH4～6 时为蓝色,pH7 以上为红色。萌蘖力强,对 SO_2 等多种有毒气体抗性较强,性强壮,少病虫害。

可扦插、压条、分株繁殖。

花大而美丽,有许多园艺品种,为盆栽佳品。盆栽布置厅堂会场,也是装饰窗台及家庭养花的好材料。耐荫性强。

常见变种和品种:蓝边绣球(var. *cerulea*),花两性,深蓝色,边缘之花为蓝色或白色。齿瓣绣球(var. *macrosepala*)，花白色，花瓣边缘具齿牙。银边绣球(var. *maculata*)，叶较狭小，边缘白色。紫茎绣球(var. *mandshurica*)，茎暗紫色或近于黑色。紫阳花('otaksa')，叶质较厚，花蓝色或淡红色。

② 圆锥绣球(圆锥八仙花) *Hydrangea paniculata* Sieb. ：

本种与绣球花的区别是：灌木或小乔木，高可达 8m。小枝稍带方形。叶在上部节上有时 3 片轮生。圆锥花序顶生，长 8~25cm；萼片 4，大小不等；不孕花白色，后变淡紫色。花期 8~9 月。

分布长江流域及其以南及西南各地。

(4) 茶藨子属 *Ribes* L.

图 125　香茶藨
1. 花枝；2. 叶；3. 花；4. 幼果

落叶灌木，稀常绿。枝无刺或有刺。单叶互生或簇生，常掌状裂，有长柄，无托叶。花两性或单性异株，总状花序或簇生；花 4~5 基数，花萼大，花瓣小或无；雄蕊与花萼同数对生；子房下位，1 室，多胚珠，2 花柱。浆果球形，花萼宿存。

约 150 种，我国 57 种，产西南、西北、东北。观赏用或果树。

① 香茶藨子(黄花茶藨子) *Ribes odoratum* Wendl. 图 125：

灌木，高 1~2m。幼枝灰褐色，无刺，有短柔毛。叶倒卵形或圆肾形，长 3~4cm，宽 3~8cm，3~5 深裂，基部截形或楔形，裂片有粗齿；叶下面被棕褐色斑点和短柔毛。花两性，黄色，5~10 朵成疏散下垂的总状花序，花序轴密生毛；苞片卵形、叶状；萼筒细长，萼片黄色，5 裂，开展或反折；花瓣 5，形小，紫红色。浆果球形至椭圆形，径 0.8~1cm，黄色或黑色。花期 5~6 月，果熟期 7~8 月。

原产美国中部；我国山东、湖北、陕西、四川、云南、北京、天津、哈尔滨、辽宁有栽培。

喜光，稍耐荫、耐寒，喜肥沃土壤，不耐水湿；萌蘖性强，耐修剪。

可插种、扦插、分株繁殖。

花繁而浓香，颇似丁香，有黄丁香之称，是布置庭园的好材料。果可食。

② 东北茶藨子 *Ribes mandshuricum* (Maxim) Komal. 图 126：

主要识别点：叶大，掌状 3~5 裂，长和宽均为 4~10cm，基部心形，缘具尖锯齿，下面淡绿色，密生白色柔毛。总状花序长 2.5~9cm 或更长，初直立后下垂，萼黄绿色，倒卵形，反折；花瓣绿黄色。花期 5~6 月，果熟期 7~9 月。

图 126　东北茶藨
1. 花枝；2. 花；3. 去花萼、花瓣，示雌蕊；
4. 花萼展开，示花瓣及雄蕊；5. 果枝

产东北及河南、山西、陕西、甘肃等地。

③ 长白茶藨子 *Ribes komarovii* A. Pojark. :

主要识别点:叶近圆形,掌状 3 浅裂,长和宽均为 2～6cm;基部截形或楔形,锯齿钝,下面沿脉疏生腺毛。花淡绿色,萼片尖,花轴及花柄有腺毛。产黑龙江、吉林及辽宁东部等地。

思考题:

1. 本科中常见的有哪些观赏花木?
2. 溲疏属和山梅花属有哪些区别?
3. 列表说明虎耳草科上列四属的区别。
4. 茶藨子属有哪些经济用途?

16. 海桐科 *Pittosporaceae*

灌木或乔木。单叶互生或轮生;无托叶。花两性,整齐,单生、伞房、聚伞或圆锥花序;萼片、花瓣、雄蕊均为5;子房上位,2～5 心皮合生,胚珠多数,花柱单一。蒴果或浆果;种子多数,生于粘质的果肉里。

共 9 属约 200 余种,我国 1 属约 34 种。

海桐属 *Pittosporum* Banks

常绿灌木或乔木。单叶互生或轮生,全缘或具波状齿。花单生或顶生圆锥或伞房花序;花瓣离生或基部合生,常向外反卷;子房常为不完全 2 室。蒴果,具 2 至多数种子,种子藏于红色粘质瓤内。

约 160 种,我国 34 种。

海桐(海桐花)*Pittosporum tobira*(Thunb.)Ait. 图 127:

灌木,树冠圆球形。小枝及叶集生于枝顶。叶革质,倒卵状椭圆形,先端圆钝或微凹,基部楔形,边缘反卷,全缘,无毛,表面有光泽。伞房花序,花白色或黄绿色,芳香。蒴果卵球形,有棱角,成熟时红色,3 瓣裂;种子红色有粘液。花期 5 月,果熟期 10 月。

产长江流域及东南沿海地区。

喜光亦耐荫;喜温暖湿润气候和肥沃湿润土壤,有一定抗寒、抗旱能力。萌芽力强,耐修剪。

播种或扦插繁殖。如欲培养球形植株,自幼进行整形修剪。

树冠球形,叶深绿光亮,花洁白芳香,开裂种子鲜红,是基础种植和绿篱的优良材料。

同属常见栽培者有:银边海桐('Variegatum'),叶缘具白斑。台湾海桐(*P. pentandrum* var. *hainanense*),灌木或小乔木。小枝褐色有毛,叶倒卵形或矩圆状倒卵形。花小,淡黄色,芳香,顶生圆锥花序。蒴果扁球形。

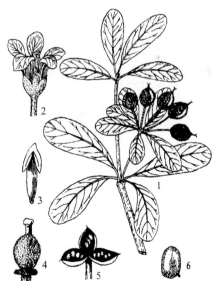

图 127 海桐

1. 果枝;2. 花;3. 雄蕊;4. 雌蕊;5. 果;
6. 种子

思考题：

海桐主要有哪些观赏用途？

17. 金缕梅科 *Hamamelidaceae*

常绿或落叶，乔木或灌木，冬芽具芽鳞或裸露。单叶，常互生，全缘或有锯齿或掌状分裂，常有托叶。花单性或两性，头状、穗状或总状花序；通常4～5基数，有时无花瓣；子房下位或半下位，由2心皮合成，通常顶端分离，2室，花柱2，中轴胎座。蒴果木质，2(4)裂。

约27属140种，我国有17属76种。

分属检索表

1. 花无花冠：
  2. 落叶性；掌状脉，叶有分裂；头状花序 ·················· 枫香树属（*Liquidambar*）
  2. 常绿性；羽状脉，叶不分裂；总状花序 ·················· 蚊母树属（*Distylium*）
1. 花有花冠；羽状叶脉：
  3. 头状花序；花瓣4，长条形 ······························· 檵木属（*Loropetalum*）
  3. 总状花序；花瓣5，较宽而有爪 ························· 蜡瓣花属（*Corylopsis*）

(1) 蚊母树属 *Distylium* Sieb. et Zucc.

常绿乔木或灌木。叶全缘或有缺刻，羽状脉，托叶早落。花单性或杂性；穗状或总状花序，腋生，花小；萼片2～6，大小不等或无；无花瓣；雄蕊2～8；子房上位，外面有星状绒毛，2室，花柱细长。果顶端开裂为4个果瓣。

共18种，我国12种3变种。

① 蚊母树 *Distylium racemosum* Sieb. et Zucc. 图128：

乔木，高达25m，栽培时常呈灌木状，树冠开展略呈球形。小枝和芽有盾状鳞片。叶椭圆

形至倒卵形，长3～7cm，先端钝或略尖，基部宽楔形，全缘，上面侧脉不明显，下面侧脉略隆起。短总状花序，腋生；雌雄花同序。果卵圆形，密生星状毛，顶端有2个宿存花柱。花期4～5月，果熟期8～9月。

② 斑叶蚊母树 var. *sariegatum* Sieb. ：
叶较宽，具白色或黄色条斑。

产台湾、海南及东南沿海各地。长江流域有栽培。山东省济南市、泰安市可露地越冬。

适应性强。喜光，稍耐荫，喜温暖湿润气候。对土壤要求不严。萌芽力强，耐修剪。对烟尘及有害气体抗性强，防尘及隔音效果好。可播种、扦插繁殖。

树形整齐，枝叶密集，春天嫩叶淡绿，夏日浓绿，秋叶带褐色，四季常青，虽无花瓣但红色花药十分醒目，常作灌木栽培。大树下种植，或在花坛中作陪衬背景树。耐修剪，常修成各种几何图形或作绿篱。对 SO_2、

图128 蚊母树
1. 果枝；2. 花

Cl_2 等有毒气体的抵抗力很强,也耐烟尘,适于工矿区绿化之用。

(2) 枫香树属 *Liquidambar* L.

落叶乔木,树液有香气。叶互生,具长柄,掌状 3～5 裂,缘有锯齿;托叶线形早落。花单性同株,无花瓣;雄花序头状或穗状,无花被,但有苞片,雄蕊多数;雌花序头状,常有数枚刺状萼片;子房下位或半下位,2 室,胚珠多数。果序球形,蒴果木质,每果有宿存的刺状花柱,成熟时顶端 2 裂。种子多数,扁平有翅。

共 5 种,我国 2 种 1 变种。

枫 香 树（路 路 通）*Liquidambar formosana* Hance. 图 129:

高达 40m,胸径 1.4m。树冠广卵形;树皮灰色浅纵裂,老时不规则深裂。叶掌状 3 裂,裂片先端尾尖,基部心形或截形,缘有细锯齿。果序直径 3～4cm,下垂,宿存花柱长达 1.5cm,刺状萼片宿存。花期 3～4 月,果熟期 10 月。

图 129　枫香
1. 花枝;2. 果枝;3. 雌蕊;4. 雄蕊;5. 种子

产秦岭及淮河以南,至西南、华南各地,山东省济南市、泰安市、青岛市有大树,生长良好。

喜光,幼树稍耐荫。喜温暖湿润气候及深厚肥沃土壤,耐干瘠,深根性,抗风,耐火,不耐水淹。萌芽性强,对二氧化硫和氯气抗性较强。

播种繁殖,也可扦插。

图 130　檵木
1. 花枝;2. 果枝;3. 花;4. 花瓣;5. 雌蕊;
6. 雄蕊;.7 种子

树干通直,气势雄伟,秋天经霜叶色变红,观赏期可自 9 月中旬至 11 月下旬,红叶盛期可长达 40 天,全树呈现红色,美丽壮观,为著名的红叶树种之一。配植于风景林中,与常绿树种搭配,红绿相衬,层林尽染,分外妖娆。配植于山边、空地、草坪、广场,可以枫香树为上木,下栽常绿小乔木,或伴以银杏、无患子等黄叶树种,以丰富园林景观。

(3) 檵木属 *Loropetalum* R. Br.

常绿灌木或小乔木,有锈色星状毛。叶互生,全缘。花两性,头状花序顶生;花部 4 数;萼不显著;花瓣条形;子房半下位,2 室,1 胚珠。蒴果木质,熟时 2 瓣裂,每瓣又 2 浅裂,具 2 黑色有光泽的种子。

约 4 种,我国 3 种。

檵木 *Loropetalum chinense*（R. Br.）Oliv. 图 130:

常绿灌木或小乔木,高 4～12m。小枝、嫩叶及花萼均有锈色星状短柔毛。叶卵形或椭圆形,长 2～5cm,基部歪圆形,先端锐尖,全缘,背面密生星状柔毛。花 3～8 朵簇生于小枝端;花瓣条形,浅黄白色,长 1～2cm;苞片线形。蒴果褐色,近卵形,长约 1cm,有星状毛。花期 5 月,果熟 8 月。

产长江中下游以南、北回归线以北地区。耐半荫,喜温暖气候及酸性土壤,适应性较强。播种或嫁接繁殖。

图 131　蜡瓣花
1. 果枝;2. 花枝;3. 花;4. 花萼、退化雌、雄蕊

本种花繁密而显著,初夏开花如覆雪,颇为美丽。丛植于草地、林缘或与山石相配合都很合适,亦可用作风景林之下木。其变种红檵木(var. *rubrum* Yieh),叶暗紫,花亦紫红色,更宜植于庭园观赏。

(4) 蜡瓣花属 *Corylopsis* Sieb. et Zucc.

落叶灌木。单叶互生,羽状脉,有锯齿;托叶叶状。花两性,先叶开放,黄色;总状花序下垂,基部有数枚大形鞘状苞片;花萼 5 齿裂;花瓣 5,宽而有爪;雄蕊 5;子房半上位。蒴果木质,2 或 4 裂,内有 2 黑色种子;花柱宿存。

约 30 种,我国有 20 种。

蜡瓣花(中华蜡瓣花)*Corylopsis sinensis* Hemsl. 图 131:

树高 2~5m。小枝及芽密被短柔毛。叶薄革质,倒卵形至倒卵状椭圆形,长 5~9cm,先端短尖或稍钝,基部歪心形,缘具锐尖齿,背面有星状毛,侧脉 7~9 对。花黄色,芳香,10~18 朵成下垂之总状花序,长 3~5cm。蒴果卵球形,有褐色星状毛。花期 3 月,叶前开放,果熟期 9~10 月。

产长江流域及其以南各省山地,山东有栽培,生长良好。

喜光,耐半荫,喜温暖湿润气候及肥沃、湿润而排水良好之酸性土壤,性颇强健,有一定耐寒能力,但忌干燥土壤。

播种、硬枝扦插、压条、分株均可。

花期早而芳香,黄花成串下垂,光泽如蜡,甚为秀丽。丛植于草地、林缘、路边,或作基础种植,或点缀于假山、岩石间,均颇具雅趣。

思考题:

1. 蚊母树有哪些园林用途?

2. 枫香与元宝枫、三角枫各有哪些区别?

18. 杜仲科 *Eucommiaceae*

落叶乔木。体内有弹性胶丝,枝有片状髓心,无顶芽。单叶互生,羽状脉,有锯齿;无托叶。花单性,雌雄异株,无花被,先叶开放或与叶同放;雄花簇生于苞腋内,具短柄,雄蕊 6~10,花药条形,花丝极短;雌花单生于苞腋;子房上位,2 心皮,1 室,胚珠 2。翅果扁平,长椭圆形,周围有翅,顶端微凹。1 属 1 种,我国特产。

杜仲属 *Eucommia* Oliv.

形态特征同科。

杜仲 *Eucommia ulmoides* Oliv. 图 132:

树高达 20m。树干端直,树冠卵形,枝叶密集。枝、叶、树皮、果实内均有白色胶丝。叶片椭圆形至椭圆状卵形。长 6～18cm,先端渐尖,基部圆形或宽楔形。翅果长 3～4cm,无毛,熟时棕褐色。花期 3～4 月,果熟期 10 月。

我国特产,分布于华东、中南、西北及西南,主要分布长江流域以南各地,以湖南西部、湖北西部、四川北部、贵州、云南东北部及陕西南部为主要产区。

喜光,喜温暖湿润气候。在土层深厚疏松、肥沃湿润而排水良好的土壤中生长良好。深根性,萌芽力强。播种或萌芽更新。

树形整齐,枝叶茂密,是不可多得的庭荫树及行道树。我国重要的特用经济树种,在风景林及防护林区可结合生产绿化造林。树皮、叶、果均可提炼优质硬性橡胶,为电器及海底电缆的优良绝缘材料。树皮为重要中药材。国家二级重点保护树种。

图 132　杜仲
1. 雄花枝;2. 果枝;3. 雄花;4. 雌花;5. 种子

思考题:
杜仲的主要经济用途有哪些?

19. 悬铃木科 *Platanaceae*

落叶乔木,树皮片状剥落。幼枝和叶被星状毛。单叶互生,掌状分裂;掌状脉;顶芽缺,侧芽为柄下芽,芽鳞1;托叶圆领状,早落。花单性同株,雌、雄花均为头状花序,球形,下垂;雄花无苞片,无花被,有 3～8 个雄蕊;雌花有苞片,花被细小,有 3～8 分离心皮,子房上位,1 室。聚合果球形,由许多圆锥形小坚果组成,果基部周围有褐色长毛,花柱宿存,种子1。

1 属 10 种;我国引入 3 种。

悬铃木属 *Platanus* L.
形态特征同科。

① 二球悬铃木(英国梧桐、悬铃木) *Platanus hispanica* Muenchh. 图 133:

树高达 35m,树冠圆形或卵圆形。树皮灰绿色,大薄片状剥落,内皮平滑,淡绿白色;嫩枝、叶密被褐黄色星状毛。叶片三角状宽卵形,3～5 掌状裂,缘有不规则大尖齿,中裂片三角形,长宽近相等,叶基心形或截形。果序常 2 个生于 1 个总果柄上,偶有单球或三球的,宿存花柱刺状。花期 4～5 月,果熟期 9～10 月。

图 133　二球悬铃木
1. 枝叶;2. 柄下芽;3. 果序;4. 果;5. 雌蕊纵剖面;6. 雌花中偶见退化雄蕊;7. 雄蕊及横剖面

本种为三球悬铃木（*P. orientalis* L.）与一球悬铃木（*P. occidentalis* L.）的杂交种,广植于世界各地。近年我国科技人员又选育出了少果悬铃木和速生悬铃木。

我国南自两广及东南沿海,西南至四川、云南各地,北至辽宁南部均有栽培。

喜光,喜温暖湿润气候,有一定耐寒性,对土壤的适应能力强,极耐土壤板结。生长迅速,寿命长,深根性,萌芽力强,很耐重剪,移植易成活。抗烟性强,对 O_3、苯酚、H_2S 等有毒气体抗性较强,对 SO_2,HF 抗性中等。

以播种为主,也可扦插。

树形雄伟端庄,叶大荫浓,树皮斑驳可爱,为世界著名行道树和庭园树,有"行道树之王"之称。适合街道、工矿区绿化。

② 一球悬铃木（美国梧桐）*Platanus occidentalis* L.:

本种与二球悬铃木主要区别点:叶片多为 3～5 浅裂,中裂片宽大于长;托叶较大,长约 2～3cm;果序通常单生,稀 2 个,无刺毛状宿存花柱。原产北美洲;我国中部、北部有些城市有栽培。

③ 三球悬铃木（法国梧桐）*Platanus orientalis* L.:

本种与二球悬铃木主要区别点:叶片 5～7 深裂,中裂片长大于宽;托叶小,短于 1cm;果序 3～5 个生于同一果序柄上,有刺毛状宿存花柱。原产欧洲东南部及亚洲西部;我国西北及山东、河南等地有栽培。

思考题:

1. 英桐、美桐和法桐的主要区别是什么?

2. 悬铃木属植物的主要用途是什么?

3. 联系实际谈谈悬铃木的观赏特性和园林用途,在绿化实践中应注意什么问题?

20. 蔷薇科 *Rosaceae*

木本或草本,有刺或无刺。单叶或复叶,互生,稀对生;常有托叶。花两性,稀单性,整齐,单生或排成伞房、圆锥花序;萼片、花瓣常 5,花瓣离生;雄蕊多数（常为 5 的倍数）,着生于花托的上边缘;心皮 1 至多数,离生或合生,子房上位至下位,每室胚珠 1 至多数。蓇葖果、瘦果、梨果、核果,稀蒴果。

共 4 亚科,约 124 属,3 300 余种;我国 51 属,1 000 余种。

分亚科检索表

1. 蓇葖果稀蒴果,开裂;单叶,稀复叶,通常无托叶 ···················· 绣线菊亚科（*Spiraeoideae*）
1. 梨果、瘦果或核果,不开裂;有托叶:
  2. 心皮多数;瘦果着生在膨大肉质的花托内或花托上 ············· 蔷薇亚科（*Rosoideae*）
  2. 心皮 1 或 2～5:
    3. 子房下位、半下位;梨果或浆果状,稀小核果状 ············· 苹果亚科（*Maloideae*）
    3. 子房上位;核果 ·· 李亚科（*Prunoideae*）

Ⅰ 绣线菊亚科 *Spiraeoideae*

分属检索表

1. 蒴果,种子具翅;花较大,径 2cm 以上;单叶,无托叶 ……………… 白鹃梅属(*Exochorda*)
1. 蓇葖果,种子无翅;花小,径不及 2cm
  2. 奇数羽状复叶,有托叶;大型圆锥花序 ……………………………… 珍珠梅属(*Sorbaria*)
  2. 单叶;伞形、伞形总状、伞房或圆锥花序
    3. 无托叶;心皮离生;蓇葖果不膨大,沿腹缝线开裂 …………… 绣线菊属(*Spiraea*)
    3. 有托叶;心皮基部合生;蓇葖果膨大,沿背腹两缝线开裂 ……… 风箱果属(*Physocarpus*)

(1) 白鹃梅属 *Exochorda* Lindl.

落叶灌木。单叶互生,全缘或有齿;托叶无或小而早落。花两性,总状花序顶生,花大,白色;萼筒钟状,萼片 5;花瓣 5,宽倒卵形,有爪;雄蕊 15～30;心皮 5,连生。蒴果具 5 棱,熟时 5 瓣裂,每瓣具 1～2 粒有翅种子。

共 4 种,我国 3 种。

白鹃梅 *Exochorda racemosa*（Lindl.）Rehd. 图 134:

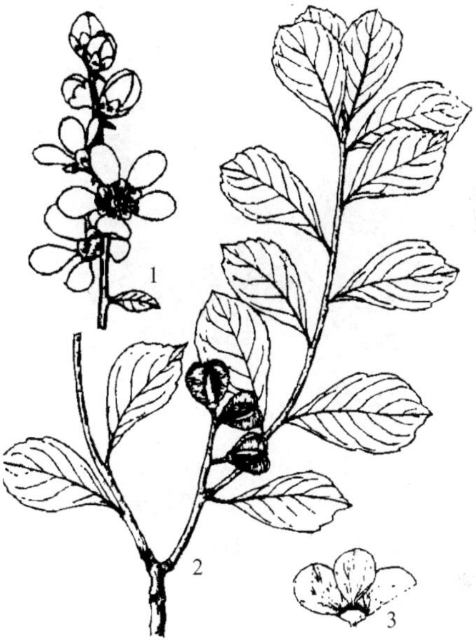

树高达 5m。全株无毛,小枝微具棱。叶椭圆形至倒卵状椭圆形,长 3.5～6.5cm,全缘或中部以上有浅钝疏齿,叶下面苍绿色。花 6～10 朵,花径 4cm,花瓣倒卵形,基部具短爪;雄蕊 15～20,3～4 枚一束着生花盘边缘,并与花瓣对生。蒴果倒卵形。花期 4～5 月,果熟期 9 月。

产江苏、浙江、江西、河南、湖南、湖北等地,山东、北京有栽培。

喜光,耐半荫。较喜温暖湿润气候及深厚、肥沃、排水良好的壤土,较耐寒。

枝叶秀丽,花色洁白,春天开花,满树雪白,是美丽的观赏灌木,应推广应用。

图 134　白鹃梅
1. 花枝;2. 果枝;3. 花瓣

(2) 绣线菊属 *Spiraea* L.

落叶灌木。单叶互生,叶缘有锯齿、缺刻或分裂,稀全缘;无托叶。花小,两性,稀杂性;成伞形、伞形总状、伞房或圆锥花序;萼筒钟状,花萼、花瓣各 5 或重瓣;雄蕊 15～60,着生花盘外缘;心皮 5(3～8),离生。蓇葖果沿腹缝线开裂。种子细小无翅。

约 100 种,我国 50 余种。

分种检索表

1. 伞形或总状花序,花白色:
  2. 伞形花序无总梗,生于枝侧,花序基部有叶状苞片:
    3. 叶椭圆形至卵形,背面常有毛 ……………………………… 李叶绣线菊(*S. prunifolia*)

3. 叶线状披针形,光滑无毛 ································· 珍珠绣线菊(S. thunbergii)
  2. 伞形总状花序有总梗,生于多叶的小枝顶,花序基部无叶状苞片:
    4. 叶菱状披针形或菱状长椭圆形,先端急尖,中部以上有缺刻状齿 ·············
    ··· 麻叶绣线菊(S. cantoniensis)
    4. 叶近圆形,先端钝,常3裂,中部以上有少数圆钝齿 ··········· 三裂绣线菊(S. trilobata)
1. 复伞房花序或圆锥花序,花粉红色至红色:
  5. 复伞房花序 ······································· 粉花绣线菊(S. japonica)
  5. 圆锥花序 ··· 柳叶绣线菊(S. salicifolia)

图 135 李叶绣线菊
1. 花枝;2. 花

① 李叶绣线菊(笑靥花) *Spiraea prunifolia* Sieb. et Zucc. 图 135:

树高达 3m。小枝细长,微具棱,幼枝密被柔毛,后渐无毛。叶卵形至椭圆状披针形,长 1.5～3cm,叶缘中部以上有细锯齿,叶片下面沿中脉常被柔毛。花小白色,重瓣,花径约 1cm,3～6 朵组成伞形花序,无总梗,基部具叶状苞片。花期 3～4 月,花叶同放。

主产长江流域及陕西、山东等地,辽宁的大连有栽培。

喜光,稍耐荫。喜肥沃、排水良好壤土。萌芽、萌蘖力强,耐修剪。

播种、扦插或分株繁殖。

花洁白似雪,花姿圆润,花序密集,如笑颜初靥。可丛植于池畔、山坡、路旁、崖边,片植于草坪、建筑物角隅,其老树桩是制作树桩盆景的优良材料。

② 珍珠绣线菊 *Spiraea thunbergii* Sieb. ex Blume:

枝细长开展,常呈弧形弯曲。叶线状披针形,长 2～4cm,两面无毛。花白色,单瓣,花径 0.6～0.8cm;3～5 朵组成伞形花序,无总梗。花期 4～5 月。产华东,河南、辽宁、黑龙江等地有栽培。

③ 麻叶绣线菊 *Spiraea cantoniensis* Lour. 图 136:

高达 1.5m。小枝纤细拱曲,无毛。叶菱状披针形至菱状椭圆形,长 3～5cm,叶缘中部以上具缺刻状锯齿,两面光滑,叶下面青蓝色。花白色,半球状伞形总状花序有总梗。花期 4～5 月。

变种:重瓣麻叶绣线菊(var. *lanceata* Zab.),叶披针形,近先端疏生细齿;花重瓣。

原产我国东部和南部,各地广泛栽培。着花繁密,盛开时节枝条全为细巧的白花所覆盖。形成一条条拱形的花带,树上、地下一片雪白,洁白可爱。可成片、成丛配置于草坪、

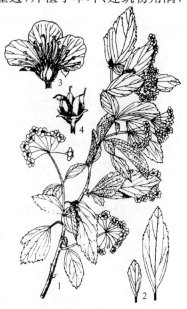

图 136 麻叶绣线菊
1. 花枝;2. 叶;3. 花纵剖面;4. 果

路边、花坛、花径或庭园一隅,亦可点缀于池畔、山石之边。

④ 三裂绣线菊(三桠绣球) *Spiraea trilobata* L. 图137:

树高达 1～2m。小枝细瘦、开展,稍呈之字形弯曲,褐色,无毛。叶近圆形,长 1.7～3cm,中部以上具少数圆钝锯齿,先端常 3 裂,下面苍绿色,具 3～5 脉。花白色,15～30 朵组成伞形总状花序,有总梗。花期 5～6 月,果熟期 7～9 月。

产东北、西北、华北和华东等地,各地常见栽培。

喜光,稍耐荫。耐寒,耐干旱,常生于半阴坡岩石缝隙间、林间空地、杂木林内或灌丛中。性强健,生长迅速。

⑤ 粉花绣线菊(日本绣线菊) *Spiraea japonica* L. f. 图138:

树高达 1.5m。枝开展,直立。叶卵形至卵状椭圆形,长 2～8cm,缘具缺刻状重锯齿或单锯齿,叶片下面灰绿色,脉上常有柔毛。花粉红色,复伞房花序着生当年生新枝顶端,花密集,密被短柔毛。花期 6～8 月,果熟期 9～10 月。

原产日本,我国各地有栽培。

图 137 三裂绣线菊

1. 花枝;2. 果枝;3. 雌蕊;4. 雄蕊;5. 果

适应性强,在半荫而潮湿环境生长良好,耐瘠薄,耐寒,萌蘖力强。叶、根、果均供药用。

⑥ 柳叶绣线菊 *Spiraea salicifolia* L.:

树高 1～2m。叶长椭圆形至披针形,长 4～8cm,缘有细尖齿,两面无毛。花粉红色,圆锥花序顶生。花期 6～7 月。产东北、内蒙古、河北等地。

⑦ 金焰绣线菊 (*Spiraea* × *bumalda* 'Goldflame'),原产北美,为白花绣线菊和日本绣线菊的杂交种。春季叶色黄红相间,夏叶绿色,秋冬叶紫红色,花粉红色。

⑧ 金山绣线菊 (*Spiraea* × *bumalda* 'Goldmound'),原产北美。新叶金黄色,夏叶浅绿色,秋叶金黄色,花粉红色。

(3) 珍珠梅属 *Sorbaria* (Ser.) A. Br. ex Aschers.

落叶灌木。小枝圆筒形,开展。叶互生,奇数羽状复叶,有小锯齿;具托叶。花小,白色,多数,大型圆锥花序顶生;萼片 5,反折;花瓣 5;雄蕊 20～50;心皮 5,基部相连。蓇葖果沿腹缝线开裂。

共 9 种,我国 4 种。

① 华北珍珠梅 *Sorbaria kirilowii* (Regel) Maxim.

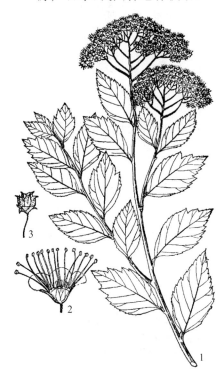

图 138 粉花绣线菊

1. 花枝;2. 花纵剖面;3. 果实

107

图 139：

树高 2～3m。小叶 13～21 枚，叶缘具尖锐重锯齿，侧脉平行，上面凹下。花序长 15～20cm；萼片长圆形；雄蕊 20，与花瓣等长或短于花瓣；花柱稍侧生。花期 6～8 月，果熟期 9～10 月。

产我国北部，华北各地习见栽培。

较耐荫；常生于河谷及杂木林中；耐寒，萌蘖性强；耐修剪。

播种、扦插及分株繁殖。

花、叶秀丽，花期长，时值夏季少花季节，为优良庭园花灌木。因耐荫性强，可配植于建筑背阴处。

图 139　华北珍珠梅
1. 花枝；2. 花纵剖面；3. 果；4. 种子

图 140　风箱果
1. 花枝；2. 花；3. 果实

② 东北珍珠梅 *Sorbaria sorbifolia* (L.) A. Br.：

外形与华北珍珠梅甚相似，主要区别：雄蕊 40～50，较花瓣长 1.5～2 倍；花柱顶生；萼片三角形。花期 7～8 月。产东北及内蒙古，北京及华北多栽培。皮、枝条、果穗均入药。

(4) 风箱果属 *Physocarpus* Maxim.

本属 14 种，13 种产北美，我国有 1 种。

风箱果 *Physocarpus amurensis* (Maxim.) Maxim. 图 140：

落叶灌木，高约 3m。芽有 5 枚褐色鳞片。单叶互生，广卵形，长 3.5～5.5cm，宽 3.5cm，先端尖，基部心形，3～5 浅裂，叶基 3 出脉，叶缘重锯齿，叶背脉有毛；有托叶。花伞形总状花序，梗长 1～2cm，密被星状绒毛；萼片 5；花瓣 5，白色；雄蕊 20～40；心皮 5，基部连合。蓇葖果膨大，熟时沿背腹两缝线开裂。

分布于黑龙江、河北、河南。华北各城市有栽培。喜光，喜空气湿度大，耐瘠薄土壤。种子繁殖。良好园林绿化树种。新品种：金叶风箱果（*Physocarpus opulifolius* 'Dart Gold'）。

Ⅱ 苹果亚科 *Maloideae*

分属检索表

1. 心皮熟时坚硬骨质;梨果内有 1～5 骨质小核:
  2. 枝无刺;叶常全缘 ································· 枸子属(*Cotoneaster*)
  2. 枝常有刺;叶缘有锯齿或裂片:
    3. 常绿;心皮 5,各具胚珠 2 ················· 火棘属(*Pyracantha*)
    3. 落叶稀半常绿;心皮 1～5,各具胚珠 1 ········ 山楂属(*Crataegus*)
1. 心皮熟时纸质、软骨质或革质;梨果 1～5 室,每室种子 1 至数粒:
  4. 多为伞房、复伞房或圆锥花序:
    5. 单叶;常绿,少数落叶:
      6. 心皮部分离生;伞形、伞房或复伞房花序;落叶树的花序梗和花梗常有腺点 ··········
      ·· 石楠属(*Photinia*)
      6. 心皮全部合生;圆锥花序;花序梗和花梗均无腺点 ········ 枇杷属(*Eriobotrya*)
    5. 单叶或复叶;落叶;花序梗和花梗无瘤状突起 ········ 花楸属(*Sorbus*)
  4. 伞形或伞形总状花序,有时花单生或簇生:
    7. 果实内每室有种子 1～2:
      8. 花柱离生,花药深红色;果实多数有石细胞 ········ 梨属(*Pyrus*)
      8. 花柱基部合生,花药黄色;果实无石细胞 ········ 苹果属(*Malus*)
    7. 果实内每室有种子多粒;花柱基部合生 ········ 木瓜属(*Chaenomeles*)

(1) 枸子属 *Cotoneaster* B. Ehrh.

落叶、常绿或半常绿灌木,各部常被毛。单叶互生,全缘。花两性,聚伞或伞房花序,稀单生;萼片、花瓣各 5;雄蕊常 20;花柱 2～5,离生;子房下位或半下位。梨果,红色或黑色,内含 1～5 骨质小核。

约 90 种,我国约 50 种,主产西部、西南部。种子需层积 2 年才可发芽。多为庭园观赏灌木。

分种检索表

1. 茎匍匐;花 1～2 朵,粉红色:
  2. 枝水平开展,成 2 列状分枝;叶缘不呈波状 ········ 平枝枸子(*C. horizontalis*)
  2. 茎平铺地面,不规则分枝;叶缘常呈波状 ········ 匍匐枸子(*C. adpressus*)
1. 茎直立;复聚伞花序,花 3 朵以上,白色或粉红色:
  3. 花梗、萼筒均无毛;叶背面无毛 ········ 水枸子(*C. multiflorus*)
  3. 花梗、萼筒均被细长柔毛;叶背面被绒毛:
    4. 花瓣白色;叶背面被薄灰色绒毛;叶柄长 3～5mm ········ 湖北枸子(*C. silvestrii*)
    4. 花瓣浅红色;叶背面密被带黄色或灰色绒毛;叶柄长 1～2mm ········· 西北枸子(*C. zabelii*)

① 平枝枸子(铺地蜈蚣) *Cotoneaster horizontalis* Decne. 图 141:
落叶或半常绿匍匐灌木,高不过 0.5m。枝水平开展或整齐 2 列状,小枝黑褐色。叶近圆形至宽椭圆形,先端急尖,长 0.5～1.5cm,叶片下面疏生平伏柔毛,叶柄有柔毛。花小,无梗,

单生或 2 朵并生,粉红色。果径 4～6mm,鲜红色,3 小核。花期 5～6 月,果熟期 9～10 月。

产西南及甘肃、陕西等地,济南植物园有栽培,冬季不落叶,生长良好,北京也有栽培。喜光,耐半荫,耐寒,耐干瘠。多用扦插、播种繁殖。树姿低矮,枝叶平展,花密集枝头,入秋叶色红亮,红果累累,经冬不凋,为优美的观花观果观叶树种,也可作地被植物栽植。全株入药。

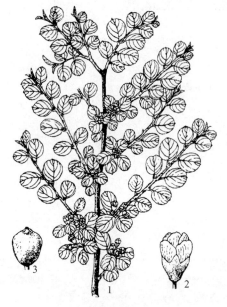

图 141 平枝栒子
1. 花枝;2. 花;3. 果实

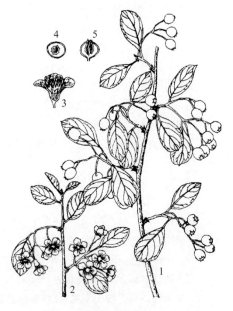

图 142 水栒子
1. 果枝;2. 花枝;3. 花纵剖面;4. 果横剖面;
5. 果纵剖面

② 水栒子(多花栒子) *Cotoneaster multiflorus* Bge. 图 142:

落叶灌木,高达 4m。枝纤细,常拱形下垂。叶卵形,长 2～5cm,叶片下面幼时有绒毛。复聚伞花序 5～21 朵,径 1～1.2cm。果径约 8mm,红色,1～2 核。花期 5～6 月,果熟期 8～9月。

广布于西南、西北、华北和东北。夏季盛开白花,入秋红果累累,经冬不凋,为优美的观花观果树种。极有开发价值。

③ 匍匐栒子 *Cotoneaster adpressus* Bois. :

与平枝栒子的区别:落叶性,平铺地面。分枝密且不规则,小枝红褐色。叶全缘而常波状,叶下面有疏短柔毛或无毛;叶柄无毛。花 1～2 朵,粉红色,径约 7～8mm。果径 6～7mm,鲜红色,2 小核。花期 5～6 月,果熟期 8～9 月。

产西南及甘肃、陕西、湖北、青海等地。喜光,耐寒,能在岩缝中及石灰质土壤上生长。入秋红果累累,平铺岩壁,极为美观。是布置岩石园的好材料,也可作地被植物栽植。

④ 湖北栒子(华中栒子) *Cotoneaster silvestrii* Pamp. 图 143:

落叶灌木,高 1～2m。叶椭圆形或卵形,背面有灰色绒毛,叶柄长 3～5mm。花白色,3～7朵成聚伞花序,总花梗及花梗均被细柔毛。果径 8mm,红色,小核常 2 连合为 1。花期 6 月,果熟期 9 月。

主产华中地区,四川、甘肃、江苏也有。观赏特性与水栒子相似。

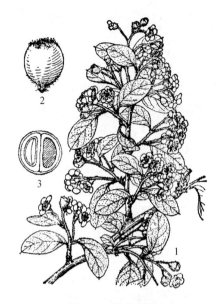

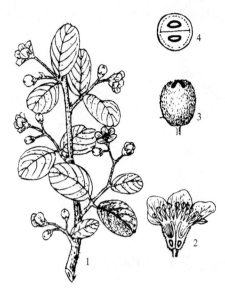

图 143　湖北栒子

1. 花枝；2. 果；3. 果横剖面

图 144　西北栒子

1. 花枝；2. 花纵剖面；3. 果；4. 果横剖面

⑤ 西北栒子 *Cotoneaster zabelii* Schneid. 图 144：

落叶灌木,高 2m。叶椭圆形至卵形,顶端圆钝,基部圆或宽楔形,背面密被带黄色或灰色绒毛；叶柄长 1～2mm。花浅红色,3～13 朵成下垂聚伞花序,总花梗及花序被柔毛。果径 7～8mm,鲜红色,小核 2。花期 5～6 月,果熟期 8～9 月。

产华北、西北,南到湖南、湖北。可生于石灰岩山地的山坡阴处、沟谷之中。优美的观花观果树种。

（2）火棘属 *Pyracantha* Roem.

常绿,灌木或小乔木,常具枝刺。单叶互生,常有锯齿或全缘。复伞房花序,花白色；花 5 数；雄蕊 15～20,子房半下位,心皮 5,每心皮 2 胚珠。梨果小,内含 5 个骨质小核。

共 10 种,我国 7 种。

① 火棘（火把果）*Pyracantha fortuneana* (Maxim) Li. 图 145：

灌木,高达 3m。枝拱形下垂,短侧枝常呈棘刺状,幼枝被锈色柔毛。叶常为倒卵状长椭圆形,长 1.5～6cm,缘有钝锯齿,基部渐狭而全缘,两面无毛。花径约 1cm,果径约 5mm,橘红色或深红色。花期 4～5 月,果熟期 9～11 月。

产华东、华中、西南等地。济南植物园有栽培,生长良好。

喜光,稍耐荫。耐旱力强。对土壤要求不严。萌芽力强,耐修剪。

枝叶茂密,初夏白花繁密,入秋满树红果累累,如火似珠,灿烂夺目,经久不凋,为优良观果树种。老桩古雅

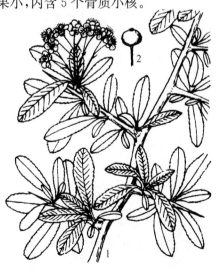

图 145　火棘

1. 花枝；2. 果

多姿,可作盆景,果枝是瓶插的好材料。根、果、叶药用。

图146 山楂

1.花枝;2.去花瓣之花;3.花纵剖面;4.花瓣;5.雄蕊;6.柱头;7.果

② 细圆齿火棘(大果火棘)*Pyracantha crenulata* Roem.：

与火棘的区别:叶长椭圆形至倒披针形,先端尖而常有小刺头;果橘红色,径6～8mm。其他同火棘。

(3) 山楂属 *Crataegus* L.

落叶小乔木或灌木,常有枝刺。单叶互生,叶缘有齿或羽状缺裂,托叶大形。伞房花序顶生,花白色;花萼、花瓣各5;雄蕊5～25;子房下位或半下位,心皮1～5。梨果,萼宿存,内含1～5骨质小核。

约1 000余种,广布北半球温带,北美东部最多;我国约18种。

山楂 *Crataegus pinnatifida* Bge. 图146：

小乔木,高达7m。有短枝刺;叶片卵形至菱状卵形,长5～10cm,两侧各有3～5羽状深裂,基部1对裂片分裂较深,裂缘有不规则的尖锐重锯齿,叶面沿脉疏生短柔毛。花序梗、花梗都有长柔毛,花径约1.8cm。果近球形,径1～1.5cm,果点明显,果核常为5。花期5～6月,果熟期9～10月。

变种:山里红(var. *major* N. E. Br.),枝无刺。叶较大,质厚,羽裂较浅。果较大,径约2.5cm,鲜红色,有光泽,白色果点明显。

产东北、华北、西北及长江中下游各地。适应性强。喜光,喜干冷气候,耐干瘠。根系发达。

播种、嫁接、分株、压条繁殖。种子需层积2年才发芽良好。

树冠整齐,花叶繁茂,秋天满树红果,鲜艳可爱,是观花观果及园林结合生产的优良观赏树种。

(4) 枇杷属 *Eriobotrya* Lindl.

常绿小乔木或灌木。单叶互生,羽状侧脉直达齿尖,叶柄短。圆锥花序顶生,常被绒毛;花白色;花萼5,花瓣5,具爪;雄蕊20～40;子房下位,2～5室,每室2胚珠。梨果,内果皮膜质,种子大,1至多粒。

约30种,我国13种。

枇杷 *Eriobotrya japonica* (Thunb.) Lindl. 图147：

小乔木,高达12m。小枝、叶下面、叶柄均密被锈色绒毛。叶片革质,倒卵状披针形至矩圆状椭圆形,长12～30cm,上面皱,叶缘具粗锯齿。花芳香。果近球形或倒卵形,黄色或橙黄色,形状、大小因品种不同而异。花期10～12月,果熟期翌年5～6月。

原产四川、湖北,长江流域以南广为栽培,江苏吴县

图147 枇杷

1.花枝;2.花纵剖面;3.子房纵剖面;4.果;5.种子

洞庭山、浙江余杭县塘栖、安徽歙县、福建莆田、湖南沅江等地都是枇杷著名产区。优良品种有"大红袍"、"大钟"、"白沙"等。山东泰安有冠幅4m的大树,只开花,不结果。

喜光,稍耐荫。喜暖湿气候及深厚、肥沃、排水良好的中性或微酸性土壤。不耐寒,深根性,生长慢,寿命长。以播种、嫁接为主,亦可扦插、压条繁殖。

树冠圆整,叶大荫浓,常绿而有光泽;冬日白花盛开,初夏果实金黄满枝,正是"五月枇杷黄似桔"、"树繁碧玉叶,柯叠黄金丸"。是观果、观花、观叶,绿化结合生产的好树种。

(5) 花楸属 *Sorbus* L.

落叶乔木或灌木。单叶或奇数羽状复叶,互生;有托叶。复伞房花序顶生,花两性,白色,稀粉红色;花萼、花瓣各5;雄蕊15～20;子房下位或半下位,2～5室,各含2胚珠。梨果小,内果皮薄革质。

约80种,我国55种,广布北温带。喜湿、耐荫,多作庭园绿化树种。

① 花楸树(百华花楸) *Sorbus pohuashanensis* (Hance) Hedl. 图148:

图148 花楸树
1. 果枝;2. 花枝

小乔木,高达8m。小枝、芽、叶背中脉两侧、叶轴、总花梗、花梗密被或疏被白绒毛。奇数羽状复叶,小叶11～15枚,卵状披针形至椭圆状披针形,长3～5cm,叶缘具细锐锯齿,基部或中部以下全缘;托叶半圆形,有缺齿。果球形,径6～8mm,红色,萼宿存。花期5～6月,果熟期9～10月。

产东北、华北及内蒙古、甘肃一带。泰山顶部有分布。较耐荫,耐寒。喜湿润酸性或微酸性土壤。初夏白花满树,入秋红果累累,为优美庭园树,适于园中假山、谷间及斜坡地栽植。

② 水榆花楸 (*Sorbus alnifolia* (Sieb. et Zucc.) K. Koch. 图149:

乔木,高达20m。树干通直,树皮光滑,树冠圆锥形;小枝有灰白色皮孔;芽鳞暗红色,无毛。单叶,近圆形至椭圆状卵形,长5～10cm,先端锐尖,基部圆形,缘具不整齐尖锐重锯齿,有时微浅裂。果红色或黄色,萼脱落。花期5月,果熟期11月。

东北、华北、长江中下游及西北至陕、甘均有分布。树体高大,叶形美观,秋叶先黄后红,果实累累,红黄相间,十分美丽。宜作庭园风景树或群植于山岭形成风景林。

图149 水榆花楸
1. 花枝;2. 果枝;3. 花

(6) 石楠属 *Photinia* Lindl.

常绿或落叶,小乔木或灌木。单叶互生,有短柄,叶

图150　石楠
1. 花枝；2. 花；3. 雌蕊及花萼

缘常有锯齿；有托叶。花序近伞形、伞房或复伞房花序，顶生；落叶树种花序梗和花梗常有腺体；花萼、花瓣各5，白色；雄蕊20；子房半下位，心皮2～5室。梨果小，萼宿存。

共60余种，我国约40种。主产秦岭淮河以南。为园林绿化或用材树种。

① 石楠（千年红）*Photinia serrulata* Lindl. 图150：

常绿灌木或小乔木；高4～10m。树冠圆球形，小枝灰褐色，无毛。叶革质，有光泽，长椭圆形至倒卵状长椭圆形，长8～22cm，缘具带腺的细锯齿，幼枝及萌芽枝锯齿发达；叶柄长2～4cm。复伞房花序多而密生。果球形，径5～6mm，红色，成熟时呈紫褐色。花期4～5月，果熟期10～11月。

分布江淮流域以南，南达两广，西至四川、云南、陕西南部等地。山东有栽培。

喜光，耐荫性较强，尚耐寒。喜暖湿气候及排水良好的肥沃壤土，亦耐干瘠。生长慢，萌芽力强，耐修剪。以播种为主，也可扦插或压条繁殖。

树冠圆整，枝密叶浓，早春嫩叶鲜红，夏秋叶色浓绿光亮，兼有红果累累，鲜艳夺目，是重要的观叶观果树种。在公园绿地、庭园、路边、花坛中心及建筑物门庭两侧均可孤植、丛植、列植，或整形式配置，亦可用作绿墙、绿屏或墓地绿化。对SO_2、Cl_2有较强抗性，且有隔音功能，也适于街道厂矿区绿化。

② 椤木石楠（椤木）*Photinia davidsoniae* Rehd. et Wils. 图151：

本种与石楠的区别：干、枝有刺；叶柄长0.8～1.5cm；叶较小，长5～15cm；果黄红色。此外幼枝被柔毛；叶倒披针形，先端渐尖且有短尖头，缘有带腺齿；花序梗、花梗贴生短柔毛，花径1～1.2cm。也是主要识别特征。其余同石楠。

③ 红叶石楠 *Photinia × fraseri* 'Red Robin'：

高达12m，株形紧凑，新叶亮红色，梨果红色。长江流域生长良好，耐修剪，可作红绿篱。山东泰安有栽培。

(7)木瓜属 *Chaenomeles* Lindl.

灌木或小乔木；常有刺。单叶互生；有托叶。花单生或簇生，常先叶开放；萼片、花瓣各5；雄蕊20或更多；子房下位，5室，每室胚珠多数，花柱5，基部合生。梨果大，种子多数。

共5种，我国4种，引入1种。

图151　椤木石楠

114

分种检索表

1. 大灌木或小乔木;2 年生枝无疣状突起:
　2. 枝有刺;花 2～5 朵簇生:
　　3. 叶片卵形至椭圆形,下面无毛,或脉上稍有毛,锯齿尖锐 ·················· 贴梗海棠(C. speciosa)
　　3. 叶片长椭圆形至披针形,下面幼时密被褐色绒毛,锯齿刺芒状 ········ 木瓜海棠(C. cathayensis)
　2. 枝无刺;花单生,萼片有齿,反折;干皮片状剥落 ····························· 木瓜(C. sinensis)
1. 矮小灌木,高不及 1m;2 年生枝有疣状突起 ······························ 日本木瓜(C. japonica)

① 贴梗海棠(皱皮木瓜) *Chaenomeles speciosa* (Sweet) Nakai. 图 152:

落叶灌木,高达 2m。有枝刺。叶卵状椭圆形,长 3～10cm,叶缘具尖锐锯齿。托叶大,肾形或半圆形,长 0.5～1cm,有重锯齿。花 3～5 朵簇生于 2 年生枝上,花叶同放,朱红色,稀淡红或白色;萼筒钟状,萼片直立;花柱基部无毛或稍有毛;花梗粗短或近于无梗。果卵球形,径 4～6cm,黄色,芳香。花期 3～5 月,果熟期 9～10 月。

产我国东部、中部至西南部。辽宁南部小气候良好处可露地越冬。分株、扦插或压条。

花簇生枝间,花色艳丽,秋日果熟,黄色芳香,为良好的观花、观果灌木。宜于花坛、庭园、池畔、草坪、树丛边缘丛植或孤植,亦可作花篱及基础栽植。若与"岁寒三友"作配景,则更能增添诗情画意。此外还是盆景和桩景的好材料。

② 木瓜海棠(毛叶木瓜) *Chaenomeles cathayensis* (Hemsl.) Schneid. :

落叶灌木或小乔木。具短枝刺,无毛。叶质地较厚,边缘锯齿细锐而密,齿端呈刺芒状,上半部有重锯齿,下半部锯齿较疏或近全缘;下面幼时密被褐色绒毛。花 2～3 朵簇生,花柱基部有较密柔毛。果卵形或长卵形,长 8～12cm,黄色有红晕。花期 3～4 月,果熟期9～10 月。

产中南、西南各地。耐寒力不如木瓜。

③ 木瓜 *Chaenomeles sinensis* (Thouin) Koehne. 图 153:

落叶小乔木,高达 10m。树皮呈薄片状剥落,小枝无刺,但短小枝常呈棘状。叶卵状椭圆形至椭圆状长圆形,长 5～10cm;缘有芒状锯齿,齿尖有腺;叶柄有腺齿;托叶小,卵状披针形,长约 7mm,膜质。花单生叶腋,淡粉红色;萼筒钟状,萼片反折,顶端长尖,边缘有细齿。果长椭圆形,长 10～18cm,黄绿色,近木质,芳香。花期 4～5 月,果熟期 9～10 月。

产山东、河南、山西及长江流域以南各地。习见栽培。

以播种为主,亦可嫁接和压条繁殖。

树皮斑驳可爱,花果俱美;秋日果熟,绿叶黄果,色香俱全。适孤植于庭前院后,或以常绿

图 152　贴梗海棠
1. 花枝(原大);2. 叶、托叶

图153 木瓜
1. 花枝；2. 带花托的雌蕊；3. 雄蕊；4. 花瓣；
5. 果实；6. 托叶

树为背景,丛植于园林绿地中。果实味涩,供药用。

栽培品种:山东省的曹州光皮木瓜,已从中选育出了玉兰、剩花、细皮子、豆青、狮子头等十几个优良品种。它们既是珍贵的药材,又是很好的园林树种,值得深入研究。

④ 日本木瓜(日本贴梗海棠) *Chaenomeles japonica* Lindl. :

落叶矮小灌木,高约1m。下部匍匐形,枝条开展,有细刺,幼枝粗糙,具绒毛,紫红色;2年生枝被疣状突起,黑褐色,无毛。叶广卵形至倒卵形,长3～5cm,缘具圆钝锯齿,齿尖向内;托叶肾形有圆齿。花3～5朵簇生,先叶开花,砖红色,花柱无毛。果近球形,径3～4cm,黄色,花期3～6月,果熟期8～10月。

原产日本。我国各地庭园常见栽培。

(8) 苹果属 *Malus* Mill.

落叶乔木或灌木,常无刺。单叶互生,缘有锯齿或缺裂;有托叶。伞形总状花序,花白、粉红或紫红色;花萼、花瓣各5;萼筒钟状;雄蕊15～50,花药黄色;花柱3～5,基部合生,子房下位,3～5室,每室1～2胚珠。梨果,外果皮光滑,果肉无或有少量石细胞,内果皮软骨质。

约35种,我国有23种。

分种检索表

1. 萼片宿存稀脱落:
  2. 萼片长于萼筒:
    3. 叶缘锯齿较钝;果梗粗短,萼洼下陷,径5cm以上 ················ 苹果(*M. pumila*)
    3. 叶缘锯齿较尖;果梗细长,萼洼微突:
      4. 果较大,径4～5cm,黄色或红色;萼片无毛 ················ 花红(*M. asiatica*)
      4. 果较小,径2～2.5cm,红色;萼片有毛 ················ 海棠果(*M. prunifolia*)
  2. 萼片短于萼筒或等长:
    5. 萼宿存;果黄色,基部无凹陷 ················ 海棠花(*M. spectabilis*)
    5. 萼脱落,稀宿存;果红色,基部凹陷 ················ 西府海棠(*M. micromalus*)
1. 萼片脱落:
  6. 萼片长于萼筒,狭披针形;花白色,花柱5 ················ 山荆子(*M. baccata*)
  6. 萼片短于萼筒或等长,三角状卵形;花白色或粉红色
    7. 花粉红色;花柱4～5;萼片先端尖 ················ 垂丝海棠(*M. halliana*)
    7. 花白色;花柱3,罕4;萼片先端圆钝 ················ 湖北海棠(*M. hupehensis*)

① 苹果 *Malus pumila* Mill. 图154:

乔木,高达15m。冬芽有毛;幼枝、幼叶、叶柄、花梗及花萼密被灰白色绒毛。叶卵形、椭圆形至宽椭圆形,基部常近圆形或宽楔形,叶缘锯齿粗;叶柄长1.2～3cm。花序由3～7

朵花组成。花白色带红晕,径 3～4cm;花萼倒三角形,较萼筒稍长;花柱 5。果扁球形,径 5cm 以上,两端均下洼,萼宿存;其形状、大小、色泽、香味、品质等因品种不同而异。花期 4～5 月,果熟期 7～10 月。

原产欧洲中部;我国引栽历史悠久,现华北、东北及陕西、甘肃等地普遍栽培,为我国北方重要果树。品种多达 900 个,在生产上大量推广的约有 20 多个品种,主要有"金帅"、"红星"、富士等。

观赏品种有:芭蕾苹果,花大,粉红色;果色多样,紫红色较多,径 3～4cm。观赏价值极高,可作园林绿化及盆景的好材料。

喜光,耐寒;要求比较干冷和干燥的气候,不耐湿热,喜肥沃、深厚、排水良好的土壤,不耐瘠薄。嫁接繁殖。

是世界上最主要的果树之一,分布最广,产量最多,经济价值也大,可一年四季供应市场,也是园林绿化的优良树种,不但适于山区和沙荒地,也适于园林绿化和居民区"四旁"绿化。为蜜源植物。

图 154　苹果
1. 花枝;2. 花纵剖面;3. 果

② 山荆子 *Malus baccata* Borkh. 图 155:

树高 10～14m。树冠近圆形,小枝纤细,无毛。叶卵状椭圆形,长 3～8cm,叶柄长 3～5cm。花白色,径 3～3.5cm,萼片披针形,长于萼筒。果近球形,径不足 1cm,红色或黄色,萼脱落。花期 4～5 月,果熟期 9～10 月。

产东北、华北、西北等地。枝繁叶茂,是优美的园林绿化树种。

③ 花红(沙果) *Malus asiatica* Nakai. 图 156:

图 155　山荆子
1. 花枝;2. 花(去花瓣)纵剖面;3. 果枝;4. 果实纵剖面;5. 果实横剖面

图 156　花红果
1. 花枝;2. 果枝;3. 果实纵剖面

小乔木,高达6m。嫩枝、花柄、萼筒和萼片内、外两面都密生柔毛。叶片卵形至椭圆形,长5~11cm,基部宽楔形,边缘锯齿常较细锐,下面密被短柔毛。花序由3~7朵花组成,花粉红色,萼片宽披针形,比萼筒长,花柱常4~5;果卵球形或近球形,黄色或带红色,径2~5cm,基部下洼,宿存萼肥厚而隆起。花期4月,果熟期7~9月。

原产黄河流域,现华北、西北、西南、东北等地广为栽培,以华北地区最广泛,品种多。

④ 海棠果(楸子) *Malus prunifolia* (Willd.) Borkh. 图157:

树冠开张,枝下垂。嫩枝灰黄褐色。叶卵形至椭圆形,长5~9cm,缘具细锐锯齿;叶柄长1~5cm。花序由4~5朵花组成;花白色或带粉红色;萼片披针形,较萼筒长。果卵形,熟时红色,径2~2.5cm,萼肥厚宿存。花期4~5月,果熟期8~9月。

图157 海棠果

1. 花枝;2. 果

图158 海棠花

1. 花(去花瓣)纵剖面;2. 花枝;3. 果枝

图159 西府海棠

我国华北、西北、东北南部和内蒙古等地广为栽培。抗寒性强,耐盐碱,对土壤要求不严。深根性,寿命较长。春花皎洁美丽,秋果红满枝头,是优美的观花、观果和结合生产树种。为苹果优良砧木。

⑤ 海棠花(海棠) *Malus spectabilis* Borkh. 图158:

树形峭立,枝条耸立向上。嫩枝红褐色或紫褐色。叶椭圆形至长椭圆形,长5~8cm,细锯齿贴近叶缘;叶柄长1.5~2cm。花序近伞形;萼片较萼筒稍短。果近球形,径约2cm,黄色,味苦,基部无凹陷,萼脱落。花期4~5月,果熟期8~9月。

华东、华北、东北南部各地习见栽培。对盐碱土抗性强。我国著名观赏花木,亦可盆栽。为苹果优良砧木。

⑥ 西府海棠(小果海棠) *Malus micromalus* Makino. 图159:

树冠紧抱,枝直立性强;小枝紫红色或暗紫色,幼时被短柔毛,后脱落。叶椭圆形至长椭圆形,长5～10cm,锯齿尖锐。花序有花4～7朵,集生于小枝顶端;花淡红色,初开放时,色浓如胭脂;萼筒外面和萼片内均有白色绒毛,萼片与萼筒等长或稍长。果近球形,径1.5～2cm,红色,两端均下洼;萼片宿存。花期4～5月,果熟期9～10月。

产山东、云南、甘肃、陕西、山西、河北、辽宁南部,各地有栽培。

喜光,耐寒,耐干旱,较耐盐碱,不耐水涝。抗病虫害,根系发达。

其配植与海棠花近似。果味酸甜、可生食或加工成蜜饯。树势强健,与苹果亲和力好,是平原沙碱地区常用的苹果砧木。

⑦ 垂丝海棠 *Malus halliana* Koehne. 图160:

树姿开展疏散。小枝、叶缘、叶柄、中脉、花梗、花萼、果柄、果实常紫红色。叶卵形、椭圆形至椭圆状卵形,长3.5～8cm,锯齿细钝。花梗细长,下垂;花初开时鲜玫瑰红色,后渐呈粉红色,径3～3.5cm;萼片三角状卵形,顶端钝,与萼筒等长或稍短;花柱4～5。果倒卵形,径6～8mm,萼片脱落。花期3～4月,果熟期9～10月。

变种有:重瓣垂丝海棠(var. *parkmanii* Rehd.);白花垂丝海棠(var. *spontanea* Rehd.)。

产华东、西南各地。长江流域至西南各地均有栽培,山东、河南、辽宁南部引种栽培。多用嫁接繁殖。花繁色艳,朵朵下垂,是著名庭园观赏花木。可做切花、树桩盆景。

⑧ 湖北海棠(茶海棠) *Malus hupehensis*(Ramp.)Rehd.:

图160　垂丝海棠
1. 花枝;2. 果枝

乔木,高达12m。叶卵形至卵状椭圆形,长5～10cm,边缘常有不规则尖锐细锯齿,叶柄长1～3cm。花序有花3～7朵,花梗长2～6cm,花白色或粉红色,芳香;萼片顶端尖,与萼筒等长或稍短;花柱3～5。果近球形,黄绿色,稍带红晕,径约1cm。花期4～5月,果熟期9～10月。

产长江流域、山东、河南、陕西、甘肃、山西各地,南至福建、广东,西南至贵州、云南。

(9) 梨属 *Pyrus* L.

落叶乔木,稀灌木;有时具枝刺。单叶互生,有锯齿;有托叶。伞形总状花序,花白色;雄蕊15～30,花药深红色;花柱2～5,离生,子房下位,2～5室,每室胚珠2。梨果肉质,多石细胞。

约25种,我国14种。

分种检索表

1. 叶缘具芒状锯齿。果黄色或黄白色,较大,径2cm以上 ···························· 白梨(*P. bretschneideri*)
1. 叶缘具粗尖锯齿或细钝锯齿。果不为黄色,较小:
　2. 果褐色,径0.5～1cm。幼叶、花序密被灰白色绒毛 ···························· 杜梨(*P. betulaefolia*)
　2. 果黑褐色,径1～2cm。幼叶及花枝无毛 ···························· 豆梨(*P. calleryana*)

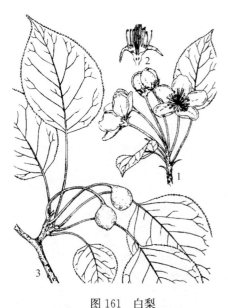

图 161 白梨

1. 花枝；2. 花(去花瓣)纵剖面；3. 果枝

① 白梨 *Pyrus bretschneideri* Rehd. 图 161：

乔木,高达 8m。枝、叶、叶柄、花序梗、花梗幼时有绒毛,后渐脱落。叶卵形至卵状椭圆形,长 5～18cm,基部宽楔形或近圆形,叶缘具芒状锯齿,齿端微向内曲；叶柄长 2.5～7cm,幼叶棕红色。花序有花 7～10 朵,花径 2～3.5cm；花梗长 1.5～7cm；萼片三角形,内面密生绒毛；雄蕊 20；花柱 5 或 4。果倒卵形或近球形,黄色、黄白色,径 2cm 以上,果肉软,萼脱落。花期 4 月,果熟期 8～9 月。

栽培历史悠久,有很多优良品种,著名的如:河北鸭梨、雪花梨、象牙梨,辽宁绥中的秋白梨、山东莱阳的慈梨及茌梨、安徽砀山的酥梨、兰州冬果梨、山西黄梨、云南呈贡的宝珠梨、新疆的库尔勒香梨等。

栽培遍及东北西部、华北、西北及江苏北部、四川等地。

喜光,适生于干冷气候,较抗寒,以深厚、疏松、地下水位较低的肥沃沙质壤土为最好。开花期不耐寒冷和阴雨。嫁接繁殖。是园林结合生产的好树种。

② 杜梨(棠梨) *Pyrus betulaefolia* Bge. 图 162：

乔木,高达 10m。常具枝刺。幼枝、幼叶两面、叶柄、花序梗、花梗、萼筒及萼片内外两面都密生灰白色绒毛。叶菱状卵形至椭圆状卵形,长 4～8cm,缘具粗尖锯齿；叶柄长 1.5～4cm。花柱 2～3；花梗长 2～2.5cm。果近球形,径 0.5～1cm,萼片脱落。花期 4～5 月,果熟期 8～9 月。

图 162 杜梨

1. 花枝；2. 果枝；3. 花(去花瓣)纵剖面

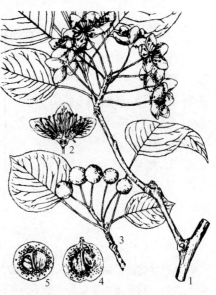

图 163 豆梨

1. 花枝；2. 花纵剖面；3. 果枝；4. 果实纵剖面；

5. 果实横剖面

产东北南部、内蒙古、黄河及长江流域各地。喜光,多种抗性在梨属中均最强。深根性,萌蘖力强。繁殖以播种为主,也可压条、分株。是华北、西北地区防护林及沙荒造林树种,为北方培养梨树的优良砧木。

③ 豆梨 *Pyrus calleryana* Decne. 图 163:

乔木,高达 8m。小枝幼时有绒毛,后脱落。叶两面、花序梗、花柄、萼筒、萼片外面无毛。叶阔卵形至卵圆形,长 4~8cm,缘具圆钝锯齿,叶柄长 2~4cm。花瓣卵形;花柱 2,罕 3;花梗长 1.5~3cm。果近球形,径 1~2cm,褐色,萼片脱落。花期 4 月,果熟期 8~9 月。

产华南至华北,主产长江流域各地。喜光,喜温暖湿润气候,不耐寒。抗病力强。在酸性、中性、石灰岩山地都能生长。果酿酒,根、叶、果药用。为南方培养梨树的良好砧木。

Ⅲ 蔷薇亚科 *Rosoideae*

分属检索表

1. 瘦果多数,生于坛状肉质的花托内 ·· 蔷薇属(*Rosa*)
1. 瘦果或小核果,着生在扁平或隆起的花托上:
  2. 叶互生;花黄色,5 出数,无副萼 ····································· 棣棠属(*Kerria*)
  2. 叶对生;花白色,4 出数,有副萼 ······························· 鸡麻属(*Rhodotypos*)

(1) 蔷薇属 *Rosa* L.

落叶或常绿灌木,茎直立或攀援,常有皮刺。奇数羽状复叶,互生,托叶常与叶柄连合,稀单叶。花两性,单生或成花序,生于新枝顶端;花托壶形;萼片及花瓣各 5(4);雄蕊多数,生于萼筒的上部;雌蕊心皮多数,离生,包藏于壶状花托内。瘦果,着生于花托形成的果托内,特称蔷薇果。

约 200 种,我国 80 余种。

分种检索表

1. 花托壶状,平滑或被刺:
  2. 常绿或半常绿:
    3. 茎攀援或匍匐:
      4. 小叶 5~7;花单生或 2~3 朵聚生;花大,径 5~8cm,萼宿存 ········· 芳香月季(*R. odorata*)
      4. 小叶 3~5;伞形花序;花小,径 2~2.5cm,萼脱落 ············· 木香花(*R. banksiae*)
    3. 茎直立;小叶 3~5,较大;花单生或数朵聚生,萼宿存 ··················· 月季花(*R. chinensis*)
  2. 落叶:
    5. 花白色或紫色:
      6. 枝细长上升或攀援状;花密集成圆锥状伞房花序;叶上面光滑 ····· 多花蔷薇(*R. multiflora*)
      6. 枝直立;花 1 至数朵聚生;叶上面叶脉凹下,有皱纹 ················· 玫瑰(*R. ragosa*)
    5. 花黄色:
      7. 枝拱曲,小枝具扁刺及刺毛 ··· 黄蔷薇(*R. hugonis*)
      7. 枝直立,小枝具硬直皮刺,无刺毛 ····································· 黄刺玫(*R. xanthina*)
1. 花托杯状,密被刺毛;蔷薇果扁球形,密被刺毛 ················· 缫丝花(*R. roxburghii*)

① 芳香月季(香水月季) *Rosa odorata* Sweet. ：

常绿或半常绿灌木；有长匍匐枝或攀援枝，疏生钩状皮刺。小叶通常 5～7，叶柄及叶轴均疏生钩刺和短腺毛。花单生或 2～3 朵聚生，白色、黄色或粉红色，极香，径 5～8cm，花柱伸出花托口外而分离；萼片全缘。果球形或扁球形，径 2cm，红色，萼宿存。花期 3～5 月，果熟期 8～9 月。

原产我国西南部，久经栽培。1810 年传入欧洲后，培育成很多品种。现国内外广泛栽培。

喜肥沃、湿润、排水良好土壤，气温在 20℃ 以上即可陆续着蕾开花，不耐炎热，不耐寒。多嫁接繁殖。

本种为月季与巨花蔷薇的杂交种。现有很多变种、品种，如"大花香水月季"、"黄花香水月季"、"橙黄香水月季"、"红花香水月季"等。花色艳丽，香味极浓，为珍贵的庭园花木。国家三级重点保护树种。

现代月季($R. hybrida$)是 19 世纪上半叶在欧洲几经改良的优良杂交种，目前世界各国广为栽培。这个杂种由我国所产的芳香月季、月季、十姐妹等与欧洲、西亚的突厥月季($R. damascere$)、波邦月季($R. borboniana$)、法国月季($R. gallice$)杂交而成，它的亲本关系复杂，已非原种，拥有品种近万。

② 木香花(木香) *Rosa banksiae* Ait. 图 164：

落叶或半常绿攀援灌木，枝细长绿色，近无刺。小叶 3～5，叶下面中脉常有微柔毛；托叶线形，与叶柄离生，早落。花 3～15 朵，排成伞形花序，花瓣白色或黄色，单瓣或重瓣，径 2.5cm。果近球形，径 3～4mm，萼脱落。花期 4～6 月，果熟期 9～10 月。

产我国西南，各地园林多有栽培。

变种有：重瓣白木香(var. *albo-plena* Rehd.)；重瓣黄木香(var. *lutea* Lindl.)等。

园林中常用于棚架、花格墙、篱垣和岩壁的垂直绿化。花含芳香油，可提炼香精。

③ 月季花(月季) *Rosa chinensis* Jacq. 图 165：

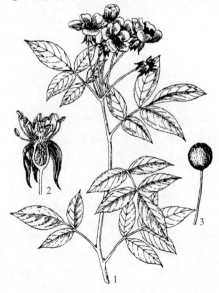

图 164　木香
1. 花枝；2. 花(不带花瓣)纵剖面；3. 蔷薇果

图 165　月季花
1. 花枝；2. 蔷薇果

122

常绿或半常绿直立灌木，通常具钩状皮刺。小叶 3～5，长 3～6cm，无毛；托叶大部分和叶柄合生。花单生或几朵集生成伞房状，紫红、粉红色，很少白色，重瓣，微香，径 4～6cm，萼片常羽裂；花柱分离。果卵形或梨形，径 1.2cm，萼宿存。花期 5～10 月。

常见变种、变型：月月红(var. *semperflorens* Koehne)，又名紫月季花，茎枝纤细，常带紫红晕，叶较薄，花多单生，紫红至深粉红，花梗细长而常下垂，花期长。绿月季(var. *viriditiflora* Dipp.)，花大，绿色，花瓣变成绿叶状。小月季(var. *minima* Voss)，植株矮小，一般不超过 25cm，多分枝，花较小，玫瑰红色，单瓣或重瓣。变色月季(f. *mutabilis* Rehd.)，幼枝紫色，幼叶古铜色。花单瓣，初为黄色，继变橙红色，最后变暗红色。

原产我国中部，南至广东，西南至云南、贵州、四川。现国内外普遍栽培。

喜光，但过于强光照射对花蕾发育不利，花瓣易焦枯。喜温暖气候，一般气温在 22～25℃最为适宜，以春秋两季开花最好。对土壤要求不严，但以肥沃、排水良好的微酸性土壤最好。多用扦插或嫁接繁殖，也可分株或播种。

月季花色艳丽，花期长，是布置园林的好材料。宜作花坛、花境、花篱及基础栽植，在草坪、园路、庭园、假山等处配置也很合适，可与本属其他种配置成专类园，又可盆栽或做切花。花可提炼香料，叶及根可药用。

④ 多花蔷薇(野蔷薇) *Rosa multiflora* Thunb. 图 166：

落叶灌木，枝细长，上升或攀援状，托叶下常有皮刺。小叶通常 5～9，叶片两面有短柔毛，叶柄及叶轴常有腺毛，托叶明显，边缘篦齿状分裂，并有腺毛。花多朵成密集圆锥状伞房花序，花白色，芳香，花径 2cm，花柱连合成柱状，伸出花托外；萼片有毛，花后反折。果近球形，径约 6cm，褐红色，萼片果后脱落。花期 5～6 月。

常见变种、栽培品种：粉团蔷薇(var. *cathayensis* Rehd. et Wils.)，小叶较大，常 5～7，花较大，径 3～4cm，单瓣，粉红至玫瑰红色，数朵或多朵成平顶伞房花序。十姐妹('Platyphylla')，又名七姐妹。叶较大，花重瓣，深红色，常 6～9 朵成扁伞房花序。荷花蔷薇(var. *carnea* Thory.)，又名粉红七姐妹。花重瓣，淡粉红色，多朵成簇。白玉棠(var. *albaplera* Yu et Ku.)，枝上刺较少，花白色，重瓣，多朵聚生。

主产黄河流域以南，各地均有栽培。

喜光；耐寒、耐旱、耐水湿，在粘重土上也可正常生长。

可播种、扦插、分根繁殖。

花繁多色，枝条纤细斜展，因适应性强，宜作垂直

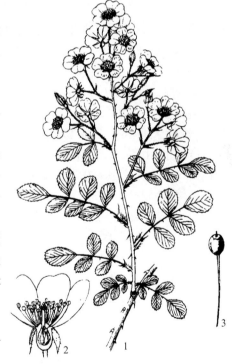

图 166 多花蔷薇
1. 花枝；2. 花纵剖面；3. 蔷薇果

绿化，效果良好。其变种花色艳丽，通常布置成花柱、花架、花门、花廊、花墙等，或点缀于山岩石壁、池畔，繁枝倒悬，相映成趣，亦可作花篱用，还可做切花及盆栽观赏。花、果、根入药。为伊拉克、沙特阿拉伯国花。

⑤ 玫瑰 *Rosa rugosa* Thunb. 图 167：

图 167 玫瑰

1. 花枝；2. 果

落叶丛生灌木,高达 2m。枝条较粗,灰褐色,密生刺毛与倒刺。小叶 5～9,叶片上面无毛,多皱纹,下面灰绿色,被绒毛及刺毛;叶柄及叶轴被绒毛,疏生小皮刺及腺毛;托叶大部与叶柄连合。花单生或 3～6 朵聚生于当年新枝顶端,紫红色,径 6～8cm;花柱离生,被柔毛,柱头稍突出。

果扁球形,砖红色。花期 5～6 月,果熟期 9～10 月。

常见栽培变种有:重瓣紫玫瑰(var. *plena* Reg.);重瓣白玫瑰(var. *albo-plena* Rehd.);红玫瑰(var. *rosea* Rehd.);紫玫瑰(var. *typica* Reg.);白玫瑰(var. *alba* W. Rehd.)等。

产我国北部,现各地有栽培。以山东、江苏、浙江、广东为多。以分株、扦插为主,也可嫁接和埋条法繁殖。

玫瑰色艳花香,适应性强;是著名的观赏花木,在北方应用较多。可布置玫瑰园、蔷薇园,特别在山地风景区结合水土保持可大量栽植。花蕾及根入药,鲜花瓣提取芳香油,为世界名贵香精。国家三级重点保护树种。为伊拉克、伊朗、土耳其、捷克、卢森堡、美国国花。红玫瑰(var. *rosea* Rehd.)为保加利亚、罗马尼亚、英国国花。

⑥ 黄蔷薇 *Rosa hugonis* Hemsl. ：

落叶灌木,高达 2.5m;枝拱形,具直而扁平皮刺及刺毛。小叶 5～13。花单生枝顶,鲜黄色,单瓣,径约 5cm。果扁球形,径约 1.5cm,红褐色,萼宿存。花期 4～6 月,果期 8～9 月。

产山东、山西、陕西、甘肃、青海、四川等地。繁花似锦,花期长,红果累累,鲜艳夺目。常与其他同属种或其他藤本花木配置为花架、花格、绿廊、绿亭等。为伊朗国花。

⑦ 黄刺玫 *Rosa xanthina* Lindl. 图 168：

落叶丛生灌木,高达 3m。小枝褐色或褐红色,具扁平而硬直的皮刺。小叶常 7～13;托叶小,下部与叶柄连生,先端分裂成披针形裂片。花单生,黄色,重瓣或单瓣,径 4.5～5cm。果近球形,红黄色,径约 1cm。花期 4～6 月,果熟期 7～8 月。

产东北、华北至西北。多分株、压条及扦插繁殖。春天开黄色花朵,且花期较长,为北方春天重要观花灌木。花可提取芳香油。

⑧ 缫丝花(刺梨) *Rosa roxburghii* Tratt. ：

落叶或半常绿灌木;多分枝,高达 2.5m。小枝无毛,在托叶下常有成对微弯皮刺。小叶 9～15,叶片下面沿中脉常被小刺,叶柄及叶轴疏生皮刺。花 1～2 朵生于短枝

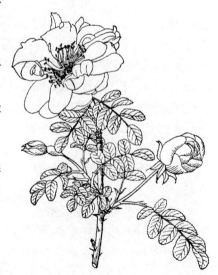

图 168 黄刺玫

124

上,粉红色,重瓣,微芳香,径 4～6cm,花梗、花托、萼片、果及果梗均被刺毛。果扁球形,径 3～4cm,黄色,密生刺。花期 5～7 月,果熟期 9～10 月。

产长江流域以南至西南等地,多生于山区溪边。花朵秀丽,结实累累,可作树丛配植或作花篱布置。果肉富含维生素,可生食、制蜜饯或酿酒。

(2) 棣棠属 *Kerria* DC.

仅 1 种,产我国及日本。

棣棠(棣棠花) *Kerria japonica* (L.) DC. 图 169:

落叶小灌木,高 1～2m。小枝绿色,光滑,有棱。单叶互生,卵形至卵状披针形,长 2～10cm,缘具重锯齿;托叶锥形。花两性,金黄色,单生侧枝顶端;萼片 5,全缘;花瓣 5;雄蕊多数;心皮 5～8,离生。瘦果,生于盘状果托上,外包宿存萼片。花期 4～5 月,果熟期 7～8 月。

常见变型有:重瓣棣棠(f. *pleniflora* (Witte) Rehd.);金边棣棠(f. *aureo-variegata* Rehd.);玉边棣棠(f. *picta* (Sieb.) Rehd.)。

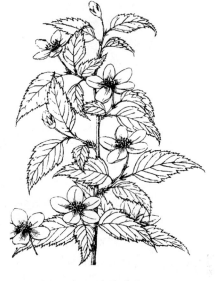

图 169　棣棠花

分布华东、华中、华北,大连有栽培。

喜温暖湿润气候,稍耐荫,不耐寒。喜富含有机质酸性土壤。

分株、扦插,也可播种。

花、叶、枝俱美,宜丛植篱边、水畔、坡地或于路边、草坪边缘作花丛、花篱等。与红瑞木配置,冬季枝条红绿相间,衬以白雪,效果极佳。花及枝叶药用,可作做花材料。

(3) 鸡麻属 *Rhodotypos* Sieb. et Zucc.

仅 1 种,产我国和日本。

鸡麻 *Rhodotypos scandens* (Thunb.) Makino. 图 170:

落叶灌木,高达 3m。小枝紫褐色,无毛。单叶对生,卵形至椭圆状卵形,长 4～10cm,缘具尖锐重锯齿,叶上面皱,下面被丝毛;托叶条形。花两性,纯白色,单生枝顶;萼片 4,大而有齿,基部有互生的副萼;花瓣 4;雄蕊多数;心皮 4,各有胚珠 2。核果,熟时干燥,亮黑色,外包宿萼。花期 4～5 月,果熟期 9～10 月。

主产华东,陕西、甘肃、辽宁南部。喜光,喜湿润、肥沃土壤。耐寒,耐瘠薄,适应性强。多分株繁殖,亦可扦插或播种。花色洁白美丽,多栽于树丛周围或作花境、花篱栽培。果及根药用。

图 170　鸡麻
1. 花枝;2. 果

Ⅳ 李亚科 (*Prunoideae*)

李属 (*Prunus* L.)

乔木或灌木,落叶稀常绿。单叶互生,有锯齿,稀全缘;叶柄或叶片基部偶有腺体,托叶早落。花两性,白色、粉红或红色;花萼、花瓣各 5;雄蕊多数;子房上位,1 心皮,1 室,胚珠 2。核果,常含 1 种子。

本属 200 种,主产北温带,我国约 140 种。多为果树或观赏花木。

分种检索表

1. 果实有沟槽,外被毛或蜡粉:
  2. 侧芽常 3,具顶芽;子房和果实常被短柔毛;核常有孔穴;幼叶对折状;先花后叶
    3. 乔木或小乔木;叶缘为单锯齿:
      4. 萼筒有短柔毛;叶片中部或中部以上最宽,叶柄有腺体 ················· 桃(*P. persica*)
      4. 萼筒无毛;叶片近基部最宽,叶柄常无腺体 ············· 山桃(*P. davidiana*)
    3. 灌木;叶缘为重锯齿,叶端常 3 裂状 ····················· 榆叶梅(*P. triloba*)
  2. 侧芽单生或并生,顶芽缺;核常光滑或有不明显孔穴;叶在芽中席卷:
    5. 子房和果实常被短柔毛;花常无柄或有短柄,花先叶开放:
      6. 小枝红褐色,无枝刺;果肉离核,核平滑 ················· 杏(*P. armeniaca*)
      6. 小枝绿色,有枝刺;果肉粘核,核具蜂窝状凹穴 ············· 梅(*P. mume*)
    5. 子房和果实均无毛,常被蜡粉;花常有柄,花叶同放:
      7. 花常 3 朵簇生,白色;叶绿色 ····················· 李(*P. salicina*)
      7. 花常单生,粉红色;叶紫红色 ················· 紫叶李(*P. cerasifera*)
1. 果实无沟槽,不被蜡粉;具顶芽;幼叶对折状:
  8. 花单生或数朵成短总状或伞房状花序,基部常有明显苞片:
    9. 侧芽 3;灌木:
      10. 花近无梗,花萼筒状;小枝及叶背密被绒毛;叶近倒卵形,表面皱 ····· 毛樱桃(*P. tomentosa*)
      10. 花具中长梗,花萼钟状;小枝及叶背几无毛;叶卵状披针形,表面平滑 ··· 郁李(*P. japonica*)
    9. 侧芽单生;乔木或小乔木:
      11. 苞片小而脱落;叶缘重锯齿,无芒;花白色,果红色 ········· 樱桃(*P. pseudocerasus*)
      11. 苞片大而常宿存;叶缘具芒状重锯齿:
        12. 先花后叶;花梗及萼均有毛;花萼筒状 ············· 东京樱花(*P. yedoensis*)
        12. 花叶同放;花梗及萼均无毛;幼叶红褐色,边缘有长芒 ······· 日本晚樱(*P. lannesiana*)
  8. 花小,10 朵以上排成顶生总状花序,花序梗上常有叶片 ············· 稠李(*P. padus*)

① 桃(毛桃) *Prunus persica* L. 图 171:

树皮暗红色;小枝向阳面红褐色,背阴面绿色,无毛。冬芽常 3 枚并生,密被灰色绒毛。叶椭圆状披针形,长 8~15cm,缘具细锯齿,叶柄有腺体。花单生,先叶开放,粉红色,径约 3cm;萼片密被绒毛。果肉多汁,离核或粘核,核具深凹点及条槽。花期 3~4 月,果熟期 6~7 月。

桃树栽培品种甚多,我国约有 1 000 个,按用途分食用桃和观赏桃两大类。

观赏类中常见变型:单瓣白桃(f. *alba* Schneid.),花白色,单瓣。千瓣碧桃(f. *olianthiflora* Diqq.),花淡红色,复瓣。千瓣白桃(f. *alboplena* Schneid.),花大,白色,复瓣或重瓣。碧桃(f. *duplex* Rend.),花粉红色,重瓣。红碧桃(f. *rubro-plena* Schneid.),花红色,复瓣;萼片常

126

为 20。绛桃(f. *camelliaeflora* Dipp.)，花深红色，复瓣。花碧桃(f. *versicolor* Voss.)，又名洒金碧桃，花复瓣或近重瓣，同一株上有红白相间的花朵，花瓣或条纹。绯桃(f. *magnifica* Schneid.)，花鲜红色，重瓣，花期略晚。紫叶桃(f. *atropurpurea* Schneid.)，叶紫色，花单瓣或重瓣，粉红色。垂枝碧桃(f. *pendula* Dipp.)，枝条下垂。寿星桃(f. *densa* Mak.)，植株矮小，节间特短，花芽密集，单瓣或半重瓣，红色或白色，宜盆栽观赏。塔型碧桃(f. *pyramiclalis* Pipqp.)，树冠塔型或圆锥形。

原产我国北部和中部，现各地广为栽培，主要在华北、西北各地。

喜光，适应性强；除极冷、极热地区外，均能生长；喜排水良好、地势平坦的沙壤土，在碱性土及粘重土上均不适宜，不耐水湿。浅根性，寿命短。以嫁接或播种繁殖为主。

春季桃花烂漫，妖媚诱人，盛开时节"桃之夭夭，灼灼其华"，加之品种繁多，着花繁密，栽培简易，为我国早春主要观花树种之一。配置于草坪、林缘或专类园。我国园林中习惯以桃、柳间植水滨，形成一种"柔条映碧水，桃枝更妖艳"的春景特色。还可制桩景及切花观赏。

图 171 桃
1. 花枝；2. 果枝；3. 叶，示托叶及叶基腺体；
4. 果核；5. 花纵剖面(去花瓣)

图 172 山桃
1. 花枝；2. 果枝；3. 叶，示放大腺点；4. 花展
开，示雄蕊、雌蕊；5. 花瓣；6. 果核

②山桃(山毛桃) *Prunus davidiana*(Carr.)Franch. 图 172：

树皮紫褐色，光滑而有光泽，常环状剥落。小枝褐色无毛。冬芽无毛。叶柄常无腺体。萼无毛。叶卵状披针形，长 5～12cm，缘细锯齿；花单生，淡粉红色，径 2～3cm；果近球形，径约 3cm；果肉薄而干燥，核小，球形，有沟纹及小孔。花期 3～4 月，果熟期 6～10 月。

主产黄河流域各地，西南也有，东北及内蒙古等地有栽培。花期早，盛开时节美丽可观，园林中宜成片植于山坡，并以苍松翠柏为背景，可充分显示其妖艳之美。在庭园中孤植、丛植于池畔、草坪、林缘等处，亦可获得"桃红柳绿"的佳景。

③ 榆叶梅 *Prunus triloba*（Lindl.）图 173：

灌木,有时小乔木状,高 3～5m。小枝无毛或微被毛。叶椭圆形至倒卵形,长 3～6cm,顶端渐尖,常 3 裂,缘具粗重锯齿。花单生或 2 朵并生,先叶开放,粉红色;萼片卵形,有细锯齿。果径 1～1.5cm,红色,密被柔毛,有沟,果肉薄。花期 4～5 月,果熟期 6～7 月。

变种及变型:鸾枝(var. *atropurpurea* Hort),萼及花瓣各 10,花粉红色,叶下无毛。重瓣榆叶梅(var. *plena* Dipp.),花粉红色,萼片通常 10,叶端多 3 浅裂。

产我国北部,南至江苏、浙江均有分布,华北、东北多栽培。北方重要观花灌木,花感强烈,能反映春光明媚、花团锦簇的欣欣向荣景象。宜于庭园绿地以苍松翠柏为背景丛植,与连翘、金钟花配植,红黄花朵竞相争艳,也可作保土栽培。盆栽,做切花及催花材料。

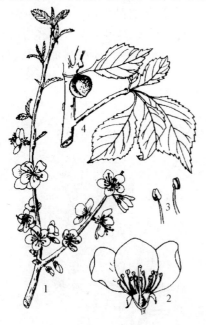

图 173 榆叶梅
1. 花枝;2. 花纵剖面;3. 雄蕊;4. 果枝

图 174 杏
1. 花枝;2. 果枝;3. 雌蕊;4. 花药;5. 果核

④ 杏 *Prunus armeniaca* L. 图 174：

树皮黑褐色,不规则纵裂,树冠圆形;小枝红褐色。叶片卵形至卵状椭圆形,先端短尖或尾状尖,长 3～7cm,缘具圆钝锯齿,叶两面几同色。花单生,稀 2 朵并生,先叶开放,浅粉红色,径约 2.5cm;萼筒钟状,紫红色,萼片花后反折。果卵形,径 2～2.5cm,具缝合线及柔毛,淡黄色或带红晕,核扁,平滑。花期 3～5 月,果熟期 6～7 月。

西南、长江中下游、东北、华北及西北各地均有分布。不耐涝,在粘重土上生长不良。寿命长。播种、嫁接繁殖。早春开花,繁茂可观。是北方重要的早春花木,故有"北梅"之称。可植于庭园、山坡、水畔,大面积荒山造林。果可食,可制果脯、果酱等;种仁是重要出口商品。

⑤ 梅(干枝梅) *Prunus mume* Sieb. et Zucc. 图 175：

树冠圆形,干褐紫色;常有枝刺;小枝绿色,无毛。叶片卵形至阔卵形,长 4～10cm,先端长渐尖或尾尖,缘具细锐锯齿,下面沿脉有毛。花单生或 2 朵并生,多无梗或具短梗,白色、淡粉红色或红色,芳香。果近球形,绿黄色,被细毛,径 2～3cm。果肉味酸,粘核,核面有蜂窝状凹点。花期 12 月至翌年 3 月,果熟期 5～6 月。

变种、变型、品种甚多,常见者有:

直脚梅类,枝直立或斜出。照水梅类,枝条下垂,开花时花朵向下。龙游梅类,枝自然扭曲,花碟形,复瓣,白色。杏梅类,其枝叶花似杏,花多复瓣,水红色,花托肿大。樱李梅类,美人梅:叶卵圆形,常年紫红色,为优良观叶树种。

图 175 梅
1. 花枝;2. 果枝;3. 果纵剖面

原产我国,东自台湾,西至西藏,南自广西,北至湖北均有天然分布。目前杂交选育的梅花品种在北京可露地开花。

喜光,喜温暖湿润气候,在年平均 16～23℃ 的环境下生长良好,对土壤要求不严,在排水良好的粘壤土、壤土和沙壤土上均能生长良好。较耐瘠薄,不耐涝,在积水粘土上易烂根致死。萌芽力强,耐修剪,对 SO_2 抗性差。寿命长。

嫁接繁殖,也可扦插、压条或播种。

我国传统名花之一。树姿、花色、花态、花香俱佳,加之栽培简单,花期又长,品种繁多,因此广为栽培。最适宜于庭园、草坪、低山、"四旁"及风景区,孤植、丛植、群植均宜,但以"梅花绕屋"及与松、竹配植最佳。梅以观花为主,素以倔强、坚韧象征中华民族的性格。在江南花木中,梅花开花特早,故有"岁寒三友"和"踏雪寻梅"的提法。如欲构成"岁寒三友"之景观,应以梅为前景,松为背景,竹为客景。枝干苍劲,适作桩景,是盆栽、瓶插和催花的好材料。果可食,可制蜜饯;花蕾、叶、根、核仁入药。为我国国花。

图 176 李
1. 花枝;2. 果枝

⑥ 李 *Prunus salicina* Lindl. 图 176:

树冠圆形,小枝褐色,无毛。叶片长圆状倒卵形至倒披针形,长 5～10cm,缘具细钝的重锯齿,叶柄近顶端有 2～3 腺体。花常 3 朵簇生,先叶开放,白色,花梗长 1～1.5cm。果卵球形,径 4～7cm,具缝合线,基部凹陷,绿色、黄色或紫色,具光泽,外被蜡粉,核有皱纹。花期 3～4 月,果熟期 7～9 月。

产于华东、华中、华北、东北南部,全国各地有栽培。不宜在长期积水的低洼地栽种。嫁接、分株、播种繁殖。花白而繁盛,宜植于庭园、窗前、宅旁、村旁或风景区。是自古以来普遍栽培的果树之一,我国已有 3 000 多年的栽培历史。现有很多优良品种,根、叶、花、核仁、树胶均可药用。蜜源植物。为朝鲜国花。

⑦ 红叶李(紫叶李) *Prunus cerasifera* 'Pissardii':

小枝光滑紫红色。叶片、花柄、花萼、雄蕊都呈紫红色。叶片卵形、倒卵形至椭圆形,长 3～4.5cm,缘具尖细重锯齿。花常单生,淡粉红色,径约 2.5cm。果球形,径 1.5cm,暗红色,花期 4～5 月。

图 177 樱桃
1. 花枝；2. 果枝

原产亚洲西南部,现我国各地广为栽培。喜光,喜温暖湿润气候,不耐寒,对土壤要求不严。嫁接繁殖。春季嫩叶鲜红色,老叶紫红色,均鲜艳美丽,为重要观叶树种。宜植于建筑物前,园路旁或草坪一角。须慎选背景的颜色,方可充分衬托出它的色彩美。

⑧ 樱桃 *Prunus pseudocerasus* Lindl. 图 177：

树高达 8m；小枝无毛或被疏柔毛。叶宽卵形至椭圆状卵形,长 6~15cm,缘具大小不等的尖锐重锯齿,齿尖具小腺体,无芒；叶片下面疏生柔毛；叶柄近顶端有 2 腺体。花 3~6 朵簇生成短总状花序；花白色,略带红晕,先叶开放,径 1.5~2.5cm；花梗长 1.5~2cm。果近球形,无沟,径 1~1.5cm,红色。花期 3~4 月,果熟期 5~6 月。

产华东、华中至四川,华北栽培较普遍。喜光,喜温暖湿润气候及排水良好的沙质壤土,在粘土上生长不良,萌蘖力强。早春新叶娇艳,花如彩霞,果若珊瑚,是观花、观果及果实兼用树种。园林中孤植、群植或配置成专类园。

⑨ 毛樱桃 *Prunus tomentosa* Thunb. 图 178：

灌木,高 2~3m,树冠近球形；幼枝密被绒毛。叶椭圆形至倒卵形,长 4~7cm,叶上面皱,有毛,下面密生绒毛；叶缘有锯齿,无齿裂。花 1~2 朵,白色略带粉红；花梗极短,长约 2mm；萼红色,有毛。果红色,稍有毛。

主产华北,西南及东北也有分布。庭院栽植供观赏。果可食。

图 178 毛樱桃
. 花枝；2. 花纵剖面；3. 雄蕊；4. 果枝；5. 果核

图 179 日本樱花

⑩ 日本樱花(东京樱花) *Prunus yedoensis* Matsum. 图 179：

树高达 16m。树皮暗灰色,平滑,小枝幼时有毛。叶卵状椭圆形至倒卵形,长 5~12m；缘具芒状单或重锯齿,叶下面沿脉及叶柄被短柔毛,具 1~2 个腺体。花白色至淡粉红色,先叶开放,径 2~3cm,常为单瓣；萼筒管状有毛。果径约 1cm,熟时紫褐色。花期 4 月,果熟期 8~9 月。

原产日本;我国华东及长江流域城市多栽培。

著名观花树种。花时满株灿烂,甚为壮观。宜植于山坡、庭园、建筑物前及园路旁或以常绿树为背景丛植,可作堤岸树及风景林。日本国花。

⑪ 樱花 *Prunus serrulata* Lindl. 图 180:

树高达 10~17(25)m;小枝红褐色。叶矩圆状倒卵形、卵形或椭圆形,长 5~10cm,宽 3~5cm,边缘有重或单而微带刺芒的锯齿,两面无毛或下面沿中脉有柔毛;叶柄无毛,有 2~4 腺体,托叶条形。花 3~5 朵组成有梗的伞房状或总状花序,与叶同时开放;花梗无毛,叶状苞片篦形,大小不等,边缘有腺齿;萼筒筒状,无毛,萼片卵形,有锯齿;花瓣白色或粉红色,倒卵形,先端微凹;雄蕊多数;花柱与子房无毛。核果球形,径 6~8mm,黑色。花期 4~5 月,果熟期 6~7 月。

东北、华北、华东、华中均有分布。

图 180　樱花
1. 花枝;2. 叶枝

图 181　日本晚樱

⑫ 日本晚樱 *Prunus lannesiana* Rehd. 图 181:

高达 10m。小枝粗壮且开展,无毛。叶卵状椭圆形,先端长尾状,边缘锯齿长芒状;叶柄上部有 1 对腺体;新叶红褐色。花大型而芳香,单瓣或重瓣,常下垂,粉红色;1~5 朵成伞房花序;小苞片叶状,无毛;花序梗、花梗、花萼均无毛。果卵形,黑色,有光泽。花期长,4 月中下旬开放。

原产日本,长江流域、华东、华北园林普遍栽培。园艺品种多达数百种。嫁接、扦插繁殖。各种樱花常规扦插均不易生根,须在扦插前进行埋藏处理。即在 1 月份将枝条剪成长 20cm 的插穗,50 根一捆,顶端向上埋入湿土或湿沙中,至 3 月见切口处生满愈伤组织后挖出,再进行扦插,就易生根了。樱花类春日繁花竞放,满树灿烂,艳丽喜人,甚为壮观。为著名观赏树种。

⑬ 郁李 *Prunus japonica* Thunb. 图 182:

灌木,高达 1.5m。老枝有剥裂,小枝细密,呈膜状剥落。冬芽常 3 枚并生。叶卵形至卵状椭圆形,长 3~7cm,宽 1.5~3.5cm,最宽处在中部以下,叶基圆形,缘有锐重锯齿,叶柄长 2~

图 182 郁李
1. 叶枝；2. 花枝；3. 果枝；4. 花纵剖面；5. 果实

3mm。花单生或 2～3 朵簇生，粉红色或近白色，径约 1.3cm。果近球形，径约 1cm，深红色。花期 4～5 月，果熟期 7～8 月。常见变种有重瓣郁李（var. *kerii* Koehne.）；北郁李（var. *engleri* Koehne）等。

产华东、华南；华中、华北，各地广为栽培。

喜光，适应性强，耐寒、耐旱、耐水湿，根系发达。枝条细长多花，繁密美丽，灿若云霞，是美丽的春花树种。适于路边、水畔、坡地、林缘栽植。在庭园中可植于花坛、花境，或作下木、花篱。亦可作盆栽、桩景或切花用。果可食或酿酒。种仁药用。

⑭ 麦李 *Prunus glandulosa* Thunb. 图 183：

本种与郁李的区别为：叶倒披针形至倒卵状椭圆形，最宽处在中部或中部以上，叶基部楔形，宽 1.5～2.5cm。其余同郁李。

⑮ 稠李 *Prunus padus* L. 图 184：

高达 15m。树皮黑褐色，小枝紫褐色。叶卵状长椭圆形至长圆状倒卵形，长 6～14cm，缘有细锐锯齿；叶柄近顶端或叶片基部常有 2 腺体。花数朵排成下垂总状花序，白色，径 1～1.5cm，果近球形，径 6～8mm，无纵沟，亮黑色。花期 4～6 月，果熟期 7～9 月。

图 183 麦李
1. 花枝；2. 果实

图 184 稠李
. 花枝；2. 果枝；3. 花纵剖面；4. 去花瓣之花

产东北及内蒙古、河北、山西、河南、陕西、甘肃等地。济南有栽培，生长良好。

喜光，尚耐荫。喜湿润，耐寒。适应性强，在河岸沙壤土上生长良好。

花序长而美丽，秋叶黄红色，果熟时亮黑色，为优良观赏树种。叶可药用。蜜源植物。

⑯ 紫叶矮樱 *Prunus × cistena* 'Pissardii'：

灌木或小乔木，高 2.5m。新叶暗红色，成熟叶紫红色。花淡粉红色。果紫黑色。丛植或作树篱栽植。嫁接繁殖。

思考题：

1. 蔷薇科 4 个亚科如何区别？
2. 梨属和苹果属如何从花、果区别？
3. 蔷薇科树木按经济用途可分为几类？每类举出五种。
4. 鸡麻与棣棠有何区别？
5. 谈谈枸子的观赏特性及园林用途。作为园林树木是否有开发价值？
6. 木兰科中木兰属的果与蔷薇科中绣线菊属的果有何相同和不同？
7. 比较下列术语：① 上位花、下位花、周位花。　② 子房上位、下位、半下位。
    ③ 核果、坚果、瘦果。　　　　④ 荚果花序、穗状花序。
    ⑤ 外生花盘、内生花盘。　　　⑥ 浆果、柑果。

21. 豆科 *Leguminosae*

落叶或常绿，乔木、灌木或草本。多为复叶，稀单叶，常互生；有托叶。花两性，总状、穗状或头状花序；萼片、花瓣各 5 枚，辐射对称或两侧对称；雄蕊 10 或多数，单体、2 体或离生；子房上位，1 心皮，1 室，边缘胎座，胚珠 1 至多数。荚果，种子多无胚乳，子叶肥大。

本科约 550 属，13 000 种。我国 120 属，1 200 种。

分亚科检索表

1. 花辐射对称；花瓣镊合状排列；雄蕊多数，常为 10 枚以上，分离或下部连合 ……………………………………………………………………………………… 含羞草亚科（*Mimosoideae*）
1. 两侧对称；花瓣覆瓦状排列；雄蕊常 10 枚，单体、2 体或分离：
    2. 花冠不为蝶形，花瓣多少相似，最上方 1 枚花瓣位于最内方 ………… 云实亚科（*Caesalpinioideae*）
    2. 花冠蝶形，花瓣极不相似，最上方 1 枚花瓣位于最外方 ………… 蝶形花亚科（*Papilionoideae*）

Ⅰ. 含羞草亚科 *Mimosoideae*

花小，辐射对称，花瓣镊合状排列，中下部常合生；雄蕊 5 至多数，花丝长；多成头状花序。通常 2 回偶数羽状复叶。

(1) 合欢属 *Albizzia* Durazz.

乔木或灌木。2 回偶数羽状复叶，互生，叶总柄有腺体；羽片及小叶均对生；全缘，近无柄；中脉常偏生。头状或穗状花序，花序柄细长；萼筒状，端 5 裂；花冠小，5 裂，深达中部以上；雄蕊多数，花丝细长，基部合生。荚果带状，成熟后宿存枝梢，常不开裂。

本属约 150 种，产于热带、亚热带。我国 15 种。

① 合欢 *Albizzia julibrissin* Durazz. 图 185：

落叶乔木，树冠扁圆形，伞状。树皮灰褐色，平滑。2 回偶数羽状复叶，羽片 4～12 对，有小叶 10～30 对；小叶长 6～12mm，宽 1～4mm，中脉偏生，呈镰刀状长圆形，叶背中脉有毛。多个头状花序排成伞房状；花冠黄绿色；雄蕊多数，细长如缨，粉红色。荚果扁条形。花期 6～7 月，果熟期 9～10 月。

图 185　合欢

1. 花枝；2. 果枝；3. 花萼；4. 花冠；5. 雄蕊和雌蕊；6. 雄蕊；7. 种子；8. 小叶

分布极广，黄河、长江、珠江流域均有，辽宁南部可露地越冬。

喜光，耐寒性差，对土壤要求不严，抗性较强；生长快，不耐修剪，根与根瘤菌共生。

播种繁殖。萌芽时移栽成活率最高，过早则较低。

树姿优美，叶形秀丽，花毛绒状，芳香，是良好的绿化美化树种。可作行道树、绿阴树。

② 山合欢（山槐）*Albizzia kalkora*（Roxb.）Prain.：

与合欢的区别：树皮纵裂，羽片 2～3 对，每羽片有小叶 5～14 对，小叶矩圆形，长 1.5～4.5cm。宽 1～1.8cm，顶端圆，有细尖。多个头状花序排成伞房状；花丝白色。

产华北、西北、华东、华南及西南。生于山坡疏林中。作山地风景区绿化树种。

③ 大叶合欢 *Albizzia lebbeck*（L.）Benth.：

与合欢的区别：羽片 2～4 对，最下一对的总轴上有或无腺体；每羽片有小叶 4～8 对，小叶长 2.5～4cm，宽 0.9～1.7cm，叶端圆或微浅凹。2～4 个头状花序排成伞房状；花丝黄绿色。花期 7 月，果熟期 8～11 月。

热带树种，华南各省有栽培。生长快，树冠大，为良好的庭荫树及行道树。

④ 楹树 *Albizzia chinensis*（Osbeck）Merr. 图 186：

与合欢的区别：小枝有灰黄色柔毛。叶柄基部及总轴上有腺体；羽片 6～18 对，小叶 20～40 对；托叶膜质，长达 2.5cm。头状花序 3～6 个排成圆锥状，花无柄；雄蕊绿白色。

热带树种，华南各省有栽培。生长快，树冠大，为良好的庭荫树及行道树。

⑤ 南洋楹 *Albizzia falcata*（L.）Fosberg. 图 187：

图 186　楹树

1. 花枝；2. 羽片；3. 果序；4. 种子

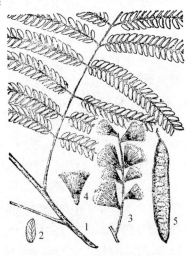

图 187　南洋楹

1. 叶枝；2. 小叶；3. 花序；4. 花；5. 果

常绿乔木,高达 45m,树冠开展。叶柄近基部及总轴中部有腺体;羽片 11～20 对,上部常对生,下部叶有时互生;小叶 18～20 对,菱状矩圆形,中脉直,基部有 3 小脉。花无柄,穗状花序或由穗状花序再排成圆锥状。花淡黄色。

原产印度尼西亚马鲁古群岛,现广植于亚洲、非洲热带地区。我国福建、广东、广西等省有栽培。是世界著名速生树种,生长极快,寿命短。树体高大雄伟,树冠开展,可孤植、列植,可作为行道树、遮荫树。

(2) 金合欢属 *Acacia* Willd.

乔木、灌木或藤本。有刺或无刺。偶数 2 回羽状复叶,互生或叶片退化而叶柄变为扁平叶状体。花序头状或穗状,花黄色或白色;花瓣离生或基部合生;雄蕊多数,花丝分离或于基部合生。荚果。

本属约 900 种,我国 10 种。

台湾相思(小叶相思、相思树)*Acacia richii* Gray. 图 188:

常绿乔木,小枝无刺无毛。幼树羽状复叶,小叶退化,仅存 1 叶状柄,窄披针形,长 6～10cm,平行脉 3～5,革质,全缘。头状花序腋生,花黄色,微香。荚果扁条形,边缘波状。花期 4～6 月,果熟期 7～8 月。

原产台湾,福建、广东、广西、云南有栽培。适应性强,喜光,喜温暖,耐盐碱,抗风性强;生长快。台湾相思是海岛、坡地绿化的良好树种。

同属常见栽培的有:金合欢(A. *farnesiana*),灌木,多枝,有托叶刺。羽片 4～8 对,小叶 10～20 对,细狭长圆形。头状花序腋生,单生或 2～3 个簇生,球形,花黄色,极芳香。荚果圆筒形。花期 10 月。分布浙江、四川及华南。

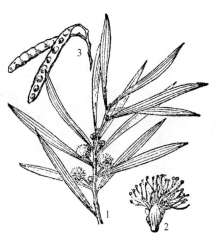

图 188 台湾相思
1. 花枝;2. 花;3. 果

(3) 银合欢属 *Leucaena* Benth.

常绿,乔木或灌木,无刺。2 回偶数羽状复叶;小叶多对,偏斜;总叶柄常具腺体。头状花序,花白色,无梗,5 基数;苞片通常 2 枚;萼管钟状,具短裂齿;花瓣分离;雄蕊 10 枚,分离,伸出花冠外;花药顶端无腺体,常被柔毛;子房具柄,胚珠多数,花柱线形。荚果直而扁平,光滑,革质,开裂。

约 40 种,原产美洲;我国引入数种。

银合欢 *Leucaena leucocephala* (Lam.) De Wit.:

常绿灌木或小乔木。树冠扁球形,树皮灰白色。羽片 4～8 对,小叶 10～15 对,狭椭圆形。头状花序 1～3 个腋生,花白色。荚果薄带状。花期 4～7 月,果熟期 8～10 月。

原产中美洲;我国华南地区有栽培。喜光,喜温暖气候,生长迅速,耐修剪。自播繁衍能力强。银合欢枝叶婆娑,花白色,素雅优美,是良好的绿化树种。

(4) 朱缨花属 *Calliandra* Benth.

灌木或小乔木。托叶常宿存,有时变为刺。2 回羽状复叶,无腺体;羽片 1 至数对;小叶对生。花杂性;头状花序腋生或排成总状,花 5～6 出数;花萼钟状,浅裂;花瓣连合至中部,中央的花有时具长管状花冠;雄蕊多数(可达 100 枚),红色或白色,花丝长,十分显著,下部连合成管,花

135

药常具腺毛;子房无柄,胚珠多数,花柱丝状。荚果扁条形,2瓣裂;种子倒卵形或圆形,扁平。

本属约200种,产美洲热带、亚热带;我国华南有引种。

朱缨花(红绒球) *Calliandra haematocephala* Hassk. 图189:

常绿灌木或小乔木;小枝灰褐色,皮孔细密。羽片1对,小叶6~9对,披针形,长1.2~3.5cm。头状花序腋生,花丝深红色。花期4~10月。

图189 朱樱花

1. 花枝;2. 小叶;3. 花;4. 果

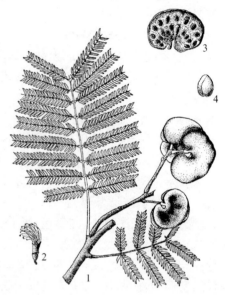

图190 象耳豆

. 果枝;2. 花;3. 去果皮示种子排列;4. 种子

原产毛里西亚岛;我国广东、福建、台湾有栽培。喜光,喜温暖湿润气候,适生于深厚肥沃排水良好的酸性土壤。朱缨花植株圆整,花色艳丽,花期长,良好的观花树种。

(5) 象耳豆属 *Enterolobium* Mart.

图191 海红豆

1. 花枝;2. 花;3. 果序;4. 种子

原产美洲;我国华南引入2种。

象耳豆 *Enterolobium contortisiliquum* (Vell.) Morong. 图190:

落叶小乔木,树皮灰白色,树冠伞形。小枝绿色,皮孔明显。2回羽状复叶,叶柄有腺体,羽片3~9对,小叶5~20对,镰刀形。花两性,绿白色,无梗;头状花序,簇生叶腋或排成总状;花萼钟状,具5短齿;花冠漏斗形,中部以上具5裂片;雄蕊多数,基部连合成管;子房无柄,胚珠多数;花柱线形。荚果弯曲成耳形,厚而硬,不开裂;中果皮海绵质,后变硬,种子间具隔膜。花期4月,果熟期9~10月。

原产阿根廷、巴拉圭和巴西;我国南方有栽培。本种树冠开展,荚果奇特,可作为行道树、庭荫树栽培。

(6) 海红豆属 *Adenanthera* L.

约12种,产大洋洲及热带亚洲;我国1种。

海红豆(孔雀豆,相思豆) *Adenanthera pavonina* L. 图191:

落叶乔木,树皮灰褐色,细鳞状剥落。2回羽状复叶,羽片4～12对,小叶2～7对,卵形,两面密生短柔毛。总状花序,花白色或淡黄色;花萼钟状,5齿裂;花瓣5,披针形,基部连合;雄蕊10枚,分离,花药顶端有腺体;子房具短柄。荚果条形,革质,开裂时弯曲旋卷;种子鲜红色,有光泽。花期5～6月,果熟期8～10月。

原产印度、马来西亚和爪哇;我国华南、西南有栽培。播种繁殖。海红豆是观果的园景树。著名诗人王维的诗句中作为相思物的"红豆",即指海红豆。在园林绿化中可绿地种植或作行道树。

Ⅱ. 云实亚科 *Caesalpinioideae*

花大,略左右对称;花瓣5,最上方1枚位于最内方;雄蕊常10枚,全部离生。1～2回羽状复叶或单叶。

(1) 紫荆属 *Cercis* L.

落叶乔木或灌木。芽叠生。单叶互生,全缘;叶脉掌状。花萼5齿裂,红色;花冠假蝶形,上部1花瓣较小,下部2花瓣较大;雄蕊10,花丝分离。荚果扁带形;种子扁形。

本属约11种。我国有7种。

紫荆(满条红) *Cercis chinensis* Bunge. 图192:

灌木或小乔木,高2～4m,通常呈灌木状。树冠杯形或球形。叶互生,近圆形或心形,全缘,两面无毛,边缘透明。花先叶开放,紫红色,簇生于老枝上。荚果披针形。花期4月,果熟期10月。

分布在华北、华东、华中、西南及东北南部。

喜光,喜肥沃、深厚土壤,在碱性土壤上亦能生长,不耐涝,耐寒,耐修剪。

播种为主,亦可分株、扦插、压条。种子应进行层积沙藏。

早春叶前开花,开花时满枝干布满紫花,艳丽动人,是春季观花的好树种。

附:红叶加拿大紫荆(*C. canadensis* 'Forest Pansy'):新近从加拿大引入,叶紫红色,甚美丽,观赏价值极高。

图192 紫荆

1. 花枝;2. 叶枝;3. 花;4. 花瓣;5. 雄蕊及雌蕊;6. 雄蕊;7. 雌蕊;8. 果;9. 种子

(2) 羊蹄甲属 *Bauhinia* L.

乔木、灌木或藤本;偶有卷须,腋生或与叶对生。单叶互生,顶端常2裂,掌状脉。花美丽,单生或排成伞房、总状、圆锥花序;萼全缘呈佛焰苞状或2～5齿裂;花瓣5,稍不相等;雄蕊10或退化为5或3,少数1,花丝分离。荚果扁平。

本属约570种。我国约40种。

分种检索表

1. 发育雄蕊3～4;秋末冬初开花;叶裂在全长1/3～1/2,端稍尖,叶基钝圆 … 紫羊蹄甲(*B. purpurea*)

137

1. 发育雄蕊5;春末夏初开花;叶裂片为全长的1/4～1/2,裂片端浑圆,叶基圆或心形 ……………………
…………………………………………………………………………………… 羊蹄甲(*B. variegata*)

① 紫羊蹄甲(羊蹄甲) *Bauhinia purpurea* L. 图193：

常绿乔木,树冠卵形,枝低垂。叶近圆形,顶端2裂,深达叶全长1/3～1/2,呈羊蹄状。顶生或腋生伞房花序,花紫红色、白色或粉红色,秋末冬初开放,有香气;花萼裂为几乎相等2裂;花瓣披针形;发育雄蕊3～4。荚果扁条形,略弯曲。

分布华南各省及云南。

喜温暖和阳光充足,对土壤要求不严,在排水良好的沙质壤土上生长较好。

用播种、扦插繁殖。枝条低矮、无序,应注意修剪,萌芽力强,耐修剪。

本种花期长,花朵繁盛,花色多艳丽,是华南地区优良的风景树和行道树。与洋紫荆交杂种植,可全年均有花观赏。

图193　紫羊碲甲
1. 花枝;2. 果;3. 种子

② 羊蹄甲(洋紫荆) *Bauhinia variegata* L. ：

与紫羊蹄甲区别:叶厚革质,广卵形,叶端2裂,裂片为全长的1/3～1/4,裂片端浑圆,呈羊蹄状。花粉红色,花萼裂成佛焰苞状,先端具5小齿。花期春末夏初。花色有白色、紫红等色。分布、栽培同紫羊蹄甲。

(3) 凤凰木属 *Delonix* Raf.

本属3种,我国引入1种。

凤凰木 *Delonix regia*(Bojer.)Raf. 图194：

落叶乔木,树冠开展如伞。2回偶数羽状复叶,羽片10～24对,对生;小叶20～40对,近矩圆形,先端钝圆,基部歪斜,表面中脉凹下,侧脉不显,两面均有毛。花大,美丽,伞房状总状花序;花萼5深裂,绿色;花瓣5,鲜红色,上部的花瓣有黄色条纹;雄蕊10,花丝分离;子房无柄,胚珠多数。荚果长带形,木质。花期5～8月,果熟不落。

原产马达加斯加岛及热带非洲。热带树种。华南各省有栽培。喜光,生长迅速。本种树冠开阔,枝叶轻柔,花大艳丽,在绿叶衬托下更是美丽动人,是华南绿化美化的好树种。

(4) 皂荚属 *Gleditsia* L.

落叶乔木或灌木,具单生或分杈的粗刺,无顶芽,侧芽叠生。1回或2回偶数羽状复叶,互生,短枝上叶簇

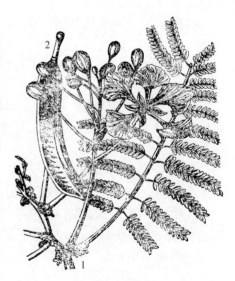

图194　凤凰木
1. 花枝;2. 果

138

生;小叶常有不规则钝齿。花杂性或单性异株,总状花序腋生;萼片、花瓣各3～5;雄蕊6～10,常为8;胚珠2至多数。果扁平,大而不开裂。

约16种,我国9种,引栽1种。

① 皂荚(皂角) *Gleditsia sinensis* Lam. 图195:

树高达30m。枝刺圆锥形,粗壮,分权,长达16cm。1回偶数羽状复叶,小叶3～7对,卵形至卵状长椭圆形,长3～10cm,两个顶叶较大。花黄白色,萼片、花瓣各4;雄蕊8,4长4短。荚果,肥厚,直而扁平,棕黑色,木质,经冬不落。花期5～6月,果熟期10月。

产黄河流域以南至华南、西南。

喜光,喜温暖湿润气候及深厚、肥沃土壤,适应性强。深根性,寿命长。

播种繁殖。种子保存4年仍可发芽。因种皮厚,应层积催芽,否则出苗困难。

树冠宽阔,叶密荫浓,宜作庭荫树、行道树、风景林。果富含皂素,可代肥皂。果荚、刺、种子入药。

② 山皂荚(日本皂荚) *Gleditsia japonica* Miq.:

与皂荚的区别:枝刺扁而细。小枝紫褐色,紫皮脱落后露出深绿色内皮,并有残留。萌枝上为2回偶数羽状复叶。荚果带状,扭转,红褐色,质地薄。

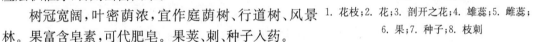

图195 皂荚

1. 花枝;2. 花;3. 剖开之花;4. 雄蕊;5. 雌蕊;
6. 果;7. 种子;8. 枝刺

产辽宁、河北、山东、江苏、安徽、陕西等省。在酸性及石灰质土壤生长良好。其余同皂荚。

同属尚有:金叶皂荚(*Gleditsia triacanthos* 'Sunburst'),幼叶金黄色,成熟叶浅绿色,秋叶金黄色,枝条舒展,株形美丽。

(5) 云实属 *Caesalpinia* L.

乔木或灌木,偶为藤本。有刺或无刺。2回偶数羽状复叶。总状或圆锥花序;假蝶形花冠,黄色或橙黄色;雄蕊10,分离,花丝基部有腺体或有毛;胚珠少数。荚果长圆形,扁平或膨胀,开裂或不开裂。

本属约60种。我国有14种。

① 云实(牛王刺) *Caesalpinia decapetala* (Roth) Alston. 图196:

落叶半藤本;茎、枝、叶轴上均有倒钩刺。羽片3～10对,有小叶12～24对,小叶长圆形。花黄色,总状花序顶生。荚果长椭圆形,略弯曲,先端圆,有喙。花期4～5月,果熟期9～10月。

原产我国长江流域及以南地区,山东有栽培,生长良好。

图196 云实

1. 花枝;2、3、4. 花蕾及其纵剖;5、6. 花(摘去部分花瓣);7. 荚果;8. 小叶喜光,适应性强,耐干旱瘠薄。

播种或扦插繁殖。

云实花多而密集,盛开时一片黄色,是暖地的良好刺篱树种。

② 洋金凤(金凤花) *Caesalpinia pulcherrima* (L.)Sw. 图197:

乔木,无毛,枝有疏刺。叶2回羽状复叶,羽片4～8对,小叶7～11对,近无柄,倒卵形至倒披针状长圆形。花橙色或黄色,有长柄,数朵疏生成伞房花序,花瓣圆形,具皱纹,有柄,花丝、花柱均红色,长而突出。荚果扁平,无毛。花期四季。

原产于热带;我国华南多有栽培。

喜高温、湿润、阳光充足。要求肥沃、排水良好的微酸性土壤。

用播种或扦插繁殖。

洋金凤花色艳丽,花期长,是热带、亚热带的优良观花树种。

(6) 决明属 *Cassia* L.

图 197 洋金凤

乔木、灌木或草本。1回偶数羽状复叶,叶轴的2小叶之间或叶柄上常有腺体。圆锥花序顶生,总状花序腋生;萼片5,萼筒短;花瓣5,黄色,后方1花瓣位于最内方;雄蕊10,常3～5个退化,药顶孔裂;子房无或有柄,胚珠多数。荚果形状多种,开裂或不开裂,在种子间常有隔膜;种子有胚乳。

本属约有600种。我国有13种。

① 腊肠树 *Cassia fistula* L. 图198:

乔木。偶数羽状复叶,叶柄及总轴上无腺体;小叶4～8对,卵形至椭圆形。总状花序,下垂,长30～50cm;花淡黄色。荚果圆柱形,长30～72cm,形似腊肠,黑褐色,有3槽纹,不开裂,种子间有横膈膜。花期6月,果熟期10月。

原产印度、斯里兰卡及缅甸;我国华南有栽培。适应性强,萌芽力强,耐修剪,易移植。树形健壮粗放,开花时满树长串状金黄色花朵优雅美观,为优良高级的行道树、园景树、遮荫树。

② 黄槐(粉叶决明) *Cassia surattensis* Burm. f. (C. glauca Lam.) 图199:

小乔木。偶数羽状复叶,叶柄及最下部2～3对小叶间的叶轴上有2～3枚棒状腺体,小叶7～9对,长椭圆形至卵形,叶端圆而微凹,叶基圆形而常偏歪,叶背粉绿色,有短毛;托叶线形,早落。花排为伞房状总状花序,生于枝条上部的叶腋;花鲜黄色,雄蕊10。荚果条形,扁平,有柄。春夏秋均开花。

原产印度、斯里兰卡、马来群岛及澳洲;我国华南有

图 198 腊肠树

栽培。树形飒爽洁净,花期长,花色艳丽,是美丽的观花树种。与紫薇配植,颇美观协调,可作行道树。

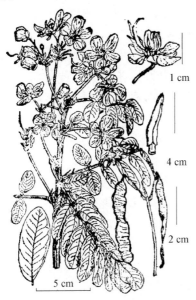

图 199 黄槐

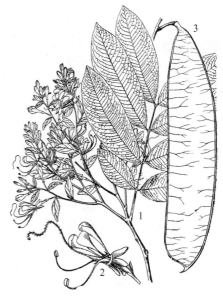

图 200 仪花
1. 花枝;2. 花;3. 果

(7) 仪花属 *Lysidice* Hance

本属仅一种。

仪花(红花树) *Lysidice rhodostegia* Hance. 图 200:

常绿乔木,树皮近灰色,树冠扁球形。偶数羽状复叶,小叶 3～6 对,椭圆形,先端尖,基部楔形。顶生圆锥花序,苞片粉红色;花萼 4 裂,花后反折;花瓣 3,白色或紫堇色,倒卵形,具长柄;前面 2 片退化;发育雄蕊 2 枚,分离或基部稍连合;子房具柄,花柱细长。荚果扁平,长 15～25cm,宽 3.5～5.5cm,熟时灰色。种子扁平,卵状椭圆形。花期 5～7月,果熟期 9～10 月。

原产我国华南几省区。仪花树冠开展,花朵美丽,在园林中可作行道树和庭荫树。

(8) 缅茄属 *fzelia* Smith

约 30 种,产南亚、南非等地;我国引入 1 种。

缅茄 *Afzelia xylocarpa* (Kurz) Craib. 图 201:

常绿乔木,高达 40m。树皮灰褐色,粗糙;小枝有白粉。偶数羽状复叶,小叶 2～4 对,宽椭圆形,长 5～8cm,革质。花淡紫色,圆锥花序顶生;苞片和小苞片卵形;花萼管状,裂片 4;花瓣 1,近圆形或肾形,具柄,其余退化或缺;雄蕊 7,花丝细长;子房具柄,胚珠多数,花柱丝状。荚果厚木质,黑褐色,矩圆形,长 10～14cm,厚约 4cm。种子 2～5,暗红褐色,长圆形,径约 2.5cm,

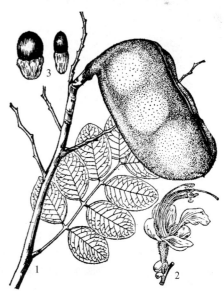

图 201 缅茄
1. 果枝;2. 花;3. 种子

141

基部有象牙色的瘤状种阜。花期5月,果熟期8月。

图 202　无忧花
1. 花枝;2. 花;3. 果;4. 种子

原产缅甸;我国华南地区有栽培。树形色泽雍容凝重,挺立峭拔,适作风景树。为优美观赏树。

(9) 无忧花属 Saraca L.

乔木。偶数羽状复叶;小叶革质,无毛,常具腺状结节;托叶早落。伞房状圆锥花序腋生或顶生;苞片1枚;小苞片2枚,花瓣状,宿存且具颜色;花萼管状,裂片4～5,花瓣状,黄色至深红色;无花瓣;雄蕊4～10,花丝伸长,分离;子房具短柄,胚珠多数,有花盘。荚果扁长圆形,2瓣裂。

约25种,产热带亚洲;我国3种。

云南无忧花(马树花) Saraca dives Pierre. 图202:

常绿乔木,高达10m。小叶5～6对,卵状长圆形,长约35cm,宽约12cm,先端渐尖,基部楔形。腋生伞房状圆锥花序,苞片橙黄色至深红色;萼筒长达2cm,裂片5,长1.2cm;无花瓣;雄蕊8;胚珠12。荚果棕褐色,扁平,卷曲,长25～40 cm,宽4～6cm。种子12,椭圆形,长4cm。花期4～5月,果熟期7～10月。

原产云南、广西。树势优美,花大而美丽,宜作南方庭院、公园和厂矿绿化树种。

Ⅲ. 蝶形花亚科 Papilionoideae

花冠蝶形,左右对称;花瓣5,极不相似,上方1枚位于最外方;雄蕊10,2体或单体。

分属检索表

1. 羽状复叶:
　2. 乔木或攀援灌木:
　　3. 奇数羽状复叶:
　　　4. 小叶互生,无小托叶 ……………………………………… 黄檀属(Dalbergia)
　　　4. 小叶对生,有托叶及小托叶或托叶呈刺状:
　　　　5. 荚果扁带状 …………………………………………… 刺槐属(Robinia)
　　　　5. 荚果念珠状 ……………………………………………… 槐属(Sophora)
　　3. 偶数羽状复叶,叶轴先端呈刺状 ……………………… 锦鸡儿属(Caragana)
　2. 藤本或直立灌木:
　　6. 荚果小,1粒种子 …………………………………………… 紫穗槐属(Amorpha)
　　6. 荚果长条形,数粒种子 ………………………………………… 紫藤属(Wisteria)
1. 羽状三出复叶,荚果短小,1粒种子 …………………………… 胡枝子属(Lespedeza)

(1) 黄檀属 Dalbergia Hance.

乔木或攀援状灌木,无顶芽。奇数羽状复叶,2列状互生,小叶互生,全缘,无小托叶。花

142

小,多数,聚伞或圆锥花序,萼钟状,5齿裂;花冠白色、紫色或黄色,花瓣均具柄;雄蕊10,稀9,单体或2体;胚珠1至数枚。荚果扁平而薄。长椭圆形,不开裂,种子1至多粒。

约120种,我国约25种。

黄檀(不知春)*Dalbergia hupeana* Hance. 图203:

落叶乔木,高达20m。树皮条状纵裂,小枝无毛。小叶互生,9～11,长圆形至宽椭圆形,长3～5.5cm,叶端钝圆或微凹,叶基圆形,两面被伏贴短柔毛;托叶早落。圆锥花序顶生或生于近枝顶处叶腋;花冠淡紫色或黄白色。果长圆形,3～7cm,褐色。花期7月,果熟期9～10月。

产华东、华中、华南及西南各地。

喜光,耐干旱瘠薄,在酸性、中性及石灰性土壤上均能生长;深根性,萌芽性强。由于春季发叶迟,故又名"不知春"。播种或萌芽更新。宜作荒山荒地的绿化先锋树种,亦可作培养紫胶虫的寄主树。

图203 黄檀
1. 花枝;2. 花;3. 花瓣;4. 雄蕊及雌蕊;
5. 果枝

(2) 刺桐属 *Erythrina* L.

乔木或灌木,稀草本。茎、枝有皮刺。叶互生,3小叶复叶,有长柄;托叶为腺状体。花大,花冠红色,总状花序;萼偏斜,佛焰状,最后分裂至基部,或成钟形,2唇状;旗瓣大,翼瓣小或缺;雄蕊1～2,上面1枚花丝离生,其余花丝至中部合生;子房具柄,胚珠多数;花柱内弯,无毛。荚果线形,肿胀,种子间收缩为念珠状。

本属约200种。

刺桐 *Erythrina variegata* var. *orientalis*(L.)Merr.:

落叶大乔木,干皮灰色,有圆锥形刺。叶大,常无刺,小叶阔卵形至斜方状卵形,顶端1枚宽大于长;小托叶变为宿存腺体。总状花序;萼佛焰状,萼口偏斜,一边开裂;花冠红色,翼瓣与龙骨瓣近相等,短于萼。荚果厚,念珠状,种子暗红色。花期12月至翌年3月,果期9月。

原产于热带亚洲,我国华南地区有栽培。

喜高温、湿润;喜光亦耐荫;在排水良好、肥沃的沙质壤土上生长良好。

以扦插繁殖为主,也可播种。幼树应注意整形修剪,以养成圆整树形。

刺桐枝叶扶疏,早春先叶开花,红艳夺目,适于作行道树、庭荫树。

同属栽培观赏的有:龙牙花(象牙红)(*E. corallodendron* L.),灌木,顶生小叶菱形或卵状菱形。稀疏总状花序,旗瓣狭,常将龙骨瓣包围,翼瓣短,略长于萼,龙骨瓣比翼瓣略长,花盛开时旗瓣与翼瓣及龙骨瓣近平行。产于热带美洲。鹦哥花(*E. arborescens*)顶生小叶肾状扁圆形。花密集总状花序顶生,红色。分布于我国西南部。

(3) 紫穗槐属 *Amorpha* L.

约25种,产北美洲;我国引栽1种。

紫穗槐(棉槐)*Amorpha fruticosa* L. 图204:

落叶灌木,高达4m。冬芽2～3叠生。奇数羽状复叶,互生,小叶11～25,长卵形至长椭圆形,长2～4cm,先端有小短尖,具透明油腺点,全缘,幼叶密被白色短柔毛。顶生密集穗状花

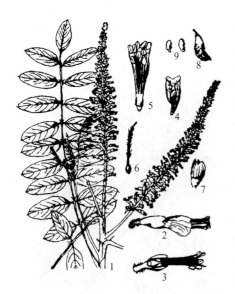

图204　紫穗槐
1. 花枝；2. 花；3. 花纵剖面；4. 旗瓣；5. 雄蕊；
6. 雌蕊；7. 花萼；8. 果；9. 种子

序；萼钟状，5齿裂；花冠蓝紫色，仅存旗瓣，翼瓣及龙骨瓣退化；雄蕊10,2体(9＋1)，或花丝基部连合，花药黄色，伸出花冠外。荚果镰刀形或新月形，不开裂，密被隆起的油腺点，果长7～9mm,1粒种子。花期4～5月，果熟期9～10月。

原产北美,约20世纪初引入我国。东北、华北、西北,南至长江流域、浙江、福建均有栽培,已呈半野生状态。

喜光,适应性极强,多种土壤,多种气候均能适应,耐轻度盐碱。萌蘖力强,根系发达。

播种、扦插及分株。

园林中常配植在陡坡、湖边、堤岸易冲刷处,在公路、铁路两侧丛植或片植,是固沙、保土及防护林的良好下木树种。又常作荒山、荒地、盐碱地、低湿地、沙地及农田防护林的主要造林树种。鲜枝叶为良好的绿肥及饲料,枝条可编筐、篓。蜜源植物。

(4) 紫藤属 *Wisteria* Nutt.

落叶藤本。奇数羽状复叶,互生;小叶对生,具小托叶。花序总状下垂,蓝紫色或白色;萼钟形,5齿裂;花冠蝶形,旗瓣大而反卷,翼瓣镰形,基具耳垂,龙骨瓣端钝;雄蕊2体(9＋1)。荚果扁而长,具数种子。

本属共9种,我国15种。

紫藤(藤萝)*Wisteria sinensis* Sweet. 图205:

落叶藤本,茎枝为左旋生长。小叶7～13,通常11,卵状长圆形至卵状披针形,叶基部阔楔形,幼叶密生平贴白色细毛,长成后无毛。总状花序,蓝紫色。荚果密生黄色绒毛,有光泽;种子扁圆形。花期4月,花叶前开放。

原产我国,南北方均有栽培。

喜阳亦耐荫,较耐寒,性强健,喜肥沃排水良好土壤,耐干瘠和水湿,速生,抗性强,寿命长。

播种、扦插、压条、嫁接、分株繁殖。以原种作为优良品种的砧木。紫藤是直根性植物,移植应在小苗期或带土移植。

枝叶茂密,开花繁盛,芳香,条蔓纠结,藤萝蜿蜒,是园林中垂直绿化的好材料。也可盆栽或作为盆景。同属栽培的有:多花紫藤(*W. floribunda* DC.),茎枝较细为右旋生长。小叶13～19,叶端渐尖,叶基圆形。总状花序,花紫色。

原产日本;我国华北、华中有栽培。

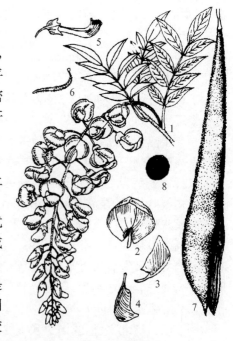

图205　紫藤
1. 花枝；2、3、4. 花瓣；5. 雄蕊；6. 雌蕊；7. 果；
8. 种子

(5) 刺槐属 *Robinia* L.

落叶乔木；柄下芽。奇数羽状复叶互生，小叶全缘，对生或近对生；托叶变为刺。腋生总状花序，下垂；雄蕊2体(9＋1)。荚果带状，开裂。

本属约20种；我国引种3种。

① 刺槐（洋槐）*Robinia pseudoacacia* L. 图206：

落叶乔木，树冠椭圆状倒卵形；树皮灰褐色，纵裂，有托叶刺；冬芽小。奇数羽状复叶，小叶7～19，椭圆形至卵状长圆形，叶端钝或微凹，有小尖头。花蝶形，白色，芳香，腋生总状花序。荚果扁平，种子肾形，黑色。花期5月，果熟期10～11月。

原产北美；我国各地有栽培。

强阳性树种，不耐荫；喜干燥而凉爽环境。浅根性，生长迅速，抗风性差。

以播种为主，也可用分株、根插繁殖。

树冠高大，叶色鲜绿，每当开花季节绿白相映，素雅芳香怡人，可作庭荫树、行道树及厂矿绿化的树种。是良好的蜜源植物，可绿化结合生产栽培。

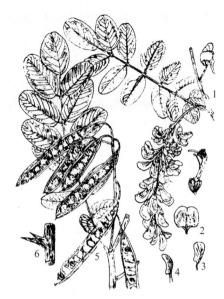

图206 刺槐

1.花枝；2.旗瓣；3.翼瓣；4.龙骨瓣；5.果枝；6.托叶刺

② 毛刺槐（江南槐）*Robinia hispida* L.：

灌木，高达2m。茎、小枝、花梗和叶柄均有红色刺毛；托叶不变为刺状。小叶7～13，宽椭圆至近圆形，长2～3.5cm，先端钝或有钝尖头。3～7朵组成稀疏的总状花序，花冠粉红或紫红色，具红色硬腺毛。果具腺状刺毛。花期6～9月。

原产北美；我国东部、南部、华北及辽宁南部园林常见栽培。繁殖通常以刺槐作砧木嫁接成小乔木状。但亲和力较弱，易风折。花大色艳，宜丛植于庭园、草坪边缘，园路旁或孤植观赏，也可作园内小路行道树或基础种植。

(6) 锦鸡儿属 *Caragana* Fabr.

落叶灌木，有时为小乔木。偶数羽状复叶，在长枝上互生，短枝上簇生；叶轴先端常刺状；托叶硬化成针刺，脱落或宿存；小叶对生，全缘，无小托叶。花单生或簇生，黄色，稀白色、粉红色，龙骨瓣直伸，不与翼瓣愈合，常等长于旗瓣；花梗具关节。荚果圆筒形或稍扁；种子多数，开裂。

约100种；我国约60余种。

锦鸡儿（金雀花）*Caragana sinica* Rehd. 图207：

树高达2m。小枝细长有角棱，无毛。小叶2对，羽

图207 锦鸡儿

1.花枝；2.花萼展开；3.旗瓣；4.翼瓣；5.龙骨瓣；6.雄蕊群（花丝筒展开）；7.雌蕊

145

状排列,先端1对小叶通常较大,倒卵形至长圆状倒卵形,长1~3.5cm,先端圆或微凹;托叶三角形,硬化成针刺状。花单生叶腋,花冠黄色带红晕,花梗长约1cm,中部有关节。果圆筒形,稍扁,长3~3.5cm。花期4~5月,果熟期7月。

产我国中部及北部,西南也有分布。

喜光,耐寒,根系发达,适应性强,不择土壤,耐干旱瘠薄,不耐湿涝。萌芽、萌蘖力均强。

播种,也可分株、压条、根插。

枝繁叶茂,花冠黄色带红,展开时似金雀。可作绿篱,丛植于草坪或配置于坡地、岩石园,亦可供制作盆景或做切花。根可入药。蜜源植物和水土保持树种。

(7)胡枝子属 *Lespedeza* Michx.

草本或灌木。羽状3出复叶,小叶全缘,托叶小,宿存,无小托叶。总状花序腋生或簇生,花紫色、淡红色或白色,常2朵并生于一宿存苞片内;花常2型,有花冠者结实或不结实,无花冠者均结实;花梗无关节;2体雄蕊(9+1)。荚果短小,扁平具网脉,常被花萼所包;有种子1,不开裂。

约60种以上;我国约20余种。

胡枝子 *Lespedeza bicolor* Turcz. 图208:

落叶灌木,高达3m。小枝具棱,幼枝被柔毛,后脱落。小叶卵状椭圆形至宽椭圆形,顶生小叶长3~6cm,侧生小叶较小;先端圆钝或凹,有芒尖。两面疏生平伏毛,叶柄密生柔毛。总状花序腋生;花紫色;花梗、花萼密被柔毛。果卵形,长6~8mm,有柔毛。花期7~9月,果熟期9~10月。

分布长江流域、东北、华北及西北等地。

喜光,喜湿润气候及肥沃土壤,耐寒,耐旱,耐瘠薄,也耐水湿。根系发达,萌芽力强。

播种或分株繁殖。

枝条披垂,花期较晚,淡雅秀丽;常丛植于草坪边缘及假山旁,也是优良的防护林下木树种,作水土保持及改良土壤栽植,嫩叶作绿肥、饲料,枝条编筐,根入药。蜜源植物。

图208 胡枝子

1. 花枝;2. 一枚三出复叶;3. 花;4. 旗瓣;5. 翼瓣;6. 龙骨瓣;7. 花萼;8. 去花萼、花瓣之花;9. 雌蕊;10. 花药;11. 果

(8)红豆树属 *Ormosia* Jacks.

乔木。裸芽,稀鳞芽。奇数羽状复叶,稀单叶,互生,多革质。总状或圆锥花序;萼钟形,5齿裂;花瓣5,有爪,旗瓣宽圆卵形;雄蕊10(5),分离,长短不一;子房无柄。荚果两瓣裂,中间间隔,缝线上无狭翅;种子1至多数,种皮鲜红或暗红或间有黑褐色。

本属120种,我国产30种。

红豆树(鄂西红豆树)*Ormosia hosiei* Hemsl. et Wils. 图209:

常绿乔木,树皮灰色,浅纵裂。裸芽。奇数羽状复叶,小叶3~9,长椭圆状或倒卵形;圆锥花序,花冠白色或淡红色;荚果木质,扁卵圆形,先端有喙。种子亮红色,近圆形,种脐白色。花期4月,果熟期10~11月。

产我国秦岭以南长江流域各地。

图 209　红豆树

喜光，小树耐荫。要求深厚肥沃湿润的土壤，根系发达，易生萌蘖。

用播种繁殖，播种前需用 40℃ 温水浸种，约 1 个月萌芽；否则，需 1 年始发芽。

本种是珍贵用材树种，其树冠呈伞状开展，在园林绿化中为片林或园中林荫道的材料，种子可加工为工艺品。

同属常见栽培的有：软荚红豆（*Ormosia semicastrata* Hance.），乔木，小枝疏生黄色柔毛。羽状复叶，小叶 3～9，革质，长椭圆形，腋生圆锥花序，花梗及花序轴上密生黄色柔毛；花萼钟形，冗长生棕色毛；花瓣白色。荚果革质，小而圆形；种子 1 粒，鲜红色，扁圆形。花期 5 月，果熟期 10～11 月。我国华南有分布。种子可制作为工艺品。

（9）槐属 *Sophora* L.

直立木本或草本。冬芽小，芽鳞不显。奇数羽状复叶，互生，小叶对生，全缘；托叶小。顶生总状或圆锥花序；花蝶形，萼 5 齿裂；雄蕊 10，离生或基部合生。荚果缢缩成串珠状，不开裂。

本属约 50 种；我国 16 种。

国槐 *Sophora japonica* L. 图 210：

落叶乔木，树冠圆球形或倒卵形。小枝绿色，皮孔明显。奇数羽状复叶，小叶对生，卵形至卵状披针形，全缘，先端尖，背面有平贴毛，灰白色。顶生圆锥花序，花黄白色，有时老茎生花。荚果念珠状。花期 6～9 月，果熟期 10～11 月。

原产于我国黄河中下游地区。阳性树种，亦稍耐荫；耐干冷、高温、干旱环境，深根性，在深厚、肥沃、排水良好的沙质壤土上生长良好。萌芽力强，耐修剪，耐移植，抗性强，寿命长。

用播种繁殖，成熟种子去果皮后，即可秋播，或将种子干藏或层积沙藏后于次春播种。

槐树树冠广阔匀称，枝叶茂密，树姿优美，老树古老苍劲，是城市园林绿化的良好树种，花是蜜源，可结合生产进行栽培。

同属栽培的变种、变型和品种有：金枝槐（'Jinzhi-huai'），枝条在秋、冬季节金黄色，嫁接繁殖。金叶槐（f. *flavi-rameus*），整个生长季节新叶均为金黄色，老叶淡绿色，枝条自然下垂。五叶槐（f. *oligophylla*），小叶 3～5 枚簇生，顶生小叶常 3 裂，状似蝴蝶。龙爪槐（'Pendula'），枝下垂，树冠伞状。曲枝槐（'Tortuosa'），枝自然扭曲。

图 210　国槐
1. 花序；2. 花萼、雄蕊及雌蕊；3. 旗瓣腹面；
4. 旗瓣背面；5. 翼瓣；6. 龙骨瓣；7. 种子；
8. 果枝

147

思考题：

1. 豆科三个亚科在形态上的主要区别是什么？
2. 豆科植物中主要用于观赏的品种有哪些？试举十个例子。
3. 红豆树和红豆杉是同一种植物吗？它们的主要区别是什么？
4. 豆科植物除了观赏外，还有什么经济价值？
5. 洋紫荆和紫荆在形态上有哪些区别？
6. 洋紫荆和羊蹄甲在形态上有哪些区别？
7. 根瘤菌有何重要意义？是否所有豆科植物的根系都与根瘤菌共生？

22. 芸香科 *Rutaceae*

木本或草本，具挥发性芳香油。复叶或单身复叶，互生或对生，叶片上常有透明油腺点；无托叶。花两性，稀单性，整齐，单生、聚伞或圆锥花序；萼4～5齿裂，花瓣4～5；雄蕊与花瓣同数或为其倍数，有花盘；子房上位，心皮2～5或多数，每室1～2胚珠。柑果、浆果、蒴果、蓇葖果、核果或翅果。

约150属1700种；我国28属154种。

分属检索表

1. 奇数羽状复叶：
  2. 枝有皮刺；小叶对生；蓇葖果 …………………………………… 花椒属（*Zanthoxylum*）
  2. 枝无皮刺；小叶互生；浆果 …………………………………… 九里香属（*Murraya*）
1. 单身复叶，常绿性；柑果极少被毛：
  3. 子房8～15室，每室4～12胚珠；果较大 ………………………… 柑橘属（*Citrus*）
  3. 子房2～6室，每室22胚珠；果较小 …………………………… 金柑属（*Fortunelia*）
1. 三小叶复叶，落叶性；茎有枝刺；柑果密被短柔毛 ………………… 枸橘属（*Poncirus*）

（1）花椒属 *Zanthoxylum* L.

小乔木或灌木，稀藤本，具皮刺。奇数羽状复叶或3小叶，互生，有锯齿或全缘。花小，单性异株或杂性，簇生、聚伞或圆锥花序；萼3～8裂；花瓣3～8，稀无花瓣；雄蕊3～8；子房1～5心皮，离生或基部合生，各具2并生胚珠；聚合蓇葖果，外果皮革质，被油腺点，种子黑色有光泽。

本属约250种，我国45种。

花椒 *Zanthoxylum bungeanum* Maxim. 图211：

树皮上有许多瘤状突起，枝具宽扁而尖锐皮刺。奇数羽状复叶，小叶5～11，卵形至卵状椭圆形，先端尖，基部近圆形或广楔形，锯齿细钝，齿缝处有透明油腺点；叶轴具窄翅。顶生聚伞状圆锥花序；花单性或杂性同株；子房无柄。果球形，红色或紫红色，密生油腺点。花期4～5月，果熟期7～9月。

原产我国中北部，以河北、河南、山西、山东栽培最多。

不耐严寒，喜较温暖气候，对土壤要求不严。生长慢，寿命长。

播种繁殖，也可扦插和分株。春播时，干藏的种子提前1个月用温水浸种后层积催芽。

园林绿化中可作绿篱,果是香料,可结合生产进行栽培。

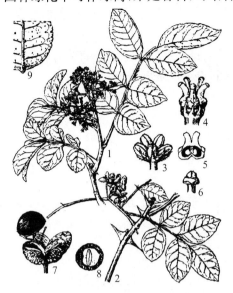

图 211　花椒

1. 雌花枝;2. 果枝;3. 雄花;4. 雌花;5. 雌蕊纵
剖面;6. 退化雌蕊;7. 果;8. 种子横剖面;9. 小
叶背面

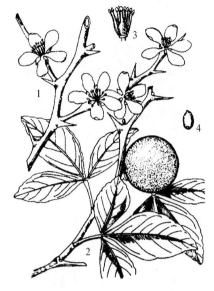

图 212　枸橘

1. 花枝;2. 果枝;3. 去花瓣之花(示雌、雄
蕊);4. 种子

(2) 枸橘属(枳属) *Poncirus* Raf.

本属 1 种,我国特产。

枸橘 *Poncirus trifoliata*(L.)Raf. 图 212:

落叶灌木或小乔木,枝绿色,扁而有棱,枝刺粗长而略扁。3 出复叶,叶轴有翅;小叶无柄,有波状浅齿,顶生小叶大,倒卵形,叶基楔形;侧生小叶较小,基稍歪斜。花两性,白色,先花后叶;萼片、花瓣各 5;雄蕊 8~10;子房 6~8 室。柑果球形,径 3~5cm,密被短柔毛,黄绿色。花期 4 月,果熟期 10 月。

原产我国中部,现河北、山东、山西以南都有栽培。

喜光,喜温暖湿润气候,耐寒,能耐 −28～−20℃ 低温。喜微酸性土壤。生长速度中等。萌枝力强,耐修剪。

播种或扦插。果熟采收后,带果肉一起贮藏或埋藏,翌年春取出种子播种;种子不可干藏。

枝条绿色多刺,春季叶前开花,秋季黄果累累,是观花观果的好树种,可作为绿篱或刺篱栽培,也可作为造景树及盆景材料。盆栽者常控制在春节前后果实成熟,供室内摆设。是柑橘优良砧木。

(3) 九里香属 *Murraya* Linn.

约 5 种,产印度、马来西亚的亚热带及热带地区,我国华南、西南产 1 种。

九里香(千里香) *Murraya paniculata*(L.)Jack. 图 213:

常绿灌木或小乔木,无刺,多分枝。奇数羽状复叶互

图 213　九里香

149

生,小叶 3～9,互生,卵形至近菱形,全缘;聚伞花序,花白色,芳香;萼极小,5 片;花瓣 5;雄蕊 10,生于伸长花盘的周围;子房 2～5,每室 1～2 胚珠。浆果近球形,径约 1cm,熟时红色;种子 1～2 粒。花期 7～10 月,果熟期 10 月至翌年 2 月。

喜光亦耐荫,喜暖热气候,耐旱,适生于深厚肥沃而排水良好的土壤。萌芽力强,耐修剪。

播种繁殖,种子应层积催芽,也可在 6～7 月扦插,也可压条繁殖。

树姿优美,枝叶秀丽,花香怡人,可盆栽观赏,可作绿篱,可制作造景树。

(4) 柑橘属 *Citrus* L.

常绿小乔木或灌木,常具枝刺。单身复叶,互生,革质;叶柄常有翼。花两性,单生、簇生、聚伞或圆锥花序;花白色或淡红色,常为 5 数;雄蕊多数,束生;子房无毛,8～15 室,每室 4～12 胚珠。柑果较大,无毛或有毛。

约 20 种,产东南亚;我国 10 种,产长江流域以南至东南部,北方盆栽。本属树种喜温暖、湿润气候和深厚、肥沃、疏松、排水良好的酸性及中性土壤。为南方著名果树或观果树种。

分种检索表

1. 单叶,无翼叶,叶柄顶端无关节 ·· 枸橼(*C. medica*)
1. 单身复叶,有长度不及叶身一半的翼叶,叶柄顶端有关节:
  2. 叶柄多少有翼;花芽白色:
    3. 小枝有毛;叶柄翼宽大;果极大,果皮平滑 ·················· 柚(*C. grandis*)
    3. 小枝无毛;果中等大小;果皮较粗糙:
      4. 叶柄翼大;果味酸 ·································· 酸橙(*C. aurantium*)
      4. 叶柄翼狭或近于无:
        5. 叶柄翼狭;果皮不易剥离,果心充实 ·········· 甜橙(*C. sinensis*)
        5. 叶柄近无翼;果皮易剥离,果心中空 ·········· 柑橘(*C. reticulata*)
        5. 叶柄翼极狭;果小,仅 2～2.5cm ·········· 金橘(*C. microcarpa*)
  2. 叶柄只有狭边缘,无翼;花芽外面带紫色;果极酸 ·········· 黎檬(*C. limonia*)

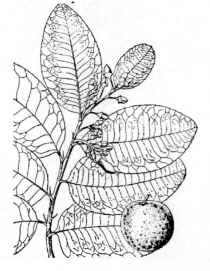

图 214 枸橼

① 枸橼(香圆) *Citrus medica* L. 图 214:

小乔木或灌木;枝有短刺。叶长椭圆形,叶端钝或短尖,叶缘有钝齿,油点显著;叶柄短,无翼,柄端无关节。花单生或集生成总状花序;花白色,外面淡紫色。果近球形,径 10～25cm,顶端有 1 乳头状突起,柠檬黄色,果皮粗厚,芳香。自春至秋开花 2～3 次,果熟期 10～11 月。

扦插、压条、嫁接均可。枸橼四季常青,枝叶茂盛,雪花金实,芳香宜人,是著名的观果树种。其变种佛手,叶长圆形,叶端钝,叶面粗糙,油腺点极显著。果实先端裂如指状,或开展伸张或卷曲如拳,是名贵的盆栽观赏花木。

② 柚 *Citrus grandis* (L.) Osbeck. 图 215:

小乔木,小枝扁有毛,有刺。叶卵状椭圆形,叶缘有钝齿;叶柄具宽大倒心形之翼。花两性,白色,单生或簇生叶腋。果球形、扁球形或梨形,径 15～25cm,果皮平滑,淡黄色。花期 3～4 月，果熟期 9～10 月。

品种很多，主要有台湾的文旦、广西的沙田柚、福建的坪山柚、浙江的四季柚等。不耐寒，要求年平均温度 15℃以上。主要用高空压条和嫁接繁殖。

柚为常绿香花观果树种，观赏价值较高，在江南园林庭园常见栽培。近年来，常作为盆栽观果的年销花。

图 215　柚

图 216　酸橙

③ 酸橙 *Citrus aurantium* L. 图 216：

小乔木，枝三棱状，有长刺，无毛。叶卵状椭圆形，全缘或微波状齿，叶柄有狭长或倒心形宽翼。花 1 至数朵簇生于当年生枝梢或叶腋。花白色，芳香；雄蕊多数，花丝基部部分合生。果近球形，径约 8cm，果皮粗糙。花期 5～6 月，果熟期 12 月。

以播种为主，常作为其他橙类的砧木。

酸橙为有名的香花，常用于熏茶。近年来用于盆栽观赏的较多。其变种代代花（var. *amara* Engl.），叶卵状椭圆形，叶柄宽翼。花白色，极芳香，单生或簇生。果扁球形。在华北及长江下游各城市常盆栽观赏，是园林珍贵的芳香观果树种。

④ 甜橙（广柑） *Citrus sinensis*（L.）Osbeck. 图 217：

小乔木；小枝无毛，枝刺短或无。叶椭圆形至卵形，全缘或有不显著钝齿；叶柄具狭翼，柄端有关节。花白色，1 至数朵簇生叶腋。果近球形，橙黄色，果皮不易剥离，果瓣 10，果心充实。花期 5 月，果熟期 11～2 月。

品种很多，主要有四川江津的冰糖柑，广东的新会橙，湖南的脐橙、血橙等。以嫁接繁殖为主，用枸橘、酸橙作砧木，也可压条、播种繁殖。

甜橙树姿挺立，枝叶稠密，终年碧绿，开花多次，花朵洁白，芳香，果实鲜艳可食，是园林结合生产的优良果树。

⑤ 柑橘 *Citrus reticulata* Blanco. 图 218：

图 217　甜橙

151

小乔木或灌木,小枝较细,无毛,有刺。叶长卵状披针形,叶端渐尖,叶基楔形,全缘或有细锯齿;叶柄近无翼。花黄白色,单生或簇生叶腋。果扁球形,橙黄或橙红色;果皮薄易剥离。春季开花,果熟期 10～12 月。

品种很多,主要有江西的南丰蜜橘、卢柑(潮州蜜橘)、温州蜜橘、蕉柑等。

喜温暖湿润气候,耐寒性较强,宜排水良好,含有机质不多的赤色粘质壤土。用播种、嫁接、高压繁殖。嫁接用枸橼、黎檬或酸橙的实生苗作砧木。

"一年好景君须记,正是橙黄橘绿时"。柑橘四季常青,枝叶茂密,树姿整齐,春季满树白花,芳香宜人,秋季黄果累累。除作果树栽培外,可用于庭院、园林绿地及风景区的栽培。

图 218　柑橘
1. 花枝;2. 花;3. 果;4. 果横剖面;5. 叶之
一部分,示腺点

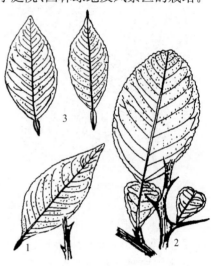

图 219　柑橘属的枝、叶对比
1. 柑橘;2. 柚;3. 甜橙

⑥ 金橘 Citrus microcarpa Bge. 图 220:

灌木,枝多刺。叶长圆状椭圆形,叶端微凹,叶缘具波状钝齿;叶柄具狭翼。花单生或对生于叶腋,白色,较小。果扁圆形,径约 2.5cm,深橘黄色,酸而多汁;皮薄而易剥,味甜。

通常用枸橼作砧木进行嫁接繁殖。

金橘枝叶茂密,树姿秀雅;花白如玉,芳香远溢;灿灿金果,玲珑娇小,色艳味甘,是我国传统观果盆栽树种。

⑦ 黎檬 Citrus limonia Osbeck. 图 221:

丛生性常绿灌木;枝具硬刺。叶较小,椭圆形,叶柄端有关节,有狭翼。花瓣内面白色,背面淡紫色。果近球形,果顶有不发达的乳头状突起,黄色至朱红色,果皮薄而易剥。果味极酸。

原产亚洲,我国华南有栽培。

喜温暖,宜湿润。要求有强散射光、通风良好的环

图 220　金橘

境。较耐寒,越冬最低温度在 0℃ 以上。宜通气性较好、保水力较强而肥沃的沙质土壤。

扦插繁殖,嫁接、压条也可。

黎檬结果繁多,果实金黄,芳香宜人,是冬季室内优美的观果盆花。

图 221　黎檬

图 222　金枣

(5) 金柑属　(*Fortunella* Swingle)

灌木或小乔木,枝圆形,无或少有枝刺。单叶,叶柄有狭翼。花瓣 5,罕 4 或 6,雄蕊 18～20 或成不规则束。果实小,肉瓤 3～6,罕为 7。

本属约 4 种,我国原产,分布于浙江、福建、广东等省。

金枣(金柑、牛奶橘)*Fortunella margarita* Swingle. 图 222:

常绿灌木,树冠半圆形,枝细密,通常无刺,嫩枝有棱角。叶互生,披针形至长圆形,叶柄有狭翼;花白色,芳香,单生或 2～3 朵集生于叶腋。柑果椭圆形或倒卵形,长约 3cm,金黄色,果皮厚,有香气,果肉多汁而微酸。花期 6～8 月,果熟期 11～12 月。

喜光,较耐荫,喜温暖湿润气候。要求 pH 值 6～6.5 富含有机质的沙壤土。

主要用嫁接繁殖,以枸橼作为砧木。金枣多行盆栽观赏,每年春季过后,将果全部摘除,换盆,重新栽培,可于当年年底观果。

金枣是重要的园林观赏花木和盆景材料。盆栽者常控制在春节前后果实成熟,供室内摆设。

思考题:

　1. 金橘和金枣在形态上有何区别?它们有何主要用途?

　2. 柑橘类与橙类之间有哪些主要区别?

　3. 芸香科特有的性状是什么?

23. 苦木科 *Simarubaceae*

乔木或灌木。树皮味苦。羽状复叶互生,稀单叶。花单性或杂性,花小,整齐,圆锥或总状花序;萼 3～5 裂;花瓣 5～6,稀无花瓣;雄蕊与花瓣同数或为其 2 倍;子房上位,心皮 2～5 离生或合生,胚珠1。核果、蒴果或翅果。共30属约200种,我国有5属11种。

臭椿属 *Ailanthus* Desf.

落叶乔木。奇数羽状复叶互生,小叶全缘,基部常有1～4对腺齿。顶生圆锥花序,花杂性或单性异株;花萼、花瓣各5;雄蕊10;花盘10裂;子房2～6深裂,结果时分离成1～5个长椭圆形翅果。种子居中。10种,我国5种。

臭椿(樗) *Ailanthus altissima* Swingle. 图223:

图223 臭椿
1. 果枝;2. 花枝;3. 两性花;4. 雄花;5. 翅果;
6. 种子;7、8. 花图式

高达30m,胸径1m。树冠开阔,树皮灰色,粗糙不裂。小枝粗壮,无顶芽。叶痕大,奇数羽状复叶,小叶13～25,卵状披针形,先端渐长尖,基部具腺齿1～2对,小叶中上部全缘,下面稍有白粉,无毛或仅沿中脉有毛。花杂性,黄绿色。翅果淡褐色,纺锤形。花期4～5月;果熟期9～10月。

变种与品种:红叶椿('Hongyechun'),叶春季红色,炎热夏季红色变淡,观赏价值极高。山东泰安西部各县及平阴、潍坊、青州有分布,数量不多。可用臭椿作砧木嫁接。红果椿('Hongguochun'),果实红色,观赏价值高。千头椿('Qiantouchun'),树冠圆球形,分枝细密,腺齿不明显。

原产我国华南、西南、东北南部各地,现华北、西北分布最多。

喜光,适应干冷气候,能耐-35℃低温。对土壤适应性强,耐干瘠,是石灰岩山地常见树种。可耐含盐量0.6%的盐碱土,不耐积水,耐烟尘,抗有毒气体。深根性,根蘖性强,生长快,寿命可达200年。

播种为主,也可分株、插根、嫁接。

臭椿树干通直高大,树冠开阔,叶大荫浓,新春嫩叶红色,秋季翅果红黄相间,是优良的庭荫树、行道树、公路树。臭椿适应性强,适于荒山造林和盐碱地绿化,更适于污染严重的工矿区、街头绿化。臭椿还是华北山地及平原防护林的重要速生用材树种。臭椿树也颇受国外欢迎,许多国家用作行道树,誉称天堂树,值得推广。

思考题:

1. 臭椿的主要用途是什么?

2. 在园林绿化中应用的臭椿的品种有哪些? 简述其观赏特性。

24. 楝科 *Meliaceae*

乔木或灌木,稀草本。羽状复叶,稀单叶;互生,稀对生,无托叶。花两性,整齐,圆锥或聚伞花序,顶生或腋生;萼4～5裂,花瓣4～5(3～7),分离或基部连合;雄蕊4～12,花丝合生为筒状,内生花盘;子房上位,常2～5室,胚珠2。蒴果、核果或浆果,种子有翅或无翅。

约50属1 400种,我国15属约59种,另引入3属3种,主产长江以南。

分属检索表

1. 2~3回奇数羽状复叶,小叶有锯齿,稀近全缘;核果 ························· 楝属(*Melia*)
1. 1回羽状复叶,小叶全缘或有不明显的钝锯齿;蒴果 ················· 香椿属(*Toona*)

(1) 楝属 *Melia* Linn.

落叶或常绿乔木。皮孔明显,2~3回奇数羽状复叶,互生,小叶有锯齿或缺齿,稀近全缘。花较大,淡紫色或白色,圆锥花序腋生;萼5~6裂;花瓣5~6,离生;雄蕊10~12,花丝连合成筒状,顶端有10~12齿裂;子房3~6室。核果。

约20种,我国3种。

楝树(苦楝) *Melia azedarach* Linn. 图224:

落叶乔木,高达30m,胸径1m。树冠宽阔。小叶卵形、卵状椭圆形,先端渐尖,基部楔形,锯齿粗钝。圆锥花序,花芳香,淡紫色。核果球形,熟时黄色,经冬不落。花期4~5月,果熟期10~11月。

分布于山西、河南、河北南部,山东、陕西、甘肃南部,长江流域及以南各地。

喜光,喜温暖气候,不耐寒。对土壤要求不严,耐轻度盐碱。稍耐干瘠,较耐湿,能生于水边。耐烟尘,对SO₂抗性强。浅根性,侧根发达,主根不明显。萌芽力强,生长快,但寿命短,30~40年即衰老。

图224 楝树

1. 花枝;2. 果序分枝;3. 花;4. 子房纵切面;
5. 果实横切面;6. 雌蕊;7. 开展的雄蕊管

播种,也可插根、分蘖育苗。将果实浸泡沤烂搓去果肉,净种阴干,贮藏在阴凉干燥处。播前温水浸种2~3天,催芽播种,可使出苗整齐。楝树每果核内有4~6粒种子,出苗后成簇生状,苗高5~10cm时间苗,每簇留1株壮苗即可。楝树往往分枝低矮,影响主干高度,可采用"斩梢接干法"能收到良好效果。其做法是连续2~3年在早春萌芽前用利刀斩梢1/3~1/2,切口平滑,并在生长季中及时摘去侧芽,仅留切口处一个壮芽作主干培养,这样可促使主干生长高而直。此法也适用于其他无顶芽主干弯曲低矮的树种。

树形优美,叶形秀丽,春夏之交开淡紫色花朵,颇为美丽,且有淡香,是优良的庭荫树、行道树。耐烟尘、抗SO₂,因此也是良好的城市及工矿区绿化树种,是江南地区"四旁"绿化常用树种,也是黄河以南低山平原地区速生用材树种。

(2) 香椿属 *Toona* Roem

落叶或常绿乔木。偶数或奇数羽状复叶,互生,小叶全缘或有不明显的粗齿。圆锥花序,白色,5基数,花丝分离,子房5室,每室胚珠8~12。蒴果木质或革质,5裂,种子多数,上部有翅。

15种,我国4种。

图 225 香椿
1. 花枝；2. 果序；3. 花；4. 去花瓣之花(示雄蕊和雌蕊)；5. 种子

香椿 *Toona sinensis*（A. Juss）Roem. 图 225：

落叶乔木,高达 25m,胸径 1m。树皮暗褐色,浅纵裂。有顶芽,小枝粗壮,叶痕大。偶数、稀奇数羽状复叶,有香气;小叶 10～20,矩圆形或矩圆状披针形,先端渐长尖,基部偏斜,有锯齿。圆锥花序顶生,花白色,芳香。蒴果椭圆形,红褐色,种子上端具翅。花期 6 月,果熟期 10～11 月。

原产我国中部,辽宁南部、黄河及长江流域各地普遍栽培。

喜光,有一定耐寒性。对土壤要求不严,稍耐盐碱,耐水湿,对有害气体抗性强。萌蘖性、萌芽力强,耐修剪。播种为主,也可分蘖。

树干通直,树冠开阔,枝叶浓密,嫩叶红艳,常用作庭荫树、行道树。香椿是华北、华东、华中低山丘陵或平原地区重要用材树种,"四旁"绿化树种。

木材优良,有"中国桃花心木"之称。嫩芽、嫩叶可食,可培育成灌木状以利采摘嫩叶。种子榨油食用或工业用,根、皮、果入药,是重要的经济林树种。

(3) 米仔兰属 *Aglaia* Lour.

乔木或灌木,各部常被鳞片。羽状复叶或 3 出复叶,互生;小叶全缘,对生。圆锥花序,花小,杂性异株;萼裂片 4～5;雄蕊 5,花丝合生为坛状;子房 1～3(5)室,每室 1～2 胚珠。浆果,内具种子 1～2,常具肉质假种皮。

约 300 种,我国 10 种,主要分布在华南。

米仔兰(米兰) *Aglaia odorata* Lour. 图 226：

常绿灌木或小乔木,高 2～7m,树冠圆球形。多分枝,小枝顶端被星状锈色鳞片。羽状复叶,小叶 3～5,倒卵形至椭圆形,叶轴与小叶柄具狭翅。圆锥花序腋生,花小而密,黄色,径 2～3mm,极香。浆果卵形或近球形。花期自夏至秋。

分布广东、广西、福建、四川、台湾等地。

喜光,略耐荫。喜温暖湿润气候,不耐寒,不耐旱,喜深厚肥沃土壤。

常用扦插或压条繁殖。

枝繁叶茂,姿态秀丽,四季常青,花香似兰,花期长,是南方优秀的庭院观赏闻味树种。也可植于庭前,置于室内。

思考题:

1. 臭椿和香椿分别属于什么科? 它们在形态上有

图 226 米仔兰
1. 花枝；2. 花；3. 雄蕊管

156

哪些主要区别?

2. 米兰和九里香分别属于什么科?它们在形态上有哪些主要区别?

25. 大戟科 *Euphorbiaceae*

草本或木本,多具乳汁。单叶或三出复叶,互生稀对生;具托叶。花单性,同株或异株,聚伞、伞房、总状或圆锥花序;单被花,稀双被花;花盘常存在或退化为腺体;雄蕊 1 至多数;子房上位,常由 3 心皮合成,通常 3 室,每室胚珠 1~2,中轴胎座。蒴果,少数为浆果或核果;种子具胚乳。

约 300 属 8 000 余种;我国 60 余属 370 余种。

分属检索表

1. 花不包藏于总苞,花有花被:
 2. 三出复叶;木本 ·· 重阳木属(*Bischofia*)
 2. 单叶;木本:
  3. 核果:
   4. 有花瓣及萼片 ······························· 油桐属(*Aleurites*)
   4. 无花瓣 ································ 蝴蝶果属(*Cleidiocarpon*)
  3. 蒴果:
   5. 有花瓣,花序腋生 ······················· 变叶木属(*Codiaeum*)
   5. 无花瓣:
    6. 植株全体无毛;叶全缘;雄蕊 2~3:
     7. 叶柄顶端有腺体 2 个;花序顶生 ··············· 乌桕属(*Sapium*)
     7. 叶柄顶端无腺体;花序腋生 ············· 土沉香属(*Excoecaria*)
    6. 植株全体有毛;叶常有粗齿;雄蕊 6~8:
     8. 分果瓣一般不分裂 ··············· 山麻杆属 *Alchornea*
     8. 分果瓣 2 裂 ····················· 铁苋菜属(*Acalypha*)
1. 雌雄花同生于萼状的总苞内,花被缺 ·············· 大戟属(*Euphorbia*)

(1) 重阳木属 *Bischofia* Bl.

乔木;有乳汁;顶芽缺。羽状 3 出复叶,互生,叶缘具钝锯齿。雌雄异株;总状或圆锥花序,腋生;萼片 5;无花瓣;雄蕊 5,与萼片对生;子房 3 室,每室胚珠 2。浆果球形。

共 2 种,产我国。

重阳木(朱树) *Bischofia polycarpa*(Levl.)Airy—Shaw. 图 227:

落叶乔木,高可达 15m。树皮褐色,纵裂,树冠伞形。小叶片卵形至椭圆状卵形,长 5~11cm,先端突尖或突渐尖,基部圆形或近心形,缘具细锯齿。总状花序;雌花具 2(3)花柱。果较小,径 0.5~0.7cm,熟时红褐色至蓝黑色。花期 4~5 月,果熟期 8~10 月。

产秦岭、淮河流域以南至广东、广西北部,长江流域中下游地区习见,山东、河南有栽培。

喜光,稍耐荫,喜温暖气候,耐水湿,对土壤要求不严。根系发达,抗风力强。

播种繁殖。移栽要掌握在芽萌动时带土球进行,这样成活率高。

树姿优美,绿阴如盖,秋日红叶,可形成层林尽染的景观,造成壮丽的秋景。宜作庭荫树和行道树,亦可点缀于湖边、池畔。对 SO_2 有一定抗性,可用于厂矿、街道绿化。

(2) 油桐属 _Aleurites_ Forst.

乔木,含乳汁;顶芽发达,托叶包被芽片。单叶,互生,全缘或 3～5 裂,掌状脉 3～7;叶柄顶端有 2 腺体。花单性同株或异株,圆锥状聚伞花序顶生;花萼 2～3 裂;花瓣 5;雄蕊 8～20;子房 2～5 室,每室胚珠 1。核果大;种皮厚木质,种仁含油质。

共 6 种;我国 2 种。

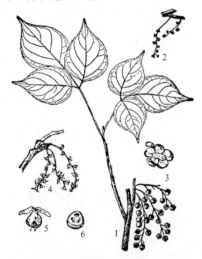

图 227　重阳木
1. 果枝;2. 雄花枝;3. 雄花;4. 雌花
枝;5. 雌花;6. 子房横剖面

图 228　油桐
1. 花枝;2. 果;3. 种子;4. 叶

① 油桐(三年桐) _Aleurites fordii_ Hemsl. 图 228:

落叶乔木,高达 12m。树冠扁球形,枝粗壮,无毛。叶片卵形至宽卵形,长 10～20cm,全缘,稀 3 浅裂,基部截形或心形;叶柄顶端具 2 紫红色扁平无柄腺体。雌雄同株;花大,白色,有淡红色斑纹。果球形或扁球形,径 4～6cm,果表面平滑;种子 3～5 粒。花期 3～4 月,果熟期10 月。

原产我国,主产长江流域及其以南地区,河南、陕西和甘肃南部有栽培。

喜光,喜温暖湿润气候,不耐寒,不耐水湿及干瘠,在背风向阳的缓坡地带,以及深厚、肥沃、排水良好的酸性、中性或微石灰性土壤上生长良好。油桐对 SO_2 污染极为敏感,可作大气中 SO_2 污染的监测植物。播种繁殖。

珍贵的特用经济树种,桐油为优质干性油,种仁含油量 51%,桐油是我国重要出口物资。树冠圆整,叶大荫浓,花大而美丽,可植为行道树和庭荫树,是园林结合生产的树种之一。

② 木油桐(千年桐) _Aleurites montana_(Lour.)Wils. :

与油桐的区别为:叶全缘或 3～5 中裂,在裂缺底部常有腺体;叶基具两枚有柄腺体;花雌雄异株;果表面有皱纹。

产我国东南至西南部。耐寒性比油桐差,抗病性强,生长快,寿命比油桐长。园林用途同油桐。

③ 石栗 _Aleurites maluccana_(L)Willd. 图 229:

158

常绿乔木;高达 18m。幼枝、花序及叶均被浅褐色星状毛。叶互生,卵形,长 10～20cm。全缘或 3～5 浅裂,表面有光泽,基部有两浅红色小腺体。花小,长 6～8 mm,白色,圆锥花序,雌雄同株。核果肉质,卵形,长 5～6cm,外被星状毛。春夏间开花,果熟期 10～11 月。

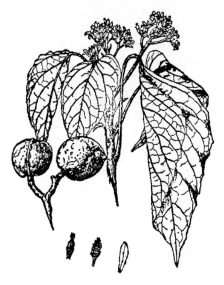

原产马来西亚,我国华南有栽培。喜光,喜暖热气候,不耐寒;深根性,生长快。多作行道树及庭荫树。种子可榨油,供照明及工业用。

(3) 蝴蝶果属 *Cleidiocarpon* Alry Shaw

本属 2 种,产我国、越南和缅甸。我国 1 种。

蝴蝶果(密壁) *Cleidiocarpon cavaleriei* (Lel.) Airy－Shaw:

常绿乔木,高达 30m;树皮黄褐色;枝具瘤状突起。叶互生,羽状脉,集生小枝顶端,椭圆或矩圆形,长 6～17cm,先端渐尖,基部楔形,全缘;叶柄顶端稍膨大呈关

图 229　石栗

节状,具 2 黑色小腺体。花单性同株,长穗状花序集成圆锥状,顶生;单被花;雄花花萼 4～5 深裂;雄蕊 4～5;雌花萼片不规则 4～5 裂;子房 1 室,1 胚珠,花柱大部合生,柱头 3 深裂,裂片的顶端再 2～3 羽毛状开裂。核果近球形,外果皮膜质,密被星状毛,径 3～4cm,具宿萼。花期 3～4 月,果 8～9 月成熟;有时 9 月又开花,次年 3 月果熟。

分布广西南部,云南南部及贵州南部。阳性树,喜温暖气候。种子繁殖。树冠阔卵形,紧密,枝叶浓绿。在南方可作行道树及园景树。

(4) 变叶木属 *Codiaeum* A. Juss.

本属 15 种,产马来西亚至澳大利亚北部,我国引种 1 种。

变叶木 *Codiaeum variegatum* (L.)Bl. 图 230:

常绿灌木或乔木,幼枝灰褐色,有大而平的圆形或近圆形叶痕。叶互生,叶形多变,披针形为基本形,长 8～30cm,宽 0.5～4cm,不分裂或叶片中断成上下两片,质厚,绿色或杂以白色、黄色或红色斑纹;叶柄长 0.5～2.5cm。花单性同株,腋生总状花序;雄花花萼 5 裂,花瓣 5,雄蕊约 30 枚,花盘腺体 5 枚,无退化雌蕊;雌花花萼 5 裂,无花瓣;花盘杯状;子房 3 室,每室 1 胚珠;花柱 3。蒴果球形,径约 7mm,白色。熟时成 3 个 2 瓣裂的分果片。

图 230　变叶木花枝

原产马来西亚岛屿,我国南方均有引栽。扦插、压条繁殖。叶形多变,美丽奇特,绿、黄红、青铜、褐、橙黄等油画般斑斓的色彩十分美丽,是一种珍贵的热带观叶树种。作庭园观赏,花坛,丛植,盆栽均宜。

(5) 乌桕属 *Sapium* P. Br.

乔木或灌木,有乳汁。全体多无毛。单叶互生,全缘,羽状脉;叶柄顶端有 2 腺体。花雌雄同株或同序,圆锥状聚伞花序顶生;雄花极多,生于花序上部;雌花 1 至

图 231　乌桕
1. 花枝；2. 果枝；3. 雌花；4. 雄花；5. 雄蕊；
6. 叶基部及叶柄，示腺体；7. 种子

数朵生于花序下部；花萼 2～3 裂；雄蕊 2～3 枚，花丝分离；无花瓣和花盘；子房 3 室，每室 1 胚珠。蒴果，3 裂。

约 120 种，我国约 10 种。

乌桕（蜡子树）*Sapium sebiferum*（L.）Roxb. 图 231：

落叶乔木，高达 15m。树冠近球形，树皮暗灰色，浅纵裂；小枝纤细。叶菱形至菱状卵形，长 5～9cm，先端尾尖，基部宽楔形，叶柄顶端有 2 腺体。花序穗状，长 6～12cm，花黄绿色。蒴果 3 棱状球形，径约 1.5cm，熟时黑色，果皮 3 裂脱落；种子黑色，外被白蜡，固着于中轴上，经冬不落。花期 5～7 月，果期 10～11 月。

原产我国，分布甚广，南自广东，西南至云南、四川，北至山东、河南、陕西均有。

喜光，喜温暖气候。有一定的耐旱和抗风能力。对土壤要求不严，在排水不良的低洼地和间断性水淹的江河堤塘两岸都能良好生长，酸性土和含盐量达 0.25% 的土壤也能适应。对 SO_2 及 HCl 抗性强。

以播种为主，优良品种也可嫁接繁殖。

叶形秀美，秋日红艳，绚丽诱人。在园林中可孤植、散植于池畔、河边、草坪中央或边缘；列植于堤岸、路旁作护堤树、行道树；混生于风景林中，秋日红绿相间，尤为壮观。冬天桕籽挂满枝头，经冬不落，古人有"喜看桕树梢头白，疑是红梅小着花"的诗句。也是重要的工业用木本油料树种；根、皮和乳液可入药。

（6）土沉香属 *Excoecaria* Linn.

灌木或乔木，有乳汁。全体多无毛。叶互生或对生，羽状脉，全缘。花单性同株或异株，腋生穗状或总状花序，总轴于苞片内的侧面有腺体；无花瓣及花盘；雄花萼片 3，雄蕊 3，花丝分离；雌花生于雄花序的基部或在另一花序上；萼 3 裂；子房 3 室，每室 1 胚珠。蒴果 3 裂，果瓣由中轴弹卷而分离。

共 40 种，我国 5 种，产西南，中部至台湾。

红背桂 *Excoecaria cochinchinensis* Lour. 图 232：

常绿灌木，分枝多，光滑无毛。叶近对生，矩圆形或倒披针形，长 7～12cm，宽 2～4cm，先端长尖，基部楔形，两面无毛，上面绿色，背面紫红色，边缘有小锯齿；叶柄长约 5mm。穗状花序腋生，单性异株；雄花序长约 12cm，苞片比花梗长，两侧有腺体；雌花序极短，有花数朵，苞片比花梗短，花柱长，外弯而先端卷曲，紧贴子房上。花期夏季。

原产我国广东、广西和越南，现各地广泛盆栽。喜温

图 232　红背桂
1. 叶枝；2. 雄花；3. 雌花；4. 果；5. 种子

暖湿润的环境,不耐寒稍耐旱。扦插繁殖。枝叶扶疏,红绿相映,相当绚丽,宜林荫下或建筑背荫处,做地被成片种植或列植;也常盆栽用于点缀会场、讲台等。

(7) 山麻杆属 *Alchornea* Sw.

乔木或灌木。植物体常有细柔毛。单叶互生,全缘或有齿,基部有 2 或更多腺体。花单性同株或异株,无花瓣和花盘,总状、穗状或圆锥花序;雄花萼 2～4 裂,雄蕊 6～8 或更多;雌花萼 3～6 裂,子房 2～4 室,每室 1 胚珠。蒴果分裂成 2～3 个分果瓣,中轴宿存。种子球形。

共约 70 种,主产热带地区;我国 6 种。

山麻杆 *Alchornea davidii* Franch. 图 233:

落叶丛生直立灌木,高 1～2m。幼枝有绒毛,老枝光滑。叶宽卵形至圆形,长 7～17cm,上面绿色,有短毛疏生,下面带紫色,密生绒毛,叶缘有粗齿,3 出脉;新生嫩叶及新枝均为紫红色。花雌雄同株;雄花密生成短穗状花序,萼 4 裂,雄蕊 8;雌花疏生成总状花序,位于雄花序下面,萼 4 裂,子房 3 室,花柱 3。蒴果扁球形,密生短柔毛。种子球形。花期 4～6 月,果熟期 7～8 月。

分布长江流域、西南及河南、陕西等地。山东省济南、青岛有栽培。喜光稍耐荫,喜温暖湿润气候,抗寒力较强,对土壤要求不严。萌蘗力强,易更新。分株、扦插或播种均可。春季嫩叶及新枝均紫红色,浓染胭红,艳丽醒目,是园林中重要的春日观叶树种,也可盆栽观赏。

图 233 山麻杆
1. 雄花枝;2. 果枝

(8) 铁苋菜属 *Acalypha* Linn.

草本,灌木或乔木。植物体多有毛。叶互生,常有锯齿;花单性同株,无花瓣及花盘,穗状或圆锥花序;雄花生于小苞片腋内,萼 4 裂,雄蕊常 8 枚,花丝分离,花药 4 室,无退化雌蕊;雌花通常 1～3 朵生于叶状苞片内,萼片 3～4,子房 3 室,每室 1 胚珠,花柱 3,分离,常羽状分裂。蒴果开裂为 3 个 2 裂的分果。

约 450 种;我国 15 种,广布于南北各省。

红桑 *Acalypha wikesiana* Muell. —Arg.:

半常绿灌木,高 2～5m。叶阔卵形,长约 10～18cm,先端渐尖,基部浑圆,叶柄及叶腋有疏毛,其余均无毛,古铜绿色常杂以红色或紫色。穗状花序淡紫色,雄花序长达 20cm,径不及 5mm,间断,花聚生;雌花的苞片阔三角形,有明显的锯齿。花期 5 月和 12 月。

原产斐济群岛,现广植于各热带地区。喜光畏寒。扦插繁殖。红桑枝叶扶疏飘飒,紫红绚丽。在园林中可丛植、列植,作花坛、花篱。

(9) 大戟属 *Euphorbia* L.

草本或亚灌木,有乳汁。茎草质、木质或肉质而无叶;叶互生、对生或轮生,全缘或有锯齿;花集成柄状聚伞花序,又称大戟花序,无花被;总苞片萼状,辐射对称,常 4～5 裂,裂片弯曲处常有大腺体,常具有瓣状附片;雌花单朵居中,周围环绕以数朵仅具 1 枚雄蕊的雄花;子房具长柄,伸出总苞片之外,3 室,每室 1 胚珠,花柱 3,离生或多少合生,顶端 2 裂或不裂。蒴果熟时先端 3 瓣裂,每瓣再 2 裂;种子小,近球形。

约 2 000 种,主产热带、亚热带。我国 60 种以上,有些为观茎、观叶植物。

分种检索表

1. 茎圆柱形,光滑无刺:
  2. 肉质茎,叶片退化或零散着生 ·· 光棍树(*E. tirucalli*)
  2. 枝木质,叶片卵状椭圆形至披针形 ····································· 一品红(*E. pulcherrima*)
1. 仙人掌状灌木,茎有明显的棱和托叶刺:
  3. 肉质茎,叶片退化或零散着生 ··· 金刚篹(*E. antiquorum*)
  3. 枝木质,叶片卵状椭圆形至披针形 ································· 铁海棠(*E. mollii*)

① 光棍树(青珊瑚、绿玉树) *Euphorbia tirucalli* L. :

图 234 一品红
1. 花枝;2. 花

原产地为肉质乔木,无刺,高 3～7m,小枝分叉或轮生,一节长 7～10cm,径 6mm,圆棍状,淡绿色,具纵线。幼枝具线状披针形小叶,不久脱落,成年茎枝光滑,故俗称光棍树。

原产非洲东南部和印度东部,现我国南方各省有引栽。喜温暖干燥和阳光充足的环境,耐干燥和半荫,不耐寒。扦插繁殖。光棍树绿枝青翠,十分悦目,在热带地区配置在小庭园和建筑物前后更显光润,清新秀丽。

② 一品红 *Euphorbia pulcherrima* Willd. 图 234:

常绿灌木,茎直立光滑。叶互生,卵状椭圆形至披针形,长 10～15cm,全缘或浅裂,下面被柔毛;生于茎上部的叶称作顶叶,苞片状,披针形,开花时朱红、黄、粉红等色。花序顶生于杯状总苞内,总苞淡绿色,边缘齿状分裂,各有 1～2 个大而黄色的腺体,腺体杯状;子房 3 室,无毛;花柱 3,顶端深 2 裂。花期 12 月至翌年 1 月。

原产墨西哥,我国南北各地均有栽培。喜光,喜温暖湿润的气候,不耐严寒。

扦插为主。为避免插穗乳汁流出,剪后立即浸入水中或沾草木灰,待插穗稍晾干后即插入沙床。

一品红苞片色彩鲜艳,花期长,开花正值圣诞、元旦、春节。可丛植、列植、盆栽观赏,也是切花、插花的好材料。

③ 金刚篹(霸王鞭) *Euphorbia antiquorum* Linn. 图 235:

仙人掌状灌木,通常高 1～2m,茎肉质,绿色,有明显 3～6 棱;棱突起处叶痕旁有托叶刺。叶肉质,倒卵形至倒卵状椭圆形,长 4～14cm。原产非洲,我国除华南、西南庭园外,其余省区都在温室栽培。

④ 铁海棠(虎刺梅) *Euphorbia mollii* Ch. des

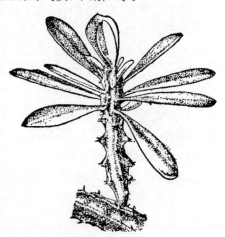

图 235 金刚篹

Moulins ex Boiss. 图 236:

仙人掌状灌木,高可达 1m,枝褐色,有明显棱及托叶刺。叶倒卵形或矩圆状匙形,长2.5~5cm。花绿色;总苞鲜红,花瓣状。本种花形美丽,颜色鲜艳,茎枝奇特,适合家庭盆栽。华南有露地植篱和配置于庭园。

思考题:

1. 大戟科的主要特征是什么?本科有哪些重要的经济树种和观赏树种?

2. 分别谈谈乌桕和山麻杆的观赏特性及园林用途。

26. 黄杨科 *Buxaceae*

常绿灌木或小乔木。单叶,对生或互生,无托叶。花单性同株,排成头状、穗状或总状花序,稀单生;萼片 4~12 或无;无花瓣;雄蕊 4 至多数,分离;子房上位,2~4 室,每室胚珠 1~2,花柱 2~4。蒴果或核果状浆果。6 属约 100 种,我国 3 属约 40 种。

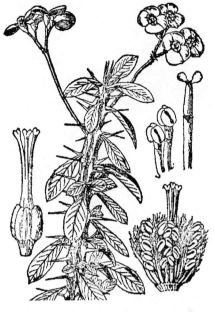

图 236 铁海棠

黄杨属 *Buxus* L.

灌木或小乔木。叶对生,全缘,革质,有光泽。花簇生叶腋或枝顶;雌、雄花同序,常顶生 1 雌花,余为雄花;雄花具 1 小苞片,萼片 4,雄蕊 4;雌花具 3 小苞片,萼片 6,子房 3 室,花柱 3。蒴果,3 瓣裂,顶端有宿存花柱。

约 70 种,我国约 30 种。常作为绿篱材料。

分种检索表

1. 叶椭圆形或倒卵形,不狭长:
  2. 叶椭圆形至卵状椭圆形,中部或中下部最宽;分枝密集 ·················· 锦熟黄杨(*B. sempervirens*)
  2. 叶倒卵形至倒卵状椭圆形,中部以上最宽;枝叶较疏散 ······························ 黄杨(*B. sinica*)
1. 叶倒披针形至倒卵状披针形;狭长 ··· 雀舌黄杨(*B. bodinieri*)

① 黄杨(瓜子黄杨) *Buxus sinica* Cheng. 图 237:

灌木或小乔木,有时高达 7m。树皮灰色,鳞片状剥落;茎枝四棱,小枝及冬芽均有短柔毛。叶厚革质,阔椭圆形、阔倒卵形、卵状椭圆形至长椭圆形,中部以上最宽,长 1.5~3.5cm,先端圆或凹,上面深绿色,下面苍白色,中脉基部及叶柄有微细毛。花期 3~4 月,果熟期 7~8 月。

产华东、华中及华北。播种或扦插繁殖。

喜温暖湿润气候,喜阴湿,不耐寒,要求肥沃的沙质壤土,耐碱性较强。生长极慢,萌芽力强,耐修剪。抗烟尘,对多种有害气体抗性强。

枝叶茂密,叶春季嫩绿,夏秋深绿,冬季红褐色,常作为绿篱材料,亦可作盆景、桩景。木材细致,可作雕刻等细木工用材。

② 锦熟黄杨 *Buxus sempervirens* L.:

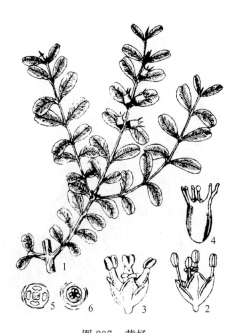
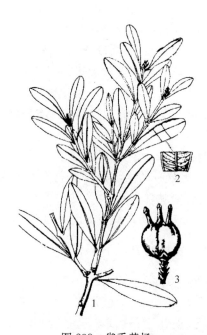

图 237 黄杨
1. 果枝；2. 雄花；3. 雌花；4. 果；5. 雄花花图
式；6. 雌花花图式

图 238 雀舌黄杨
1. 花枝；2. 叶下面(放大)；3. 果(未开裂)

分枝密集,茎四棱。叶椭圆形至卵状长椭圆形,中部或中下部最宽,先端微凹,上面深绿色,下面苍白色。习性、观赏用途同黄杨。

新品种:金叶黄杨('Latifolia Maculata'),叶常年金黄色。金边黄杨('Mureomargina-ta'),叶缘金黄色。

③ 雀舌黄杨(匙叶黄杨) *Buxus bodinieri* Levl. 图 238:

小灌木,分枝多,密集成丛。叶倒披针形、狭长倒卵状匙形,长 1.5～4cm,先端钝圆或微凹,上面绿色,光亮,两面中脉明显凸起,近无柄。花期 8 月,果熟期 11 月。

产长江流域至华南、西南地区。山东、河南、河北各地常有栽培。

植株小,枝叶稠密紧凑,为优良的常绿矮篱树种,观赏用途同黄杨。

思考题:

1. 大叶黄杨与黄杨是同一科的植物吗？它们有哪些区别？

2. 雀舌黄杨在园林上的主要用途有哪些？

27. 漆树科 *Anarcardiaceae*

乔木或灌木;树皮常含有树脂。叶互生,多为羽状复叶,稀单叶;无托叶。花小,单性异株、杂性同株或两性,整齐,常为圆锥花序;萼 3～5 深裂;花瓣常与萼片同数,稀无花瓣;雄蕊 5～10 或更多;子房上位,1 室,稀 2～6 室,每室 1 倒生胚珠。核果或坚果。

约 60 属 500 余种,我国约 16 属 54 种。

分属检索表

1. 羽状复叶:

164

2. 无花瓣;常为偶数羽状复叶 ·· 黄连木属(*Pistacia*)

2. 有花瓣;奇数羽状复叶;植物体有乳液 ····································· 漆树属(*Rhus*)

1. 单叶,全缘,果序上有多数不育花之花梗,伸长呈羽毛状;核果小,长 3～4mm ····· 黄栌属(*Cotinus*)

(1) 黄连木属 *Pistacia* L.

乔木或灌木;顶芽发达。偶数羽状复叶,稀 3 小叶或单叶,互生,小叶对生,全缘。花单性异株,圆锥或总状花序,腋生;无花瓣;雄蕊 3～5;子房 1 室,花柱 3 裂。核果近球形;种子扁。

本属共 20 种,我国 2 种,引入栽培 1 种。

黄连木 *Pistacia chinensis* Bunge. 图 239:

落叶乔木,树冠近圆球形;树皮薄片状剥落。通常为偶数羽状复叶,小叶 10～14,披针形或卵状披针形,先端渐尖,基部偏斜,全缘,有特殊气味。雌雄异株,圆锥花序。核果,初为黄白色,后变红色至蓝紫色。花期 3～4 月,先叶开放,果熟期 9～11 月。

黄河流域及华南、西南均有分布。泰山有栽培。

喜光,喜温暖,耐干瘠,对土壤要求不严,以肥沃、湿润而排水很好的石灰岩山地生长最好。生长慢,抗风性强,萌芽力强。

播种繁殖。秋季果实呈蓝紫色时采收,用草木灰水浸泡数日,揉去果肉,晾干后即可播种,或沙藏至翌年春播种。也可用扦插和分株繁殖。

树冠浑圆,枝叶茂密而秀丽,早春红色嫩梢和雌花序可观赏,秋季叶片变红色可观赏,是良好的秋色叶树种,可片植、混植。

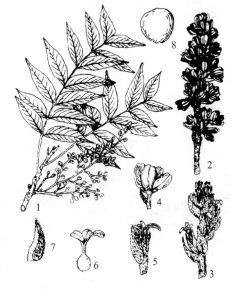

图 239　黄连木

1. 果枝;2. 雄花序;3. 雌花序;4. 雄花;5. 雌花;6. 子房;7. 苞片;8. 种子

(2) 漆树属 *Rhus* L.

乔木或灌木,体内有乳液。叶互生,常为奇数羽状复叶;无托叶。花单性异株或杂性同株,圆锥花序;花萼 5 裂,宿存;花瓣 5;雄蕊 5;子房上位,1 室,1 胚珠,花柱 3。核果小,果肉蜡质,种子扁球形。

共 150 种,我国 13 种,引入栽培 1 种。

分种检索表

1. 花序顶生,果序直立;小叶有锯齿:

2. 叶轴有狭翅,小叶 7～13 ··· 盐肤木(*R. chinensis*)

2. 叶轴无翅,小叶 11～31 ··· 火炬树(*R. typhina*)

1. 花序腋生,果序下垂;小叶全缘:

3. 小叶长 7～15cm,宽 3～7cm,侧脉 8～16 对 ······························· 漆树(*R. vernici flua*)

3. 小叶长 4～10cm,宽 2～3cm,侧脉 16～25 对 ······························· 野漆树(*R. sylvestris*)

① 盐肤木 *Rhus chinensis* Mill. 图 240:

落叶小乔木,高 8~10m。枝开展,树冠圆球形。小枝有毛,柄下芽,冬芽被叶痕所包围。奇数羽状复叶,叶轴有狭翅,小叶 7~13,卵状椭圆形,边缘有粗钝锯齿,背面密被灰褐色柔毛,近无柄。圆锥花序顶生,密生柔毛;花小,5 数,乳白色。核果扁球形,橘红色,密被毛。花期7~8 月,果熟期 10~11 月。

我国大部分地区有分布,北至辽宁,西至四川、甘肃,南至海南。

喜光,喜温暖湿润气候,也能耐寒冷和干旱;不择土壤,不耐水湿。生长快,寿命短。

播种、分株、扦插繁殖。种子于秋季采收后,在冷凉处混沙贮藏,次年春用热水浸种后播种。

盐肤木秋叶鲜红,果实橘红色,颇为美观。可植于园林绿地栽培观赏或用于点缀山林。

图 240　盐肤木

1. 花枝;2. 果枝;3. 雄花;4. 两性花;5. 雄蕊及
雌蕊;6. 果;7. 果核

图 241　火炬树

1. 花枝;2、3. 花的正面及侧面

② 火炬树 Rhus typhina L. 图 241:

落叶小乔木,分枝多,小枝粗壮,密生长绒毛。奇数羽状复叶,小叶 19~23(11~31),长椭圆状披针形,缘有锯齿,先端长渐尖,背面有白粉,叶轴无翅。雌雄异株,顶生圆锥花序,密生毛;雌花序及果穗鲜红色,呈火炬形;花小,5 数。果扁球形,密生深红色刺毛。花期 6~7 月;果熟期 8~9 月。

原产北美;我国华北、华东、西北 20 世纪 50 年代引进栽培。

喜光,适应性强,抗寒,抗旱,耐盐碱。根系发达,萌蘖力强,生长快,寿命短。

用播种、分蘖或埋根法繁殖。种子播前用水浸泡,除蜡,催芽,出苗整齐。

本种是较好的观花及观叶树种,雌花序和果序均红色且形似火炬,在冬季落叶后,雌株树上仍可见满树"火炬",颇为奇特。秋季叶色红艳或橙黄,是著名的秋色叶树种。可点缀山林或园林栽培观赏。

③ 漆树 Rhus verniciflua Stokes. 图 242:

落叶乔木,幼树树皮光滑灰白色,老树树皮浅纵裂。有白色乳汁。奇数羽状复叶,小叶 7~15,卵形至卵状披针形,小叶长 7~15cm,宽 3~7cm,侧脉 8~16 对,全缘,背面脉上有毛。腋生圆锥花序疏散下垂；花小，5 数。核果扁肾形，淡黄色，有光泽。花期 5～6 月，果熟期 10 月。

以湖北、湖南、四川、贵州、陕西为分布中心；东北南部至两广、云南都有栽培。

喜光，不耐荫，喜温暖湿润深厚肥沃而排水良好的土壤，不耐干风，不耐水湿。萌芽力强，树木衰老后可萌芽更新。侧根发达，主根不明显。

播种、根插、嫁接繁殖。播种前种子用草木灰水浸种，充分揉搓脱蜡，再用温水 60℃浸种后，用沙混匀，放于室内催芽，待部分种子种皮开裂即可播种。

本种是较好的经济树种，可割取乳液加工。秋季叶色变红，可用于园林栽培观赏。

④ 野漆树 *Rhus sylvestris* Sieb. et Zucc.：

落叶乔木，嫩枝及冬芽具棕黄色短柔毛。小叶卵状长椭圆形至卵状披针形，长 4～10cm，宽 2～3cm，侧脉 16～25 对，全缘，表面有毛，背面密生黄色短柔毛。腋生圆锥花序，密生棕黄色柔毛；花小，杂性，黄色。核果扁圆形，光滑无毛。花期 5～6 月，果熟期 9～10 月。

原产长江中下游。喜光，喜温暖，不耐寒；耐干瘠，忌水湿。分株和播种繁殖。本种是园林及风景区种植的良好秋色叶树种。

(3) 黄栌属 *Cotinus* Adans.

落叶灌木或小乔木。单叶互生，全缘。花杂性或单性异株，顶生圆锥花序；萼片、花瓣、雄蕊各为 5，子房 1 室，1 胚珠，花柱 3，偏于一侧。果序上有许多羽毛状不育花的伸长花梗；核果歪斜。

共 3 种，我国 2 种。

图 242 漆树
1. 雄花枝；2. 果枝；3. 雄花；4. 花萼；5. 雌花；
6. 雌蕊

黄栌 *Cotinus coggygria* Scop. 图 243：

落叶灌木或小乔木，树冠卵圆形、圆球形至半圆形。树皮深灰褐色，不开裂。小枝暗紫褐色，被蜡粉。单叶互生，宽卵形、圆形，先端圆或微凹。花小，杂性，圆锥花序顶生。核果小，扁肾形。花期 4～5 月，果熟期 6 月。

分布于我国华北、西北、西南地区，多生于山区较干燥的阳坡。

阳性树种，稍耐荫。耐旱，耐寒，耐瘠薄，要求土壤排水良好。萌蘖力强，生长快。

播种繁殖，也可根插、分株、嫁接繁殖。种子成熟时即采收，播种前种子进行沙藏处理 90 天，或用 80℃热水浸种催芽。但前者发芽率高。

本种是重要的秋色叶树种，北京的香山红叶即为本种及变种。同属的变种有：红叶（var. *cinerea*），叶椭圆形至倒卵形，两面有毛。毛黄栌（var. *pubescens*），小枝及叶中脉、

图 243 黄栌
1. 果枝；2. 花；3. 去瓣花；4. 果

侧脉均密生灰色绢毛。叶近圆形。紫叶黄栌('Atropurpurea'),嫩叶萌发至落叶全年均为紫色。垂枝黄栌('Pendula'),枝条下垂,树冠伞状。四季花黄栌('Semperflorens'),连续开花直到入秋,可常年观赏粉紫红色羽状物。美国红栌('Royal Purple'),叶春、夏、秋均鲜红色,供观赏。

思考题:

1. 本科的树种主要是秋色叶树种,主要有哪些用途?
2. 简述火炬树的生态习性和观赏用途?

28. 冬青科 *Aquifoliaceae*

多常绿,乔木或灌木。单叶互生;托叶小而早落。花整齐,无花盘,单性或杂性异株,簇生或聚伞花序,腋生稀单生;萼3~6裂,常宿存;花瓣4~5;雄蕊与花瓣同数且互生;子房上位,3至多室,每室1~2胚珠。核果。

共3属400余种。我国1属118种。

冬青属 *Ilex*. L.

常绿,稀落叶。单叶互生,有锯齿或刺状齿,稀全缘。花单性异株,稀杂性;腋生聚伞、伞形或圆锥花序,稀单生;萼片、花瓣、雄蕊常为4。浆果状核果,球形,核4;萼宿存。

约400种,我国118种。

分种检索表

1. 叶有锯齿或刺齿,或在同一株上有全缘叶:
  2. 叶缘有尖硬大刺齿2~3对 ·· 枸骨(*I. cornuta*)
  2. 叶缘有锯齿,不为大刺齿:
    3. 叶薄革质,长5~11cm,干后呈红褐色 ····················· 冬青(*I. chinensis*)
    3. 叶厚革质,长1~2.5cm,干后非红褐色,背面有腺点 ········· 锯齿冬青(*I. crenata*)
1. 叶全缘;小枝有棱,幼枝及叶柄常带紫黑色 ······················· 铁冬青(*I. rotunda*)

图244 枸骨
1. 果枝;2. 花

① 枸骨(鸟不宿) *Ilex cornuta* Lindl. 图244:

常绿灌木或小乔木,树冠阔圆形,树皮灰白色平滑。叶硬革质,矩圆状四方形,长4~8cm,先端有3枚坚硬刺齿,顶端1齿反曲,基部两侧各有1~2刺齿,表面深绿色有光泽,背面淡绿色。聚伞花序,黄绿色,丛生于2年生小枝叶腋。核果球形,鲜红色。花期4~5月,果熟期10~11月。

长江中下游各省均有分布,山东省有栽培,生长良好。

喜阳光充足,也耐荫。耐寒性较差。在气候温暖及排水良好的酸性肥沃土壤上生长良好。生长缓慢,萌发力强,耐修剪。

播种或扦插繁殖。种子需低温层积,翌年春季播种。

枝叶茂盛,叶形奇特,叶质坚硬而光亮,且经冬不凋。入秋后果实累累,艳丽可爱。为良好的观果、观叶树种,可用于庭院栽培或作绿篱。

② 冬青 *Ilex chinensis* Sims. 图 245：

常绿大乔木，树冠卵圆形，树皮暗灰色。小枝浅绿色，具棱线。叶薄革质，长椭圆形至披针形，长 5～11cm，先端渐尖，基部楔形，有疏浅锯齿，表面深绿色，有光泽，背面淡绿色。聚伞花序，生于当年嫩枝叶腋，淡紫红色，有香气。核果椭圆形，红色光亮，经冬不落。花期 5 月，果熟期 10～11 月。

分布长江流域及其以南各地，西至四川，南达海南。

喜温暖湿润气候和排水良好的酸性土壤。不耐寒，较耐湿。深根性，萌芽力强，耐修剪。

播种繁殖。种子需层积至少 120 天，翌年春播种。

冬青枝叶繁茂，果实红若丹珠，分外艳丽，是优良庭园观赏树种，也可作绿篱。

③ 铁冬青 *Ilex rotunda* Thunb.：

与冬青的区别：小枝红褐色。叶卵形或倒卵状椭圆形，全缘。花黄白色。浆果状核果椭圆形，有光泽，深红色。其余同冬青。

④ 钝齿冬青 *Ilex crenata* Thunb.：

常绿灌木或小乔木，多分枝，小枝有灰色细毛。叶较小，椭圆形至长倒卵形，长 1～2.5cm，先端钝，缘有浅钝齿，背面有腺点，厚革质。花白色，雄花 3～7 朵成聚伞花序生于当年生枝叶腋，雌花单生。果球形黑色。花期 5～6 月；果熟期 10 月。

播种繁殖。江南庭园栽培供观赏。其变种龟甲冬青（var. *convexa*）山东有栽培，小气候良好处可露地越冬。良好盆景材料。

图 245　冬青

1. 雄花枝；2. 果枝；3. 雄花；4. 雌花；5. 果

思考题：

1. 枸骨为何又名鸟不宿？它的主要用途是什么？
2. 铁冬青与冬青在形态上有何区别？它们的主要用途是什么？

29. 卫矛科 *Celastraceae*

乔木、灌木或藤本。单叶，对生或互生，羽状脉。花单性或两性，花小，多为聚伞花序；萼片 4～5，宿存；花瓣 4～5，分离；雄蕊 4～5；有花盘；子房上位，2～5 室，胚珠 1～2。蒴果、浆果、核果或翅果，种子常具假种皮。

50 属约 800 种，我国 12 属约 200 种。

（1）卫矛属 *Euonymus* Linn.

乔木或灌木，稀藤本。小枝绿色，具四棱。叶对生、稀互生或轮生。花两性，聚伞或圆锥花序，腋生，花 4～5 数；雄蕊与花瓣同数互生；子房与花盘结合。蒴果 4～5 瓣裂，有角棱或翅，假种皮橘红色。

共约 200 种，我国约 120 种。

169

分种检索表

1. 常绿性：
　2. 直立灌木或小乔木 ·· 大叶黄杨（E. japonicus）
　2. 藤木，靠气生根攀援 ·· 扶芳藤（E. fortunei）
1. 落叶性：
　3. 小枝有木栓翅，叶近无柄，果瓣裂至近基部 ··············· 卫矛（E. alatus）
　3. 小枝无木栓翅，叶柄长 1.5～3cm，果瓣裂至中部 ··············· 丝棉木（E. bungeanus）

图 246　大叶黄杨
1. 花枝；2. 果枝；3. 花

① 大叶黄杨（冬青卫矛）*Euonymus japonicus* Thunb. 图 246：

常绿灌木或小乔木，高达 8m。小枝绿色，稍有四棱。叶柄短，叶革质，有光泽，倒卵形或椭圆形，长 3～6cm，先端尖或钝，基部楔形，锯齿钝。聚伞花序，绿白色，4 基数。果扁球形，熟时四瓣裂，淡粉红色，假种皮橘红色。花期 6～7 月，果熟期 10 月。

品种：银边大叶黄杨（'Albo-marginatus'），叶缘白色。金边大叶黄杨（'Ovatus Aureus'），叶缘黄色。金心大叶黄杨（'Aureus'），叶面具黄色斑纹，但不达边缘。斑叶大叶黄杨（'Viridi-variegatus'），叶面有黄色或绿色斑纹。北海道黄杨，小乔木，树冠卵圆形，果大，色艳，宿存时间长至春节。

原产日本南部。我国南北各地庭院普遍栽培，长江流域各城市尤多。黄河流域以南可露地栽培。

喜光，亦耐荫。喜温暖气候，较耐寒，－17℃即受冻。北京幼苗、幼树冬季须防寒。对土壤要求不严，耐干旱瘠薄，不耐积水。抗各种有毒气体，耐烟尘。萌芽力极强，耐整形修剪。

扦插为主，亦可播种。可用丝棉木作砧木培育乔木型植株。

枝叶茂密，四季常青，叶色亮绿，新叶青翠，是常用的观叶树种。主要用作绿篱或基础种植。也可修剪成球形等形体，街头绿地、草坪、花坛等处都可配置。

② 扶芳藤 *Euonymus fortunei*（turcz.）Hand. —Mazz. 图 247：

与大叶黄杨的区别：常绿藤本，靠气生根攀援生长，长可达 10m。茎枝上有瘤状突起；枝较柔软。叶长卵形至椭圆状倒卵形。果径约 1cm，黄红色，假种皮橘黄色。花期 6～7 月，果熟期 10 月。

图 247　扶芳藤
1. 叶枝；2. 果枝；3. 花

170

我国长江流域及黄河流域以南多栽培。山东淄博市栽培较多。较耐水湿。

四季常青，秋叶经霜变红，攀援能力较强。园林中可掩覆墙面、山石；可攀援枯树、花架；可匍匐地面蔓延生长作地被，亦可种植于阳台、栏杆等处，任其枝条自然垂挂，以丰富垂直绿化。

常见变种、品种：爬行卫矛（var. *radicans*）。金边扶芳藤（金边爬行卫矛）（'Emerald Gold'）。银边扶芳藤（银边爬行卫矛）（'Emerald Gaiety'）。上述变种、品种，叶较小，叶缘金黄或银白，茎匍匐地面，易生不定根。是良好的木本地被植物，极有推广价值。

③ 丝棉木（桃叶卫矛、白杜）*Euonymus bungeanus* Maxim. 图 248：

落叶小乔木，高达 8m。小枝绿色，四棱形，无木栓翅。叶卵形至卵状椭圆形，先端急长尖，缘有细锯齿，叶柄长 2～3.5cm。花淡绿色，3～7 朵成聚伞花序。蒴果粉红色，4 深裂，种子具红色假种皮。花期 5 月，果熟期 10 月。

图 248　丝棉木
1. 果枝；2. 花

产华东、华中、华北各地，山东省菏泽市牡丹园内有一株百年大树，生长良好。

喜光，稍耐荫，耐寒；对土壤要求不严，耐干旱，亦耐水湿；对有害气体有一定抗性。生长较慢，根系发达，根蘖性强。

播种，亦可分株、扦插。可用大叶黄杨作接穗高接培育常绿型植株。

枝叶秀丽，秋季叶果红艳，宜丛植于草坪、坡地、林缘、石隙、溪边、湖畔。也可用作防护林及工厂绿化树。

④ 卫矛（斩鬼箭）*Euonymus alatus*（Thunb.）Sieb. 图 249：

图 249　卫矛
1. 花枝；2. 花的正面；3. 花的背面；4. 花瓣；
5. 果枝；6. 果（放大）；7. 种子（放大）

与丝棉木的区别：落叶灌木，小枝有 2～4 条木栓翅。叶倒卵形或倒卵状椭圆形，先端渐尖，基部楔形，叶柄极短。蒴果紫色，1～3 深裂，4 个心皮不全发育；假种皮橘红色。花期 5～6 月，果熟期 9～10 月。

分布东北、华北、华中、华东、西北地区。

喜光，耐寒，耐干瘠，对土壤适应性强。萌芽力强，耐整形修剪，抗 SO_2。

播种为主，也可扦插、分株。

枝叶繁茂，枝翅奇特，早春嫩叶、秋天霜叶均红艳可爱。蒴果紫色，假种皮橘红色，是优美的观果、观枝、观叶树种。可丛植于草坪、水边、亭阁、山石间，为园林添色增趣。也可植作绿篱，制作盆景。

(2) 南蛇藤属 Celastrus L.

落叶藤本。叶互生，有锯齿。花杂性异株，总状、圆锥或聚伞花序,腋生或顶生;花5数,内生花盘杯状。蒴果,室背3裂,种子1~2,假种皮红色或橘红色。

约50种,我国约30种。

南蛇藤(落霜红) *Celastrus orbiculatus* Thunb. 图250:

图250 南蛇藤
1. 果枝;2. 花枝;3. 花;4. 雄蕊;5. 花纵剖面;
6. 种子

落叶藤本,长达15m。小枝圆,皮孔粗大而隆起,枝髓白色充实。叶近圆形、倒卵形,先端突尖,基部近圆形,锯齿细钝。短总状花序腋生,花小,黄绿色。果橙黄色,球形,假种皮红色。花期5~6月,果熟期9~10月。

东北、华北、华东、西北、西南及华中均有分布。常生于山地沟谷及灌木丛中。

喜光,耐半荫,耐寒,耐旱,适应性强,对土壤要求不严。生长强健。

播种、扦插、压条繁殖。

霜叶红艳,蒴果橙黄,假种皮鲜红,长势旺,攀援能力强,可作棚架、岩壁攀援材料,绿化效果好,且颇具野趣。极有开发价值的藤本树种。

同属常见种有:苦皮藤(*C. angulatus* Maxim.),小枝常有4~5条棱角,褐色,有白蜡层,密生皮孔,髓心片状;叶大,长6~18cm,宽5~15cm。

思考题:

1. 本科可用于垂直绿化的树种有哪些?它们的主要特征是什么?

2. 列表区别本科5个树种。

3. 哪些性状反映出卫矛科与黄杨科之间的关系?

30. 槭树科 *Aceraceae*

乔木或灌木。叶对生,单叶或复叶;无托叶。花单性、杂性或两性;总状、圆锥状或伞房状花序;萼片4~5;花瓣4~5或无;雄蕊4~10;雌蕊由2心皮合成,子房上位,扁平,2室,每室2胚珠。翅果,两侧或周围有翅。

2属约200种,我国2属约140种。

槭树属 *Acer* L.

乔木或灌木,落叶或常绿。单叶掌状裂或不裂,或奇数羽状复叶,稀掌状复叶。花杂性同株,或雌雄异株;萼片5;花瓣5,稀无花瓣;雄蕊8;花盘环状或无花盘。双翅果,由2个一端具翅的小坚果构成。

共200种,我国140种。

分种检索表

1. 单叶:

  2. 叶裂片全缘,或疏生浅齿:

172

3. 叶掌状 5～7 裂,裂片全缘:

    4. 叶 5～7 裂,基部常截形,稀心形;果翅等于或略长于果核 …………… 元宝枫(*A. truncatum*)

    4. 叶常 5 裂,基部常心形,有时截形;果翅长为果核的 2 倍或 2 倍以上 ……… 五角枫(*A. mono*)

  3. 叶掌状 3 裂或不裂,裂片全缘或略有浅齿;两果翅近于平行 ……… 三角枫(*A. buergerianum*)

  2. 叶裂片具单锯齿或重锯齿:

    5. 叶常 3 裂(中裂片特大),有时不裂,缘有重锯齿;两果翅近于平行 ……… 茶条槭(*A. ginnala*)

    5. 叶 7～9 深裂;叶柄、花梗及子房均光滑无毛 ……………… 鸡爪槭(*A. palmatum*)

1. 羽状复叶,小叶 3～7;小枝无毛,有白粉 …………………… 复叶槭(*A. negundo*)

① 元宝枫(平基槭) *Acer truncatum* Bunge. 图 251:

落叶乔木,树冠伞形或倒广卵形。干皮浅纵裂;小枝浅黄色,光滑无毛。叶掌状 5 裂,有时中裂片又 3 小裂,叶基常截形,全缘,两面无毛,叶柄细长。花杂性,黄绿色,顶生伞房花序。翅果扁平,两翅展开约成直角,翅长等于或略长于果核。花期 4 月,果熟期 10 月。

主产黄河中、下游各省。山东习见。

弱阳性,耐半荫,喜生于阴坡及山谷;喜温凉气候及肥沃、湿润而排水很好的土壤,稍耐旱,不耐涝。萌蘗力强,深根性,抗性强,对环境适应性强。

播种繁殖。种子干藏越冬,次春温水浸种,室内混沙催芽,条播。移栽易成活。

冠大叶茂,树形优美,叶色鲜艳,叶形奇特,是优良秋色叶树种。可作庭荫树和行道树。

图 251 元宝枫

1. 花枝;2. 果枝;3. 雄花;4. 两性花;5. 种子

图 252 五角枫

1. 花枝;2. 果枝;3. 雄花;4. 雄花去花瓣
(示花盘及雄蕊);5. 雌花;6. 果(放大)

② 五角枫(色木) *Acer mono* Maxim. 图 252:

与元宝枫的区别:叶掌状 5 裂,基部心形,裂片卵状三角形,中裂无小裂,网状脉两面明显隆起。果翅展开成钝角,长为果核 2 倍。花期 4 月,果熟期 9～10 月。其余同元宝枫。

③ 三角枫 *Acer buergerianum* Miq. 图 253:

树皮暗褐色,薄条片状剥落。叶常 3 浅裂,有时不裂,基部圆形或广楔形,3 主脉,裂片全缘,或上部疏生浅齿,背面有白粉。花杂性,黄绿色;顶生伞房花序,有短柔毛。果核部分两面凸起,两果翅张开成锐角或近于平行。花期4月,果熟期9月。

原产于长江中下游各省。其余同元宝枫。

④ 茶条槭 Acer ginnala Maxim. :

树皮灰色,粗糙。叶卵状椭圆形,常3裂,中裂片较大,有时不裂或羽状5浅裂,基部圆形或近心形,缘有不整齐重锯齿,表面无毛,背面脉上及脉腋有长柔毛。花杂性,伞房花序圆锥状,顶生。果核两面突起,果翅张开成锐角或近于平行,紫红色。花期5~6月,果熟期9月。

原产东北、华北及长江下游各省。其余同元宝枫。

图 253 三角枫
1. 花枝;2. 果枝;3. 雄花;4. 果(放大)

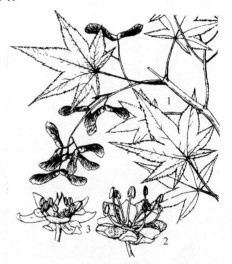

图 254 鸡爪槭
1. 果枝;2. 雄花;3. 两性花

⑤ 鸡爪槭 Acer palmatum Thunb. 图 254:

落叶小乔木,树冠伞形;树皮平滑,灰褐色。枝开张,小枝细长,光滑。叶掌状7~9深裂,基部心形,裂片卵状长椭圆形至披针形,先端锐尖,缘有重锯齿,背面脉腋有白簇毛。花杂性,紫色,伞房花序顶生,无毛。翅果紫红色至棕红色,两翅成钝角。花期5月,果熟期10月。

产华东、华中各地。北京、天津、河北有栽培。

弱阳性,耐半荫,夏季需遮荫。喜温暖湿润气候及肥沃、湿润排水良好的土壤,耐寒性不强。

播种繁殖。变种、品种用鸡爪槭的实生苗作砧木嫁接繁殖。

本种叶形秀丽,树姿婆娑,入秋叶色红艳,是较为珍贵的观叶品种。在园林绿化和盆景艺术常使用。

常见栽培品种有:紫红叶鸡爪槭(var. atropurpureum),即红枫,枝条紫红色,叶掌状,常年紫红色。金叶鸡爪槭(var. aureum),即黄枫,叶全年金黄色。细叶鸡爪槭(var. dissectum),即羽毛枫,枝条开展下垂,叶掌状7~11深裂,裂片有皱纹。深红细叶鸡爪槭(var. dissectum ornatum),即红叶羽毛枫,枝条下垂开展,叶细裂,嫩芽初呈红色,后变紫色,夏日橙黄色,入秋逐渐变红。条裂鸡爪槭(var. linearilobum),叶深裂达基部,裂片线形,缘有疏齿或近全缘。深裂鸡爪槭(var. thunbergii),即蓑衣槭,叶较小,掌状7深裂,基部心形,裂片卵圆形,先端长尖。翅果短小。

⑥ 复叶槭 Acer negundo L. 图 255:

落叶乔木,高达20m。小枝绿色无毛。奇数羽状复叶,小叶3~7,卵形至长椭圆状披针形,叶缘有不规则缺刻,顶生小叶有3浅裂。花单性异株,雄花序伞房状,雌花序总状。果翅狭长,两翅成锐角。

原产北美;我国华东、东北、华北有引种栽培。喜光,喜冷凉气候,耐干冷,对土壤要求不严。在东北生长较好,长江下游生长不良。播种、扦插均可。在北方可作庭荫树、行道树。

品种有:花叶复叶槭('Variegatum')。

思考题:

1. 槭树科与漆树科在形态上有哪些主要区别?
2. 列表区别槭树属6个树种。
3. 元宝枫的果与枫杨的果有何本质的区别?

图 255 复叶槭
1. 果枝;2. 雌花枝;3. 雄花枝

31. 七叶树科 *Hippocastanaceae*

落叶乔木稀灌木。掌状复叶对生;无托叶。花杂性同株,圆锥或总状花序,顶生,两性花生于花序基部,雄花生于上部;萼4~5;花瓣4~5,大小不等;雄蕊5~9,着生于花盘内;子房上位,3室,每室2胚株,花柱细长。蒴果,3裂,种子常1,大型,种脐大,无胚乳。

2 属 30 余种;我国 1 属 10 余种。

七叶树属 *Aesculus* L.

形态特征同科。本属我国产 10 种,引入栽培 2 种。

图 256 七叶树
1. 花枝;2. 花瓣;3. 雄蕊;4. 果;5. 果纵剖面;
6. 花图式

七叶树 *Aesculus chinensis* Bunge. 图 256:

高达 27m,胸径 150cm。树冠庞大圆球形;树皮灰褐色,片状剥落;小枝光滑粗壮,髓心大;顶芽发达。小叶 5~7,长椭圆状披针形至矩圆形,长 9~16cm,先端渐尖,基部楔形,缘具细锯齿,仅背面脉上疏生柔毛;小叶柄长 5~17mm。圆锥花序密集圆柱状,长约 25cm;花白色。果近球形,径 3~4cm,黄褐色,无刺,也无尖头;种子形如板栗,深褐色,种脐大,占一半以上。花期 5 月,果熟期 9~10 月。

新品种有:红花七叶树、彩叶七叶树。

原产黄河流域,陕西、甘肃、山西、河北、江苏、浙江等有栽培。甘肃陇东有一棵 300 多年生的古树,陇南地区分布较多,如小陇山党川林区,徽县高桥林场,成县、康县有大量散生分布。

喜光,稍耐荫;喜温暖湿润气候,较耐寒,畏酷热。喜深厚、肥沃、湿润而排水良好的土壤;深根性;萌芽力不强;生长较慢,寿命长。

播种为主,也可扦插、高压。由于种子含水量高,受

175

干易失去发芽力,故不易久藏。一般在种子成熟后及时采下(9月中旬),随即播种。秋播种子,有时会有部分幼苗出土,在霜冻前应采取防寒措施,或者将这部分小苗移走,集中防寒。带果皮(或去果皮)拌湿沙或泥炭在低温处贮藏至翌年春播亦可。在贮藏过程中要经常检查,以防霉烂和受干。春季播种前剥去果皮,将种子置阴凉通风处晾1~2天,注意观察勿使种子失水过多。播前用50%甲基托布津可湿性粉剂0.2%溶液浸种半小时,可提高发芽率。因种子大,每千克56~72粒,采用条状点播,株距15cm,行距25cm。播种沟深5~6cm,种脐向下,覆土3~4cm,轻微镇压,盖以地膜,保湿增温,有利于出苗。出芽率为80%,幼苗怕晒,需适当遮荫。当年实生苗高50cm。来年春天分栽育大,培育4年左右即可用于行道绿化。移栽时需带土球,注意切勿损伤主枝,以免破坏树形。春季在温床内根插,容易成活;也可在夏季用软枝在全光雾插床内扦插。

树姿壮丽,枝叶扶疏,冠如华盖,叶大而形美,开花时硕大的花序竖立于绿叶簇中,似一个华丽的大烛台,蔚为奇观,是世界著名观赏树,与悬铃木、鹅掌楸、银杏、椴树共称为世界五大行道树,新近被誉为21世纪极具开发价值的园林树种。最宜作为行道树和庭荫树。

思考题:

    1. 世界五大行道树是什么?

    2. 叙述七叶树的播种繁殖方法。

    3. 七叶树属与槭树属有何异同点?为什么说七叶树是世界著名观赏树之一?

32. 无患子科 *Sapindaceae*

乔木或灌木,稀草本。叶常互生,羽状复叶,稀掌状复叶或单叶;无托叶。花单性或杂性,圆锥、总状或伞房花序;萼4~5裂;花瓣4~5,有时无;雄蕊8~10;子房上位,多3室,每室具1~2或更多胚珠;中轴胎座。蒴果、核果、坚果、浆果或翅果。

约150属2000种;我国25属56种,主产长江以南各地。

(1) 栾树属 *Koelreuteria* Laxm.

落叶乔木。芽鳞2枚。1~2回奇数羽状复叶,互生,小叶有齿或全缘。花杂性,不整齐,萼5深裂;花瓣5或4,鲜黄色,披针形,基部具2反转附属物,成大形圆锥花序,通常顶生。蒴果具膜质果皮,膨大如膀胱状,熟时3瓣裂;种子球形,黑色。

共4种,我国3种,1变种。

① 栾树 *Koelreuteria paniculata* Laxm. 图257:

落叶乔木,树冠近球形。树皮灰褐色,细纵裂;无顶芽,皮孔明显。奇数羽状复叶,有时部分小叶深裂而为不完全2回羽状复叶,小叶卵形或卵状椭圆形,缘有不规则粗齿,近基部常有深裂片,背面沿脉有毛。花金黄色;顶生圆锥花序宽而疏散。蒴果三角状卵形,长4~5cm,顶端尖,成熟时红褐色或橘红色;种子黑褐色。花期6~7

图 257 栾树

1. 花枝;2. 花;3. 花盘及雌蕊;4. 花瓣;5. 果

月;果熟期9～10月。

主产华北,东北南部至长江流域及福建,西到甘肃、四川均有分布。

喜光,耐半荫;耐寒,耐干旱瘠薄,喜生于石灰质土壤,也能耐盐渍土及短期水涝。深根性,萌蘖力强;生长速度中等,幼树生长较慢,以后渐快。有较强的抗烟尘能力。

播种为主,分蘖或根插也可。种子以层积催芽者出苗良好。

本种树形端正,枝叶茂密而秀丽,春季嫩叶多为红色,入秋叶色变黄;夏季开花,满树金黄,十分美丽,是理想的绿化、观赏树种。宜作庭荫树、行道树及园景树,也可用作防护林、水土保持及荒山绿化树种。

② 黄山栾(全缘叶栾) *Koelreuteria integrifolia* Merr. 图258:

乔木,树冠广卵形。树皮暗灰色,片状剥落;小枝暗棕色,密生皮孔。2回羽状复叶,小叶7～11,长椭圆形或广楔形,全缘,或偶有锯齿。花金黄色,顶生大型圆锥花序。蒴果椭球形,长4～5 cm,顶端钝而有短尖;种子红褐色。花期9月,果熟期10～11月。

图 258 黄山栾
1. 花枝;2. 花;3. 果序枝;4. 种子

原产江苏南部、浙江、安徽、江西、湖南、广东、广西等省区。山东有栽培。

喜光,幼年耐荫;喜温暖湿润气候,耐寒性差;山东一年生苗须防寒,否则苗干易抽干,翌春从根茎处萌发新干;对土壤要求不严,微酸性、中性土上均能生长。深根性,不耐修剪。

播种为主,分根育苗也可。播种方法同栾树。

图 259 文冠果
1. 花枝;2. 花;3. 果

本种枝叶茂密,冠大荫浓,初秋开花,金黄夺目,不久就有淡红色灯笼似的果实挂满树梢;黄花红果,交相辉映,十分美丽。宜作庭荫树、行道树及园景树栽植,也可用于居民区、工厂区及农村"四旁"绿化。

(2) 文冠果属 *Xanthoceras* Bunge

本属仅1种,我国特产。

文冠果(文官果) *Xanthoceras sorbifolia* Bunge. 图259:

小乔木。树皮褐色,粗糙条裂;幼枝紫褐色。奇数羽状复叶,互生;小叶9～19,对生或近对生,披针形,长3～5cm,缘有锐锯齿。花杂性,整齐,径约2cm,萼片5;花瓣5;白色,基部有由黄变红之斑晕;花盘5裂,裂片背面各有一橙黄色角状附属物;雄蕊8;子房3室,每室7～8胚珠。蒴果椭球形,径4～6cm,果皮木质,室背3裂。种子球形,径约1cm,暗褐色。

主产华北,陕西、甘肃、辽宁、内蒙古均有分布。是华北地区的重要木本油料树种。

喜光,耐严寒和干旱,不耐涝;对土壤要求不严,在沙荒、石砾地、粘土及轻盐碱土上均能生长。深根性,主根发达,萌蘖力强。生长尚快,3～4 年生即可开花结果。

播种繁殖为主,分株、压条和根插也可。秋播或将种子层积后次年春播。

本种花序大而花朵密,春天白花满树,且有秀丽光洁的绿叶相衬,更显美观,花期可持续 20 余天,并有紫花品种。是优良的观赏兼重要木本油料树种。

(3) 无患子属 *Sapindus* L.

乔木或灌木。无顶芽。偶数羽状复叶,互生,小叶全缘。花杂性异株,圆锥花序;萼片、花瓣各 4～5;雄蕊 8～10;子房 3 室,每室 1 胚珠,通常仅 1 室发育。核果球形,中果皮肉质,内果皮革质;种子黑色,无假种皮。

约 15 种,我国 4 种。

无患子 *Sapindus mukurossi* Gaertn. 图 260:

落叶或半常绿乔木。树冠广卵形或扁球形。树皮灰白色,平滑不裂;小枝无毛,芽两个叠生。小叶 8～14,互生或近对生,卵状披针形,先端尖,基部不对称,薄革质,无毛。花黄白色或带淡紫色,顶生多花圆锥花序。核果近球形,熟时黄色或橙黄色;种子球形,黑色,坚硬。花期 5～6 月,果熟期 9～10 月。

图 260　无患子

分布淮河流域以南各省。济南植物园有栽培,露地越冬,枝干冻死,来年再发。

喜光,稍耐荫;喜温暖湿润气候,耐寒性不强;对土壤要求不严,以深厚、肥沃而排水良好之地生长最好。深根性,抗风力强,萌芽力弱,不耐修剪;生长尚快,寿命长。对 SO_2 抗性较强。

播种繁殖,秋季果熟时采收,搓去果肉,洗净阴干,湿沙层积越冬,春季播种。

本种树形高大,树冠广展,绿阴稠密,秋叶金黄,颇为美观。宜作庭荫树及行道树。若与其他秋色叶树种及常绿树种配植,更可为园林秋景增色。

(4) 龙眼属 *Dimocarpus* Lour.

常绿乔木;偶数羽状复叶,互生,小叶全缘,叶上面侧脉明显。花杂性同株,圆锥花序;萼 5 深裂;花瓣 5 或缺;雄蕊 8;子房 2～3 室,每室 1 胚珠。核果球形,黄褐色,果皮幼时具瘤状突起,熟时较平滑;假种皮肉质、乳白色、半透明而多汁。

本属共 20 种;我国产 4 种。

龙眼(桂圆) *Dimocarpus longan* Lour. 图 261:

树皮粗糙,薄片状剥落;幼枝及花序被星状毛。小叶 3～6 对,长椭圆状披针形,全缘,基部稍歪斜,表面侧脉明显。花黄色。果球形,黄褐色;种子黑褐色。花期 4～5 月,果熟期 7～8 月。

图 261　龙眼

1. 花枝;2. 果枝;3. 花;4. 花部分(示雄蕊着生)

原产台湾、福建、广东、广西、四川等省区。

稍耐荫;喜暖热湿润气候,稍比荔枝耐寒和耐旱。是华南地区的重要果树,栽培品种甚多,也常于庭园种植。

(5) 荔枝属 *Litchi* Sonn.

共2种,我国1种,为热带著名果树。

荔枝 *Litchi chinensis* Sonn. 图262:

常绿乔木,高达30m,胸径1m。树皮灰褐色,不裂。偶数羽状复叶互生,小叶2～4对,长椭圆状披针形,全缘,表面侧脉不甚明显,中脉在叶面凹下,背面粉绿色。花杂性同株,无花瓣;顶生圆锥花序;雄蕊8;子房3室,每室1胚珠。核果球形或卵形,熟时红色,果皮有显著突起小瘤体;种子棕褐色,具白色、肉质、半透明、多汁的假种皮。花期3～4月,果熟期5～8月。

原产华南、云南、四川、台湾,海南有天然林。

喜光,喜暖热湿润气候及富含腐殖质之深厚、酸性土壤,怕霜冻。是华南重要果树,品种很多,果除鲜食外可制成果干或罐头,每年有大宗出口。因树冠广阔,枝叶茂密,也常于庭园种植。木材坚重,经久耐用,是名贵用材。

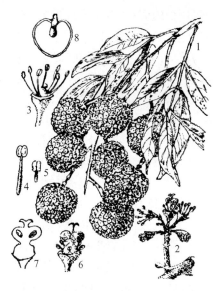

图262 荔枝

1. 果枝;2. 部分花序;3. 雄花;4. 发育雄蕊;
5. 不发育雄蕊;6. 雌花;7. 子房纵剖面;8. 果
纵剖面

思考题:

1. 本科中可用于食用的果树有哪些? 它们在形态上有何区别?
2. 无患子与龙眼在形态上有何区别? 它们有何主要用途?
3. 举例说明栾树或黄山栾的观赏特性和园林应用。

图263 枣

1. 花枝;2. 果枝;3. 花;4. 托叶刺;5. 果;
6. 果核;7. 花图式

33. 鼠李科 *Rhamnaceae*

乔木或灌木,稀藤本或草本;常有枝刺或托叶刺。单叶互生,稀对生,具托叶。花小,两性或杂性异株,聚伞或圆锥花序,腋生或簇生;萼4～5裂;花瓣4～5或缺;雄蕊与花瓣同数对生,内生花盘;子房上位或埋藏于花盘下,基底胎座。核果、蒴果或翅果。

约50属600种,我国14属约130种。

(1) 枣属 *Ziziphus* Mill.

乔木或灌木。单叶互生,叶基3出脉,少5出脉,具短柄,托叶常变为刺。花两性,聚伞花序腋生,花黄色,5数;子房上位,埋于花盘内,花柱2裂。核果,1～3室,每室种子1。

约45种,我国12种。

枣树 *Ziziphus jujuba* Mill. 图263:

落叶乔木,高10m。枝有长枝、短枝和脱落性小枝三种,长枝俗称"枣头",红褐色,光滑,有托叶刺或不明显;短枝俗称"枣股",在2年生以上长枝上互生;脱落性小枝俗称"枣吊",为纤细的无芽枝,簇生于短枝上,冬季与叶同落。叶卵状椭圆形,长3~8cm,先端钝尖,基部宽楔形,具钝锯齿。核果长1.5~6cm,椭圆形,淡黄绿色,熟时红褐色,核锐尖。花期5~6月;果熟期8~10月。

变种与品种:龙爪枣('Tortuosa'),枝、叶柄卷曲,生长缓慢,以观赏为主。酸枣(var. spinosa Hu.),常呈灌木状,但也可长成高达10余米的大树。托叶刺明显,一长一短,长者直伸,短者向后钩曲;叶较小;核果小,近球形,味酸,果核两端钝。

分布东北南部、黄河、长江流域以南各地。华北、华东、西北地区是枣的主要产区。

喜光,对气候、土壤适应性强,耐寒,耐干瘠和盐碱。轻度盐碱土上枣的糖度增加,耐烟尘及有害气体,抗风沙。根系发达,根蘖性强。

分蘖、根插、嫁接繁殖。嫁接时用酸枣或实生苗作砧木。

枣是我国北方果树及林粮间作树种,被人们称为"铁秆庄稼"。栽培历史悠久,自古就用作庭荫树、园路树,是园林结合生产的好树种。枣叶垂荫,红果挂枝,老树干枝古朴,可孤植、丛植庭院、墙角、草地,居民区的房前屋后丛植几株亦能添景增色。

果实营养丰富,富含维生素C,可鲜食或加工成多种食品,也是优良的蜜源树种。果可入药,木材可供雕刻。

图264 雀梅藤

(2) 雀梅藤属 Sageretia Brongn.

攀援灌木,有刺或无刺。单叶对生或近对生,羽状脉,有细齿;托叶小早落。花小,无柄或近无柄;穗状或圆锥花序;萼裂、花瓣、雄蕊各5;子房2~3室,埋于花盘内。核果。

约35种,我国14种。

雀梅藤(雀梅) Sageretia thea (Osbeck) Johnst. 图264:

落叶攀援灌木;小枝灰色或灰褐色,密生短柔毛,有刺状短枝。叶近对生,卵形或卵状椭圆形,长1~3cm,先端有小尖头,基部近圆形,缘有细锯齿,两面略有毛,后脱落。花序密生短柔毛,花绿白色,无柄。果近球形,熟时紫黑色。花期9~10月,果熟期翌年4~5月。

分布长江流域及其以南,山东有栽培,可露地越冬。喜光,喜温暖湿润气候,有一定的耐寒性。耐修剪。优良盆景材料,也可作绿篱。

思考题:

枣树为什么被人们称为"铁秆庄稼"?

34. 葡萄科 Vitaceae

藤本,稀直立灌木;卷须分叉,常与叶对生。单叶或复叶,互生;有托叶。花两性或杂性,聚伞、圆锥或伞房花序,且与叶对生;花部5数,花瓣分离或粘合成帽状,花时整体脱落;雄蕊与花瓣同数对生,着生于花盘外围;子房上位,2~6室,每室胚珠1~2。浆果。

约 12 属 700 种,我国 9 属 112 种。

本科许多藤木是垂直绿化的好材料,但仍处于野生状态,值得开发利用。

分属检索表

1. 花冠连合成帽状,圆锥花序;髓心褐色,茎无皮孔 ·················· 葡萄属(*Vitis*)
1. 花瓣离生,聚伞花序;髓心白色,茎有皮孔
  2. 茎有卷须,无吸盘;花盘明显 ·················· 蛇葡萄属(*Ampelopsis*)
  2. 卷须顶端扩大成吸盘;花盘无或不明显 ·················· 爬山虎属(*Parthenocissus*)

(1) 葡萄属 *Vitis* L.

藤本,以卷须攀援它物上升;髓心棕色,节部有横隔。单叶,稀复叶,缘有齿。花杂性异株;圆锥花序与叶对生;萼微小;花瓣粘合而不张开,成帽状脱落;花盘具 5 蜜腺;子房 2(4)室,每室胚珠 2;花柱短圆锥状。果肉质,内有种子 2～4 粒。

约 70 种;我国约 30 种。

葡萄 *Vitis vinifera* L. 图 265:

藤蔓长达 30m。茎皮紫褐色,长条状剥落;卷须分叉,与叶对生。叶卵圆形,长 7～20cm,3～5 掌状浅裂,裂片尖,具不规则粗锯齿;叶柄长 4～8cm。花序长 10～20cm,与叶对生;花黄绿色,有香味。果圆形或椭圆形,成串下垂,绿色、紫红色或黄绿色,表面被白粉。花期 5～6 月,果熟期 8～9 月。

原产亚洲西部,我国引种栽培已有 2 000 余年,分布极广,南自长江流域以北,北至辽宁中部以南均有栽培。品种繁多。

喜光,喜干燥和夏季高温的大陆性气候,较耐寒。要求通风和排水良好环境,对土壤要求不严。发根能力很强。扦插繁殖,也可压条或嫁接。

世界主要水果树种之一,是园林垂直绿化结合生产的理想树种。常用于长廊、门廊、棚架、花架等。翠叶满架,硕果晶莹,为果、叶兼赏的好材料。

图 265 葡萄
1. 果枝;2. 花;3. 花瓣脱落(示雄蕊、雌蕊及花盘);4. 种子

(2) 蛇葡萄属 *Ampelopsis* Michx

与葡萄属的区别:髓心白色。花两性,多为聚伞花序,与叶对生或顶生;花萼全缘,花瓣离生,逐片脱落;花柱细长。约 60 种,我国 13 种。

葎叶蛇葡萄 *Ampelopsis humilifolia* (Maxim.)Trautv. 图 266:

叶卵圆形,长宽约 7～12cm,基部心形或近平截,3～5 中裂或近深裂,叶缘具粗锯齿,表面无毛,背面苍白色,无毛或脉腋具黄绿色簇生毛;叶柄与叶片约等长。聚伞花序与叶对生,梗上有毛;花黄绿色。果径 6～8mm,熟时鲜蓝色。花期 5～6 月,果熟期 8～9 月。

分布东北南部、华北、至陕西、甘肃、安徽等。喜光,适应性强,长势旺。扦插繁殖。优良垂直绿化树种。

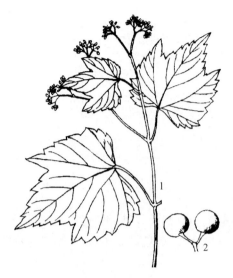

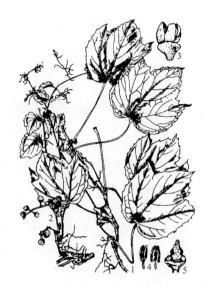

图 266　葎叶蛇葡萄
1. 花枝；2. 果

图 267　爬山虎
1. 花枝；2. 果枝；3. 花；4. 花药背、腹
面；5. 雌蕊

(3) 爬山虎属 *Parthenocissus* Planch.

藤本，卷须顶端扩大成吸盘，髓白色。叶互生，掌状复叶或单叶，具长柄。花两性，稀杂性，聚伞花序与叶对生；花部常 5 数；花瓣离生；子房 2 室，每室胚珠 2，花柱长。浆果小。

约 15 种，我国约 10 种。

① 爬山虎（地锦、爬墙虎）*Parthenocissus tricuspidata*（Sieb. et Zucc.）Planch. 图 267：

落叶藤本；卷须短，多分枝，顶端有吸盘。叶形变异很大，通常宽卵形，长 8～18cm，宽 6～16cm，先端多 3 裂，或深裂成 3 小叶，基部心形，边缘有粗锯齿，3 主脉。花序常生于短枝顶端两叶之间；花黄绿色。果球形，径 6～8mm，蓝黑色，被白粉。花期 6 月，果期 10 月。

分布华南、华北至东北各地。

对土壤及气候适应能力很强，喜荫，耐寒，耐旱，在较阴湿、肥沃的土壤中生长最佳。

扦插，亦可压条、播种繁殖。

生长力强，蔓茎纵横，能借吸盘攀附，且秋季叶色变为红色或橙色。可配植于建筑物墙壁、墙垣、庭园入口、假山石峰、桥头石壁，或老树干上。对氯气抗性强，可作厂矿、居民区垂直绿化；亦可作护坡保土植被；也是盘山公路及高速公路挖方路段绿化的好材料。

② 五叶地锦（美国爬山虎、美国地锦）*Parthenocissus quinquefolia* Planch. ：

本种与爬山虎的区别：掌状复叶，小叶 5，质较厚，叶缘具大而圆的粗锯齿。原产北美洲，在我国北京、东北等地有栽培。

思考题：

1. 五叶地锦与爬山虎在形态上有何区别？举例说明它们的观赏特性和园林用途？
2. 简述葡萄的生态习性及主要用途？
3. 列表区别葡萄属、蛇葡萄属、爬山虎属的形态特征。
4. 比较鼠李科与葡萄科形态特征的异、同点。

182

35. 杜英科 *Elaeocarpaceae*

乔木或灌木。单叶,互生或对生,有托叶或缺。花两性或杂性;单生、簇生或总状花序;萼片 4～5;花瓣 4～5 或缺,顶端撕裂状;雄蕊多数,花丝分离,生于花盘上或花盘外;子房上位,2 至多室,每室胚珠 2 至多数。核果或蒴果,有时外果皮有针刺。

12 属 400 种,分布热带、亚热带;我国 3 属 51 种。

杜英属 *Elaeocarpus* Linn.

常绿乔木。叶互生,有托叶。花常两性,腋生总状花序;萼片 4～6;花瓣 4～6,白色,顶端常撕裂;雄蕊多数,花丝分离,花药线形,顶孔开裂;具外生花盘;子房 2～5 室,每室胚珠 2～6,花柱线形。核果,内果皮硬骨质,表面常有沟纹;每室具 1 种子。

约 200 种,我国 30 余种,产东南至西南。

① 锡兰橄榄 *Elaeocarpus serratus* L.:

常绿乔木,高达 10m。叶披针形,革质,缘具疏锯齿。总状花序腋生或顶生,淡黄绿色。核果,外形很像橄榄,其果肉薄而味酸。花期 6～8 月。

原产斯里兰卡;我国西南、华南有栽培。

喜阳光充足、高温、多湿气候,对土壤要求不严,在土层深厚而排水良好的地上生长良好。

播种繁殖。

锡兰橄榄树姿挺健壮硕,叶片油亮,老叶红色艳丽,整棵树叶红绿交映,别有情趣。可作园景树、行道树。

② 杜英 *Elaeocarpus decipiens* Hemsl. 图 268:

常绿乔木,高达 15m。叶革质,披针形或矩圆状披针形。总状花序腋生,花黄白色,下垂,花瓣 4～5,顶端细裂如丝与萼片近等长。核果椭圆形。花期 6～7 月,果期初冬。

图 268 杜英
1. 果枝;2. 花序;3. 花瓣;4. 雄蕊;5. 雌蕊

产台湾、浙江、福建、广东、广西、江西等地;日本也有。

喜温暖湿润气候,宜排水良好酸性土壤,较耐荫,萌芽力强,对 SO_2 抗性强。

播种为主,也可扦插。

树冠圆整,枝叶繁茂,秋冬、早春叶片常显绯红色,红绿相间,鲜艳夺目,可用于园林绿化。

36. 椴树科 *Tiliaceae*

乔木或灌木,稀为草本;树皮富含纤维。单叶互生,稀对生,全缘或具锯齿或分裂;托叶小,常早落。花两性,稀单性,整齐;聚伞或圆锥花序;萼片 5,稀 3 或 4;花瓣与萼片同数,基部常有腺体;雄蕊极多数,分离或成束;子房上位,2～10 室,每室胚珠 1 至多数,中轴胎座。浆果、核果、坚果或蒴果。

约 60 属 450 种;我国 13 属 94 种,引入 1 属 1 种。

(1) 椴树属 *Tilia* L.

落叶乔木;顶芽缺,侧芽单生,芽鳞 2。叶互生,掌状脉 3～7,基部常心形或平截,偏斜,缘有锯齿;具长柄。花两性,花序梗下部有一枚大而宿存的舌状或带状苞片连生;花瓣基部常有1腺体;子房5室,每室有胚珠2。坚果,内果皮含有丰富的油分;种子1～3。

约80种;我国约35种。

喜光,稍耐庇荫。喜温暖湿润气候,较耐寒。喜深厚、肥沃、湿润土壤。深根性,萌芽力强。抗烟性和抗有毒气体能力强,虫害少。播种繁殖,种子需层积处理,也可萌芽更新。优质用材,花为蜜源。许多种类是优良行道树及绿化树。

分种检索表

1. 叶片下面仅脉腋有毛,上面无毛:
  2. 叶片先端常3裂,锯齿粗而疏 ·················· 蒙古椴(T. mongolica)
  2. 叶片先端不分裂,或偶分裂,锯齿有芒尖 ·········· 紫椴(T. amurensis)
1. 叶下面密被星状毛
  3. 叶缘锯齿有芒状尖头,长1～2mm;果有5条突起的棱脊 ··········· 糠椴(T. mandshurica)
  3. 叶缘锯齿先端短尖;果无棱脊,有疣状突起 ·········· 南京椴(T. miqueliana)

① 紫椴(籽椴) *Tilia amurensis* Rupr. 图269:

树高达30m。树皮浅纵裂,呈片状脱落;小枝呈“之”字形曲折。叶宽卵形至卵圆形,长4.5～6cm,先端尾尖,基部心形,缘具细锯齿,有小尖头,上面无毛,下面脉腋有黄褐色簇生毛。复聚伞花序,有花3～20朵,花黄白色,无退化雄蕊;苞片下部1/2处与花序梗联合。果近球形,长5～8mm,密被灰褐色星状毛。花期6～7月,果熟期8～9月。

分布东北及山东、河北、山西等地。

树体高大,树姿优美,夏季黄花满树,秋季叶色变黄,花序梗上的舌状苞片奇特美观,是卓越的行道树和绿阴树。

② 蒙古椴 *Tilia mongolica* Maxim. 图270:

图269 紫椴
1. 花枝;2. 果枝;3. 花;4、5. 叶下脉腋簇生毛

图270 蒙椴

与紫椴的区别:叶近圆形,上部常缺刻状 3 裂,缘具不整齐粗锯齿;下面苍白色,脉腋有簇毛。花有退化雄蕊。果密被短绒毛。花期 7 月,果熟期 9 月。

分布河南、河北、山西、辽宁、内蒙古。

③ 糠椴(大叶椴) *Tilia mandshurica* Rupr. et Maxim. 图 271:

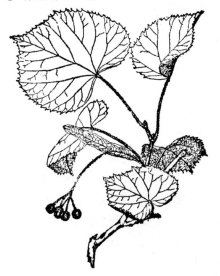

图 271 糠椴

图 272 南京椴
1. 花枝;2. 花;3. 雄蕊;4. 雌蕊

树高达 20m。树冠广卵形,小枝、芽密被灰白色星状毛。叶近圆形至宽卵形,长 5～15cm,基部稍偏斜;缘具整齐的粗锯齿,齿端芒尖,长 1～2cm;叶柄长 3～7(10)cm。退化雄蕊花瓣状;苞片下面密被星状短毛。果径 9mm,有 5 条突起棱脊,密被黄褐色星状短绒毛。

产东北、内蒙古、河北、山东、江苏北部。

④ 南京椴(密克椴、米格椴) *Tilia miqueliana* Maxim. 图 272:

树高达 20m。小枝、芽、叶下面、叶柄、苞片两面、花序柄、花萼、果实均密被灰白色星状毛。叶卵圆形至三角状卵圆形,长 4～11cm;缘具粗锯齿,有短尖头;上面深绿色,无毛。退化雄蕊花瓣状。果球形,径 9mm,无棱。

产江苏、浙江、安徽、江西等地。

(2) 扁担杆属 *Grewia* L.

灌木或乔木,直立或攀援状,有星状毛。叶互生,基部 3～5 出脉。花丛生或排成聚伞花序或有时花序与叶对生;花萼显著;花瓣基部有腺体;雄蕊多数,分离;子房 5 室,每室胚珠 2～8。核果 2～4 裂。

约 150 种,我国约 30 种。

扁担杆(娃娃拳) *Grewia biloba* G. Don. 图 273:

落叶灌木或小乔木,高达 3m。小枝密被黄褐色短毛。叶菱状卵形,长 3～9cm,先端渐尖,基部圆形或阔楔形,缘具不规则小锯齿,基部三出脉,叶柄、叶背均疏生灰

图 273 扁担杆
1. 花枝;2. 叶之星状毛;3. 花纵剖面;4. 子房横剖面;5. 果

185

色星状毛,叶柄顶端膨大。聚伞花序与叶对生,有花 3～8 朵;花淡黄绿色,径不足 1cm;萼片外面密生灰色短毛,内面无毛;子房有毛。果橙黄色或红色,径 7～12mm,2 裂。花期 6～7 月,果熟期 8～10 月。

分布长江流域及其以南各地,秦岭北坡也有分布,山东各山区均产。

喜光,耐寒,耐干瘠。对土壤要求不严,在富有腐殖质的土壤中生长更为旺盛。

可播种或分株繁殖。

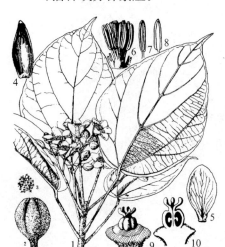

图 274 蚬木
1. 花枝;2. 花蕾;3. 毛;4. 萼片;5. 花瓣;
6,7,8. 雄蕊;9,10. 雌蕊

果实橙红鲜艳,可宿存枝头数月之久,为良好观花、观果灌木。果枝可瓶插。是值得开发推广的园林绿化好树种。

(3) 蚬木属 *Excentrodendron* Chang et Miau

常绿乔木。叶革质,全缘,基部圆形或楔形,基出脉 3,脉腋有腺体。花两性或单性异株;圆锥花序腋生,花梗常有关节;萼片 5;花瓣 5 或 3～9,白色;雄蕊多数,花丝合成 5 束;子房 5 室,每室 2 胚珠。蒴果,具纵翅 5 条。

5 种,我国 4 种;为珍贵用材树种。

蚬木 *Excentrodendron hsienmu* (Chun et How) Chang et Miau. 图 274:

高达 40m,胸径 1m;树皮光滑,小枝无毛。叶片宽卵形或卵状椭圆形,长 8～14cm,先端渐尖,基部圆形,下面脉腋有簇生毛,具明显边脉。圆锥花序具 7～13 花,花梗无关节;苞片早落;花白色。果椭圆形,长约 2cm,熟时 7 瓣裂。花期 2～3 月,果熟期 6～7 月。

分布广西、云南南部。喜光,耐旱,耐瘠薄,喜石灰质土壤;深根性。适作行道树、庭荫树、园景树。

思考题:

1. 椴树属有何特点? 椴树的园林用途和经济价值有哪些?

2. 列表区别紫椴、蒙椴、糠椴、南京椴。

37. 锦葵科 *Malvaceae*

草本、灌木或乔木。单叶互生,常掌状裂;有托叶。花两性,单生、簇生或聚伞花序;萼 5 裂,常具副萼;花瓣 5,在芽内旋转;雄蕊多数,花丝合生成筒状,花药 1 室;子房上位,2 至多室,中轴胎座。蒴果,室背开裂或分裂为数果瓣。

约 50 属 1 000 种,我国约 16 属 50 种。

(1) 木槿属 *Hibiscus* L.

草本或灌木,稀为乔木。叶掌状脉。花常单生叶腋;花萼 5 裂,宿存,副萼较小;花瓣 5,基部与雄蕊筒合生,大而显著;子房 5 室,花柱顶端 5 裂。蒴果室背 5 裂;种子无毛或有毛。

约 200 种,我国 20 种。多为观赏花木。

分种检索表

1. 副萼全部离生：
  2. 花瓣不分裂，副萼长达 5mm 以上：
    3. 叶卵形或菱状卵形，不裂或端部 3 浅裂：
      4. 叶菱状卵形，端部常 3 浅裂；蒴果密生星状绒毛 ························· 木槿（*H. syriacus*）
      4. 叶卵形，不裂；蒴果无毛 ······························· 扶桑（*H. rosa-sinensis*）
    3. 叶掌状心形，掌状 3～5(7)裂，密被星状毛和短柔毛 ·············· 木芙蓉（*H. mutabilis*）
  2. 花瓣细裂如流苏状，副萼长不过 2mm ······················· 吊灯花（*H. schizopetalus*）
1. 副萼基部合生，上部 9～10 齿裂；叶广卵形；花黄色·················· 黄槿（*H. tiliaceus*）

① 木槿 *Hibiscus syriacus* L. 图 275：

落叶灌木。小枝幼时密被绒毛，后脱落。叶菱状卵形，基部楔形，端部常 3 裂，3 出脉，边缘有钝齿，仅背面脉上稍有毛。花单生枝端叶腋，单瓣或重瓣，淡紫、红白等色。蒴果卵圆形，密生星状绒毛。花期 6～9 月；果熟期 9～11 月。

原产东亚；我国东北南部至华南各地有栽培。

喜光，耐半荫；喜温暖湿润气候，也颇耐寒；适应性强，耐干瘠，不耐积水。萌蘖性强，耐修剪。对 SO_2、Cl_2 等抗性较强。

播种、扦插、压条繁殖。扦插易生根。

夏秋开花，花期长而花朵大，且有许多不同花色、花型的变种和品种，是优良的园林观花树种。常作围篱及基础种植材料，也宜丛植于草坪、路边或林缘。因具有较强抗性，故也是工厂绿化的好树种。

图 275 木槿
1. 花枝；2. 果枝；3. 花纵剖面

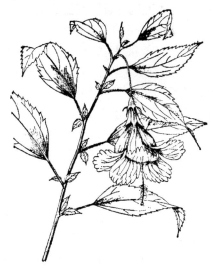

图 276 扶桑

② 扶桑（朱槿）*Hibiscus rosa-sinensis* L. 图 276：

落叶大灌木，高达 6m。叶卵形至长卵形，先端尖，缘有粗齿，基部全缘，3 出脉，表面有光泽。花冠通常鲜红色，径 6～10cm，花丝和花柱长，伸出花冠外；近顶端有关节。蒴果卵球形，顶端有短喙。全年花开不断,夏秋最盛。

分布于华南,包括福建、台湾、广东、广西、云南、四川等。

喜光,喜温暖湿润气候,不耐寒。长江流域及其以北地区需温室越冬。扦插繁殖。

为美丽的观赏花木,花大色艳,花期长;花色有红、粉红、橙黄、黄、粉边红心及白色等品种,有单瓣和重瓣。盆栽扶桑是布置节日公园、花坛、宾馆、会场及家庭的好材料。马来西亚国花。

图 277 木芙蓉

③ 木芙蓉(芙蓉花) *Hibiscus mutabilis* L. 图 277:

落叶灌木或小乔木。小枝、叶片、叶柄、花萼均密被星状毛和短柔毛。叶广卵形,掌状 3～5(7)裂,基部心形,缘有浅钝齿。花大,单生枝端叶腋,花冠白色,淡紫色,后变深红色;花梗长 5～8cm,近顶端有关节。蒴果扁球形,有黄色刚毛及绵毛,果瓣 5;种子肾形,有长毛。花期 9～10 月;果熟期 10～11 月。

原产我国西南部,华南至黄河流域以南广泛栽培,成都最盛,故称"蓉城"。

喜光,稍耐荫;喜温暖湿润气候,不耐寒,在长江流域及其以北地区露地栽培时,冬季地上部分常冻死,但第 2 年春季能从根部萌发新条,秋季能正常开花。生长较快,萌蘖性强。对 SO_2 抗性特强,对 Cl_2、HCl 也有一定抗性。

扦插、压条、分株、播种繁殖。

秋季开花,花大而美,其花色、花型随品种不同丰富变化,是一种很好的观花树种。由于性喜近水,种在池旁水畔最为适宜。花开时波光花影,互相掩映,景色妩媚,因此有"照水芙蓉"之称。此外,植于庭院、坡地、路边、林缘及建筑前,或栽作花篱,都很合适。

④ 吊灯花(拱手花篮) *Hibiscus schizopetalus* (Mast.)Hook. f. 图 278:

灌木,枝细长拱垂,光滑无毛。叶椭圆形或卵状椭圆形,先端尖,基部广楔形,缘有粗齿,两面无毛。花单朵腋生,花梗细长,中部有关节;花大而下垂,花瓣红色,深细裂成流苏状,向上反卷;雄蕊柱长而突出;副萼极小,长 1～2mm。

原产非洲热带;华南庭园有栽培。很不耐寒,长江流域及其以北各城市常温室盆栽观赏。常扦插繁殖。几乎全年开花,是极美丽的观赏植物。

⑤ 黄槿 *Hibiscus tiliaceus* L. 图 279:

常绿小乔木,高 4～7m。叶广卵形,基部心形,全缘或偶有不显之 3～5 浅裂,表面深绿而光滑,背面灰白色并密生星状绒毛,革质。花黄色,副萼基部合生,上部 9～10 齿裂,宿存。蒴果卵形,被柔毛,5 瓣裂。花期 6～8 月。

原产华南。喜温暖湿润、排水良好的酸性土壤,抗风力强,不耐寒。生长快,深根性。扦插繁殖。多生于海边,可用作华南海岸防沙、防风及防潮树种;也可作行道树。

(2) 悬铃花属 *Malvaviscua* Dill. ex Adans.)

灌木或亚灌木。叶互生,心形,浅裂或不分裂。花腋

图 278 吊灯花

188

生,略倒垂,红色苞片 7～12 片,狭窄;花萼 5 裂;花瓣 5 片,直立而不开张;花丝突出花冠外;子房 5 室。肉质浆果。

图 279　黄槿

图 280　悬铃花

悬铃花 *Malvaviscus arboreus.* 图 280:

常绿小灌木。单叶互生,卵形至近圆形,有时浅裂,叶形变化较多,叶面具星状毛。花单生于上部叶腋,下垂;花冠漏斗形,鲜红色,花瓣基部有显著耳状物,仅上部略为展开;雄蕊集合成柱状,长于花瓣。肉质浆果。全年开花。

原产墨西哥至秘鲁及巴西。不择土壤,耐湿。嫩枝扦插生根容易。栽培容易,管理粗放。

本种花期长。适宜热带、亚热带地区的园林绿化。可盆栽观赏。

同属栽培的变种有:小悬铃花(var. *drummondii*),叶具对称裂片,花大,红色。垂悬铃花(var. *penduliflorus*),叶披针形至卵形,无裂片、少裂片或掌状分裂,花下垂,大红色。

思考题:

1. 悬铃花与吊灯花在形态上有何区别?

2. 木槿与黄槿在形态上有何区别?

38. 木棉科 *Bombacaceae*

乔木。单叶或掌状复叶,互生;托叶早落。花两性,大而美丽,单生或圆锥花序;具副萼,萼5裂;花瓣5,稀缺;雄蕊5至多数,花丝合生成筒状或分离,花药1室;子房上位,2～5室,每室2至多数胚珠,中轴胎座。蒴果,室背开裂或不裂,果皮内壁有长毛。

约20属180种,主产美洲热带;我国1属2种,引入栽培2属2种,主产广东、广西。

(1) 木棉属 *Gossampinus* Buch.-Ham.

落叶大乔木,茎常具粗皮刺;枝髓大而疏松。掌状复叶,小叶全缘,无毛。花单生,常红色,先叶开放;花萼杯状,不规则分裂;花瓣倒卵形;雄蕊多数,排成多轮,外轮花丝合成5束;子房5室,柱头5裂,胚珠多数。蒴果木质,室间5裂。

约6种,我国1种。

木棉(攀枝花) *Gossampinus malabarica*(DC.)Merr. 图 281：

图 281 木棉
1. 叶枝；2. 花枝；3. 花纵剖面；4. 雄蕊；5. 子房横剖面；6. 果

树高达 40m。树干端直，树皮灰白色，枝轮生，平展；幼树树干及枝具圆锥形皮刺。小叶 5～7，长椭圆形至长椭圆状披针形，长 7～17cm，先端近尾尖，小叶柄长 1.5～3.5cm。花径约 10cm，簇生枝端；花萼杯状，长 3～4.5cm，常 5 浅裂；花瓣 5，红色，厚肉质；雄蕊多数，合生成短管，排成 3 轮，最外轮集生为 5 束。果椭圆形，长 15～20cm，内有棉毛；种子多数，黑色。花期 2～3 月，先叶开放，果熟期 6～7 月。

分布福建、台湾、广西、广东、四川、云南、贵州等省区南部。

喜光，喜暖热气候，很不耐寒，较耐干旱。深根性，萌芽性强，生长迅速。树皮厚，耐火烧。

播种、分蘖、扦插等法繁殖。蒴果成熟后曝裂，种子易随棉絮飞散。故要在果开裂前采收，置阳光下晒裂，在处理棉絮纤维时拣出种子。种子贮藏时间不宜过长，一般在当年雨季播种。

树形高大雄伟，树冠整齐，早春先叶开花，如火如荼，十分红艳美丽。在华南各城市栽作行道树、庭荫树及庭园观赏树，开花时是最美丽、最显著树种之一。杨万里有"即是南中春色别，满城都是木棉花。"的诗句。木棉是广州市花，也是华南干热地区重要造林树种。

(2) 瓜栗属 *Pachira* Aubl.

常绿乔木。掌状复叶互生，小叶 3～9，全缘。花单生叶腋，具梗；苞片 2～3 枚；花萼杯状，平截或具不明显的浅齿，内面无毛，宿存；花瓣长圆形或线形，白色或淡红色，外被绒毛；雄蕊多数，基部合生成管，基部以上分离为多束，每束再分离为多数花丝；子房 5 室，每室胚珠多数；花柱伸长，柱头 5 浅裂。果近长圆形，木质或革质，室背 5 裂，内面具长绵毛。种子大，近梯状楔形，无毛，种皮脆，光滑。

共 2 种，产美洲热带，我国引入 2 种。

马拉巴栗(发财树、瓜栗、美国花生) *Pachira macrocarpa* Walp. 图 282：

小乔木。幼枝栗褐色，无毛。小叶 5(7～11)，长圆形至倒卵状长圆形，先端渐尖，基部楔形；中央小叶较外侧小叶长大；中脉表面平，背面明显隆起，侧脉 16～20 对，至边缘附近连结为一圈波状集会脉，其间网脉细密，均于背面隆起。花梗被黄色星状毛；萼杯状，近革质；花瓣淡黄绿色，狭披针形至线形，长达 15cm，上半部反卷；

图 282 瓜栗
1. 花果枝；2. 种子

雄蕊管较短,分裂为多数雄蕊束,每束再分裂为7～10枚细长的花丝;雄蕊下部黄色,上部红色;花柱长于雄蕊,深红色;柱头5浅裂。蒴果近梨形,木质,黄褐色;种子多数,有白色螺纹,楔形,表皮暗褐色。花期5～11月,果先后成熟(一年两次,7～8月和12至翌年1月)。

原产墨西哥至哥斯达黎加,为热带和亚热带树种。现世界各地均有引种栽培。

喜温暖气候,对土壤要求不严,具有弱酸性的一般土壤就能生长良好。

多用播种繁殖,扦插也可,但扦插苗的基部不会膨大。

树形伞状,树干苍劲古朴,茎基部膨大肥圆,枝叶潇洒婆娑,极具自然美,观赏价值很高。尤其将其打编后栽培利用更具装饰观赏效果。盆栽用于商场、宾馆、会堂、公寓及办公场所的室内绿化美化,效果极佳。

39. 梧桐科 *Sterculiaceae*

乔木、灌木或草本;植物体常被星状毛。单叶互生,或掌状分裂;托叶早落。花两性、单性或杂性,整齐,单生或成各式花序;花瓣5或缺;雄蕊多数,花丝常连合成管状,稀少数而分离,外轮常有退化雄蕊5;子房上位,2～5室,每室2至多数胚珠,中轴胎座,稀为单心皮。蓇葖果、蒴果或核果。

约68属1 100种,我国有19属84种3变种。

(1) 梧桐属 *Firmiana* L.

落叶乔木。小枝粗壮;顶芽发达,密被锈色绒毛。叶掌状分裂,互生。花单性,顶生圆锥花序;萼5深裂,花瓣状;无花瓣;雄蕊10～12,花药聚生于雄蕊筒顶端;子房圆球形,有柄,5室。蓇葖果成熟前沿腹缝线开裂,果瓣匙状,膜质,有2～4种子着生于果瓣近基部的边缘;种子球形,种皮皱缩。

共15种,我国有3种。

梧桐(青梧) *Firmiana simplex* (L.)W. F. Wight. 图283:

树高达16m。树干端直,树冠卵圆形;干枝翠绿色,平滑。单叶互生,掌状3～5中裂,裂片全缘,径15～30cm,基部心形,下面被星状毛;叶柄约与叶片等长。萼裂片长条形,黄绿色带红,向外卷。果匙形,网脉明显。花期6月,果熟期9～10月。

分布华东、华中、华南、西南及华北各地。

喜光,喜温暖气候及土层深厚、肥沃、湿润、排水良好、含钙丰富的土壤。深根性,直根粗壮,萌芽力弱,不耐涝,不耐修剪。春季萌芽期较晚,但秋季落叶很早,故有"梧桐一叶落,天下尽知秋"之说。

以播种为主,也可扦插、分根。种子应层积催芽。

树干端直, 干枝青翠, 绿阴深浓, 叶大而形美,且秋季转为金黄色, 洁静可爱。为优美的庭荫树和行道树。与棕榈、竹子、芭蕉等配植,点缀假山石园景,协调古雅, 具有我国民族风格。"栽下梧桐树,引来金凤凰"即为此树。对多种有毒气体有较强抗性, 可作厂矿绿化树种。

图283 梧桐
1. 花枝;2. 果;3. 雄花;4. 雌花

191

（2）苹婆属 *Sterculia* L.

常绿乔木；被星状毛。单叶，全缘或掌状深裂，稀掌状复叶。花杂性，圆锥花序腋生；萼片5；无花瓣；花药聚生于花丝筒顶端，包围退化雌蕊；子房上位，3～5心皮，每心皮具2至多个胚珠，花柱基部合生，柱头5，靠合。蓇葖果革质或木质，熟时开裂，内有种子1至多数。

300种，主产亚洲热带；我国23种，产南部至西南部，盛产云南。

苹婆（凤眼果、七姐果）*Sterculia nobilis* Smith. 图284：

图 284　苹婆
1. 果枝；2. 花；3. 雄花纵剖

乔木，高达20m。树冠卵圆形；树皮褐黑色。幼枝疏生星状毛，后变无毛。单叶，倒卵状椭圆形或矩圆状椭圆形，长3～25cm，先端突尖或钝尖，基部近圆形，全缘，无毛，羽状侧脉8～10对；叶柄长2～5cm。花序长8～28cm，下垂；花萼粉红色；花柱弯曲。蓇葖果，椭圆状短矩形，长约4～8cm，密被短绒毛，顶端有喙，果皮革质，熟时暗红色；种子1～4，近球形，红褐色，长约2cm，径1.5cm。花期5月，果熟期8～9月。

分布广东、广西、海南、云南等省。

喜光，宜土层深厚，适当湿润的壤土。

播种繁殖，扦插、分株也可。

树冠卵圆形，枝叶浓密，宜作园景树、庭荫树。木材坚韧，可供制器具及板料。

思考题：

梧桐与泡桐有何主要区别？

40. 猕猴桃科 *Actinidiaceae*

乔木、灌木或藤本。单叶互生，羽状脉，叶有粗毛或星状毛。花两性或单性异株，单生、簇生或聚伞花序；萼片5；花瓣5；雄蕊10或多数，离生或基部合生；子房上位，3～5或多室，胚珠多数，中轴胎座。浆果或蒴果。

13属约370种，我国4属约90种。

猕猴桃属 *Actinidia* Lindl.

落叶藤本。冬芽小，包于膨大的叶柄内。叶缘有齿或偶为全缘，叶柄长。单生或聚伞花序腋生，雄蕊多数，离生；子房多室，胚珠多数。浆果，种子细小。

约56种，我国50余种。

猕猴桃（中华猕猴桃）*Actinidia chinensis* Planch. 图285：

落叶藤本。幼枝密生灰棕色柔毛，老时渐脱落；髓白色，片隔状。单叶互生，圆形、卵圆形或倒卵形，先端突尖或平截，缘有刺毛状细齿，上面暗绿色，沿脉疏生毛，下面灰白色密生星状绒毛，叶柄密生绒毛。花3～6朵成聚伞花序，

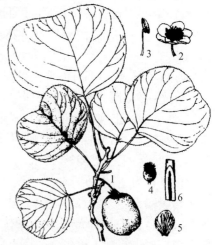

图 285　猕猴桃
1. 果枝；2. 花；3. 雄蕊；4. 雌蕊；5. 花瓣；
6. 髓心

乳白色,后变黄,芳香。浆果椭球形,密被棕色绒毛,熟时橙黄色。花期6月,果熟期9~10月。

分布黄河及长江流域以南各省区。

喜光,耐半荫。喜温暖湿润气候,较耐寒,喜深厚湿润肥沃土壤。肉质根系,不耐涝,不耐旱,主侧根发达,萌芽力强,萌蘖性强,耐修剪。

扦插、嫁接、播种繁殖。

本种花淡雅芳香,硕果垂枝,适于棚架、绿廊、栅栏攀援绿化,也可攀附在树上或山石陡壁上。

果实营养丰富,味酸甜,鲜食或制果酱、果脯。茎皮和枝髓含胶质,可作造纸胶料。花是蜜源,也可提取香料,根、茎、叶入药。

41. 山茶科 *Theaceae*

乔木或灌木,多常绿。单叶互生,羽状脉;无托叶。花两性,单生或簇生叶腋,稀形成花序;萼片5~7,常宿存;花瓣5,稀4或更多;雄蕊多数,有时基部合生或成束;子房上位,2~10室,每室2至多数胚珠,中轴胎座。蒴果,室背开裂,浆果或核果状不开裂。

约20属250种,我国15属190种。

分属检索表

1. 蒴果,开裂:
 2. 种子大,球形,无翅;芽鳞5枚以上 ································ 山茶属(*Camellia*)
 2. 种子小而扁,边缘有翅;芽鳞3~4枚 ······················· 木荷属(*Schima*)
1. 浆果,不开裂;叶簇生于枝端,侧脉不明显 ··············· 厚皮香属(*Ternstroemia*)

(1) 山茶属 *Camellia* L.

常绿小乔木或灌木。叶革质,有锯齿,具短柄。花单生或簇生叶腋;萼片5至多数;花瓣5;雄蕊多数,2轮,外轮花丝连合,着生于花瓣基部,内轮花丝分离;子房上位,3~5室,每室4~6胚珠。蒴果,室背开裂,种子球形或有角棱,无翅。

约220种,我国190余种。

本属树种喜温暖、湿润、半阴半阳环境,不耐烈日曝晒,不耐寒,过热、过冷、干燥、多风均不适宜。要求空气湿度大。喜肥沃、疏松、排水良好、富含腐殖质的沙质酸性土壤。云南山茶对环境条件要求最严格,山茶次之,茶梅适应性最强。

分种检索表

1. 花不为黄色:
 2. 花较大,无梗或近无梗;萼片脱落:
  3. 花径6~19cm;全株无毛:
   4. 叶表面有光泽,网脉不显著 ······················ 山茶(*C. japonica*)
   4. 叶表面无光泽,网脉显著 ······················ 滇山茶(*C. reticulata*)
  3. 花径4~6.5cm;芽鳞、叶柄、子房、果皮均有毛:
   5. 芽鳞表面有粗长毛;叶卵状椭圆形 ················· 油茶(*C. oleifera*)
   5. 芽鳞表面有倒生柔毛;叶椭圆形至长椭圆状卵形 ····· 茶梅(*C. sasangua*)
 2. 花小,具下弯花梗;萼片宿存 ························· 茶(*C. sinensis*)

① 山茶（山茶花、耐冬）Camellia japonica L. 图286：

图286 山茶
1. 花枝；2. 果

灌木或小乔木。小枝淡绿色或紫绿色。叶卵形、倒卵形或椭圆形，先端渐尖，基部楔形，叶缘有细齿，叶表有光泽，网脉不显著。花单生或对生于枝顶或叶腋，无梗；萼密被短毛；花瓣5～7或重瓣，大红色，近圆形，顶端微凹；花丝基部连合成筒状；子房无毛。果近球形，径2～3cm，无宿存花萼；种子椭圆形。花期2～4月，果秋季成熟。

原产我国和日本。我国秦岭、淮河以南为露地栽培区，东北、华北、西北温室盆栽。

播种、压条、扦插、嫁接繁殖。种子采收后应随采随播。对于不易生根的品种，多采用嫁接繁殖，用实生苗或扦插苗作砧木。

山茶是我国传统名花，品种达300多个，通常分3个类型：单瓣、半重瓣、重瓣。本种叶色翠绿而有光泽，四季常青，花朵大，花色美，从11月即可开始观赏早花品种而晚花品种至次年3月始盛开，故观赏期长达5个月。其开花期正值其他花较少的季节，故更为珍贵。

同属变种及品种有：白山茶(var. alba Lodd.)，花白色。红山茶(var. anemoniflora Curtis.)，花红色，花型似牡丹，有5片大花瓣，雄蕊部分瓣化。紫山茶(var. lilifolia Mak.)，花紫色，叶呈狭披针形，形似百合。

② 云南山茶(滇山茶) Camellia reticulata Lindl. 图287：

小乔木或大灌木。小枝无毛，棕褐色。叶椭圆状卵形至卵状披针形，锯齿细尖，叶表深绿而无光泽，网状脉显著。花2～3朵腋生，无花柄，形大，淡红色至深紫色，多重瓣；萼片形大，内方数枚呈花瓣状；子房密生柔毛。蒴果扁球形，木质，无宿存萼片。花期极长，12月至翌年4月，因品种而异。

原产云南西部及中部海拔1 900～2 600m的沟谷、阴坡湿润地带，云南境内广泛栽培。

播种繁殖多用于培育新品种或培养砧木。种子采收后，随采随播或层积沙藏，否则种子失水即失去发芽力。用靠接繁殖，以白洋茶的扦插苗作砧木，4～6月进行。也可劈接、芽接。5～7月行扦插繁殖。

云南山茶是我国特产，在全世界享有盛名。叶常绿，花艳丽，花朵繁密，妍丽可爱，花开时如天边云霞，形成一片花海。是很好的观赏花木。变种及品种达百余个，有很高的观赏价值和经济价值。

③ 金花茶 Camellia chrysantha (Hu) Thyama. 图288：

小乔木，干皮灰白色，平滑，小枝无毛。叶长椭圆形至

图287 云南山茶

图 288 金花茶
1. 花枝；2. 果

宽披针形，先端尖尾状，叶基楔形，叶表侧脉显著下凹，革质。

花 1～3 朵腋生；苞片、萼片各 5；花瓣金黄色，10～12 枚；子房无毛，3 室，花柱 3，离生；蒴果扁圆形，端凹，无毛，萼宿存。花期 11 月至次年 3 月。

产广西。园艺珍品，茶花育种的重要亲本材料。国家一级重点保护树种。

金花茶花色金黄，多数种具蜡质光泽，晶莹可爱，花莆多样，秀丽雅致，是山茶类群中的"茶族皇后"。

可栽培观赏的尚有：夏花金花茶(C. ptilosperma)，常绿大灌木或小乔木，花期 5～11 月。毛瓣金花茶(C. pubipelata)，常绿小乔木或灌木，枝、叶、花、果被短柔毛，花大。薄叶金花茶(C. chrysanthoides)，常绿灌木，叶较薄，是金花茶中唯一叶片为纸质或膜质的种。苹果金花茶(C. pingguoensis)，常绿灌木，花瓣薄，淡黄色。显脉金花茶(C. euphlebia)，常绿小乔木或灌木，叶脉明显，叶片宽大，有光泽。凹脉金花茶(C. impressinervis)，常绿小乔木或灌木，叶脉向叶背凸出，网状小脉皱缩，叶面光亮，花梗较粗大，花瓣较多。

④ 茶梅 Camellia sasangua Thunb. 图 289：

本种与云南山茶及金花茶的主要区别为：小枝、芽鳞、叶柄、子房、果皮均有毛，且芽鳞表面有倒生柔毛。叶椭圆形至长卵形。花白色，无柄，较小，径小于 4cm。蒴果，无宿存花萼，内有种子 3 粒。花期 11 月至翌年 1 月。

原产长江以南地区。播种、扦插、嫁接等法繁殖。茶梅可作基础种植及常绿篱垣材料，开花时为花篱，落花后又为常绿绿篱，故很受欢迎。

⑤ 茶 Camellia sinensis(L.)O. Ktze. 图 290：

图 289 茶梅

图 290 茶
1. 花枝；2. 去花萼、花瓣后的花纵剖面；
3. 子房横剖面；4. 果(未开裂)

195

灌木或乔木,常呈丛生灌木状。叶革质,长椭圆形,叶端渐尖或微凹基部楔形,叶缘有锯齿,叶脉明显,背面有时有毛。花白色,芳香,1～4朵腋生;花梗下弯;萼片5～7,宿存;花瓣5～9。蒴果扁球形;种子棕褐色。花期10月,果翌年10月成熟。

原产我国,山东至海南岛均见栽培。

喜温暖湿润气候,年均温15～25℃,能忍受短期低温。喜光,稍耐荫。喜深厚肥沃排水良好的酸性土壤。深根性,生长慢,寿命长。

播种、扦插。播种在冬春进行。扦插在3～10月进行,夏季6～7月扦插最易成活。

茶花色白芳香,在园林中可作绿篱栽培,可结合茶叶生产,是园林结合生产的好灌木。

⑥ 油茶 *Camellia oleifera* Abel. 图291:

小乔木或灌木。芽鳞有黄色粗长毛,嫩枝略有毛。叶卵状椭圆形,有锯齿;叶柄有毛。花白色,1～3朵腋生或顶生,无花梗;萼片多数,脱落;花瓣5～7,顶端2裂;雄蕊多数,外轮花丝仅基部合生;子房密生白色丝状绒毛。蒴果,果瓣厚木质,2～3裂;种子1～3粒,黑褐色,有棱角。花期10～12月,果翌年

图291 油茶
1. 花枝;2. 雄蕊;3. 雌蕊;4. 果;5种子

9～10月成熟。

分布长江流域及以南各省,以河南南部为北界。播种繁殖,随采随播,或沙藏后于次年春播,扦插也可。重要木本油料树种。

(2)木荷属 *Schima* Reinw. ex Bl.

常绿乔木。芽鳞少数。单叶互生,革质,全缘或有钝齿。花两性,单生或短总状花序,腋生,具长柄;萼片5,宿存;花瓣5,白色;雄蕊多数,花丝附生于花瓣基部;子房5室,每室具2～6胚珠。蒴果球形,木质,室背5裂;种子肾形,扁平,边缘有翅。

共30种,我国19种。

木荷(荷树) *Schima superba* Gardn. et Champ. 图292:

树高达30m。树冠广卵形;树皮褐色,纵裂。嫩枝带紫色,略有毛。叶卵状长椭圆形至矩圆形,长10～12cm,叶端渐尖,叶基楔形,叶缘中部以上有钝锯齿,叶背绿色无毛。花白色,芳香。蒴果球形。花期5月,果熟期9～11月。

原产华南、西南,长江流域以南广泛分布。

树冠浓荫,花有芳香,可作庭荫树、风景树。由于叶片为厚革质,耐火烧,萌芽力又强,故可植为防火带树种。若与松树混植,尚有防止松毛虫蔓延之效。

图292 木荷
1. 花枝;2. 果;3. 示雌蕊;4. 部分花瓣,示雄蕊;5. 种子

（3）厚皮香属 *Ternstroemia* Mutis ex L. f.

图 293 厚皮香
1. 果枝；2. 花枝；3. 花

常绿乔木或灌木。叶常簇生枝顶，革质，全缘，侧脉不明显。花两性，单生叶腋；萼片 5，宿存；花瓣 5；雄蕊多数，2 轮排列，花丝连合；子房 2～4 室，每室胚珠 2 至多数；浆果，种子 2～4 粒。

共 150 种，我国 20 种。

厚皮香 *Ternstroemia gymnanthera*（Wight et Arn.）Sprague. 图 293：

小乔木或灌木。叶椭圆形至椭圆状倒披针形，先端钝尖，叶基渐窄且下延，叶表中脉显著下凹，侧脉不明显。单花腋生，淡黄色。浆果球形，花柱及萼片均宿存。花期 7～8 月。

分布湖北、湖南、贵州、云南、广西、广东、福建、台湾等省。

喜温热湿润气候，不耐寒；喜光也较耐荫；在自然界多生于海拔 700～3 500m 的酸性土山坡及林地。树冠整齐，枝叶繁茂，光洁可爱，叶青绿，花黄色，姿色不凡。故植庭园供观赏。

思考题：

1. 山茶和滇山茶在形态上有什么主要区别？
2. 茶梅与滇山茶、山茶在形态上有哪些区别？
3. 金花茶有哪些主要用途？

42. 藤黄科 *Guttiferae*

乔木、灌木、草本。单叶对生，全缘，有腺点；无托叶。花两性或单性，萼片、花瓣各 4～5；雄蕊多数；子房上位，通常 3～5 心皮，3～5 室，胚珠多数，中轴胎座。蒴果或浆果。

约 40 属 1 000 种，我国 6 属 60 种。

金丝桃属 *Hypericum* L.

多年生草本或灌木。叶对生或轮生，有透明或黑色腺点，无柄或具短柄。花两性，单生或聚伞花序，黄色；萼片、花瓣各 5；雄蕊分离或 3～5 束；花柱 3～5。蒴果，室间开裂。

约 300 种，我国约 50 种。

① 金丝桃 *Hypericum chinensis* L. 图 294：

常绿或半常绿灌木，高约 1m。全株光滑无毛；小枝红褐色，具 2～4 线棱；叶无柄，长椭圆形，长 4～8cm，基部渐狭而少包茎，上面绿色，背面粉绿色，网脉明显。花鲜黄色；雄蕊多数，5 束，较花瓣长；花柱连合，仅顶端 5

图 294 金丝桃
1. 花枝；2. 雌蕊；3. 果序；4. 果；5. 种子

裂。果卵圆形。花期 6～7 月，果熟期 8～9 月。

分布山东、河南以南至华中、华东、华南，西南至四川。

喜光亦耐荫，稍耐寒，喜肥沃中性壤土，忌积水。常野生于湿润河谷或溪旁半阴坡。萌芽力强，耐修剪。

分株、扦插、播种均可。

花似桃花，花丝金黄，仲夏叶色嫩绿，黄花密集，是南方庭院中常见的观赏花木。列植、丛植于路旁、草坪边缘、花坛边缘、门庭两旁均可，也可植为花篱，也是切花材料。

② 金丝梅 *Hypericum patulum* Thunb.：

与金丝桃的区别：幼枝无棱，叶卵形至卵状长圆形。雄蕊短于花瓣，花柱离生。其余同金丝桃。

思考题：

金丝桃与金丝梅在形态上有何区别？

43. 柽柳科 *Tamaricaceae*

亚灌木、灌木或小乔木；小枝纤细。单叶互生，鳞形；无托叶。花小，两性，整齐，单生或排成穗状、总状或圆锥花序；萼片和花瓣均 4～5；雄蕊 4～5 或多数贴生于花盘上；子房上位，1 室，胚珠 2 至多数，侧膜胎座或基生胎座，花柱 2～5，分离或基部合生。蒴果，种子顶端有束毛或有翅。

共 5 属约 120 种，我国 4 属 27 种。

柽柳属 *Tamarix* L.

落叶灌木或小乔木；非木质化小枝纤细，冬季凋落。叶鳞形，抱茎。总状花序，有时组成圆锥状，侧生或顶生，白色或淡红色；雄蕊 4～10，离生；花盘具缺裂；花柱顶端扩大。果 3～5 瓣裂；种子多数，微小，顶部有束毛。

约 90 种，我国约 16 种。

柽柳（三春柳、红荆条）*Tamarix chinensis* Lour. 图 295：

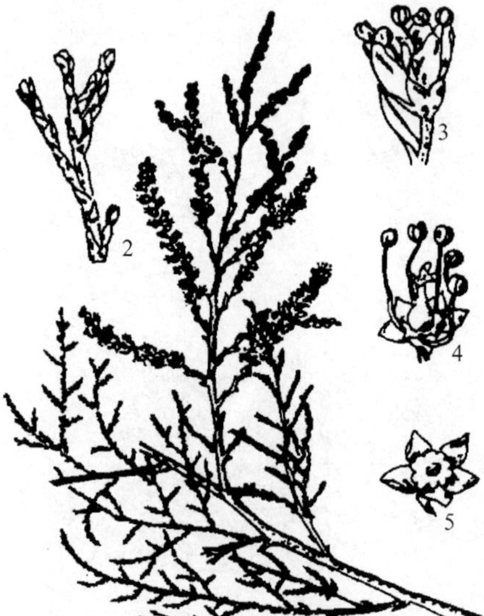

树高达 7m。树冠圆球形；小枝细长下垂，红褐色或淡棕色。叶长 1～3mm，先端渐尖。总状花序集生为圆锥状复花序，多柔弱下垂；花粉红色或紫红色，苞片线状披针形；萼、瓣、雄蕊各 5，花盘 10 裂；柱头 3 裂。果 3 裂，长 3～3.5mm。花期春、夏季，有时 1 年 3 次开花，果熟期 10 月。

分布长江流域中下游至华北、辽宁南部各地，华南、西南有栽培。

喜光，不耐庇荫。对气候适应性强，耐干旱，耐高温和低温。对土壤要求不严，耐盐土（0.6%）及盐碱土（pH7.5～8.5）能力极强，叶能分泌盐分，为盐碱地指示植物。深根性，根系发达，抗风力强。萌蘖性强，耐修剪

图 295 柽柳
1. 花枝；2. 小枝放大；3. 花；4. 雄蕊和雌蕊；
5. 花盘和花萼

和刘条,耐沙割与沙埋。

以扦插为主,也可播种、压条或分株。

干红枝柔,叶纤如丝,花色美丽,经久不落,适配植于盐碱地的池边、湖畔、河滩或作为绿篱、林带下木。有降低土壤含盐量的显著功效和保土固沙等防护功能,是改造盐碱地和海滨防护林的优良树种。老桩可作盆景,枝条可编筐。嫩枝、叶可药用。

思考题:

简述柽柳的生态特性。

44. 瑞香科 *Thymelaeaceae*

灌木或乔木,稀草本。单叶对生或互生,全缘;无托叶。花两性,稀单性,整齐,头状、伞形、穗状或总状花序;萼筒花冠状,4~5裂;花瓣缺或被鳞片所代替;雄蕊与萼片同数或为其2倍,花丝短或无,花药着生于花被筒内壁;子房上位,1室,1胚珠。坚果、核果、浆果。

约42属460种,我国9属90种。

分属检索表

1. 花序头状或短总状;花柱甚短,柱头大,头状 ·· 瑞香属(*Daphne*)
1. 花序头状;花柱甚长,柱头长而线形 ··· 结香属(*Edgeworthia*)

(1) 瑞香属 *Daphne* L.

灌木。叶互生,稀对生,全缘,具短柄。花芳香,短总状花序或簇生成头状;常具总苞,萼筒花冠状,4(5)裂;无花瓣;雄蕊8~10,成2轮着生于萼筒内壁顶端;柱头头状,花柱短。核果,内含1种子。

约95种,我国44种,主产西南和西北。大多数种类可栽培观赏。

分种检索表

1. 叶互生,常绿性;顶生头状花序 ·· 瑞香(*D. odorg*)
1. 叶对生,落叶性;花簇生枝侧,叶前开花 ·············
··················· 芫花(*D. genkwa*)

① 瑞香 *Daphne odora* Thunb. 图296:

常绿灌木。枝细长,紫色,光滑无毛。叶互生,长椭圆形至倒披针形,长5~8cm,先端钝或短尖,基部狭楔形,全缘,无毛,质较厚,表面深绿有光泽;叶柄短。花白色或淡红紫色,甚芳香;顶生具总梗的头状花序。核果肉质,圆球形,红色。花期3~4月。

分布长江流域以南。

喜阴,忌日光曝晒;耐寒性差,北方盆栽。喜排水良好的酸性土壤。萌芽力强,耐修剪。

压条和扦插繁殖。压条在3~4月进行;扦插在春

图296 瑞香
1. 花枝;2. 花;3. 花纵剖面

季用硬枝扦插。7～8月用嫩枝扦插。

瑞香为著名花木,枝干丛生,四季常绿,早春开花,芳香浓郁,观赏价值较高。于林下、路缘丛植或与假山、岩石配植都很合适。北方多于温室盆栽观赏。

变种有:白花瑞香(var. *leucantha* Makino.),花纯白色。金边瑞香(var. *marginata* Thunb.),叶缘金黄色,花极香。水香(var. *rosacea* Mak.),花被裂片的内方白色,外方略带粉红色。毛瑞香(var. *atrocaulis* Rehd.),枝深紫色;花被外侧被灰黄色绢状毛。

② 芫花 *Daphne genkwa* Sieb. et Zucc. 图297:

落叶灌木,高达1m。枝细长直立,幼时密被淡黄色绢状毛。叶对生,偶为互生,长椭圆形,长3～4cm,先端尖,基部楔形,全缘,背面脉上有绢状毛。花先叶开放,花被淡紫色,端4裂,外面有绢状毛,花朵簇生枝侧,无香气。核果肉质,白色。花期3月,果熟期5～6月。

分布长江流域以南及山东、河南、陕西等省。喜光,不耐庇荫,耐寒性较强。分株繁殖。本种春天叶前开花,颇似紫丁香,宜植于庭园观赏。

图297 芫花
1. 花枝;2. 果枝;3. 展开之花;4. 雌蕊

图298 结香
1. 花枝;2. 花;3. 花纵剖面

(2) 结香属 *Edgeworthia* Meisn.

灌木;枝疏生而粗壮。单叶互生,全缘,常集生于枝端。头状花序在枝端腋生,先叶或与叶同时开放;花萼筒状4裂;无花瓣;雄蕊8,在萼管内排成2层;花盘环状有裂;子房1室,具长柔毛,花柱甚长,柱头长而线形。核果干燥,包于花被基部,果皮革质。

共4种,我国均有。

结香 *Edgeworthia chrysantha* Lindl. 图298:

落叶灌木。枝粗壮柔软,三叉状,棕红色。叶长椭圆形至倒披针形,先端急尖,基部楔形并下延,表面疏生柔毛,背面被长硬毛;具短柄。花40～50朵集成下垂的花序,黄色,芳香;花瓣状萼筒长瓶状,外被绢状长柔毛。核果卵形,状如蜂窝。花期3月,先叶开放,果熟期5～6月。

原产我国,北自河南、陕西,南至长江流域以南各省区均有分布。

喜半荫,喜温暖湿润气候及肥沃而排水良好的沙质壤土。耐寒性不强,过干和积水处都不相宜。

分株、扦插繁殖均易成活。

多栽于庭园观赏,水边、石间栽种尤为适宜;北方多盆栽观赏。枝条柔软,弯之可打结而不断,常整成各种形状。

思考题:

1. 瑞香属与结香属在形态上有什么区别?
2. 瑞香是香花植物,常见的瑞香品种有哪些? 它们有什么特点?

45. 胡颓子科 *Elaeagnaceae*

灌木或乔木,植物体被银白色或黄褐色盾状鳞片。单叶互生,稀对生,羽状脉,全缘,无托叶。花两性或单性,单生、簇生或总状花序;单被花,花被 4 裂;雄蕊 4 或 8;子房上位,1 室,1 胚珠。坚果或瘦果,为肉质花被筒所包被。

3 属 50 余种,我国 2 属约 42 种。

(1) 胡颓子属 *Elaeagnus* Linn.

常绿或落叶,灌木或小乔木,常有枝刺。单叶互生,叶柄短。花两性或杂性,单生或簇生叶腋;萼筒长,4 裂;雄蕊 4,有蜜腺,虫媒传粉。核果状坚果,外包肉质萼筒。

约 50 余种,我国约 40 种。

分种检索表

1. 常绿性;秋季开花,翌年 5 月果熟 ·· 胡颓子(*E. pungens*)
1. 落叶性;春季开花,9～10 月果熟
  2. 小枝与叶只有银白色鳞片;果黄色 ······························ 桂香柳(*E. angustifolia*)
  2. 小枝与叶有银白色和褐色鳞片;果红色或橙红色 ················· 牛奶子(*E. umbellata*)

① 胡颓子(羊奶子) *Elaeagnus pungens* Thunb. 图 299:

常绿灌木。枝条开展,有枝刺,有褐色鳞片。叶椭圆形至长椭圆形,长 5～7cm,革质,边缘波状或反卷,表面有光泽,背面被银白色及褐色鳞片。花 1～3 朵腋生,下垂,银白色,芳香。果椭球形,红色,被褐色鳞片。花期 10～11 月,果熟期翌年 5 月。

分布长江流域以南各省,山东有栽培,可露地越冬。

喜光,亦耐荫。喜温暖气候,较耐寒,对土壤要求不严。耐烟尘,对多种有害气体有较强抗性。萌芽、萌蘖性强,耐修剪。有根瘤菌。

播种为主,也可扦插、嫁接。

枝叶茂密,花香果红,银白色叶片在阳光下闪闪发光,且其变种叶色美丽,是理想的观叶观果树种。可用于公园、街头绿地,常修剪成球形丛植于草坪。还可用作绿篱,盆栽或制作盆景供室内观赏。

变种与品种有:金边胡颓子(var. *aurea* Serv.),叶缘深黄

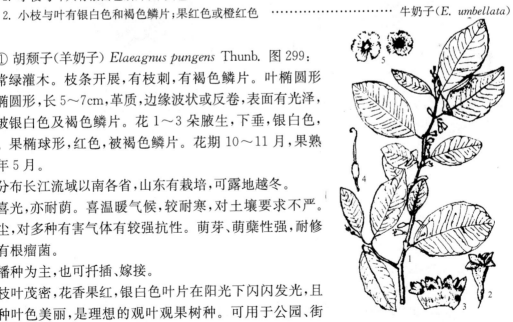

图 299　胡颓子
1. 花枝;2. 花;3. 花萼筒展开;4. 雄蕊
5. 盾状、星芒状鳞片

色。金心胡颓子(var. *federici* Bean.)，叶中央深黄色。银边胡颓子(var. *variegata* Rehd.)，叶缘黄白色。该树种极有开发价值。

② 牛奶子(秋胡颓子) *Elaeagnus umbellata* Thunb. 图 300：

落叶灌木。枝开展，常具刺，幼枝密被银白色和淡褐色鳞片。叶卵状椭圆形至椭圆形，长 3～5cm，边缘上下波状，叶背有银白色和褐色鳞片，幼叶表面也有银白色鳞片。花黄白色，有香气。果近球形，径 5～7mm，红色或橙红色。花期 4～5 月，果熟期 9～10 月。

分布华北、西南至长江流域各省。

喜光，适应性强，耐旱，耐瘠薄，萌蘖性强，多生于向阳林缘、灌丛、荒山坡地和河边沙地。

播种、扦插繁殖。

枝叶茂密，花香果黄，叶片银光闪烁，园林中常用作观叶观果树种，可增添野趣，极适合作水土保持及防护林。

图 300　牛奶子
1. 花枝；2. 果枝；3. 花；4. 花药背、腹面；5. 花萼筒展开(示雄蕊着生)

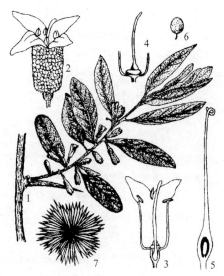

图 301　沙枣
1. 花枝；2. 花；3. 花纵剖面；4. 雌蕊；5. 雌蕊纵剖面；6. 果；7. 盾状鳞

③ 桂香柳(沙枣) *Elaeagnus angustifolia* Linn. 图 301：

落叶灌木或小乔木，高达 5～10m，有时有枝刺。小枝、花序、果、叶背与叶柄密生银白色鳞片。二年生枝红褐色。叶椭圆状披针形、线状披针形，先端钝尖，基部楔形。花黄色，芳香，1～3 朵腋生。果椭圆形，熟时黄色。花期 5～6 月，果熟期 9～10 月。

分布西北、内蒙古西部及华北，为本属中分布最北的树种。

喜光，耐寒，喜干冷气候，对土壤适应性强。根系较浅，水平根发达，有根瘤菌。耐旱，耐盐碱，可在含盐量 1‰～2‰ 的盐碱地上及瘠薄沙荒地上生长。萌蘖性强，抗风沙。寿命达 60～80 年。

播种为主，亦可扦插或分株繁殖。

沙枣是西北沙荒、盐碱地区防护林及城镇绿化的主要树种，可作风景林及四旁绿化。沙枣花是优良的蜜源，果肉可酿酒。

(2) 沙棘属 *Hippophae* L.

落叶灌木或小乔木,具枝刺,幼时有银白色或锈色盾状鳞片或星状毛。叶互生,多为线状披针形。花单性异株,短总状或葇荑花序,腋生;花萼 2 裂;雄蕊 4。坚果球形,被肉质萼筒包围。

本属 3 种,我国产 2 种。

沙棘 *Hippophae rhamnoides* Linn. 图 302:

落叶灌木或小乔木,高 10m。枝有刺。叶互生或近对生,线形或线状披针形,长 2~6cm,叶背密被银白色鳞片。花小,淡黄色。果球形或卵圆形,径 0.6~0.8cm,熟时橘黄色或橘红色。花期 3~4 月,果熟期 9~10 月。

产于我国华北、西北、西南各省区。

喜光,耐寒,耐热,耐风沙及干旱。对土壤适应性强,耐湿,耐瘠薄,耐含盐量 1.1% 的盐碱地。生长快,根系发达,萌蘖性强,有根瘤菌。

播种、扦插、压条及分蘖繁殖。

沙棘是防风固沙、水土保持、改良土壤的优良树种,又是干旱风沙地区进行绿化的先锋树种。园林中应用可增加山野气息。宜作刺篱、果篱。沙棘果实富含维生素 C,可生食、制果酱、饮料。

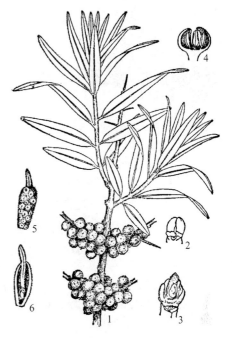

图 302　沙棘
1. 果枝;2. 冬芽;3. 花芽;4. 雄花纵剖面;
5、6. 雌花及其纵剖面

思考题:

1. 你根据什么主要特征来识别胡颓子科植物?
2. 谈谈胡颓子的观赏特性和园林用途。它有哪些变种及品种?

46. 千屈菜科 *Lythraceae*

草本或木本;枝近 4 棱形。单叶常对生,全缘。花两性,整齐或两侧对称,单生或组成各式花序;萼 3~6 (16) 裂,宿存;花瓣与萼片同数或无;雄蕊 4 至多数;子房上位,2~6 室,中轴胎座。蒴果,种子多数,无胚乳。

共 25 属 550 种,主产热带;我国 11 属 48 种,其中木本 6 属,为优良园林树木。

紫薇属 *Lagerstroemia* L.

常绿或落叶,灌木或乔木。芽鳞 2。叶对生或上部互生,叶柄短。花常艳丽,圆锥花序;萼 5~9 裂;花瓣 5~9(常 6),有长爪,有皱褶;雄蕊多数;子房 3~6 室,柱头头状。蒴果,室背开裂,有宿存花萼;种子顶端有翅。

共 55 种,我国 16 种,引入栽培 2 种。

① 紫薇(百日红)*Lagerstroemia indica* L. 图 303:

落叶灌木或小乔木,高达 7m,枝干多扭曲;树皮光滑细腻,小枝四棱,有翅。叶椭圆形至倒卵形,长 3~7cm,几无柄。花序顶生,大形;花鲜淡红色,径 2.5~3cm;萼 6 浅裂;花瓣 6,具长爪;雄

203

蕊多数,外轮 6 枚特长。果 6 裂,椭圆状球形,径约 1.2cm。花期 6～9 月,果熟期 10～11 月。

图 303　紫薇
1. 花枝;2. 花纵剖面;3. 子房横剖面;
4. 种子

华东、华中、华南及西南均有分布。

播种、扦插。摘心方法推迟花期到 10 月上旬。

树姿优美,树皮光洁,枝干扭曲,以手挠之,则见树梢动摇,故又称为"痒痒树"。花姿娇美,色彩艳丽,从夏季一直开到秋末,故又称"百日红"。夏秋季重要花木。作街景树、行道树,也可制作盆景和桩景。

常见栽培者有:银薇(var. *alba* Nichols.),花白色或微带淡紫色。翠薇(var. *rubra* Lav.),花紫堇色,叶色暗绿。小花紫薇(*Lagerstroemia* sp.),灌木,花极多,花色多样。做花篱或花坛盆栽极好。

② 大花紫薇 *Lagerstroemia speciosa* Pers.

与紫薇的区别:常绿乔木,高达 20m,叶大,长 10～25cm,革质。花大,径 5～7.5cm,开花时由淡红变紫色,花萼有 12 条纵棱。花序也大。果较大,径约 2.5cm。

产华南。喜暖热气候,很不耐寒。是南方美丽的庭园观赏树,优质用材树。

思考题:

1. 紫薇与大花紫薇在形态上有什么区别?
2. 紫薇的花有何特点?有何园林用途?

47. 石榴科 *Punicaceae*

灌木或乔木;小枝先端常呈刺状。单叶,对生或近于簇生,全缘;无托叶。花两性,1～5 朵聚生枝顶或叶腋;萼筒钟状或管状,5～7 裂,革质,宿存;花瓣 5～7;雄蕊多数;子房下位,多室,上部侧膜胎座,下部中轴胎座,胚珠多数,花柱 1。浆果球形,外果皮革质,花萼宿存;种子多数,外种皮肉质多汁。

仅 1 属 2 种;我国引栽 1 种。

石榴属 *Punica* L.

形态特征同科。

石榴 *Punica granatum* L. 图 304:

落叶灌木或小乔木;小枝具 4 棱。叶倒卵状长椭圆形,长 2～8cm,先端尖或钝,基部楔形。花萼钟形,橙红色;花瓣红色,有皱褶;子房 9 室,上部 6 室,下部 3 室。果近球形,径 6～8cm,深黄色。花期 5～6 月,果熟期 9～10 月。

石榴经数千年栽培驯化,发展成为花石榴和果石榴

图 304　石榴
1. 花枝;2. 花纵剖面;3. 果;4. 种子

两类：

① 花石榴：观花兼观果。

常见栽培变种有：白石榴('Albescens')，花近白色，单瓣。千瓣白石榴('Multiplex')，花白色，重瓣。花红色者称千瓣红石榴。黄石榴('Flavescens')，花单瓣，黄色。花重瓣者称千瓣黄石榴。玛瑙石榴('Legrellei')，花大，重瓣，花瓣有红色、白色条纹或白花红色条纹。千瓣月季石榴('Nana Plena')，矮生种类型，花红色，重瓣，花期长，在 15℃ 以上时可常年开花。单瓣者称月季石榴。墨石榴('Nigra')，花红色，单瓣，果小，熟时果皮呈紫黑褐色，为矮生种类型。

② 果石榴：以食用为主，兼有观赏价值。有 70 多个品种，花多单瓣。

原产地中海地区，我国黄河流域以南均有栽培。

喜阳光充足和温暖气候，在 −18～−17℃ 时即受冻害。对土壤要求不严，但喜肥沃湿润、排水良好之石灰质土壤。较耐瘠薄和干旱，不耐水涝。萌蘖力强。

播种、分株、压条、嫁接、扦插均可，但以扦插较为普遍。

枝繁叶茂，花果期长达 4～5 个月。初春新叶红嫩，入夏花繁似锦，仲秋硕果高挂，深冬铁干虬枝。果被喻为繁荣昌盛、和睦团结的吉庆佳兆。象征多子、多孙、多福、多寿。对有毒气体抗性较强，为有污染地区的重要观赏树种之一，也是盆景和桩景的好材料。西班牙、利比亚国花。

思考题：

石榴的主要用途是什么？

48. 珙桐科 *Nyssaceae*

落叶乔木。单叶互生，羽状脉，无托叶。花单性或杂性，雌雄异株或同株，伞形或头状花序；萼小；花瓣常为 5；雄蕊为花瓣数的 2 倍；子房下位，多 1 室，倒生胚珠 1，下垂。核果或坚果。

共 3 属 12 种；我国 3 属 8 种。

分属检索表

1. 有锯齿；花序有白色大形苞片，无花瓣；核果 ……………………………………… 珙桐属（*Davidia*）
1. 叶全缘（或仅幼树之叶有锯齿）；花序无叶状苞片，花瓣小：
  2. 雄花序头状；坚果 …………………………………………………… 喜树属（*Camptotheca*）
  2. 雄花序伞形；核果 ………………………………………………………… 蓝果树属（*Nyssa*）

(1) 珙桐属 *Davidia* Baill.

本属仅 1 种，我国特产。

珙桐（中国鸽子树）*Davidia involucrata* Baill. 图 305：

树高达 20m，树冠圆锥形；树皮深灰褐色，不规则薄片状脱落。单叶互生，广卵形，先端渐长尖；基部心形，缘有粗尖锯齿，背面密生绒毛。花杂性同株，由多数雄花和 1 朵两性花组成顶生头状花序，花序下有 2 片大形白色苞片，苞片卵状椭圆形，中上部有疏浅齿，常下垂，花后脱

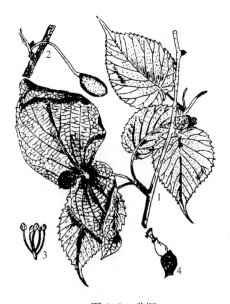

图 305 珙桐

1. 花枝；2. 果枝；3. 雄花；4. 雌花（花瓣已谢）

落。花瓣退化或无，雄蕊 1～7，子房 6～10 室。核果椭球形，紫绿色，锈色皮孔显著，内含 3～5 核。花期 4～5 月，果熟期 10 月。

原产湖北西部、四川、贵州及云南北部。

喜半阴和温凉湿润气候，以空中湿度较高处为佳。略耐寒；喜深厚肥沃湿润而排水良好的酸性或中性土壤，忌碱性和干燥土壤。不耐炎热和阳光曝晒。在自然界常与木荷、连香树、槭等混生。

种子繁殖，在播前应将果肉除去并行催芽处理，否则常需至第 2 年才能发芽。幼苗期应设荫棚，否则易受日灼之害。但国内引种常因夏季炎热等原因而至今尚无露地人工栽培的成功经验。目前杭州、武汉、昆明、北京等地均限于盆栽。

珙桐为世界著名的珍贵观赏树，树形高大端正，开花时白色的苞片远观似许多白鸽子栖息树端，蔚为奇观，故有"鸽子树"之称。宜植于温暖地带的较高海拔地区的庭院、山坡、休疗养所、宾馆、展览馆前作庭荫树，并有象征和平的含意。

栽培变种有：光叶珙桐（var. *vilmoriniana* Hemsl），叶仅背面脉上及脉腋有毛，其余无毛。

(2) 喜树属 Camptotheca Decne.

本属仅一种，我国特产。

喜树 *Camptotheca acuminata* Decne. 图 306：

树高达 30m。枝多向外平展，小枝绿色，髓心片隔状。单叶互生，椭圆形至长卵形，长 12～28cm，先端突渐尖，基部广楔形，全缘（萌蘖枝及幼树枝之叶常疏生锯齿）或微呈波状，羽状脉弧形而在表面下凹，表面亮绿色，背面疏生短柔毛，脉上尤密；叶柄常带红色。花单性同株，头状花序具长柄，雌花序顶生，雄花序腋生；花萼 5 裂；花瓣 5，淡绿色；雄蕊 10；子房 1 室。坚果香蕉形，有窄翅，集生成球形。花期 7 月，果熟期 10～11 月。

产华东、华南、中南、西南、台湾等省，部分长江以北地区均有分布和栽培。

喜光，稍耐荫；喜温暖湿润气候，不耐寒，大概在年均温为 13～17℃、年雨量在 1 000mm 以上的地区。喜深厚肥沃湿润土壤，较耐水湿，不耐干旱瘠薄，在酸性、中性及弱碱性土上均能生长。萌芽力强，在前 10 年生长迅速，以后剧变缓慢。

图 306 喜树

1. 花枝；2. 果枝；3. 雄花；4. 雌花；5. 果

播种繁殖。种子干藏或混沙贮藏。大面积绿化时可用截干栽根法。定植后的管理主要是抹除蘖芽，培养通直的主干。

主干通直，树冠宽展，叶荫浓郁。在风景区中可与栾树、榆树、臭椿、水杉等混植，为良好的四旁绿化树种。

思考题:

1. 叙述珙桐的主要园林用途。
2. 珙桐属与喜树属在形态上有哪些区别?

49. 桃金娘科 *Myrtaceae*

常绿乔木或灌木;具芳香油。单叶对生或互生,全缘,具透明油腺点,无托叶。花两性,整齐,单生、簇生或集成各式花序;萼4~5裂,宿存;花瓣4~5,稀缺;雄蕊多数,分离或成束,与花瓣对生,着生于花盘边缘,花丝细长;子房下位或半下位,1~10室,每室1至多数胚珠,中轴胎座,稀侧膜胎座,花柱1。浆果、蒴果、稀核果或坚果。

约75属3 000种,我国8属约65种,引入6属约50余种。

分属检索表

1. 叶互生;蒴果在顶端开裂:
   2. 萼片与花瓣均连合成花盖,开花时横裂脱落 ························· 桉树属(*Eucalyptus*)
   2. 萼片与花瓣分离,不连合成花盖;花无柄,呈穗状花序:
      3. 雄蕊合生成束,与花瓣对生,白色 ························· 白千层属(*Melaleuca*)
      3. 雄蕊分离,红色 ······························· 红千层属(*Callistemon*)
1. 叶对生;浆果:
   4. 花萼在花蕾时不裂,开花后不规则深裂;子房4~5室;种子多数 ············· 番石榴属(*Psidium*)
   4. 花萼在花蕾时即4~5裂,花瓣4~5;子房2室;果具1种子 ··············· 蒲桃属(*syzygium*)

(1) 桉树属 *Eucalyptus* L'Herit

常绿乔木,稀灌木。叶常互生而下垂,革质,全缘,羽状侧脉在近叶缘处连成边脉。花单生或成伞形、伞房或圆锥花序,腋生;萼片与花瓣连合成一帽状花盖,开花时花盖横裂脱落;雄蕊多数,分离;萼筒与子房基部合生,子房3~6室,每室具多数胚珠。蒴果顶端3~6裂;种子多数,细小,有棱。

约300种,原产澳洲;我国引栽约80种。

分种检索表

1. 树皮薄,条状或片状脱落,光滑,树干基部偶有斑块状宿存之树皮:
   2. 伞形花序腋生;帽状体长或短;蒴果圆锥形或钟形,稀为壶形;有时为单花:
      3. 花大,无梗或极短,常单生或有时2~3朵聚生于叶腋;花蕾表面有小瘤,被白粉 ····················
         ·· 蓝桉(*E. globulus*)
      3. 花小,梗长约2mm;6~7朵成伞形花序,花蕾表面平滑,花蕾8mm;花梗果缘不突出,果瓣突出;小枝圆形 ···································· 直干蓝桉(*E. maidenii*)
   2. 圆锥花序顶生或腋生;帽状体比萼管短;蒴果壶形;枝干灰蓝色;枝叶有浓郁的柠檬气味 ··········
      ·· 柠檬桉(*E. citriodora*)
1. 树皮厚,宿存,粗糙;单伞形花序;蒴果大,长约1~1.5cm,宽大于1cm,呈卵状壶形;萼管无棱 ········
   ·· 大叶桉(*E. robusta*)

① 大叶桉 *Eucalyptus robusta* Smith. 图 307：

高达 30m；树干挺直，树皮暗褐色，粗糙纵裂宿存。小枝淡红色。叶革质，卵状长椭圆形至广披针形，长 8～18cm，叶端渐尖，叶基圆形；侧脉多而细，与中脉近成直角；叶柄长 1～2cm。花 4～12 朵成伞形花序，花序梗粗而扁，具棱；花径 1.5～2cm，帽状体圆锥形，顶端喙状，短于萼筒或与萼筒等长。蒴果碗状，径 0.8～1cm。花期 4～5 月和 8～9 月，花后约 3 个月果成熟。

我国四川、浙江、湖南南部、江西南部、浙江、福建、广东、广西、贵州西南部、陕西南部等地均有引栽。

极喜光树种，喜温暖湿润气候，能耐－7.3℃短期低温，是桉树中最耐寒者。喜肥沃湿润的酸性及中性土壤。不耐干瘠，极耐水湿。生长迅速，寿命长，萌芽力强，根系深，抗风倒。用种子繁殖，也可扦插。树冠庞大，是疗养区、住宅区、医院和公共绿地的良好绿化树种。可用于沿海地区低湿处的防风林。

图 307 大叶桉

1. 花枝；2. 果枝

② 柠檬桉 *Eucalyptus citriodora* Hook. f. 图 308：

高达 40m，胸径 1.2m；树皮每年呈片状剥落。故干皮光滑呈灰白色或淡红灰色。叶二形，在幼苗及萌蘖枝上的叶呈卵状披针形，叶柄在叶片基部盾状着生，叶及幼枝密被棕红色腺毛；大树之叶窄披针形至披针形或稍呈镰状弯曲，长 10～25cm，无毛，具强烈柠檬香气；叶柄长 1.5～2cm。花径 1.5～2cm，3～5 朵成伞形花序后再排成圆锥花序；花盖半球形，顶端具小尖头；萼筒较花盖长 2 倍。蒴果壶形或坛状，长约 1.2cm，果瓣深藏。花期 12 月至翌年 5 月及 7～8 月（广东）。

我国福建、广东、广西、云南、台湾、四川等省区均有引栽。习性与大叶桉近似，但不耐寒，易受霜害，较耐干旱。用播种或扦插法繁殖。树形高耸，树干洁净，呈灰白色，非常优美秀丽，枝叶有芳香，是优秀的庭园观赏树和行道树。在住宅区不宜种植过多，否则香味过浓也会使人不太舒适。

图 308 柠檬桉

③ 蓝桉（灰杨柳）*Eucalyptus globulus* Labill. 图 309：

高达 40～80m；干多扭转，树皮薄片状剥落。叶蓝绿色，异型；萌芽枝及幼苗的叶对生，卵状矩圆形，长 3～10cm，无叶柄；大树之叶互生，镰状披针形，长 12～30cm，叶柄长 2～4cm。花单生叶腋，径达 4cm，近无柄，花蕾表面有小瘤和白粉；萼筒具 4 纵脊，被白粉；花盖较萼筒短。蒴果倒圆锥形，径 2～2.5cm。在昆明 4～5 月及 10～11 月开花，夏季至冬季果熟。

我国西南及南部有引栽，以云南中部及北部、贵州西部、四川西南部生长最好。喜温暖气候，但不耐湿热，耐寒性不强，极喜光，稍有遮荫即可影响生长速度。不耐钙质土壤。播种繁殖。蓝桉生长极速，是四旁绿化的良好树种，但缺点是树干扭曲不够通直。

④ 直干蓝桉 *Eucalyptus maidenii* F. V. M.：

208

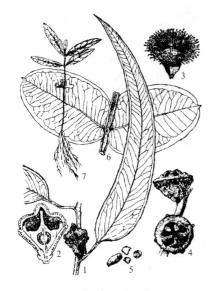

图 309　蓝桉
1. 花枝；2. 花蕾纵剖面；3. 花；4. 果枝；
5. 种子；6. 幼态叶幼苗

与蓝桉的区别为：树干通直,树皮有灰褐色和灰白色斑块。幼枝四棱形,2 年枝圆形。花小,梗长约 2mm；6～7 朵成伞形花序,花蕾表面平滑,无小瘤和白粉；果小,径约 1cm。余同蓝桉。

本种 1947 年引入四川,生长快,干通直,宜作四旁绿化树,现以此代替蓝桉。

（2）白千层属 *Melaleuca* L.

常绿乔木或灌木。叶互生,披针形或条形,具平行纵脉。花无柄,集生小枝下部,呈头状或穗状,花枝顶能继续生长枝叶；萼筒钟形,5 裂；花瓣 5；雄蕊多数,基部连合成 5 束并与花瓣对生；子房 3 室,每室胚珠多数。蒴果由顶端开裂为 3 果瓣。

约 120 余种,原产澳洲,我国引入 2 种。

白千层 *Melaleuca leucadendra* L. 图 310：

树高达 30m；树皮灰白色,厚而疏松,多层纸状剥落。叶互生,狭长椭圆形或披针形,长 5～10cm,有纵脉 3～7 条,先端尖,基部狭楔形。花丝长而白色,顶生穗状花序,形如试管刷。果碗形,径 4mm。花期 1～2 月,果秋冬成熟。

我国福建、台湾、广东、广西等省区有引栽。喜光,喜暖热气候,很不耐寒；喜生于土层肥厚潮湿之地,也能生于较干燥的砂地。生长快,侧根少,不耐移植。播种繁殖。

树体高大雄伟,树皮白色,树姿优美,是优良的行道树及庭园观赏树,又可选作造林及四旁绿化树种。

（3）红千层属 *Callistemon* R. Br.

灌木或小乔木。叶互生,圆柱形、线形或披针形。花无柄,在枝顶组成头状或穗状花序,以后枝顶仍继续生长枝叶；萼筒基部与子房合生,裂片 5,后脱落；花瓣 5,圆形,脱落；雄蕊多数,分离或基部合生,花丝红色或黄色,比花瓣长；子房 3～4 室,每室多数胚珠。蒴果包于萼筒内,顶裂。

约 30 种,产澳洲；我国引入约 10 种,均为美丽观赏树。

红千层 *Callistemon rigidus* R. Br. 图 311：

灌木,高 2～3m,小枝红棕色,有白色柔毛；叶条形,长 3～8cm,宽 2～5mm,革质无毛,中脉显著,无柄；新枝抽生叶具红色苞片。顶生穗状花序长 10cm,似瓶刷状；花红色,无梗,花瓣 5；雄蕊多数,红色,长 2.5cm。蒴果直径 7mm,半球形,顶端平。花期 5～7 月。

我国华南、西南有引栽。阳性树种,喜暖热气候,不耐寒。要求向阳避风环境和酸性土壤。扦插、种子繁殖,移植不易成活,如需移植应在幼苗期

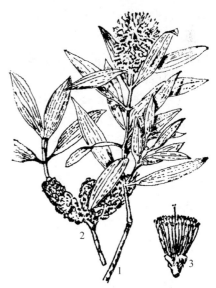

310　白千层
1. 花枝；2. 果枝；3. 花

209

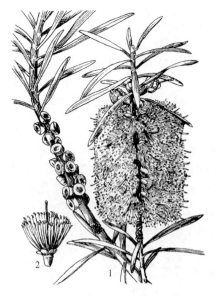

图 311　红千层
1. 花、果枝；2. 花

进行，大苗则易死亡。树冠茂密，花密集聚生，形同试管刷，红艳而奇特，为优良庭院观赏树。可配植于庭院、公园、街头绿地、建筑物周围，也可盆栽或作瓶花观赏。

同属常见栽培的有：橙色红千层（*C. citrinus*（Curtis）Staf.），花红色，顶端橙黄色。柳叶红千层（*C. salianus*（Sm.）DC.），叶下垂，嫩叶带红色。垂枝红千层（*C. viminalis*（Soland ex Gaertn.）Cheel），枝下垂，嫩叶墨绿，花艳红。

（4）番石榴属 *Psidium* L.

乔木或灌木。叶对生，全缘，羽状脉。花 1～3 朵腋生，较大；萼筒钟形 4～5 裂；花瓣 4～5；雄蕊多数，分离，有花盘；子房 4～5 室，每室多数胚珠。浆果梨形，有宿萼。种皮坚硬。

约 150 种，原产热带和亚热带美洲，我国引入 2 种。

番石榴（鸡矢果）*Psidium guajava* L. 图 312：

树高 2～10m，树皮呈片状剥落；嫩枝四棱形，老枝变圆。叶对生，全缘，革质，长椭圆形至卵形，长 7～13cm，宽 4～6 cm，叶背密生柔毛；羽状脉显著，在叶表凹入，在叶背凸出。花白色，芳香，径 2.5～3.5cm，单生或 2～3 朵共同生于长 1～2.5cm 的柄上；萼绿色；子房 3 室。浆果球形、卵形或梨形，长 4～8cm。花每年常开 2 次，第 1 次在 4～5 月开放；第 2 次在 8～9 月开放；果于花后经 2～2.5 个月成熟。

我国广东、广西、福建、江西、台湾等省有少量引栽。喜暖热气候，不耐寒，不择土壤，较耐旱耐湿。有较强的萌芽力，根系发达但分布较浅，遇强风易风倒。播种、扦插、压条繁殖。在园林中可成丛散植，更宜在华南地区的自然风景区中配植，既可绿化又可生产果实。番石榴果可鲜食，富含维生素。

图 312　番石榴
1. 花枝；2. 果

（5）蒲桃属 *Syzygium* Gaertn.

乔木或灌木。叶对生，稀轮生，羽状脉通常较密，具边脉。复聚伞花序；萼筒倒圆锥形，有时棒状，萼裂片 4～5；花瓣 4～5；雄蕊多数，花丝分离；子房 2～3 室，胚珠多数。浆果或核果状；种子 1～2，种皮与果皮内壁常粘合。

500 种，主产热带；我国 74 种，多见于华南和西南。

分种检索表

1. 花大，花萼裂片肉质，长 3～10mm，宿存；果大：
　 2. 叶基楔形；叶柄长 6～8mm ·················· 蒲桃（*S. jambos*）
　 2. 叶基圆形；叶柄长 3～4mm ·················· 莲雾（*S. samarnngense*）
1. 花小，花萼裂片不明显，长约 12mm，花后脱落；果小 ·················· 乌墨（*S. cumini*）

① 蒲桃 *Syzygium jambos*(L.)Alston. 图 313：

乔木，高 10m。树冠球形，嫩枝圆。单叶，对生，革质，长椭圆状披针形，长 10~20cm，宽 2.5~5cm，叶端渐尖，叶基楔形，叶背侧脉明显，在叶缘处连合；叶柄长 6~8mm。聚伞花序顶生，花黄白色，花梗长 1~2cm；径 4~5(9)cm；萼 4 裂；花丝比花瓣长。浆果球形或卵形，径 2.5~4cm，淡黄绿色，萼宿存。花期 4~5 月，果熟期 7~8 月。

原产马来群岛及中印半岛；海南、广东、福建、广西、台湾、云南等地有引栽。喜暖热气候。喜深厚肥沃土壤，喜生于水边。种子繁殖。树冠丰满浓郁，花叶果均可观赏，热带优良观赏树种。可作庭荫树、行道树。

图 313 蒲桃

图 314 洋蒲桃

② 莲雾（洋蒲桃、金山蒲桃）*Syzygium samarangense*(Bl.)Merr. et Perry. 图 314：

与蒲桃的区别：嫩枝压扁。叶片薄革质，椭圆形，较大，长 10~22cm，宽 5~8cm；基部圆形或心形；叶柄长 3~4mm。花梗长约 5mm，花序长 5~6cm。果实倒圆锥形，长 4~6cm，表面蜡质有光泽，乳白色、粉红色或深红色，顶部凹陷。花期 3~4 月，果熟期 5~7 月。其余同蒲桃。

其枝叶葱翠，树形优美，尤其是果实为粉红色或深红色的品种，满树红果，甚为好看，是优良之园景树。果味香可食。

③ 乌墨（海南蒲桃）*Syzygium cumini*（L.）Skeels. 图 315：

与蒲桃的区别：叶阔卵圆形至狭椭圆形，长 6~12cm，先端圆，具短尖头，基部阔楔形；侧脉明显，两面多细小腺点。复聚伞花序腋生，长达 11cm，花白色；萼齿不明显，脱落。果卵圆形或壶形，长 1~2cm。花期 2~3 月，果熟期 7~8 月。

产于我国华南至西南各省区；东南亚及澳大利亚也有分布。

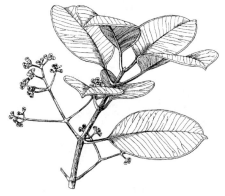

图 315 乌墨果枝

思考题:
1. 蒲桃与洋蒲桃在形态上有些什么差异?
2. 红千层与白千层在形态上有什么差异?

50. 五加科 *Araliaceae*

乔木、灌木或藤本。枝髓较粗大,常有皮刺。单叶、掌状或羽状复叶,互生,常集生枝顶,托叶与叶柄基部常合生成鞘状。花整齐,两性或杂性,伞形、头状或再组成复花序;萼小;花瓣5～10,分离;雄蕊与花瓣同数或更多,生于花盘外缘,子房下位,2～15室,侧生胚珠1。浆果或核果。

约90属800余种,我国21属约180种。

分属检索表

1. 常绿,植株无刺:
  2. 藤本,借气生根攀援 ················ 常春藤属(*Hedera*)
  2. 灌木或小乔木,无气生根 ············· 八角金盘属(*Fatsia*)
1. 落叶乔木,树干和枝具宽扁皮刺 ··········· 刺楸属(*Kalopanax*)

(1) 常春藤属 *Hedera* L.

常绿攀援灌木,借气生根攀援。单叶互生,全缘或分裂。花两性,伞形花序单生或复合成圆锥或总状花序;花部5数,子房下位,5室,花柱合生。浆果状核果。

约5种,我国1种,引入1种。

常春藤 *Hedera nepalensis* K. Koch var. *sinensis* (Tobl.) Rehd. 图316:

大藤本,长达30m。嫩枝、叶柄有锈色鳞片。叶革质,深绿色,有长柄;营养枝上的叶三角状卵形或戟形,全缘或3浅裂;花枝上的叶椭圆状卵形,全缘。伞形花序单生或2～7簇生,花黄色或绿白色,芳香。果球形,橙红或橙黄色。花期8～9月,果熟期翌年3月。

分布华中、华南、西南及甘肃、陕西各省。

喜荫,喜温暖湿润气候,稍耐寒。对土壤要求不严,喜湿润肥沃的土壤。生长快,萌芽力强,对烟尘有一定的抗性。

扦插为主,也可播种或压条繁殖。

四季常青,枝叶浓密,是优良的垂直绿化材料,又是极好的木本地被植物。公园、庭园、居民区可用来覆盖假山、岩石、围墙,若植于屋顶、阳台等高处,绿叶垂悬,别有一番景致。亦可攀援枯树、石柱及盆栽室内装饰或宾馆、厅堂室内绿化。

图316 常春藤
1. 花枝;2. 果枝;3. 花;4. 雌花;5. 果;6. 鳞片

(2) 刺楸属 *Kalopanax* Miq.

本属仅 1 种,产于东亚。

刺楸 *Kalopanax septemlobus*(Thunb.)Koidz. 图 317:

落叶乔木,高达 30m,胸径 1m。树皮灰黑色,纵裂。小枝及树干密生皮刺,有长短枝。单叶,在长枝上互生,短枝上簇生;叶掌状 5～7 裂,先端渐尖,基部心形或圆,裂片三角状卵形,缘有细齿,无毛;叶柄长于叶片。伞形花序顶生,花小,白色。核果熟时黑色,近球形,花柱宿存。花期 7～8 月,果熟期 9～10 月。

北起我国辽宁南部,南至两广,西至四川、云南均可生长。泰山山顶有分布,生长良好。

喜光,对气候适应性强,能耐约－32℃低温,又能适应炎夏酷暑。喜深厚湿润肥沃的酸性和中性土壤,耐旱,忌低洼积水。深根性,生长快,寿命长。

播种或根插繁殖。

树冠伞形,叶大枝粗,颇为壮观,宜作庭荫树。在公园、庭园的草坪、湖畔、山边均可孤植、丛植,也是低山区的重要造林树种,是极有开发价值的优良园林树种。

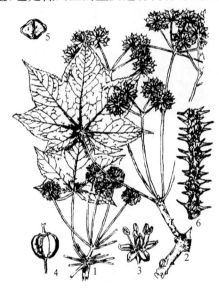

图 317　刺楸
1. 花枝;2. 果枝;3. 花;4. 果;5. 果实横切
面;6. 枝,示皮刺

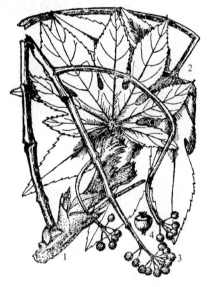

图 318　八角金盘
1. 叶枝;2. 叶;3. 果序;4. 果

(3) 八角金盘属 *Fatsia* Decne. et Planch.

常绿,大灌木或小乔木,无刺。叶大,掌状分裂;叶柄基部膨大。花两性或单性,具梗;伞形花序再集成大圆锥花序,顶生,花部 5 数;子房 5 或 10 室。浆果近球形,肉质。

共 2 种,我国产 1 种。

八角金盘 *Fatsia japonica* (Thunb.)Decne. et Planch. 图 318:

灌木,高达 5m,常呈丛生状。幼枝叶具易脱落性褐色毛。叶互生,革质,掌状 5～9 裂,基部心形,缘有锯齿,上面有光泽,叶柄长 10～30cm。花小白色。浆果紫黑色。花期 10～11 月,果熟期翌年 5 月。

产日本及我国台湾地区,长江以南可露地栽培。喜阴,不耐寒,不耐旱。绿叶大而光亮,托以长柄,状似金盘,是重要的观叶树种。日本尊之为"庭树下木之王"。

思考题：

简述五加科的主要特征。刺楸作为优良园林绿化树种是否有开发价值？

51. 山茱萸科 *Cornaceae*

乔木或灌木，稀草本。单叶对生，稀互生，常全缘，无托叶。花两性，稀单性，聚伞、伞形、伞房、头状或圆锥花序，萼4～5齿裂，或不裂，花瓣4～5，雄蕊常与花瓣同数互生，花盘内生，子房下位。核果或浆果状核果，种子有胚乳。

约14属100种，我国6属约50种。

分属检索表

1. 花两性，核果：
  2. 伞房状复聚伞花序，无总苞；果近球形 ················ 梾木属（*Cornus*）
  2. 头状花序，具4枚白色花瓣状总苞；果椭圆形或卵形 ········ 四照花属（*Dendrobenthamia*）
1. 花单性，雌雄异株；浆果状核果 ················ 桃叶珊瑚属（*Aucuba*）

（1）梾木属 *Cornus* L.

乔木或灌木。枝叶常被钉子毛。叶对生，稀互生，全缘。花两性，伞房状复聚伞花序，顶生；花4数；子房2室。核果。

约33种，我国约22种。

分种检索表

1. 叶互生，果核顶端有近四角形深孔 ················ 灯台树（*C. controversa*）
1. 叶对生，果核顶端无孔：
  2. 灌木；枝鲜红色，无毛；果乳白色或浅蓝白色 ········ 红瑞木（*C. alba*）
  2. 乔木；枝、叶、花序密生白色柔毛；果黑色 ········ 毛梾（*C. walteri*）

① 灯台树 *Cornus controversa* Hemsl. 图319：

落叶乔木，高达20m。树皮暗灰色，老时浅纵裂；树冠整齐，大枝平展，轮状着生，层次分明，呈阶梯状。小枝紫红色，有光泽，皮孔多。叶互生，广卵形，先端骤渐尖，基部楔形或圆，上面无毛，下面灰绿色，侧脉6～8对，叶柄无毛。花小，白色。核果球形，紫红至蓝黑色。花期5～6月，果熟期7～9月。

产辽宁、陕西、甘肃、华北各省，南至两广及台湾，东自华东沿海，西至西南各省区。

喜光或稍耐荫。喜湿润，耐热，耐寒，喜肥沃湿润排水良好的土壤，不抗风。

播种、扦插繁殖。

树干端直，主枝平展，层层分明似灯台，树姿整齐，花色洁白，可供公园、庭园、住宅区的草坪、广场、庭院一

图319 灯台树
1. 果枝；2. 花；3. 果

隅孤植或列植。是优良的庭荫树、行道树。

②毛梾(车梁木) *Cornus walteri* Wanger. 图 320：

与灯台树的区别：树皮黑褐色，深纵裂。叶对生，侧脉 4～5 对，叶缘波浪状，下面疏生柔毛。核果黑色。

分布于华东、华中、西南及西北等地。习性、繁殖、用途同灯台树。观赏价值不如灯台树高。

图 320　毛梾
果枝；2. 花；3. 去花瓣及雄蕊之花；4. 雄蕊；
5. 果(放大)

图 321　红瑞木
1. 果枝；2. 花；3. 果

③红瑞木 *Cornus alba* L. 图 321：

落叶灌木，高 3m。树皮暗红色，枝血红色，无毛。叶对生，卵形或椭圆形，下面粉绿色，侧脉 4～5(6)对，两面疏生柔毛。花小，黄白色。核果长圆形微扁，果熟乳白色或蓝白色。花期 6 月，果熟期 8～10 月。

新品种有：金叶红瑞木('Aurea')，枝红褐色，叶金黄色。绿杆红瑞木，枝冬季绿色。金边红瑞木('Spaethii')，产东北、华北、西北、山东、江西、浙江、上海等地有栽培。

喜光，耐半荫。耐严寒，耐湿又耐旱，适应性强。喜湿润肥沃土壤。根系发达，萌蘖性强，耐修剪。

扦插、分株、播种、压条繁殖。

红瑞木秋叶变红，枝条红艳，严寒越显红艳，是理想的冬景树种。宜丛植于草坪、河边、池畔及建筑旁，或与常绿树及茎干绿色树种搭配，如梧桐、棣棠等配置，则色彩美观，对比鲜明，也可作植篱。用毛梾作砧木高接培育乔木型植株，用作行道树，效果极佳。

(2) 四照花属 *Dendrobenthamia* Hutch.

小乔木或灌木。叶对生。头状花序，总苞苞片 4，白色，花瓣 4，花两性。核果长圆形，多数集合成球形肉质聚花果。

本属 10 种，我国 8 种 1 变种。

图 322　四照花
1. 花枝；2. 花；3. 雌蕊；4. 雄蕊；5. 果枝

四照花 *Dendrobenthamia japonica* (DC.) Fang var. *chinensis* (Osborn) Fang. 图 322：

落叶小乔木,高达 9m。嫩枝细,有白色柔毛,后脱落。叶卵形、卵状椭圆形,长 6～12cm,先端渐尖,基部宽楔形或圆形,两面有柔毛,下面粉绿色,脉腋有淡褐色绢毛簇生,侧脉 3～5 对,弧形弯曲。小花 20～30 朵聚成头状花序,黄白色;花序基部有 4 枚花瓣状总苞片,白色。聚花果橙红色或紫红色。花期 5～6 月,果熟期 9～10 月。

产长江流域、西南及河南、山西、陕西、甘肃、湖北、四川等地,山东有栽培,生长良好。

喜温暖湿润气候,较耐寒,对土壤要求不严。萌芽力差,不耐重修剪。

播种、分蘖、扦插繁殖。

树姿优美,初夏开花,4 枚苞片大而洁白,点缀于绿叶丛中光彩四照,秋叶红艳,红果挂枝,是一种观赏价值较高的树种,应大力推广。

(3) 桃叶珊瑚属 *Aucuba* Thunb.

常绿灌木,小枝圆形绿色。单叶对生,全缘或有粗齿。花单性异株,圆锥花序生枝条上部叶腋;萼 4 齿裂;花瓣 4,有四角形的大花盘;子房下位,1 室。浆果状核果,种子 1 粒。

约 12 种,我国 10 种。

① 东瀛珊瑚 *Aucuba japonica* Thunb. 图 323：

图 323 东瀛珊瑚
1. 雌花枝;2. 雄花枝;3. 雌花;4. 雄花;5. 果

高达 5m,通常 1～3m。小枝绿色,粗壮,无毛。叶革质,椭圆状卵形至椭圆状披针形,长 8～20cm,叶缘疏生锯齿,先端尖,基部楔形,两面有光泽。花小,紫色,圆锥花序密生硬毛。果鲜红色。花期 4 月,果熟 11 月至翌年 2 月。

产日本及我国台湾地区。地栽见于华南、西南、华中,华北以北盆栽。

耐荫树种,夏季怕日灼。喜温暖湿润气候及排水良好的土壤,不耐寒。抗烟尘和大气污染。耐修剪,长势旺。

枝叶繁茂,果红艳持久,是优良的耐荫观叶、观果树种。

品种很多,常见者有:洒金东瀛珊瑚('Variegata'),叶面有许多黄色斑点。

② 桃叶珊瑚 *Aucuba chinensis* Benth.：

与东瀛珊瑚的区别:小枝有柔毛,老枝有白色皮孔。叶长椭圆形至倒卵状披针形,薄革质,先端尾尖,被硬毛。花序密被硬毛。果深红色。

分布湖北、四川、云南、广东、广西、台湾等省。耐荫,不耐寒。为良好的观叶、观果树种。其余同东瀛珊瑚。

思考题：

列表说明山茱萸科 6 个树种的区别。

52. 杜鹃花科 *Ericaceae*

灌木,稀乔木。单叶互生,稀对生或轮生;全缘,稀有锯齿;无托叶。花两性,单生、簇生、总

216

状、穗状、伞形或圆锥花序;花萼宿存,4～5裂;花冠合瓣,4～5裂,稀离瓣;雄蕊为花冠裂片之2倍,稀同数或较多,花药常具芒,孔裂;子房上位,2～5室,每室胚珠多数,中轴胎座,花柱1。具花盘。蒴果,稀浆果或核果。

约75属1 350种,我国20属约800种。

(1) 杜鹃花属 *Rhododendron* L.

灌木,稀小乔木。叶互生,全缘,部分有毛状小锯齿。花有梗,顶生伞形总状花序,稀单生或簇生;萼5裂,花后不断增大;花冠钟形、漏斗状或管状,裂片与萼片同数;雄蕊5或10,有时更多;花药无芒,顶孔开裂;花盘厚;子房上位,5～10室或更多,多数胚珠。蒴果。

约800种,我国约600种,分布全国,尤以四川、云南最多,是杜鹃花属的世界分布中心。

分种检索表

1. 落叶或半常绿灌木:
  2. 落叶灌木:
    3. 雄蕊10枚:
      4. 叶散生;花2～6朵簇生枝顶;子房及蒴果有糙状毛鳞片:
        5. 枝有褐色扁平糙伏毛;叶、子房、蒴果均被糙状毛;花2～6朵簇生枝顶,蔷薇色、鲜红色、深红色 ……………………………………………………………………… 杜鹃(*Rh. simsii*)
        5. 枝疏生鳞片;叶、子房、蒴果均有鳞片;花2～5朵簇生枝顶,淡红紫色 ………………… ……………………………………………………………… 蓝荆子(*Rh. mucronulatum*)
      4. 叶常3枚轮生枝顶;花常双生枝顶,稀3朵;子房及蒴果均密生长柔毛 ……………… ……………………………………………………………………… 满山红(*Rh. mariesii*)
    3. 雄蕊5枚;花金黄色,多朵成顶生伞形总状花序;叶矩圆形,叶缘有睫毛 …… 羊踯躅(**Rh. molle**)
  2. 半常绿灌木;花1～3朵顶生,纯白色;花梗密生柔毛、刚毛及腺毛;幼枝密生灰色柔毛、腺毛;叶两面有毛 ……………………………………………………………… 白花杜鹃(*Rh. mucronatum*)
1. 常绿灌木或小乔木:
  6. 雄蕊5枚:
    7. 花单生枝顶叶腋,花冠盘状,白色或淡紫色,有粉红色斑点;叶卵形,全缘,端有凸尖头 …………… ……………………………………………………………………… 马银花(*Rh. ovatum*)
    7. 花2～3朵与新梢发自顶芽,花冠漏斗状,橙红至亮红色,有浓红色斑点;叶椭圆形,缘有睫毛,端钝 …………………………………………………………………… 石岩(*Rh. obtusum*)
  6. 雄蕊10枚或更多:
    8. 雄蕊10枚:
      9. 花顶生枝端:
        10. 密总状花序,径1cm,乳白色;叶厚革质,倒披针形;幼枝有疏鳞片 …………………… ……………………………………………………………………… 照山白(*Rh. micranthum*)
        10. 伞形花序,花10～20朵,径4～5cm,深红色;叶厚革质 ……… 马缨杜鹃(*Rh. delavayi*)
        10. 花1～3朵,径6cm,蔷薇紫色,有深紫色斑点;叶纸质;幼枝密生淡棕色扁伏毛 …………… ……………………………………………………………………… 锦绣杜鹃(*Rh. pulchrum*)
      9. 花单生枝顶叶腋,花梗下有苞片多枚;花堇粉色,有黄绿色斑点;叶革质;小枝无毛 ……… ……………………………………………………………………… 麂角杜鹃(*R. latoucheae*)
    8. 雄蕊14枚;花6～12朵,顶生伞形总状花序;粉红色;叶厚革质;幼枝绿色,粗壮 …………… ……………………………………………………………………… 云锦杜鹃(*Rh. fortunei*)

① 杜鹃 *Rhododendron simsii* Planch. 图 324：

落叶灌木，分枝多，枝细而直。枝条、苞片、花柄、花萼、叶两面均有棕褐色扁平糙伏毛。叶纸质，卵状椭圆形或椭圆状披针形，长 2～6cm。花 2～6 朵簇生枝顶，鲜红色或深红色，有紫斑；雄蕊 10，花药紫色；萼有毛；子房密被伏毛。蒴果卵形，密被糙伏毛。花期 4～6 月，果熟期 10 月。

原产长江流域及珠江流域，四川、云南、河南、山东均有栽培。

本种多数原产于高海拔地区，喜凉爽、湿润气候，忌酷热干燥。要求富含腐殖质、疏松、湿润及 pH5.5～6.5 的酸性土壤，不耐曝晒，夏秋要适当遮荫。耐修剪，根系浅，寿命长。

图 324 杜鹃

图 325 蓝荆子

② 蓝荆子（迎山红）*Rhododendron mucronulatum* Turcz. 图 325：

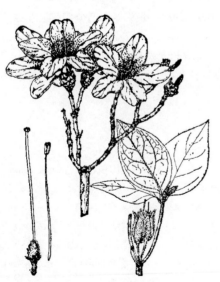

图 326 满山红

落叶。小枝、叶、花梗、萼片、子房、蒴果均被腺鳞。叶片较薄，长椭圆状披针形。花淡红紫色，2～5 朵簇生枝顶，先叶开放；花芽鳞在花期宿存；雄蕊 10。蒴果圆柱形，褐色。花期 4～5 月，果熟期 6 月。

分布东北、华北、山东、江苏北部。喜光，耐寒，喜空气湿润和排水良好地点。在园林绿化中可与迎春配植，紫、黄相间，能充分表现出春光明媚的气氛。

③ 满山红 *Rhododendron mariesii* Hemsl. et Wils. 图 326：

落叶灌木，枝轮生，幼枝有黄褐色长柔毛。叶厚纸质，常 3 枚轮生枝顶，故又叫三叶杜鹃，卵状披针形。花常双生枝顶（少有 3 朵），花冠玫瑰红色；花梗直立，有硬毛；萼 5 裂，有棕色伏毛；雄蕊 10；子房密生棕色长柔毛。蒴果圆柱形，密生棕色长柔毛。花期 4 月，果熟期 8 月。

产长江下游，南至福建、台湾。

④ 羊踟躅（黄杜鹃）*Rhododendron molle* G. Don. 图327：

落叶，分枝稀疏，幼时有短柔毛和硬毛。叶纸质，长椭圆形或椭圆状倒披针形，端有小突尖，缘有睫毛，叶表、叶背均有毛。顶生伞形总状花序可多达9朵，花金黄色，雄蕊5；子房有柔毛。蒴果圆柱形。花期4～5月，果熟期7月。

广布于长江流域，南至广东、福建。全株有剧毒，人畜食之会死亡；叶、花捣烂外敷可治皮肤癣病，对蚜虫、螟虫、飞虱等有触杀作用。

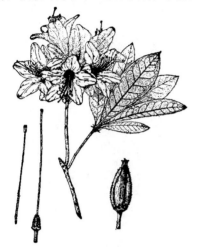

图327 羊踟躅

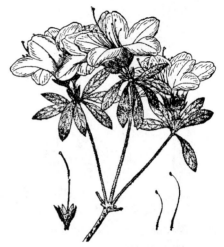

图328 白花杜鹃

⑤ 白花杜鹃（毛白杜鹃、白杜鹃）*Rhododendron mucronatum* G. Don. 图328：

半常绿。分枝密，小枝有密而开展的灰柔毛及粘质腺毛。叶背、花梗、花萼、花芽鳞片等均有粘质腺毛。叶长椭圆形。花白色，芳香，1～3朵簇生枝端；雄蕊10；蒴果长卵形。花期4～5月。

原产湖北。品种很多，有大朵、重瓣及玫瑰色等变种。各地均有盆栽观赏。

⑥ 马银花 *Rhododendron ovatum* (Lindl) Planch. 图329：

常绿。枝叶光滑无毛。叶革质，卵形，端急尖或钝，有明显的凸头，基部圆形。花单生枝顶叶腋，花冠浅紫色，有粉红色斑点，深裂近基部；花梗有短柄腺体和白粉；萼筒外面有白粉和腺体；雄蕊5；子房有短硬毛。蒴果，宽卵形。花期5月。广布于华东各省。

⑦ 石岩 *Rhododendron obtusum* (lindl.) Planch.：

常绿或半常绿，有时呈平卧状。分枝多而细密，幼枝上密生褐色毛。春叶椭圆形，缘有睫毛；秋叶近椭圆状披针形，质厚而有光泽；叶小，长1～2.5cm；叶柄、叶表、叶背、萼片均有毛。花2～3朵与新梢发自顶芽；花冠橙红至亮红色，上瓣有浓红色斑，漏斗形；雄蕊5，药黄色。蒴果卵形。花期5月。该种为日本育成的杂交种，无野生者。

⑧ 照山白 *Rhododendron micranthum* Turcz. 图330：

常绿。小枝细，具短毛及腺鳞。叶厚革质，倒披针形，两面有腺鳞，背面更多，边缘略反卷。花小，白色，呈

图329 马银花

219

顶生密总状花序,雄蕊 10。蒴果矩圆形。花期 5～6 月。

原产东北、华北、甘肃、四川、山东、湖北。

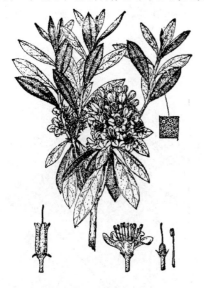
图 330　照山白

图 331　马缨杜鹃

⑨ 马缨杜鹃 *Rhododendron delavayi* Fr. 图 331:

常绿,树皮不规则剥落。叶革质,簇生枝顶,叶表深绿色,叶背密被灰棕色薄毡毛,叶脉在叶表凹下叶背凸起。花 10～20 朵排成顶生伞形花序,苞片厚,椭圆形,花梗有毛;花萼 5 裂;花冠钟状,深红色,基部有 5 蜜腺囊;雄蕊 10;子房密被褐色绒毛。蒴果圆柱形。花期 2～5 月,果熟期 10～11 月。

分布贵州、云南,多生于海拔 1 200～2 900m 的山坡,成群丛生或散生于松、栎林下。

⑩ 锦绣杜鹃 *Rhododendron pulchrum* Sweet. 图 332:

常绿,枝稀疏,嫩枝有褐色毛。春叶纸质,幼叶两面有褐色短毛,成叶表面变光滑;秋叶革质,形大而多毛。花 1～3 朵发于顶芽,花冠浅蔷薇色,有紫斑,裂片 5;雄蕊 10,花丝下部有毛;子房有褐色毛;花萼大,5 裂,有褐色毛;花梗密生棕色毛。蒴果长卵圆形,呈星状开裂,萼片宿存。花期 5 月。

原产我国。在寒带为落叶性,在温暖处为常绿性。

⑪ 云锦杜鹃(天目杜鹃) *Rhododendron fortunei* Lindl. 图 333:

常绿。枝粗壮,浅绿色,无毛。叶厚革质,簇生枝顶,长椭圆形,叶端圆尖,叶基圆形或近心形,全缘,叶背略有白粉。花大而芳香,浅粉红色,6～12 朵排成顶生伞形总状花序,花冠 7 裂;花梗有蜜腺体;花萼有腺体;雄蕊 14 枚;子房 10 室。蒴果长圆形。花期 5 月。

分布于浙江、江西、安徽、湖南。

杜鹃属植物种类较多,习性差异大,多生于高海拔地区,喜凉爽、湿润气候,忌酷热干燥。要求富含腐殖质、疏

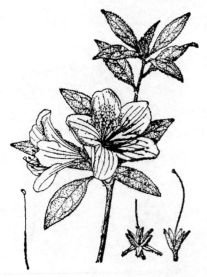
图 332　锦绣杜鹃

松、湿润的酸性土壤。部分园艺品种适应性强,耐干瘠。对光有一定要求,但不耐曝晒,夏季要遮荫。根系浅,寿命长。

常用播种、扦插和嫁接繁殖,也可压条和分株繁殖。种子采收后将种子贮藏至翌年春播。扦插于5～6月选节间较短的当年生半木质化枝条,自基部剪下作插穗,修平切口,留3～5片叶扦插。嫁接用一两年生毛鹃作砧木,行嫩枝劈接,时间不受限制。分株于5～6月进行。

杜鹃为我国传统名花,以花繁叶茂,绮丽多姿著称。是盆栽或制作树桩盆景的好材料。也可露地栽培,园林中最宜在林缘、溪边、池畔及岩石旁成丛成片种植,也可于疏林下散植,颇具自然野趣。

变种有:白花杜鹃(var. *eriocarpum* Hort.),花白色或浅粉红色。紫斑杜鹃(var. *mesembrinum* Rehd.),花较小,白色而有紫色斑点。彩纹杜鹃(var. *vittatum* Wils.),花有白色或紫色条纹。

图 333　云锦杜鹃

(2) 吊钟花属 *Enkianthus* Lour.

落叶或半常绿灌木。枝轮生。叶互生或聚生小枝顶,有柄,全缘或有锯齿。花排成顶生而下垂的伞形或总状花序;萼5裂,宿存;花冠钟状或壶状,5裂,粉红或红色;雄蕊10,花丝在中部以上膨大,扁平,花药纵裂,顶端有芒;子房上位,5室。蒴果5棱,室背5裂。

约16种,我国7种。

分种检索表

1. 叶纸质,长3～6cm;5～6月开花,排成伞形总状花序 ……………………… 灯笼花(E. *chinensis*)
1. 叶革质,长5～10cm;1～2月开花,排成伞形花序 ………………………… 吊钟花(E. *quinqueflorus*)

图 334　灯笼花

① 灯笼花 *Enkianthus chinensis* Franch. 图 334:

落叶灌木或小乔木。枝无毛。叶长圆形至长椭圆形,纸质,叶缘有圆钝细齿,无毛或近无毛。花多朵下垂,排成伞形总状花序,花梗长2.5～4cm,无毛;萼片三角形,渐尖;花冠宽钟状,肉红色。蒴果圆卵形,果柄顶端向上弯曲。花期5～6月。

分布长江流域以南各省区,浙江、福建、安徽、广东、广西、四川、云南均有分布。

喜温暖气候,有一定耐寒力,喜湿润而排水良好土壤,以富含腐殖质的沙质壤土最宜。喜半荫。定植后不需修剪。播种、嫩枝插、硬枝插均可。

花朵小巧玲珑,衬以绿叶颇为秀丽,秋季叶红如火,极为艳丽。适于盆栽观赏及在自然风景区中配植应用。如在黄山秋季即可见到本种的观赏价值。

② 吊钟花(铃儿花) *Enkianthus quinqueflorus* Lour.

221

图 335 吊钟花

图 335：

落叶或半常绿灌木。叶亮革质,簇生枝梢,倒卵状椭圆形,两面网脉均显著隆起,叶缘全缘且反卷。花通常 5～8 朵排成伞形花序,粉红色或红色,花梗细长。蒴果椭圆形,有棱角,果柄直立不弯曲。花期 1～2 月。

分布两广及云南。喜温暖湿润气候;性强健,萌芽力强。为优良观花、观叶植物。花期正值春节,是较好的年销盆花。市场上称之为"吉庆花",国外称之为"中国新年花"。

思考题:

简述杜鹃属植物的生态习性、繁殖方法和观赏用途。

53. 山榄科 Sapotaceae

乔木或灌木,有乳汁,幼嫩部分常被锈色毛。单叶互生,革质,全缘,无托叶。花两性,单生或簇生叶腋内或生于茎及老枝的节上;萼 4～8 裂;花冠筒短,裂片 1～2 轮,与萼片同数或 2 倍,常有全缘或撕裂成裂片状的附属体;雄蕊着生于花冠筒上或在花冠裂片上,而与花冠裂片对生,或多数,而排成 2～3 轮;子房上位,1～14 室,每室胚珠 1,花柱单生。浆果,稀蒴果。

35～37 属 800 种,广布于全世界热带和亚热带。我国 11 属 21 种,引种 4 属 7 种,产西南至华南各省区及台湾。

分属检索表

1. 花冠裂片背面具附属体 ·· 铁线子属(Manilkara)
1. 花冠裂片背面不具附属体 ·· 果榄属(Lucuma)

(1) 铁线子属 Manilkara Adans.

本属约 74 种,分布于热带。我国 1 种,分布广西和海南岛,引入 1 种。

人心果 Manilkara zapota(L.)van Royen. 图 336：

常绿乔木,高 6～20m。枝褐色,有明显叶痕。叶互生,革质,侧脉甚密,长圆形至卵状椭圆形,长 6～19cm;端急尖,基楔形,全缘或波状,亮绿色;叶背叶脉明显,侧脉多而平行;叶柄长约 2cm。花腋生,花梗长 2cm 或更长,被黄褐色绒毛;萼裂片 6,外被锈色短柔毛;花冠裂片 6,白色,每裂片的背面有 2 枚等大的花瓣状附属体;雄蕊 6 枚,生于花冠裂片基部或冠筒喉部;退化雄蕊 6 枚,花瓣状,与花冠裂片互生;子房多室,密被黄褐色绒毛,每室胚珠 1。浆果椭圆形、卵形或球形,长 3～4cm,褐色;果肉黄褐色。花期夏季,果熟期 9 月。

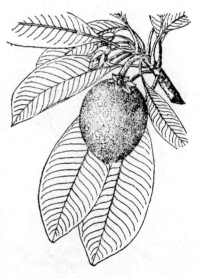

图 336 人心果

产热带美洲；我国广东、广西、云南引种栽培。喜光，喜高温多湿气候。在土层深厚、排水良好壤土上生长最佳。播种、高压或嫁接。树形美观，花清香，可作园景树。果可生食，味美可口，又可作饮料，作果树栽培。

（2）果榄属 *Lucuma* Molin

本属约 50 种，原产热带美洲至西印度群岛，主产古巴、墨西哥至巴拿马等国。其他热带国家有引种栽培。我国引进蛋黄果 1 种。

蛋黄果 *Lucuma nervosa* A. DC. 图 337：

常绿小乔木，高 5～8m，树冠伞形或半圆形。单叶互生，革质，长圆状椭圆形或狭倒卵形，先端钝至短渐尖，基部楔形。花单生或 2～4 朵簇生于叶腋或枝条上部的无叶部分，花绿白色；花萼 4～6 片，分离；花冠裂片 4～7 片，中部以下连合；雄蕊 4～7 枚，与花冠裂片同数对生，着生于花冠筒基部；退化雄蕊与花冠裂片同数互生；子房上位，密被褐色绒毛，5～6 室，花柱圆柱形，伸出于花冠外或与花冠等长。肉质浆果，形状变化大，心形、偏心形、长卵形或扁圆形，熟时橙黄色；萼片宿存。种子梭形或椭圆形，长 3～4.5cm，宽 1.5～2cm，厚约 1.5cm，棕褐色，有光泽；每果有种子 1～3 颗，侧面有椭圆形的大疤痕。盛花期 4～5 月，果熟期 11～12 月。

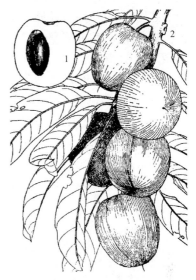

图 337　蛋黄果
1. 果实纵剖面；2. 果枝及果实

原产热带美洲；我国广东、广西、云南、台湾等省区已广为引种栽培。喜光，喜高温多湿气候。在土层深厚、排水良好壤土或沙质壤土上生长最佳。播种、嫁接。蛋黄果树形美观，果实亮丽形奇。可作园景树、行道树。

图 338　柿
1. 花枝；2. 雄花；3. 雌花；4. 去花瓣后的雌花（示退化雄蕊及花柱）；5. 雄花的花冠筒展开；6. 雄蕊腹、背面；7. 果

54. 柿科 *Ebenaceae*

乔木或灌木。单叶互生，稀对生，全缘；无托叶。花单性异株或杂性，单生或聚伞花序，常腋生；萼 3～7 裂，宿存；花冠 3～7 裂；雄蕊为花冠裂片的 2～4 倍，稀同数，生于花冠基部；雌花中有退化雄蕊或无；子房上位，2 至多室，每室有胚珠 1～2。浆果；种子 1 至多数，种皮薄，胚乳丰富，质硬。

共 3 属 500 余种，我国 1 属约 57 种。

柿属 *Diospyros* L.

落叶或常绿，乔木或灌木；无顶芽，芽鳞 2～3。叶互生。花杂性，雄花为聚伞花序，雌花及两性花多单生，萼 4（3～7）裂，绿色；花冠钟形或壶形，白色 4～5（7）裂；雄蕊 4～16；子房 4～12 室。果基部有增大而宿存的花萼；种子扁平，稀无种子。

约 500 种，我国约 57 种。

① 柿树 *Diospyros kaki* Thunb. 图 338：

落叶乔木；树皮呈长方块状深裂，不易剥落；树冠球形或圆锥形。叶片宽椭圆形至卵状椭圆形,长 6～18cm,近革质,上面深绿色,有光泽,下面淡绿色;小枝及叶下面密被黄褐色柔毛。花钟状,黄白色,多为雌雄同株异花。果卵圆形或扁球形,形状多变,大小不一,熟时橙黄色或鲜黄色;萼卵圆形,端钝圆,宿存。花期 5～6 月,果熟期 9～10 月。

我国特有树种,自长城以南至长江流域以南各地均有栽培,其中以华北栽培最多。

喜光,喜温暖亦耐寒,能耐－20℃的短期低温,对土壤要求不严。对有毒气体抗性较强。根系发达,寿命长,300 年生的古树还能结果。常用嫁接繁殖。

树冠广展如伞,叶大荫浓,秋日叶色转红,丹实似火,悬于绿阴丛中,至 11 月落叶后,还高挂树上,极为美观,是观叶、观果和结合生产的重要树种。可用于厂矿绿化,也是优良行道树。久经栽培,品种多达 300 个以上。通常分"甜柿"和"涩柿"两大类。

② 君迁子 *Diospyros lotus* L.：

与柿树的区别为:冬芽先端尖,叶长椭圆形,表面深绿色,下面被灰色柔毛。果小,蓝黑色。为柿树的砧木。分布、习性同柿树。

思考题:

柿树与君迁子在形态上的区别是什么?

55. 木犀科 *Oleaceae*

乔木或灌木。单叶或复叶,对生或互生,无托叶。花两性,稀单性,整齐,圆锥、总状、聚伞、簇生或单生;萼 4(6)齿裂,稀无花萼;花冠 4(2～9)裂或无;雄蕊 2(4～10),着生于花冠筒上;子房上位,2 心皮,2 室,每室常 2 胚珠。蒴果、浆果、核果、翅果。

约 30 属 600 种;我国 12 属 200 余种。

分属检索表

1. 翅果或蒴果:
  2. 翅果:
    3. 果体圆形,周围有翅。单叶,全缘 ······················· 雪柳属(*Fontanesia*)
    3. 果体倒披针形,顶端有长翅。复叶,小叶具齿 ········· 白蜡属(*Fraxinus*)
  2. 蒴果:
    4. 枝中空或片隔状髓。花黄色,先叶开放 ··············· 连翘属(*Forsythia*)
    4. 枝实心。花紫色、红色、白色 ······························· 丁香属(*Syringa*)
1. 核果或浆果:
  5. 核果。单叶,对生:
    6. 花冠裂片 4～6,线形,仅在基部合生 ··············· 流苏树属(*Chionanthus*)
    6. 花冠裂片 4,短,有长短不等的花冠筒:
      7. 花簇生或短总状,腋生 ··············· 木犀属(*Osmanthus*)
      7. 圆锥或总状花序,顶生 ··············· 女贞属(*Ligustrum*)
  5. 浆果。复叶,稀单叶;对生或互生 ··············· 茉莉属(*Jasminum*)

(1) 雪柳属 *Fontanesia* Labill.

落叶乔木或小乔木。单叶对生。花两性,圆锥花序生于当年生枝顶或叶腋;萼小,4 深裂;

花瓣 4,分离。翅果扁平,周围有狭翅。

共 2 种,我国产 1 种。

雪柳 *Fontanesia fortunei* Carr. 图 339:

高达 5m。小枝四棱形。叶卵状披针形至披针形,长 3～12cm,全缘。花序顶生,长 2～6cm;花白色或带淡红色。果宽椭圆形,长 6～9mm,宽 4～5mm。花期 5～6 月,果熟期 9～10 月。

分布华东、华中、华北、陕西、甘肃等地,东北南部、内蒙古也有栽培。

喜光稍耐荫,较耐寒。对土壤要求不严。耐干旱,萌芽力强,生长快。

以扦插、播种为主,亦可压条繁殖。

叶细如柳,花繁似雪,故名"雪柳"。枝条柔软,耐修剪,可丛植于庭园或栽为自然式绿篱,为园林绿化及防风林带的下木树种。防风抗尘、抗 SO_2,可作厂矿绿化树种。枝条编织,嫩叶可代茶,花为优良蜜源。

(2) 白蜡属 *Fraxinus* L.

乔木,稀灌木;鳞芽或裸芽。奇数羽状复叶对生。花两性、单性或杂性;圆锥花序;萼 4 裂或缺;花瓣 4(2～6),分离或基部合生,稀缺;子房 2 室,每室胚珠 2。翅果。

共 70 种,我国 20 余种。

图 339　雪柳
1. 花枝;2. 果枝;3. 花;4. 果

分种检索表

1. 圆锥花序生于当年生枝顶及叶腋,花叶同时或叶后开放:
  2. 小叶 5～9 常 7,椭圆形,先端尖;翅与种子约等长 ………………………………… 白蜡(*F. chinensis*)
  2. 小叶 3～7 常 5,宽卵圆形,先端尾状尖,顶生小叶特大;翅长于种子 ………………………………
  ………………………………………………………………………… 大叶白蜡(*F. rhynchophylla*)
1. 圆锥花序侧生于去年枝条叶腋,花先叶开放:
  3. 花有萼;芽褐色;小叶常 5～7:
    4. 果实长约 3cm,果翅明显长于果核,果核圆柱形 ……………………… 洋白蜡(*F. pennsylvanica*)
    4. 果实长 1～2cm,果翅等于或短于果核;小枝及叶下面常被短柔毛,小叶 5(3～9),小叶柄短,在 0.5cm 以内 ……………………………………………… 绒毛白蜡(*F. velutina*)
  3. 花无萼;小叶 7～15,边缘有锯齿,小叶基部密生黄褐色毛 ………… 水曲柳(*F. mandshurica*)

① 白蜡(蜡条) *Fraxinus chinensis* RoxL. 图 340:

乔木,树冠卵圆形,冬芽淡褐色。小叶常 7(5～9),椭圆形至椭圆状卵形,长 3～10cm,端渐尖或突尖,缘有波状齿,下面沿脉有短柔毛,叶柄基部膨大。花序生于当年枝,与叶同时或叶后开放;花萼钟状,无花瓣。果倒披针形,长 3～4cm,基部窄,先端菱状匙形。花期 3～5 月,果熟期 9～10 月。

分布东北中南部至黄河流域、长江流域,西至甘肃,南达华南、西南。

喜光,适宜温暖湿润气候,亦耐干旱,耐寒冷。对土壤要求不严。抗烟尘及有毒气体。深根性,根系发达,萌芽、根蘖力均强,生长快,耐修剪。

播种为主,亦可扦插或压条。

树干端正挺秀,叶绿阴浓,秋日叶色变黄。优良行道树或绿阴树。我国重要经济树种,放养白蜡虫,生产白蜡。枝条可供编织用。

② 大叶白蜡 *Fraxinus rhynchophylla* Hance:

与白蜡的区别:小叶 3～7 常 5,宽卵圆形,先端尾状尖,顶生小叶特大;背面及叶柄膨大部分有锈色簇毛。翅长于种子。常作城市行道树、庭荫树及防护林树种。

图 340 白蜡

1. 花枝;2. 果枝;3、4. 花;5. 果

图 341 绒毛白蜡

③ 绒毛白蜡 *Fraxinus velutina* Torr. 图 341:

树冠伞形,小枝有短柔毛;小叶椭圆形至卵形,通常两面有毛,或下面有短柔毛;花序生于去年生枝侧。果较小,长 1.5～3cm。

图 342 水曲柳

原产美国西南部;我国北京、天津、河北、山西、山东等地均有引栽。耐寒,耐旱,较耐盐碱。在我国引种栽培表现良好,可作"四旁"绿化、农田防护林、行道树及庭园绿化树种。生长较快,树干直,已用于干旱地区造林。天津市树。

④ 水曲柳 *Fraxinus mandshurica* Rupr. 图 342:

与白蜡的区别:树皮灰褐色,浅纵裂。叶轴具窄翅,叶背面沿脉有黄褐色绒毛,小叶与叶轴着生处有锈色簇毛。花序生于去年枝侧,无花被。翅果常扭曲,果翅下延至果基部。

产东北、华北。与黄檗、核桃楸合称为东北三大珍贵阔叶用材树种。优良行道树、绿阴树。

⑤ 洋白蜡 *Fraxinus pennsylvanica* Marsh. 图 343:

树皮灰褐色,深纵裂。小枝、叶轴密生短柔毛,小叶常7 枚。花序生去年枝侧,雌雄异株,无花瓣。翅果倒披针形,长 3～7cm,果翅明显长于种子。

原产美国东部;我国东北、华北、西北常见栽培,生长良好。优良行道树、绿化树。

(3) 连翘属 *Forsythia* Vahl.

落叶灌木;枝髓中空或片隔状。单叶对生,稀 3 裂或 3 小叶。花 1～5 朵腋生,先叶开放;萼 4 深裂;花冠钟状,黄色,4 深裂,裂片长于冠筒;雄蕊 2;花柱细长,柱头 2 裂。蒴果 2 裂;种子有翅。

约 8 种;我国 4 种。

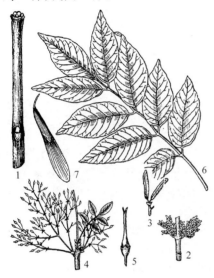

图 343 洋白蜡

1. 一段枝(冬态示芽);2. 雄花序;3. 雄
花;4. 雌花序;5. 雌花;6. 复叶;7. 翅果

图 344 连翘

1. 叶枝;2. 花枝;3、4. 花;5. 果;6. 种子

① 连翘 *Forsythia suspensa* (Thunb.) Vahl. 图 344:

丛生灌木,枝拱形下垂;小枝皮孔明显,髓中空。单叶,有时 3 裂或 3 小叶,卵形或椭圆状卵形,长 3～10cm,宽 3～5cm,无毛,先端尖锐,基部宽楔形,缘有粗锯齿。花常单生,先叶开放,萼裂片长圆形,与花冠筒等长。蒴果卵圆形,瘤点较多,萼片宿存。花期 3～4 月,果熟期 8～9 月。

变种、变型:三叶连翘(var. *fortunei*),叶通常为 3 小叶或 3 裂。垂枝连翘(var. *sieboldii*),枝较细而下垂,通常可匍匐地面。金脉连翘('Goldvein'),叶脉金黄色。

产东北、华北、至西南,各地有栽培。

喜光,稍耐荫,耐寒冷,耐干瘠,怕涝;抗病虫;萌蘖性强。扦插为主,硬枝、嫩枝均易生根,亦可压条、分株、播种。

枝条拱曲,金花满枝,极为艳丽,是北方优良早春花

图 345 金钟花

1. 花枝;2. 果枝

木。宜丛植于草坪、角隅、建筑周围、路旁、溪边、池畔、岩石间、假山下,也可片植于向阳坡地或列植为花篱、花境。若配以榆叶梅、紫荆等红色花灌木,更能显出金黄夺目色彩。

② 金钟花 *Forsythia viridissima* Lindl. 图345:

与连翘的区别为:枝具片隔状髓心;单叶不裂,上半部有粗锯齿;萼裂片卵圆形,长约为花冠筒之半,萼片脱落。产长江流域至西南,华北各地园林广泛栽培。习性、繁殖、用途同连翘。

(4) 丁香属 *Syringa* L.

落叶灌木或小乔木;顶芽常缺。单叶对生,稀羽状复叶,全缘,稀羽状深裂。花两性,圆锥花序顶生或侧生;萼钟形4裂,宿存;花冠常紫色,漏斗状,4裂;雄蕊2;柱头2裂,每室胚珠2。蒴果2裂,每室2种子,具翅。

共40种;我国30余种。主产西南和黄河流域以北;许多种类为花灌木;花可提取香精。

分种检索表

1. 花冠筒远比萼长,花丝短或无:
   2. 叶无毛,宽卵形,宽大于长,先端短尖;花药在花冠中部稍上:
      3. 花冠紫色 ·· 紫丁香(*S. oblata*)
      3. 花冠白色 ··· 白丁香(*S. oblata var. alba*)
   2. 叶下面被短柔毛,至少沿脉基部有毛,叶较小,卵圆形;花淡紫色 ········· 毛叶丁香(*S. pubescens*)
1. 花冠筒比萼稍长或不长,花丝较细长:
   4. 花白色;雄蕊长于花冠裂片2倍;叶下面有短柔毛,叶脉隆起。果顶钝 ·············
      ·· 暴马丁香(*S. reticulata var. mandshurica*)
   4. 花黄白色;雄蕊与花冠裂片近等长;叶下面平滑无毛,叶脉不隆起或微隆起。果顶尖 ···········
      ··· 北京丁香(*S. pekinensis*)

图346 紫丁香
1. 花枝;2. 枝芽;3. 花纵剖面;4. 去花瓣后花之
纵剖面(放大);5. 果;6. 种子

① 紫丁香(华北紫丁香) *Syringa oblata* Lindl. 图346:

高达4m;小枝粗壮无毛。叶片宽卵形,宽大于长,先端短尖,基部心形、截形,全缘,味极苦。花序长6～12cm,花冠紫色或暗紫色,花冠筒长1～1.5cm;花药着生于花冠筒中部或稍上。果扁形,长1～2cm,先端尖。花期4～5月,果熟期9～10月。

变种:白丁香(var. *alba* Rehd.),叶形较小,叶下面微有短柔毛,花白色,单瓣,香气浓。紫萼丁香(var. *giraldii* Rehd.),叶先端狭尖,叶下面及叶缘有短柔毛,花序较大,花瓣、花萼、花轴以及叶柄均为紫色。佛手丁香(var. *plena* Hort.),花白色,重瓣。

产东北南部、华北、西北、山东、四川等地,江苏、黑龙江亦广为栽培。

喜光,喜湿润、肥沃、排水良好之壤土。不耐水淹,抗寒、抗旱性强。

可播种、扦插、嫁接、分株、压条繁殖。

枝叶茂密,花丛庞大,"一树百枝千万结",花开时节,清香四溢,芬芳袭人,且花期早,秋季落叶时的叶变橙黄色、紫色,为北方应用最普遍的观赏花木之一。

② 欧洲丁香(洋丁香) *Syringa vulgaris* L. :

本种与紫丁香相近,主要识别点是叶片卵圆形至阔卵形,宽略小于长,先端渐尖,基部截形或阔楔形,秋季落叶时仍为绿色。花序长 10～20cm;花冠筒长约 1cm;花药着生于花冠筒喉部稍下。花期 4～5 月。原产欧洲,我国华北、山东、江苏等地引栽。

③ 暴马丁香(暴马子) *Syringa reticulata* (Bl.)Hara var. *mandshurica* (Maxim.)Hara. 图 347:

图 347　暴马丁香
1. 花枝;2. 花;3. 果枝

高达 8m,树皮及枝皮孔明显。叶卵形至宽卵形,先端渐尖,基部圆形,薄纸质,叶面皱褶;下面无毛或疏生短柔毛,侧脉隆起网状。花序顶生,长 10～15cm;花冠白色,辐射状;花冠筒短,与萼筒等长或稍长;花冠裂片较花冠筒长;花丝比花冠裂片长 2 倍,伸出花冠外。果长 1～2cm,先端钝,光滑或有疣状突起,经冬不落。花期 5～6 月,果熟期 8～10 月。

产华中、东北、华北及西北各地。

本种乔木性较强,可作其他丁香的乔化砧,以提高绿化效果。花期晚,在丁香园中有延长观花期的效果。花可提取芳香油,亦为优良蜜源植物。

④ 北京丁香 *Syringa pekinensis* Rupr. 图 348:

小乔木,高达 8m。叶长卵形,顶端长渐尖,基部楔形,纸质,叶面平坦;叶下面平滑无毛,叶脉不隆起或微隆起。花黄白色;雄蕊与花冠裂片近等长。果顶尖。花期 6～7 月。

分布、习性、用途同暴马丁香。

⑤ 毛叶丁香 *Syringa pubescens* Turcz. :

小灌木。枝细弱,叶背有柔毛。花序较紧密,花冠筒细长,淡紫红色。蒴果小。花期 6 月。

产东北南部、华北、西北,泰山山顶有野生。花色优美。

(5) 流苏树属 *Chionanthus* L.

落叶灌木或小乔木。单叶对生,全缘。花单性或两性,排成疏散的圆锥花序;花萼 4 裂;花冠白色,4 深裂,裂片狭窄;雄蕊 2;子房 2 室。核果肉质,卵圆形,种子 1 枚。

共 2 种;我国 1 种。

流苏树(牛筋子) *Chionanthus retusus* Lingl. et Paxt. 图 349:

乔木,高达 20m。树皮灰色,小枝皮卷状纸质剥落。叶卵形至倒卵状椭圆形,先端钝或微凹,全缘或有时有小齿;叶柄基部带紫色。花冠筒极短,裂片狭披针形,纯白

图 348　北京丁香
1. 花枝;2. 花;3. 果

229

图 349 流苏
1. 花枝；2. 果枝；3. 雄蕊和雌蕊

色。核果椭圆形，长 1～1.5cm，蓝黑色。花期 4～5 月，果熟期 9～10 月。

主产华北、华南、西南、甘肃、陕西均有，山东多散生。

喜光，耐寒，抗旱，喜肥厚土壤。生长较慢。

播种、扦插、嫁接。种子因种皮厚，须层积 120 天以上。嫁接用白蜡属树种作砧木极易成活。

花密优美，花形奇特，秀丽可爱，花期可达 20 天，是优美的观赏树种。济南植物园的流苏园花时极美。现已成为推荐的园林树种之一。

(6) 木犀属 *Osmanthus* Lour.

常绿灌木或小乔木。单叶对生，全缘或有锯齿。花两性或杂性，白色至橙黄色，簇生或成总状花序，腋生；萼 4 裂；花冠筒短，4 裂；雄蕊 2，稀 4；子房每室胚珠 2。核果。

共 40 种；我国 27 种。

桂花（木樨） *Osmanthus fragrans*（Thunb.）Lour. 图 350：

高达 12m。树冠圆头形或椭圆形，全体无毛。叶革质，椭圆形至椭圆状披针形，长 4～12cm，先端急尖或渐尖，全缘或上半部疏生细锯齿，侧脉 6～10 对，上面下凹，下面微凸。花序聚伞状簇生叶腋；花冠淡黄色或橙黄色，浓香，长 2～4.5mm，近基部 4 裂。果椭圆形，长 1～1.5cm，熟时紫黑色。花期 9～10 月，果熟期翌年 4～5 月。

原产我国中南、西南地区，广东、广西、湖北、四川、云南等地有野生；淮河流域至黄河下游以南各地普遍地栽。

喜光，喜温暖湿润气候，耐半荫，不耐寒。对土壤要求不严，不耐干旱瘠薄，忌积水。萌发力强，寿命长。对有毒气体抗性较强。

一般多分株、压条、插条、嫁接，亦可播种繁殖。

四季常青，枝繁叶茂，秋日花开，芳香四溢。常作园景树，孤植，对植，或成丛、成林栽植。在古典厅前多采用

图 350 桂花
1. 花枝；2. 果枝；3. 花瓣展开，示雄蕊；4. 雌蕊；5. 雄蕊

二株对称栽植，古称"双桂当庭"或"双桂留芳"；与牡丹、荷花、山茶等配置，可使园林四时花开。对有毒气体有一定的抗性，可用于厂矿绿化。花用于食品加工或提取芳香油，叶、果、根等可入药。

常见变种：金桂（var. *thunbergii* Mak.），花金黄色，香味浓或极浓。银桂（var. *latifolius* Mak.），花黄白或淡黄色，香味浓至极浓。丹桂（var. *aurantiacus* Mak.），花橙黄或橙红色，香味较淡。四季桂（var. *semperflorens* Hort.），花淡黄或黄白色，一年内花开数次，香味淡。

（7）女贞属 *Ligustrum* L.

落叶或常绿，灌木或小乔木。单叶对生，全缘。花两性，白色，圆锥花序顶生；萼钟状，4齿裂；花冠4裂；雄蕊2。浆果状核果，黑色或蓝黑色。

共50种；我国约38种。

分种检索表

1. 小枝和花轴无毛 ·· 女贞（*L. lucidum*）
1. 小枝和花轴有柔毛或短粗毛：
　2. 花冠筒较裂片稍短或近等长：
　　3. 常绿，小枝疏生短粗毛 ····························· 日本女贞（*L. japonicum*）
　　3. 落叶或半常绿，小枝密生短柔毛：
　　　4. 花有柄；叶下面中脉有毛；花期早 ··············· 小蜡（*L. sinense*）
　　　4. 花无柄；叶下面无毛；花期晚 ··············· 小叶女贞（*L. quihoui*）
　2. 花冠筒较裂片长2～3倍 ························· 水蜡（*L. obtusifolium*）

① 女贞（大叶女贞）*Ligustrum lucidum* Ait. 图351：

常绿乔木，高达15m。全株无毛。叶革质，卵形，宽卵形，长6～12cm，宽3～7cm，顶端尖，基部圆形或宽楔形。花序长10～20cm；花白色，芳香，花冠裂片与花冠筒近等长。果椭圆形，长约1cm，紫黑色，有白粉。花期6～7月，果熟期11～12月。

产长江流域及以南各省区，山东、山西、河南等省的南部亦有栽培。

喜光，稍耐荫；喜温暖，不耐寒；不耐干旱；在微酸性至微碱性湿润土壤上生长良好。对 SO_2、Cl_2、HF 有较强抗性。生长快，萌芽力强，耐修剪。侧根发达，移栽极易成活。

播种为主，也可扦插。10月果熟后采种，随采随播，或除去果皮沙藏，次春3月中旬播种，发芽率高。干藏种子在播种前，用80℃水浸种，捞出后湿放，上盖草帘，经3～5天后即可播种，但发芽率明显降低。

终年常绿，枝叶清秀，苍翠可爱。夏日白花满树，微带芳香，冬季紫果经久不凋，是优良的绿化树种和抗污染树种。可孤植、列植于绿地、广场、建筑物周围，也是很好的城市行道树。

图351　女贞
1. 花枝；2. 果枝；3. 花；4. 花萼及雄蕊；5. 花萼及雌蕊；6. 种子

② 小叶女贞 *Ligustrum quihoui* Carr. 图352：

落叶或半常绿灌木，高2～3m。小枝被短柔毛。叶薄革质，椭圆形至倒卵状长圆形，长1.5～5cm，宽0.5～2cm，边缘微反卷，无毛。花序长7～21cm；花白色，芳香，无柄；花冠筒与裂片等长；花药略伸出花冠外。果实椭圆形，长5～9mm，紫黑色。花期7～8月，果熟期10～11月。

产华北、华东、华中、西南。

喜光,稍耐荫;喜温暖湿润环境,亦耐寒,耐干旱;对土壤适应性强;对各种有毒气体抗性均强;萌芽力、根蘖力强,耐修剪,移栽易成活。

扦插、分株、播种。

多做绿篱或球形植于广场、草坪、林缘,是优良抗污染树种。适宜公路及厂矿企业绿化。

图 352　小叶女贞

1. 花枝;2. 花序的一部分(放大);3. 花;
4. 小果序

图 353　小蜡

1. 花枝;2、3. 花;4、5. 花瓣与雄蕊;
6. 花萼与雌蕊;7. 果

③ 小蜡 *Ligustrum sinense* Lour. 图 353;

与小叶女贞的区别为:叶背沿中脉有短柔毛。花序长 4～10cm,花梗细而明显;花冠筒短于花冠裂片;雄蕊超出花冠裂片。果实近圆形。花期 4～5 月。

分布、习性、繁殖、应用同小叶女贞。

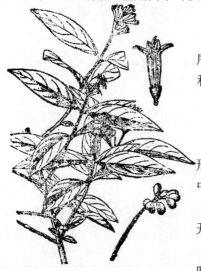

图 354　水蜡

④ 水蜡 *Ligustrum obtusifolium* Sieb. et Zucc. 图 354:

与小叶女贞的区别为:落叶灌木。叶背有短柔毛;花序短而下垂,长约 3cm;花冠筒比花冠裂片长 2～3 倍;花药和花冠裂片近等长。花期 7 月。

分布、习性、繁殖、园林应用同小叶女贞。

⑤ 日本女贞 *Ligustrum japonicum* Thunb.:

常绿,灌木或小乔木,高达 6m;皮孔明显。叶革质,卵形至卵状椭圆形,长 4～8cm,先端短锐尖,基部圆,叶缘及中脉常带紫红色。花冠裂片略短于花冠筒。

原产日本;我国淮河流域以南均有栽培,青岛、郑州、开封亦有栽培。耐寒力强于女贞。

本属常见者有:金叶女贞(*Ligustrum* 'Vicaryi')。红叶女贞:丛生灌木,新叶鲜红色,老叶红褐色。可作色块及绿篱。

(8) 茉莉属 *Jasminum* L.

直立或攀援状灌木;枝条绿色,多为四棱形。单叶、3出复叶或奇数羽状复叶,对生,稀互生,全缘。聚伞花序或伞房花序,稀单生;萼钟状,4～9裂;花冠高脚碟状,4～9裂;雄蕊2,内藏。浆果,常双生或其中1个不发育而为单生。

共300种;我国43种。

① 迎春花 *Jasminum nudiflorum* Lindl. 图355:

落叶灌木;枝细长直出或拱形。叶对生,3出复叶,小叶卵状椭圆形,长1～3cm,缘有短刺毛。花单生于去年枝叶腋,叶前开放,有叶状狭窄的绿色苞片;萼裂片5～6;花冠黄色,常6裂,长椭圆形,约为花冠筒长的1/2,花期2～4月。

产我国中部、北部及西南高山,各地广泛栽培。

喜光,喜温暖湿润、向阳的环境和肥沃的土壤,适应性强,较耐寒、耐旱,但不耐涝。浅根性,生长快,萌芽、萌蘖力强。枝条接触土壤较易生出不定根,极易繁殖。

扦插、压条或分株繁殖。

花开极早,绿枝垂弯,金花满枝,为人们早报新春。宜植于路缘、山坡、池畔、岸边、悬崖、草坪边缘或作花篱、花丛及岩石园材料。与腊梅、水仙、山茶号称"雪中四友"。也可护坡固堤作水土保持树种。

② 云南黄馨(南迎春) *Jasminum mesnyi* Hance.

常绿灌木。3出复叶,对生,顶端1枚较大,基部渐狭成一短柄,侧生2枚小而无柄。花单生于小枝端,径3.5～4cm。花冠裂片6或稍多,呈半重瓣,较花冠筒长。

图355 迎春
1. 花枝;2. 枝叶;3. 花;4. 花纵剖面

原产我国云南,现南方各地广泛栽培。喜温暖向阳环境,畏严寒。

③ 探春花(迎夏) *Jasminum floridum* Bunge. 图356:

与迎春花的区别:半常绿灌木。奇数羽状复叶,互生,小叶3～5。聚伞花序顶生;萼片5裂,线形,与萼筒等长;花冠黄色,径约1.5cm,裂片5,长约为花冠筒长的1/2,叶后开花。分布、习性、用途同迎春花。

④ 茉莉(茉莉花) *Jasminum sambac* (L.)Ait. 图357:

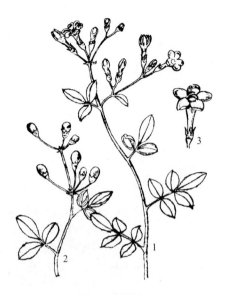
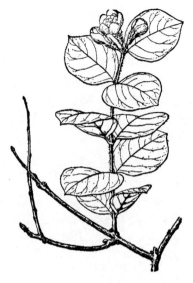

图 356　探春　　　　　　　　　　　图 357　茉莉
1. 花枝;2. 果枝;3. 花

常绿灌木。枝细长;单叶对生,卵圆形至椭圆形,薄纸质,仅下面脉腋有簇毛。花白色,浓香,常 3 朵成聚伞花序,顶生或腋生。花期 5～10 月。

我国广东、福建及长江流域以南各地栽培,北方盆栽。

喜光,喜温暖湿润气候及酸性土壤,不耐寒,低于 3℃时易受冻害。著名香花树种,花朵可熏制茶和提炼香精。印度尼西亚、菲律宾、巴基斯坦国花。

思考题:

1. 小蜡与小叶女贞在形态上有何差异?

2. 桂花是常见的香花树种,可用于观赏的桂花品种有哪些? 它们的主要特征是什么?

3. 迎春花与云南黄馨在形态上有些什么区别?

4. 列表区别白蜡属的树种。

5. 联系实际谈谈女贞的观赏特性和园林用途。

6. 流苏树被认为是华北地区极有推广价值的园林绿化树种,为什么?

56. 马钱科 *Loganiaceae*

灌木、乔木或藤本,稀草本。单叶对生,稀互生或轮生。花两性,整齐,排成聚伞、圆锥、穗状花序或单生;花萼、花冠均 4～5 裂,雄蕊与花冠裂片同数互生;子房上位,常 2 室。蒴果、浆果或核果。

约 35 属 600 种,我国 9 属约 60 种。

醉鱼草属 *Buddleja* L.

灌木或乔木。植物体被腺状、星状或鳞片状绒毛;无顶芽。单叶对生,稀互生。花两性,整齐,4 基数。蒴果,2 瓣裂。种子多数。

约 100 种,我国 45 种。本属中有些种类供观赏,有些可毒鱼,有些供药用。

大叶醉鱼草 *Buddleja davidii* Franch. 图 358:

234

落叶灌木,高达5m。枝条四棱形而稍有翅,幼时密被白色星状毛。单叶对生,卵状披针形至披针形,长10～25cm,缘疏生细锯齿,表面无毛,背面密被白色星状绒毛。小聚伞花序集成穗状圆锥花枝;花萼4裂,密被星状绒毛;花冠淡紫色,芳香,长约1cm,花冠筒细而直,长0.7～1cm,顶部橙黄色,4裂,外面生星状绒毛及腺毛;雄蕊4,着生于花冠筒中部。蒴果长圆形,长6～8 mm。花期6～9月。

产长江流域一带,西南、西北等地也有。

喜光,耐荫。对土壤适应性强,耐寒性较强,可在北京露地越冬。耐旱,稍耐湿,萌芽力强。

播种,分株,扦插繁殖均可。

花色丰富,花序较大,又有香气,叶茂花繁,紫花开在少花的夏、秋季,颇受欢迎,可在路旁、墙隅、草坪边缘、坡地丛植,亦可植为自然式花篱。植株有毒,应用时应注意。枝、叶、根皮入药外用,也可作农药。

常见变种有:紫花醉鱼草(var. *veitchiana* Rehd.),植株强健,密生大形穗状花序,花红紫色而具鲜橙色的花心,花期较早。绛花醉鱼草(var. *magnifica* Rehd. et Wils.),花较大,深绛紫色,花冠筒顶部深橙色,裂片边缘反卷,密生穗状花序。大花醉鱼草(var. *superba* Rehd. et Wils.),与绛花醉鱼草相似,惟花冠裂片不反卷,圆锥花序较大。垂花醉鱼草(var. *wilsonii* Rehd. et Wils.),植株较高,枝条呈拱形;叶长而狭;穗状花序稀疏而下垂,有时长达70cm;花冠较小,红紫色,裂片边缘稍反卷。

图358 大叶醉鱼草
1. 花枝;2. 花;3. 花冠筒展开,示雄蕊着生部位;4. 雌蕊;5. 种子

思考题:

目前园林绿化中常用的醉鱼草变种有哪些?哪个城市应用较多?

57. 夹竹桃科 *Apocynaceae*

小乔木、灌木或藤本,稀多年生草本;具乳汁。单叶对生或轮生,稀互生;全缘,稀有细齿;无托叶。花两性,整齐,单生或聚伞花序;萼4～5裂,基部内面常有腺体;花冠4～5裂,常覆瓦状排列,喉部常有副冠或鳞片或毛状附属物;雄蕊4～5,着生在花冠筒上或花冠喉部,花丝分离;通常有花盘;子房上位或半下位,1～2室,或有2个离生或合生心皮组成。浆果、核果、蒴果或蓇葖果;种子常一端被毛或有翅。

约250属2 000种,主产热带、亚热带,少数在温带。我国46属176种33变种。

本科植物多有毒,以种子和乳汁毒性最强,又含有多种生物碱,为重要的药物原料,农业上用于杀虫防治。有很多植物具有美丽的花朵,是园林绿化的优良观赏树木。

分属检索表

1. 叶对生或轮生:

2. 叶对生;藤本 ·· 络石属(*Trachelospermum*)
　　2. 叶轮生,间或对生;灌木或乔木:
　　　3. 蒴果;花盘厚,肉质环状·································· 黄蝉属(*Allemanda*)
　　　3. 菁葖果;无花盘:
　　　　4. 大灌木;花冠筒喉部具5枚阔鳞片状副花冠,裂片在芽内右旋,花药附着生于柱头上;果圆柱形
　　　　··· 夹竹桃属(*Nerium*)
　　　　4. 乔木;花冠筒喉部被柔毛,裂片在芽内左旋,花药与柱头分离;果条形······ 盆架树属(*Winchia*)
　1. 叶互生:
　　5. 枝肥厚肉质;花冠筒喉部无鳞片;菁葖果 ·················· 鸡蛋花属(*Plumeria*)
　　5. 枝不为肉质;花冠筒喉部具被毛的鳞片5枚;核果 ············· 黄花夹竹桃属(*Thevetia*)

(1) 络石属 *Trachelospermum* Lem.

常绿攀援藤木。具乳汁。单叶对生,羽状脉。聚伞花序顶生或腋生;花萼5裂,内面基部具5～10枚腺体;花冠白色,高脚碟状,裂片5,右旋;雄蕊5枚,着生于花冠筒内面中部以上,花丝短,花药围绕柱头四周;花盘环状,5裂;子房由2离生心皮组成。菁葖果双生,长圆柱形;种子顶端有种毛。

约30种;我国10种6变种。

① 络石(万字茉莉) *Trachelospermum jasminoides*(Lindl.)Lem. 图359:

图 359　络石
1. 花枝;2. 果枝;3. 花;4. 花冠筒展开(示雄蕊着生);5. 花萼纵剖面及雌蕊;6. 雄蕊;7. 种子

茎长达10m,赤褐色,幼枝有黄色柔毛,常有气生根。叶薄革质,椭圆形或卵状披针形,长2～10cm,全缘,脉间常呈白色,背面有柔毛。花序腋生;萼5深裂,花后反卷;花冠白色,芳香,裂片5,右旋风车形;花药内藏。果对生,长15cm。种子有白毛。花期4～5月。

分布极广,长江流域,黄河流域、山东、河北均有分布。

喜光,耐荫;喜温暖湿润气候,尚耐寒;对土壤要求不严,抗干旱,不耐水淹。萌蘖性强。

扦插与压条均易生根。花多生于1年生枝上,对老枝进行修剪,可促生新枝,开花繁密。

叶色浓绿,四季常青,冬叶变红,花白繁茂,且具芳香,是优美的垂直绿化和常绿地被植物。植于枯树、假山、墙垣之旁,攀援而上,均颇优美。根茎叶果入药。乳汁对心脏有毒害作用。

常见变种、品种有:石血('Heterophyllum'),叶窄,狭长披针形。斑叶络石(var. *variegatum*),叶具白色或浅黄色斑纹,边缘乳白色,冬叶淡红色。

② 紫花络石 *Trachelospermum axillare* Hook. f. :

叶革质,倒披针形、倒卵形或倒卵状矩圆形,长8～15cm;花冠紫色。分布西南、华南、华东、华中等省区。其余同络石。

(2) 黄蝉属 *Allemanda* L.

直立或藤状灌木,具乳汁。叶轮生兼或对生,叶腋常有腺体。花大,生于枝顶,组成总状花

序式的聚伞花序;花萼5深裂;花冠漏斗状,裂片5,左旋;副花冠退化成流苏状,被缘毛状的鳞片或只有毛,着生在花冠筒的喉部;雄蕊着生于花冠筒喉内;花盘厚,肉质环状;子房1室。蒴果卵圆形,有刺,2瓣裂;种子多数。

约15种,原产南美洲;我国引入2种。

① 黄蝉 *Allemanda neriifolia* Hook. 图360:

直立灌木,高1~2m,具乳汁。叶3~5枚轮生,椭圆形或倒卵状长圆形,长6~12cm,先端渐尖或急尖,基部楔形,全缘。花序顶生;花冠橙黄色,漏斗状,长4~6cm,内面具红褐色条纹,花冠筒长不超过2cm,基部膨大,裂片左旋。蒴果球形,具长刺。花期5~8月。

原产巴西;我国南方各省区有栽培。

花大而美丽,叶深绿而光亮,南方暖地常植于庭园观赏。植株乳汁有毒,应用时应注意。

② 软枝黄蝉 *Allemanda cathartica* L.:

与黄蝉的区别:藤状灌木,长达4m,枝条软,弯垂。叶长椭圆形至倒披针形,长10~15cm。花冠大型,长7~11cm,花冠筒长3~4cm,基部不膨大。蒴果球形,具长刺。花期春夏两季。

分布、习性、用途等同黄蝉。

图360 黄蝉

(3) 夹竹桃属 *Nerium* L.

常绿灌木或小乔木。具乳汁。叶革质,3~4枚轮生或对生,全缘,羽状脉,侧脉密生而平行。顶生聚伞花序;花萼5裂,基部内面有腺体;花冠漏斗状,5裂,裂片右旋;花冠筒喉部有5枚阔鳞片状副花冠,顶端撕裂;雄蕊5,着生于花冠筒中部以上,花丝短,花药内藏且成丝状,被长柔毛;无花盘;子房由2枚离生心皮组成。蓇葖果2枚,离生;种子具白色绵毛。

约4种,产地中海沿岸及亚洲热带、亚热带;我国引入2种。

夹竹桃(柳叶桃) *Nerium indicum* Mill. 图361:

高达5m。嫩枝具棱。叶3~4枚轮生,枝条下部对生,窄披针形,长11~15cm,上面光亮无毛,中脉明显,叶缘反卷。花序顶生;花冠深红色或粉红色,单瓣5枚,喉部具5片撕裂状副花冠;重瓣15~18枚,组成3轮,每裂片基部具顶端撕裂的鳞片。蓇葖果细长。花期6~10月。

分布伊朗、印度、尼泊尔;我国长江以南广为栽植,北方盆栽。

喜光;喜温暖湿润气候,不耐寒;耐旱力强;抗烟尘及有毒气体能力强;对土壤适应性强,碱性土上也能正常生长。性强健,管理粗放,萌蘖性强,病虫害少,生命

图361 夹竹桃

1. 花枝;2. 花纵剖面;3. 雄蕊;4. 雌蕊

力强。

压条为主，也可扦插，水插尤易生根。

姿态潇洒，花色艳丽，兼有桃竹之胜，自夏至秋，花开不绝，有特殊香气。可植于公园、庭院、街头、绿地等处。此外，性强健，耐烟尘，抗污染，是工矿区等生长条件较差地区绿化的好树种。

(4) 盆架树属 *Winchia* A. DC.

常绿乔木。具乳汁，枝轮生。叶轮生或对生；侧脉纤细密生近平行。聚伞花序顶生，萼5裂，内面无腺体；花冠高脚碟状，喉部被柔毛，裂片5，左旋；雄蕊5，与柱头分离，着生于花冠筒中部；无花盘；子房半下位，2室。蓇葖果2枚合生；种子两端被柔毛。

共2种，产南亚、东南亚；我国1种。

盆架树（面盆架树、粉叶鸭脚木）*Winchia calophylla* A. DC. 图362：

图 362 盆架树
1. 花枝；2. 花；3. 花冠筒部分展开（示雄蕊）；
4. 花萼展开；5. 雌蕊；6. 子房纵剖面；7. 果

高达25m。树皮淡黄色至深黄色。大枝分层轮生，平展；小枝绿色。叶3～4片轮生或对生，长圆状椭圆形，长5～16cm，薄革质，两面有光泽无毛，全缘而内卷，侧脉30～50对。聚伞花序长约5cm，多花；花冠白色。蓇葖果细长，径约1cm。种子两端具缘毛。花期4～7月。果熟期8～11月。

产云南及海南。树形美观，叶色亮绿。分枝轮生，且较平展，似面盆架，故名。有一定的抗风能力，对SO_2、Cl_2抗性中等，受害落叶，但能不断长出新叶。是华南城市绿化的好树种，常植于公园观赏或作行道树、工厂绿化用。

(5) 鸡蛋花属 *Plumeria* L.

小乔木。枝条粗壮，肉质，具乳汁，落叶后具有明显的叶痕。叶互生，大形，具长柄，侧脉先端在叶缘连成边脉。聚伞花序顶生；花萼5裂；花冠漏斗状，冠筒圆筒形，喉部无鳞片，裂片5，左旋；雄蕊着生于花冠筒的基部，花丝短；无花盘；心皮2，离生。蓇葖果双生；种子具翅。

约7种，原产美洲热带；我国华南、西南南部引栽1种1品种。

鸡蛋花（蛋黄花）*Plumeria rubra* 'Acutifolia' 图363：

落叶小乔木，高5～8m，全株无毛。枝粗壮肉质。叶互生，常聚集于枝端，长圆状倒披针形或长椭圆形，长20～40cm，顶端短渐尖，基部狭楔形，全缘。聚伞花序顶生，花萼裂片小，不张开而压紧花冠筒；花冠外面白色而略带淡红色斑纹，内现黄色，芳香。蓇葖果双生。花期5～10月。

原产墨西哥，我国广东、广西、云南、福建等省区有栽培。

图 363 鸡蛋花

喜光,喜湿热气候;耐干旱,喜生于石灰岩山地。

扦插或压条繁殖,极易成活。

树形美观,叶大深绿,花色素雅而具芳香,常植于庭园中观赏。花可提炼芳香油或熏茶,花、树皮药用。

其原种红鸡蛋花 *P. rubra* L. 花冠深红色,花期 3～9 月。我国华南也有栽培,但数量较少。

(6) 黄花夹竹桃属 *Thevetia* L.

灌木或小乔木,具乳汁。叶互生。聚伞花序顶生或腋生,花萼 5 深裂,内面基部具腺体;花冠漏斗状,裂片 5,花冠筒短,喉部具被毛的鳞片 5 枚;雄蕊 5,着生于花冠筒的喉部;无花盘;子房 2 室。核果。

约 15 种,产热带非洲和热带美洲,我国引栽 2 种 1 品种。

黄花夹竹桃(酒杯花) *Thevetia peruviana* (Pers.) K. Schum. 图 364:

常绿灌木或小乔木,高 5m。全株无毛;树皮棕褐色,皮孔明显。枝柔软,小枝下垂。叶互生,线形或线状披针形,长 10～15cm,全缘,光亮,革质,中脉下陷,侧脉不明显。聚伞花序顶生;花大,径 3～4cm,黄色,具香味。核果扁三角状球形。花期 5～12 月。

栽培品种:红酒杯花('Aurantiaca'),花冠红色。

原产美洲热带,我国华南各省区均有栽培。

不耐寒,喜干热气候;耐旱力强。

枝软下垂,叶绿光亮,花大鲜黄,而且花期长,几乎全年有花,是一种美丽的观赏花木,常植于庭园观赏。

图 364　黄花夹竹桃

思考题:

1. 黄花夹竹桃与夹竹桃有何区别?

2. 鸡蛋花与山榄科的蛋黄果有何区别?

3. 夹竹桃科植物多有毒,用于园林绿化,你有何看法?

58. 紫草科 *Boraginaceae*

草本、灌木或乔木。单叶互生,稀对生、轮生,全缘或有锯齿;无托叶。花两性,整齐;聚伞花序常组成蝎尾状或蜈蚣卷或其他花序式;萼近全缘或 5 齿裂;花冠 5 裂,裂片旋转状、漏斗状或钟状;雄蕊 5,与花冠裂片互生,生花冠筒上;有花盘或缺;子房上位,2 室,又常为假隔膜分成 4 室,每室 1 胚珠。果常为 4 小坚果或核果,有时多少肉质呈浆果状。

约 100 属 2 000 种,我国 49 属 208 种,全国均有分布。

基及树属 *Carmona* Cav.

本属仅 1 种,产我国广东、台湾等省区。

福建茶(基及树、猫仔树) *Carmona microphylla* (Lam.) Don. 图 365:

常绿灌木,高 1～4m。多分枝,幼枝圆柱形,被稀疏短硬毛。叶在长枝上互生,在短枝上簇生,倒卵形或匙状倒卵形,长 0.9～5cm,先端圆或钝,基部渐狭成短柄,边缘常反卷,向顶端有

图 365　福建茶

粗圆齿;表面有光泽,有白色圆形小斑点,叶背粗糙;叶脉在叶表下陷,在叶背稍隆起。聚伞花序腋生,总花梗纤细;萼 5 深裂;花冠钟状,裂片 5,披针状,白色或稍带红色,长约 6mm;雄蕊 5;花柱 3 深裂。核果球形,径 4～6mm,熟时红色或黄色,有宿存花柱。

分布广东、台湾等省区。耐修剪。播种、扦插繁殖。

枝叶繁密,庭园列植作绿篱、花篱,也是优良的盆景材料。

59. 马鞭草科 *Verbenaceae*

草本、灌木或乔木。叶对生,稀轮生,单叶或复叶,无托叶。花两性,两侧对称,稀辐射对称;花序多样;萼筒状,4～5 裂,宿存;花冠通常 4～5 裂,覆瓦状排列;雄蕊 2 强,着生花冠筒上;子房上位,通常由 2 心皮组成 4 室,少有 2～10 室,全缘或 4 裂,每室胚珠 1～2。核果或浆果。

共 80 属 3 000 种,我国 21 属 175 种。

本科很多种类具有重要的经济用途,可作木材、药材、水土保持材料,有些是优良的观赏花木。

分属检索表

1. 总状、穗状或短缩近头状花序:
　2. 花序穗状或近头状;茎具倒钩状皮刺;果成熟后仅基部为花萼所包围 ………… 马缨丹属(*Lantana*)
　2. 花序总状;茎有刺或无刺,刺不为倒钩状;果成熟后完全被扩大的花萼所包围
　　………………………………………………………………………… 假连翘属(*Duranta*)
1. 聚伞花序,或由聚伞花序组成其他各式花序:
　3. 花萼在结果时增大,常有各种美丽的颜色:
　　4. 花萼由基部向上扩展成漏斗状,端近全缘;花冠筒弯曲 ……… 冬红属(*Holmskioldia*)
　　4. 花萼钟状、杯状,端平截或具钝齿、深裂;花冠筒不弯曲 ……… 桢桐属(*Clerodendrum*)
　3. 花萼在结果时不显著增大,绿色:
　　5. 掌状复叶(单叶蔓荆例外);小枝四方形;花冠 5 裂,二唇形 ……… 牡荆属(*Vitex*)
　　5. 单叶;小枝不为四方形:
　　　6. 核果;花萼、花冠顶端均 4 裂 …………………………………… 紫珠属(*Callicarpa*)
　　　6. 蒴果;花萼、花冠顶端均 5 裂 ………………………………… 莸属(*Caryopteris*)

(1) 马缨丹属 *Lantana* L.

直立或半藤状灌木,有强烈气味。茎四棱形,有钩刺。单叶对生,缘有圆钝齿,表面多皱。头状花序,具总梗;苞片长于花萼;萼小,膜质;花冠筒细长,4～5 裂;雄蕊 4,生于花冠筒中部,内藏;子房 2 室,每室 1 胚珠,花柱短,内藏。核果,肉质。

约 150 种,我国 1 种,引栽 1 种。

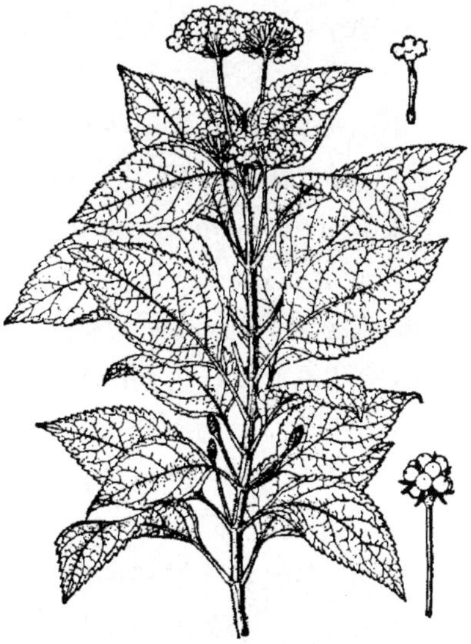

马缨丹(五色梅) Lantana camara L. 图 366:

常绿或落叶灌木,高 1～2m,有时藤状。枝四棱形,刺倒钩状。叶卵形至卵状长圆形,长 3～9cm,端渐尖,两面有糙毛,揉碎有强烈的气味。头状花序腋生;花冠黄色、橙黄色、粉红色至深红色。核果球形,熟时紫黑色。全年开花。

原产美洲热带。在我国华南已成为野生状态,华南和云南南部常绿,全年开花;长江流域以南冬季落叶,夏季开花。华北温室盆栽。

喜温暖、湿润、向阳之地,耐旱,不耐寒。播种、扦插繁殖。

花期长,花色美丽,各色花冠组成的头状花序形如彩球,再衬以绿叶,艳丽多彩。华南庭园栽作绿篱、开花地被或丛植;北方盆栽观赏。

图 366　马缨丹

(2) 假连翘属 Duranta L.

本属约 36 种,分布于热带美洲;我国引种栽培 1 种。

假连翘 Duranta repens L. 图 367:

常绿灌木,高 1.5～3m。枝拱形下垂,具皮刺。单叶对生,倒卵形或卵状椭圆形,长 2～6.5cm,全缘或中部以上有锯齿。总状花序顶生或腋生;花萼 5 齿裂,宿存,结果时增大;花冠 5 裂,蓝色或淡蓝紫色;雄蕊 4,内藏,2 长 2 短;子房 8 室。核果熟时红黄色,成串包在萼片内。花果期 5～10 月。

原产热带美洲;我国华南各省均有栽培,成野生状态。

图 367　假连翘

图 368　冬红

241

喜光,耐半荫,喜温暖,不耐寒。生长快,萌芽力强,耐修剪。扦插或播种繁殖。

终年花开不断,入秋红果累累,是很好的观花观果植物,可作花篱、花架、花廊、绿化坡地。

(3) 冬红属 *Holmskioldia* Retz.

本属约 11 种,分布于印度、马达加斯加和热带非洲;我国引栽 1 种。

冬红 *Holmskioldia sanguinea* Retz. 图 368:

常绿灌木,高 3～7m(园林栽培者 1～2m)。小枝四棱形,被毛。单叶对生,卵形,长 5～10cm,全缘或有齿,两面均有腺点。聚伞花序常 2～6 个再组成圆锥状;花萼膜质,漏斗状,近全缘,朱红色或橙红色;花冠筒弯曲,5 浅裂,朱红色,筒长 2～2.5cm,有腺点;雄蕊 4,2 长 2 短,与花柱同伸出花冠外;子房 4 室。核果倒卵形,长约 6mm,4 裂几达基部,藏于扩大的花萼内。花期冬末春初,夏季开花不绝。

原产印度北部至马来半岛;我国华南、云南、台湾等地有栽培。

喜光,喜温热气候和排水良好的土壤,不耐寒。扦插或播种繁殖。

花朵美丽,于冬末春初开花,故名冬红,为华南常见观花灌木。

(4) 桢桐属 *Clerodendrum* L.

小乔木、灌木或藤本。单叶对生或轮生,全缘或具锯齿。聚伞或圆锥花序;萼钟状宿存,有 5 齿或 5 深裂,果时明显增大而有颜色;花冠筒细长,顶端裂片 5,等大或否;雄蕊 4,伸出花冠外;柱头 2 裂;子房 4 室,每室 1 胚珠。浆果状核果,包于宿存增大的花萼内。

共 400 种;我国 34 种 6 变种,主产西南、华南。

分种检索表

1. 柔弱藤木;聚伞花序通常腋生;花萼裂片白色 ················· 龙吐珠(*C. thomsonae*)
1. 直立灌木;聚伞花序常组成伞房状、圆锥状,通常顶生;花萼裂片非白色:
  2. 聚伞花序组成大型的顶生圆锥花序;花萼、花冠均为鲜红色 ········· 桢桐(*C. japonicum*)
  2. 聚伞花序组成伞房花序;花萼、花冠不为鲜红色 ················ 海州常山(*C. trichotomum*)

图 369 龙吐珠

① 龙吐珠 *Clerodendrum thomsonae* Balf. f. 图 369:

常绿灌木状小藤本,株高 2～5m。茎 4 棱,髓中空。叶矩圆状卵形,全缘。聚伞花序着生在上部叶腋内;花长 5～6cm,萼长约 12mm,呈 5 角棱状,筒绿色,裂片白色;花冠深红色;雄蕊和花柱较长,伸出花冠外。核果肉质,淡蓝色,藏于花萼中。花期春、夏,果秋季成熟。

原产热带非洲西部;我国华南可露地栽培。

喜温暖湿润和阳光充足,不耐寒。分株或扦插繁殖。

枝蔓柔细,叶子稀疏,绑立牌坊式花架引其枝条攀附,开花时,红色花冠吐露在花萼之外,犹如蟠龙吐珠。夏季作为廊下摆放,冬季作为室内装饰,均为良好花卉。

② 桢桐 *Clerodendrum japonicum* (Thunb.) Sweet. 图 370:

落叶灌木,高达 4m。小枝有绒毛。叶阔卵形或心形,长 10～35cm,端尖,基心形,有长柄,缘有细齿,表面疏生伏毛,背面密被锈黄色腺体。聚伞花序组成大型圆锥花序,长约 30cm;花梗、花萼、花冠均鲜红色;雄蕊长达花冠筒的 3 倍,与花柱均伸出花冠外。果近球形,蓝黑色;宿萼增大,初包被果实,后向外反折呈星状。花果期 5～11 月。

分布长江以南各省区。

喜光,喜温暖湿润,耐湿,耐旱。萌蘖力强。分株、根插或播种。

全花鲜红,果蓝黑色,且花果期长,是极好的观赏花木。

图 370　桢桐

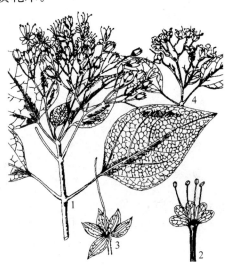

图 371　海州常山
1. 花枝;2. 花冠筒纵剖(示雄蕊着生);3. 去花冠筒的花(示雌蕊);4. 果枝

③ 海州常山(臭梧桐) *Clerodendrum trichotomum* Thunb. 图 371:

落叶灌木或小乔木,高达 4m。嫩枝、叶柄、花序轴有黄褐色柔毛;枝髓片隔状,淡黄色;裸芽。叶对生,卵形至椭圆形,端渐尖,基部截形或阔楔形,全缘或有微波状齿牙,两面疏生短柔毛或近无毛。聚伞花序顶生或腋生,有红色总梗;萼紫红色;花冠白色;雄蕊与花柱均伸出花冠外。核果近球形,藏于增大的宿萼内,熟时蓝紫色。花期 8～9 月,果熟期 10 月。

产华东、中南、西南及辽宁、陕西、甘肃等地,山东、河北、北京有栽培。

喜光,也较耐荫。喜凉爽湿润气候。适应性强。较耐旱和耐盐碱。播种繁殖。

花果美丽,花时白色花冠后衬紫红花萼,果时增大的紫红宿存萼托以蓝紫色亮果,实是美丽,且花果期长,是布置园林景色的极好材料。为优良秋季观花、观果树种。目前资源较少,值得开发。

(5) 牡荆属 *Vitex* L.

灌木或小乔木;小枝常四棱形。叶对生,掌状复叶,稀单叶。聚伞状圆锥花序;萼钟状,常为 5 齿裂,有时呈 2 唇形,果时扩大,宿存;花冠小,2 唇形,下唇中裂片最长;雄蕊通常 4,2 强,常伸出花冠筒外;子房 2～4 室,柱头 2 裂。核果。

共 250 种,我国约 14 种。

黄荆(荆条) *Vitex negundo* L. 图 372:

图 372　黄荆
1. 花枝；2. 花；3. 花冠展开 (示雄蕊着生)；
4. 萼展开 (示雌蕊)；5. 果

落叶灌木或小乔木，高 2～5m。小枝密生灰白色绒毛。小叶 5，间有 3 小叶，中间小叶最大，小叶椭圆状卵形至披针形，长 4～10cm，全缘或有 2～6 钝锯齿，下面被灰白色柔毛。花序顶生，长 10～27cm，花冠淡紫色，被绒毛。果球形，黑色。花期 6～7 月，果熟期 9～10 月。

变种：荆条 (var. *heterophylla* (Franch.) Rehd.)，小叶边缘有缺刻状锯齿，浅裂至深裂。

分布几遍全国，南至海南，北达辽宁。

适应性强。喜光，耐半荫，耐干瘠能力极强。萌蘖力强，耐修剪。

可播种、扦插、分株繁殖。

树形疏散，叶茂花繁，淡雅秀丽，适于山坡、池畔、湖边、假山、石旁、小径、路边点缀风景，是树桩盆景的优良材料。花和枝叶可提取芳香油；优良蜜源植物；优良水土保持树种。

(6) 紫珠属 *Callicarpa* L.

灌木或小乔木；通常被星状毛或粗糠状短柔毛；裸芽。叶常对生，有锯齿，下面有腺点。花小，聚伞花序腋生；萼短钟状，顶端截形或 4 浅裂；花冠筒短，4 裂；雄蕊 4；子房 4 室，每室胚珠 4。浆果状核果，球形如珠，成熟时常为有光泽的紫色。

共 190 种，我国 40 余种。

① 白棠子 (小紫珠) *Callicarpa dichotoma* (Lour.) K. Koch. 图 373：

落叶灌木，高 1～2m。小枝带紫红色，具星状毛。叶倒卵形至卵状矩圆形，长 3～7cm，端急尖，基部楔形，边缘上半部疏生锯齿，两面无毛，下面有黄棕色腺点；叶柄长 2～5mm。花序纤弱，花序梗长为叶柄的 3～4 倍；苞片线形；花冠紫色；花药顶端纵裂；子房无毛，有腺点。花期 8 月，果熟期 10～11 月。

产华东、华中、华南、贵州、河北等地，山西、大连有栽培。

喜光，喜温暖、湿润环境，较耐寒、耐荫，对土壤不甚选择。

播种，也可扦插或分株。

枝条柔细，丛栽株形蓬散，果紫红鲜亮，适于基础栽植和草坪边缘绿化，也可配植于高大常绿树前、假山石旁作衬托。入冬珠状紫果不落，观赏效果尤佳，有推广价值。根、叶可入药。

② 日本紫珠 *Callicarpa japonica* Thunb. 图 374：

与白棠子的区别：小枝无毛。叶变异大，卵形、倒卵形以至卵状椭圆形，长 7～15cm，缘具细锯齿，通常两面无毛；叶柄长 5～10mm。花序短，总花梗与叶柄等长或稍短；花冠淡紫色或近白色；花药顶端孔裂。分布、习性、用途同白棠子树。

(7) 莸属 *Caryopteris* Bunge.

图 373　白棠子
1. 果枝；2. 花；3. 果

直立或披散灌木,少有草本。单叶对生,全缘或有锯齿,常具黄色腺点。聚伞花序常再组成伞房状或圆锥状,稀单花,腋生;萼钟状,5裂,宿存;花冠5裂,二唇形;雄蕊4,伸出花冠筒外;子房不完全4室。蒴果。

约15种,我国13种2变种1变型。

图374 日本紫珠

1. 花枝;2. 小花穗;3. 小果穗

图375 兰香草

① 兰香草(莸) Caryopteris incana (Thunb.) Miq. 图375:

小灌木,高1～2m,全株具灰色绒毛。枝圆柱形。叶卵状披针形,长3～6cm,端钝或尖,基部楔形或近圆形,边缘有粗齿,两面具黄色腺点,背面更明显。聚伞花序紧密,生枝条上部叶腋;花冠淡紫色或淡蓝色,二唇裂,下唇中裂片较大,边缘流苏状。蒴果倒卵状球形。花果期6～10月。

产华东及中南各省,北京、河北有栽培。

花色淡雅,花开于夏秋少花季节,是点缀秋夏景色的好材料。植于草坪边缘、假山旁、水边、路旁,都很适宜,园林中可推广应用。

② 蒙古莸 Caryopteris mongholica Bge. 图376:

落叶灌木,高30～80cm;嫩枝紫褐色。单叶对生,叶片条形或条状披针形,长1～4cm,宽2～7mm,先端渐尖,基部楔形,全缘,叶表面稍被细毛,背面密被灰白色绒毛;叶柄长3mm。聚伞花序腋生,萼5齿裂,外被灰色绒毛;花冠蓝紫色,5裂,其中一个裂片较大,边缘流苏状;雄蕊4,2强,伸出花冠外;子房无毛,柱头2裂。蒴果椭球形,熟时4裂。花期7～8月,果熟期9～10月。

分布内蒙古、陕西、山西、甘肃等。喜光,耐干瘠,耐寒冷。花色鲜艳,花期长。庭园栽培可供观赏。

③ 金叶莸 Caryopteris × clandonensis 'Worcester

图376 蒙古莸

Gold':

落叶灌木。单叶对生,长卵状椭圆形,叶面光滑,淡黄色,叶背有银色毛。聚伞花序腋生,密集,蓝紫色。花期 8～10 月,可持续 2～3 个月。

该种新近从北美引入,杂交种。耐旱,耐寒,耐修剪,耐粗放管理。扦插繁殖,生长季节愈修剪,金叶愈加鲜艳,黄叶蓝花,是良好的春夏观叶、秋季观花材料。该树种的推广应用,可弥补蓝花灌木之不足。可作大面积色块或基础栽植,可植于草坪边缘、假山旁、水边、路边。可在华北、华中、华东、东北地区推广应用。

思考题:

1. 马鞭草科有许多观赏花木,你所在的省区园林绿地中常见的有哪些?

2. 白棠子与日本紫珠有何区别?

3. 分别谈谈海州常山、金叶莸的观赏特性和园林用途。

60. 玄参科 *Scrophulariaceae*

草本、灌木或乔木。单叶,对生、互生或轮生;无托叶。花两性,常两侧对称,排成各式花序;萼常 4～5 裂;花冠合瓣,4～5 裂;雄蕊常 4;子房上位,2 室或不完全 2 室,胚珠多数,中轴胎座。蒴果或浆果;种子多数。

共 200 属 3 000 种,我国 59 属 634 种。

泡桐属 *Paulownia* Sieb. et Zucc.

落叶乔木;小枝粗壮,髓心中空,侧芽小,2 枚叠生,上大下小。叶对生,全缘或 3～5 浅裂,3 出脉,具长柄。花大,聚伞状圆锥花序顶生,以花蕾越冬,密被毛;萼革质,5 裂,裂片肥厚;花冠大,近白色或紫色,5 裂,二唇形;雄蕊 2 强;子房 2 室,花柱细长。蒴果大,室背开裂;种子小,扁平,两侧具半透明膜质翅。共 7 种,均产我国。

喜光,喜温暖气候及深厚、疏松、肥沃的土壤。对土壤酸碱度适应范围较广,但以 pH6～7.5 为好。深根性,肉质根,喜湿畏涝。萌芽力、萌蘖力强。埋根、埋干、留根、播种繁殖。速生用材树种。

分种检索表

1. 叶片宽卵形至卵形,下面被无柄树枝状毛;花淡紫色;果卵形至椭圆状卵形,果皮厚 1.5～2.5mm ………………………………………………………………… 兰考泡桐(*P. elongata*)

1. 叶片长卵形,下面被星状毛;花白色;果椭圆形:

  2. 花冠大,冠幅 7.5～8.5cm,里面有大小两种紫斑混生;果长 6～10cm,径 3～4cm ………………………………………………………………… 白花泡桐(*P. fortunei*)

  2. 花冠筒细,冠幅 4～4.8cm,里面仅有紫色小斑点;果长 3.5～6cm,径 1.8～2.4cm …………………………………………………………… 楸叶泡桐(*P. catalpifolia*)

① 白花泡桐(泡桐)*Paulownia fortunei*(Seem.)Hemsl. 图 377:

树高达 27m。树冠宽阔,树皮灰褐色,平滑,老时纵裂。幼枝、嫩叶、花萼和幼果被黄色绒毛。叶片长卵形至椭圆状长卵形,长 10～25cm,先端渐尖,基部心形,全缘,稀浅裂。萼裂深

1/4～1/3;花冠大,乳白色至微带紫色。果长椭圆形,果皮厚 3～5mm。花期 3～4 月,果熟期 9～10 月。

产长江流域以南各地,北至辽宁南部、北京、延安等地,山东、河南、陕西引栽生长良好。

主干端直,冠大荫浓,春天繁花似锦,夏天绿树成阴。为平原地区粮桐间作和"四旁"绿化的理想树种。木材是我国传统出口物资。

② 兰考泡桐 *Paulownia elongata* S. Y. Hu.:

叶片宽卵形或卵形,长 15～30cm,全缘或 3～5 浅裂,端钝或尖。萼裂约 1/3;花紫色。果卵形至椭圆状卵形,长 3～5cm,果皮厚 1.5～2.5mm。

产黄河流域中、下游及长江流域以北,以河南、山东西部及山西南部为最多。是北方平原地区粮桐间作及"四旁"绿化的理想树种。

③ 楸叶泡桐 *Paulownia catalpifolia* Gong Tong:

主要识别点:树冠枝叶密。叶较窄,长卵形,长 12～34cm,深绿色,下垂。萼裂 1/3～2/5;花冠筒细长,冠幅 4～4.8cm,筒内密布紫斑。果长椭圆形,长 4.5～5.5cm,先端常歪嘴;果皮厚 1.5～3mm。

产山东、安徽、河南、河北、山西、陕西等地。材质为本属中最优者。在低山丘陵干旱寒冷地区可大力发展。

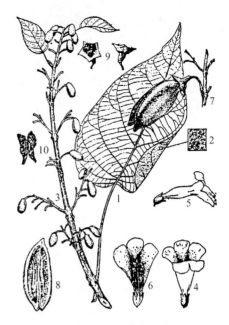

图 377　泡桐
1. 叶;2. 叶下面,示毛;3. 花序及花蕾;4、5. 花;
6. 花纵剖面;7. 果枝一部分;8. 果瓣;9. 果萼;
10. 种子

思考题:

泡桐属树种的主要生态习性是什么?

61. 紫葳科 *Bignoniaceae*

乔木、灌木、藤本或草本。单叶或复叶,对生或轮生,稀互生;无托叶。花两性,大而美丽,两侧对称;顶生或腋生;单生、簇生、聚伞、总状或圆锥花序;萼钟状,平截或 2～5 裂;花冠 5 裂,二唇形,上唇 2 裂,下唇 3 裂;雄蕊 5 或 4,其中发育雄蕊 2 或 4;子房上位,1～2 室,中轴或侧膜胎座,胚珠多数。蒴果或浆果,种子扁平,有翅或无翅。

约 120 属 650 种,我国加引入的共 22 属 49 种。

分属检索表

1. 藤本:
　　2. 羽状复叶有小叶 7～9(11)片;聚伞花序或圆锥花序顶生 ························ 凌霄属(*Campsis*)
　　2. 复叶有小叶 1～3 片,中轴延伸或其中 1 小叶变成 3 分叉卷须,聚伞花序顶生,有时呈总状或圆锥状
　　　·· 炮仗藤属(*Pyrostegia*)
1. 直立乔木或灌木:

247

3. 单叶对生,稀 3 叶轮生;聚伞圆锥花序顶生,多花;可育雄蕊 2;种子两端具毛…… 梓树属(*Catalpa*)
3. 叶为 1～3 回奇数羽状复叶,小叶 5 至多数:
  4. 萼片在花蕾时闭合,开花时 1 侧开裂达基部成佛焰苞状;可育雄蕊 4:
    5. 花暗紫色至紫红色,开花时檐部裂片开展;果圆筒状,密被绒毛,状如猫尾;羽状复叶基部常具 1
    ～2 片托叶状单叶 …………………………………………………………… 猫尾木属(*Markhamia*)
    5. 花橙红至鲜红色,开花时顶端裂片直立;果长圆状披针形,无猫尾状绒毛;无托叶状单叶 ……
    ………………………………………………………………………………… 火焰树属(*Spathodea*)
  4. 萼顶部截形、浅裂至深裂,但不在一侧开裂成佛焰苞状:
    6. 叶为 1 回奇数羽状复叶:
      7. 圆锥花序具长梗,下垂,长达 2m;花土黄色,有黄褐色脉纹斑;果圆筒形,腊肠状,具长梗,
      下垂,大型;大乔木 ……………………………………………………… 吊瓜属(*Kigelia*)
      7. 总状花序直立或稍下倾,长不超过 20cm;花橙红至橙黄色;果线形条状;直立或稍蔓性灌
      木 ………………………………………………………………………… 硬骨凌霄属(*Tecomaria*)
    6. 叶为 2～3 回奇数羽状复叶:
      8. 蒴果圆形至椭圆形,压扁;叶为 2 回羽状复叶,稀 1 回,羽片 16 对以上,每羽片有小叶 14
      ～24 对;花冠蓝色或青紫色 ……………………………………………… 蓝花楹属(*Jacaranda*)
      8. 蒴果圆柱状,多扭曲,长达 70cm;叶为 2～3 回羽状复叶 … 菜豆树属(*Radermachera*)

(1) 梓树属 *Catalpa* L.

落叶乔木,无顶芽。单叶对生或 3 枚轮生,全缘或有缺裂,基出脉 3～5,叶背脉腋常具腺斑。花大,顶生总状或圆锥花序;花萼 2 至 3 裂;花冠钟状二唇形;发育雄蕊 2,内藏,着生于下唇;子房 2 室。蒴果细长;种子多数,两端具长毛。

本属约 13 种,我国 4 种。

分种检索表

1. 叶及花序无毛或具柔毛,无簇状毛及分枝毛:
  2. 枝、叶无毛,叶下面脉腋有紫色腺斑;总状花序 ……………………………… 楸树(*C. bungei*)
  2. 枝、叶多少被毛,叶下面脉腋有腺斑;聚伞状圆锥花序:
    3. 嫩枝、叶柄,花序轴、花梗等有粘质;叶片脉腋有紫色腺斑;花冠淡黄色 ………… 梓树(*C. ovata*)
    3. 嫩枝、叶柄、花序轴、花梗均无粘质;叶片脉腋有淡黄色腺斑;花冠白色 …… 黄金树(*C. speciosa*)
1. 叶片、叶柄、花萼、花序轴及花梗均被簇状毛及分枝毛;叶下面脉腋有紫色腺斑 ………………………
……………………………………………………………………………………………………… 灰楸(*C. fargesii*)

① 楸树 *Catalpa bungei* C. A. Mey. 图 378:

树高达 20～30m。树干通直,树冠狭长或倒卵形,树皮灰褐色,浅纵裂。叶三角状卵形至卵状椭圆形,长 6～15cm,先端渐尖,基部截形或广楔形。总状花序呈伞房状,有花 5～20 朵;花冠白色,内有紫色斑点。果长 25～55cm;种子连毛长 4～5cm。花期 4～5 月,果熟期 9～10 月。

原产我国,长江流域下游和黄河流域各地普遍栽培,山东省潍坊、胶东多有栽培。

喜光,喜温凉气候,苗期耐庇荫。在深厚肥沃湿润疏松的中性、微酸性和钙质壤土中生长迅速。不耐干旱和水湿。主根明显、粗壮,侧根深入土中达 40cm 以下,根蘖力、萌芽力都很

强。通常开花极茂盛,而不结实。

多用分根、分蘖繁殖,也可扦插或嫁接。梓树为砧木。

树姿挺秀,叶荫浓郁,花大悦目。宜作庭荫树和行道树。可列植、对植、丛植,或在树丛中配植为上层骨干树种。对 SO_2 及 Cl_2 有较强抗性,吸滞灰尘、粉尘能力较强,可用于厂矿绿化。花可提取芳香油,优质用材树。

② 灰楸 *Catalpa fargesii* Bur.:

与楸树的区别:嫩枝、叶片、叶柄和圆锥花序均密被簇状毛和分枝毛;花冠粉红色或淡红色;种子连毛长 5～7.5cm。

分布华南、华北、西北及山东、安徽、湖南、湖北、河南等地。

图 378 楸树
1. 花枝;2. 果;378-3 种子

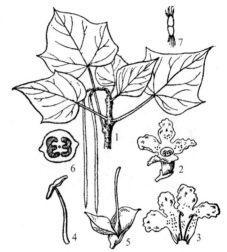

图 379 梓树
1. 果枝;2. 花;3. 花冠展开,示雄蕊;4. 发育雄蕊;5. 雌蕊及花萼;6. 子房横剖面;7. 种子

③ 梓树 *Catalpa ovata* D. Don. 图 379:

树冠宽阔,枝条开展。叶广卵形或近圆形,基部心形或圆形,3～5 浅裂,有毛,背面基部脉腋有紫斑。圆锥花序顶生,花萼绿色或紫色;花冠淡黄色,内面有黄色条纹及紫色斑纹。蒴果细长如筷;种子具毛。花期 5～6 月。

以长江中下游为分布中心,广东、广西、四川、云南、陕西、甘肃、华北、东北均有分布。

喜光,稍耐荫,适生于温带地区,耐寒;喜深厚肥沃湿润土壤,不耐干瘠,抗性强。

播种、扦插或分蘖繁殖。种子干藏。可作楸树砧木。

树冠宽大,可作行道树、庭荫树及"四旁"绿化材料。常与桑树配置,"桑梓"意即故乡。

(2) 凌霄属 *Campsis* Lour.

落叶木质藤本,以气生根攀援。叶对生,奇数羽状复叶,小叶有粗锯齿。花大,聚伞或圆锥花序顶生;花萼钟状,近革质,5 裂不等大;花冠漏斗形,橙红色至鲜红色,裂片 5,大而开展;雄蕊 4,2 强,弯曲,内藏;子房 2 室,基部有大花盘。蒴果,室背开裂,由膈膜上分裂为 2 果瓣。种子多数,扁平,有半透明的膜质翅。

共 2 种,我国 1 种。

① 凌霄 *Campsis grandiflora* (Thunb.)Loisei. 图 380:

落叶藤本，借气根攀援向上生长；树皮灰褐色，呈细条状纵裂。叶对生，奇数羽状复叶，小叶7～9。顶生聚伞花序，花大，花萼裂至中部；花冠漏斗状钟形，外侧橘黄色，内面鲜红色。蒴果长如豆荚；种子有膜质翅。花期6～9月。

原产我国中部，北京、河北以南均有栽培。

喜光，稍耐荫；喜排水良好，较耐水湿，并有一定的耐盐碱力。速生，萌芽力、萌蘖力均强。

扦插、压条、分株及播种繁殖。每年行冬剪，疏除过密枝、枯枝、病弱枝。花前追肥，可使其叶茂花繁。

图380 凌霄

本种夏秋开花，花期长，花朵大，鲜艳夺目，适于垂直绿化。花粉有毒，能伤眼睛，须注意。

② 美国凌霄 *Campsis radicans* (L.) Seem. 图381：

小叶9～13，椭圆形，叶轴及小叶背面均有柔毛；花萼浅裂至1/3；花冠比凌霄花小，橘黄色。

原产北美，我国各地引种栽培。耐寒力较强。其余同凌霄。

图381 美国凌霄
1. 花枝；2. 花冠展开；3. 果枝

图382 炮仗花

(3) 炮仗藤属 *Pyrostegia* Presl.

本属5种，产南美；我国引栽1种。

炮仗花 *Pyrostegia ignea* Presl. 图382：

常绿藤木，具顶生小叶变成的3叉丝状卷须。复叶对生；小叶3枚，卵形，先端渐尖，基部近圆形，长5～10cm，两面无毛，下面有穴状腺体，全缘。圆锥花序顶生，花萼钟状，有5小齿；花冠橙红色，筒状，内面中部有一毛环，基部收缩，裂片5，花蕾时镊合状排列，花期反折；雄蕊4枚，生于花冠筒中部；子房圆柱形，胚珠多数，柱头舌状扁平，花柱与花丝均伸出花冠筒外。蒴果线形，果瓣革质，舟状，内有种子多列，种子具膜质翅。花期长，通常在1～6月。

原产巴西；我国福建、广东、广西、云南等地多见栽培。

250

喜光,耐半荫,喜温暖高湿气候和酸性土壤,能耐受短期 2～3℃低温。

扦插或压条繁殖。

叶茂常绿,花朵鲜艳,花序下垂,状如鞭炮,花期长且正值春节,为美丽的观花藤木和优良的垂直绿化材料。

(4) 火焰树属 Spathodea Beauv.

本属约 2 种,产非洲热带;我国引种 1 种。

火焰树(喷泉树、火烧花) Spathodea campanulata Beauv. 图 383:

常绿乔木,树皮平滑,灰褐色。奇数羽状复叶,对生,小叶 13～17,椭圆形至倒卵形,顶端渐尖,基部圆形,全缘。伞房状总状花序顶生,密集;苞片披针形,小苞片 2 枚;花萼佛焰苞状,外被短绒毛,顶端外弯并开裂;花冠一侧膨大,阔钟状,橘红色,基部急缩为细筒状,具紫红色斑点,内面有突起条纹,裂片 5,阔卵形,具纵褶纹;雄蕊 4,生于花冠筒上,花药个字形着生;子房 2 室,柱头卵圆状披针形,2 裂;花盘环状。蒴果黑褐色,细长圆形,扁平。种子多数,近圆形,周围有膜质翅。花期 3～4 月,果熟期 4～5 月。

原产我国云南。喜温暖湿润气候,不耐寒,喜肥沃。播种繁殖。

树体高大,姿态优美,适宜于温暖地区庭园栽培观赏,可作庭荫树、行道树、孤植树。

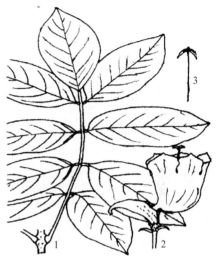

图 383　火焰树
1. 叶;2. 花;3. 雄蕊

(5) 吊瓜属 Kigelia DC.

图 384　吊瓜树
1. 花枝;2. 花;3. 去花冠示雄蕊;4. 花冠展开;
5. 雄蕊;6. 花盘;7. 果

本属仅 1 种,产热带非洲;我国有引种。

吊瓜树 Kigelia africana (Lamk)Benth. 图 384:

常绿乔木。奇数羽状复叶,交互对生或轮生,小叶 5～9,薄革质,长圆形或倒卵状长圆形,顶端阔楔形至近圆形,全缘或有锯齿,侧脉 6～8。顶生圆锥花序大型,下垂,具长梗;萼钟形,不整齐开裂;花冠钟状,二唇形,上唇不裂,下唇 3 裂;可育雄蕊 4,伸出,不育雄蕊小;花盘厚环状;子房 1 室,无毛,胚珠多数。浆果圆筒形,腊肠状,坚硬,不开裂。花期夏秋,果期秋冬。

原产非洲热带;我国广东、福建、海南有引种。

喜光,喜温暖湿润环境,要求土壤疏松、肥沃的酸性土壤。

吊瓜树是一种美丽的园林观赏树种,可开花结果,但叶、花较小,果大型,是观果的好材料。

(6) 硬骨凌霄属 Tecomaria Spach

本属 2 种,产非洲;我国引栽 1 种。

硬骨凌霄(南非凌霄) Tecomaria capensis

(Thunb.)Spach. 图 385：

图 385 硬骨凌霄
1. 花枝；2. 花冠展开；3. 雄蕊

常绿半藤状灌木。枝绿褐色，柔弱，常平覆地面，常有小痂状凸起。奇数羽状复叶对生，小叶 7～9，卵形至阔椭圆形，缘有锯齿。顶生总状花序；萼钟状，5 齿裂；花冠长漏斗形，弯曲，橙红色，有深红色纵纹，端 5 裂，二唇形；雄蕊伸出花冠筒外。蒴果扁线形。花期 6～9 月。

原产南非好望角；我国华南有露地栽培，其他地区温室盆栽。

喜光，喜温暖湿润气候，适生于肥沃而排水良好的沙壤土；萌芽力强，耐修剪。

播种或扦插繁殖。

枝叶茂密，平卧铺地，花橙红鲜艳，且花期长，是秋季观花的极好材料。适宜在园林绿地中种植或作为绿篱栽培，也可植于山石旁共同组景。

(7) 蓝花楹属 *Jacaranda* Juss.

落叶乔木或小灌木。二回羽状复叶对生，稀一回；小叶小，多数，全缘或有齿缺。圆锥花序顶生或腋生；花萼小，花冠筒直或弯曲，裂片 5，稍二唇形；发育雄蕊 4，2 长 2 短；花盘厚，垫状。蒴果卵形或近球形。种子扁平，有翅。

本属约 50 种，产热带美洲；我国引栽 2 种。

蓝花楹 *Jacaranda acutifolia* Humb. et Bonpl. 图 386：

乔木。二回羽状复叶，羽片常 16 对以上，每羽片有小叶 14～24 对；小叶狭长圆形或长圆状菱形，端急尖，全缘，略被微柔毛。圆锥花序顶生，花萼顶端 5 齿裂；花冠蓝色，花冠筒细长，下部微弯，上部膨大。蒴果木质，卵球形；种子小，有翅。花期春末至秋。

原产巴西；我国广东、广西、云南南部有栽培。

喜光，喜温暖多湿气候，不耐寒。

播种繁殖，也可扦插繁殖。

本种为世界名花，绿阴如伞，叶形秀丽，纤细似羽，尤其蓝色的大花序特引人注目，且花开于夏秋季节，是美丽的庭园观赏树，可作为行道树、庭荫树。

(8) 菜豆树属 *Radermachera* Zoll. et Mor.

乔木，幼嫩枝具粘液。1～3 回羽状复叶，对生；小叶全缘，具柄。聚伞花序顶生或侧生，具苞片及小苞片；花萼钟状，顶端 5 裂或平截；花冠多漏斗状，微呈二唇形，裂片 5；雄蕊 4，2 强，有退化雄蕊；花盘杯状；子房圆柱形，胚珠多数，柱头舌状，2 裂。蒴果细长，圆柱形，有时旋扭，种子两端具膜质翅。

本属 16 种；我国 7 种。

① 菜豆树 *Radermachera sinica* Hance. 图 387：

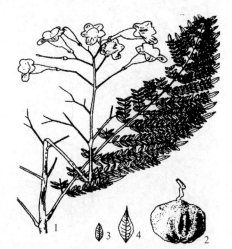

图 386 蓝花楹
1. 花枝；2. 果；3. 小叶；4. 羽片的顶生小叶

图 387 菜豆树

1. 叶；2. 果序；3. 花；4. 雄蕊；5. 种子

落叶小乔木。叶柄、叶轴、叶片、花序均无毛。二回羽状复叶，小叶卵形至卵状披针形，长 4～7cm，先端尾尖，基部阔楔形，侧脉 5～6 对，侧生小叶近基部有腺体。顶生圆锥花序，苞片线状披针形；花萼蕾时封闭，锥形，内包乳汁，萼 5 裂；花冠钟状漏斗形，白色至淡黄色，具皱纹；雄蕊 4，2 强，光滑；子房光滑，2 室，胚珠每室 2 列，柱头 2 裂。蒴果长 70cm，径 7mm，圆柱形，似豇豆，常扭曲；种子椭圆形。

原产台湾、广东、广西、贵州、云南等地。

喜光，稍耐荫，喜温暖湿润气候，耐干热，耐瘠薄。播种繁殖。

枝叶美丽，冠大荫浓，适宜温暖地区庭园栽培观赏，可作庭荫树、行道树或用于配置风景林。

② 豇豆树 *Radermachera pentandra* Hemsl. 图 388：本种与菜豆树的区别为：小枝皮孔明显，被有糠秕状鳞片。小叶上面密生小凹槽穴，侧脉 8～9 对。花冠橙黄色，裂片向内反折；雄蕊 5，花期冬季至春季。

原产于云南。其他同菜豆树。

(9) 老鸦烟筒花属 *Millingtonia* L. f.

本属仅 1 种，产于我国云南。

老鸦烟筒花 *Millingtonia hortensis* L. f.：

乔木，树皮粗糙。2～3 回羽状复叶对生；小叶椭圆形、卵形或卵状长圆形，顶端渐尖，基部圆形，偏斜，全缘，两面无毛，侧脉 4～5 对。聚伞圆锥花序顶生，花序轴和花梗被淡黄色柔毛；花萼微小，杯状，浅波状 5 裂，裂片微反折；花冠二唇形，白色，筒细长，裂片 5，上唇 2 裂，下唇 3 裂，卵状披针形，内面沿边缘密被细柔毛；雄蕊 4，2 强，生于花冠筒近顶端，花药 2，其中 1 枚退化；子房无柄，花柱细长，柱头舌状，2 裂，与雄蕊微伸出花冠筒外；花盘环状。蒴果细长，线形。种子多列，极细小，周围有膜质翅。花期 9～12 月。

图 388 豇豆树

喜温暖湿润气候，适应性强，对土壤要求不严。

用播种繁殖。

本种树体高大，枝繁叶茂，是良好的园林配置树种。

思考题：

1. 蓝花楹和南洋楹分别属于什么科？它们在形态特征上有哪些区别？

2. 硬骨凌霄和凌霄在形态上有哪些区别？

3. 简述梓树属与泡桐属的主要区别。

62. 茜草科 *Rubiaceae*

乔木、灌木、藤本或草本。单叶对生或轮生,常全缘;有托叶,宿存或脱落。花两性,稀单性,常辐射对称,单生或成各式花序,聚伞花序为多;萼筒与子房合生,端全缘或有齿裂,有时其中1裂片扩大而成叶状;花冠筒状、漏斗状,4~6裂;雄蕊与花冠裂片同数,互生,着生于花冠筒上,花盘极小;子房下位,常2室,每室胚珠1至多数。蒴果、浆果或核果。

共500属6 000种,我国71属477种。

分属检索表

1. 花萼裂片相等或不相等,花序中有些花的萼裂片中有1枚扩大成具柄的叶状体 ··· 香果树属(*Emmenopterys*)
1. 花萼裂片正常,无1枚扩大成叶状体:
  2. 子房每室有胚珠多数:
    3. 浆果;花单生,稀伞房花序,子房1室 ······················ 栀子属(*Gardenia*)
    3. 蒴果;头状花序,子房2室 ······················ 水团花属(*Anthocephalus*)
  2. 子房每室有1胚珠:
    4. 花由聚伞花序再组成伞房花序式;浆果 ······················ 龙船花属(*Ixora*)
    4. 花单生或簇生;球形小核果 ······················ 六月雪属(*Serissa*)

(1) 香果树属 *Emmenopterys* Oliv.

本属仅1种,我国特产。

香果树 *Emmenopterys henryi* Oliv. 图389:

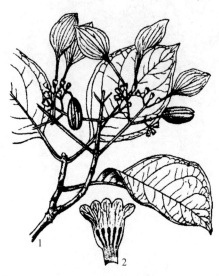

图389 香果树
1. 果枝;2. 花冠展开

落叶大乔木,高30m。树皮灰褐色,小枝具皮孔。单叶对生,阔卵状椭圆形,长8~10cm,先端急尖,基部楔形,无毛,侧脉5~7对;托叶生于叶柄间,早落。复聚伞花序顶生;萼筒近陀螺状,端部5裂,其中1裂片扩大成花瓣状,白色或粉红色,阔卵形,长3~6 cm,较迟脱落;花冠漏斗状,5裂,黄色;雄蕊5,生于冠筒喉部,花丝纤细,花盘环状;子房2室,胚珠多数。蒴果倒卵状椭圆形,长3~4cm,具纵棱,熟时红色。种子细小,周围具膜质翅。花期8~9月,果熟期10~11月。

原产我国西南、华中、华东。

喜温暖气候和湿润肥沃的土壤。较耐寒,—10℃时不能被冻死。

播种或扦插繁殖,已栽培成功。

树姿宏伟,花序硕大,色彩美丽,果形奇特,是观花、观果的理想树种,实为园林佳品。可作为庭荫树、园景树,材质极佳。为国家保护植物。分布区内可作为用材和绿化树种予以发展。

(2) 栀子属 *Gardenia* Ellis.

常绿灌木,稀小乔木。叶对生或3枚轮生;托叶鞘状。花单生,稀伞房花序;萼筒卵形或倒圆锥形,有棱,裂片宿存;花冠高脚碟状或漏斗状,5～11裂,芽时旋转排列;雄蕊5～11,着生于花冠筒喉部;花盘环状或圆锥状;子房1室,胚珠多数。浆果革质或肉质,常有棱和萼片。

约250种,我国4种。

栀子(黄栀子) *Gardenia jasminoides* Ellis. 图390:

常绿灌木。小枝绿色,有垢状毛。叶长椭圆形,端渐尖,基部宽楔形,全缘,无毛,革质而有光泽。花单生枝端或叶腋;花萼5～7裂,裂片线形;花冠高脚碟状,端常6裂,白色,浓香;花丝短,花药线形。果卵形,黄色,具6纵棱,有宿存萼片。花期6～8月。

原产长江流域以南各省,山东青岛、济南及河南有栽培。

喜光也能耐荫,在蔽荫条件下叶色浓绿,但开花稍差;喜温暖湿润气候,耐热也稍耐寒(-3℃);喜肥沃、排水良好、酸性的轻粘壤土,也耐干旱瘠薄,但植株易衰老;抗SO_2能力较强。萌蘖力、萌芽力均强,耐修剪。

繁殖以扦插、压条为主。4～7月,剪枝条插于清水中,生根后栽于土壤中。

叶色亮绿,四季常青,花大洁白,芳香馥郁,又有一定耐荫和抗有毒气体的能力,故为良好的绿化、美化、香

图390 栀子
1. 果枝;2. 花枝

化的材料,可成片丛植或植作花篱均极适宜,作阳台绿化、盆花、切花或盆景都十分相宜,也可用于街道和厂矿绿化。

同属栽培者有:雀舌花(*G. radicans*),矮小灌木,茎匍匐,叶倒披针形,花重瓣。

(3) 龙船花属 *Ixora* L.

灌木至小乔木。叶对生,稀3叶轮生;托叶基部常合生成鞘,顶部延长或芒尖。顶生聚伞花序再组成伞房花序,常具苞片和小苞片;花萼卵形,4～5裂,宿存;花冠高脚碟状,4～5裂,裂片短于筒部;雄蕊与花冠裂片同数,生于花冠筒喉部,花丝极短或无;花盘肉质;子房下位,2室,每室1胚珠。浆果球形。

约400种,我国约11种。

龙船花 *Ixora chinensis* Lam. 图391:

常绿灌木。全株无毛。单叶对生,椭圆状披针形或倒卵状长椭圆形,端钝尖或钝,基楔形或浑圆,全缘。花序分枝红色;花冠红色或橙红色,高脚碟状,筒细长,裂片4,先端浑圆。浆果近球形,熟时紫红色。几乎全年开花。

原产亚洲热带,我国华南有野生。

喜温暖、高温,不耐寒,耐半荫。要求富含腐殖质、疏松、肥沃的酸性土壤。扦插或播种。

株型美观,花色红艳,花期久长。宜作为地被或盆栽,可在园林中丛植,或与山石配植。

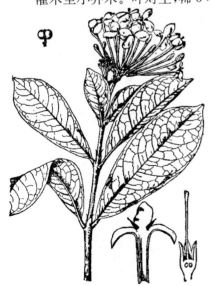

图391 龙船花

图392 六月雪

1. 花枝；2. 花；3. 花萼；4. 花冠筒展开；
5. 花柱

同属栽培种有：英丹花(*I. coccinea*)，较矮生，花瓣短尖，花色红艳。观赏价值较高。

(4) 六月雪属 *Serissa* Comm.

常绿小灌木，枝、叶及花揉碎有臭味。叶小，对生，全缘，近无柄；托叶宿存。花腋生或顶生，单生或簇生；萼筒4～6裂，宿存；花冠白色，漏斗状，4～6裂；雄蕊4～6，着生于花冠筒上；花盘大；子房2室，每室1胚珠。核果球形。

本属共3种。

六月雪(白马骨、满天星) *Serissa foetida* Comm. 图392：

常绿或半常绿小灌木，分枝多。单叶对生或簇生于短枝，长椭圆形，长0.7～2cm，端有小突尖，基部渐狭，全缘，两面叶脉、叶缘及叶柄上均有白色毛。花小，单生或数朵簇生；花冠白色或淡粉紫色。核果小，球形。花期5～6月，果熟期10月。

原产长江以南各省。

喜温暖、阴湿环境，不耐严寒，要求肥沃的沙质壤土。萌芽力、萌蘖力强，耐修剪。

扦插繁殖。2～3月用休眠枝扦插；6～7月用半成熟枝扦插。

树形纤巧，枝叶扶疏，夏日盛花，宛如白雪满树，适宜作花坛境界、花篱和下木；庭园路边及步道两侧作花径配植，极为别致；交错栽植在山石、岩际，也极适宜；也是制作盆景的上好材料。全株入药。

常见变种有：金边白马骨(var. *aureomarginata*)，叶缘金黄色；重瓣白马骨(var. *pleniflora*)，花重瓣；阴木(var. *crassiramea*)，小枝直伸，叶质厚，花冠白色带紫晕。

(5) 水团花属 *Anthocephalus* A. Rich.

乔木；顶芽圆锥形。叶对生；托叶大，披针形，着生于叶柄间，脱落。花多数，密集成单一、顶生的圆球状头状花序；苞片着生于总花梗的1～3节上；萼筒5裂，宿存；花冠漏斗状，5裂；雄蕊5，着生于喉部；子房2室，胚珠多数。蒴果，多数，聚合成球状体；种子三角形或不规则。

本属2～3种，我国1种。

团花(大叶黄梁木) *Anthocephalus chinensis* Lamk. 图393：

常绿大乔木，树皮褐色，粗糙。幼枝褐色有毛，老枝灰色无毛。叶椭圆形、卵状椭圆形，顶端钝或短尖，基部圆或浅心形，两面无毛，侧脉10～14对；托叶披针形。萼筒5裂，裂片长圆形，顶部两面有毛；花冠橙黄色，无毛。蒴果小，果熟期10～12月。

原产广东、广西、云南等省。

图393 团花

喜光,喜暖热湿润气候,不耐霜冻,适生于深厚肥沃湿润的酸性至中性红壤;速生。播种繁殖。

主干圆满通直,树冠开展,是良好的庭荫树和行道树;也是优良的速生用材树种。

思考题:

1. 本科可用于观赏的品种有哪些? 列举 5 个品种的主要特征。
2. 简述六月雪的主要用途。

63. 忍冬科 *Caprifoliaceae*

灌木,稀为小乔木或草本。叶对生,单叶,稀复叶,通常无托叶。花两性,萼 4~5 裂;花冠管状,4~5 裂,有时 2 唇形;雄蕊与花冠裂片同数,且与裂片互生;子房下位,1~5 室。浆果、核果、瘦果或蒴果。

共 18 属约 380 种,我国 12 属 200 余种。

分属检索表

1. 花冠辐射对称或近辐射对称,花柱极短 ·· 荚蒾属(*Viburnum*)
1. 花冠两侧对称,花柱细长:
  2. 果外被刺状刚毛 ·· 猬实属(*Kolkwitzia*)
  2. 果外无刺状刚毛:
    3. 蒴果,开裂 ·· 锦带花属(*Weigela*)
    3. 浆果,不开裂 ·· 忍冬属(*Lonicera*)

(1) 锦带花属 *Weigela* Thunb.

落叶灌木,枝髓坚实,冬芽有尖锐的鳞片数枚。单叶有锯齿,具短柄。花较大,白色、淡红色或紫色,聚伞花序或簇生;萼片 5,分离或下部合生;花冠钟形或漏斗状,花冠筒远长于裂片,裂片 5,近整齐;雄蕊 5,短于花冠;子房 2 室,柱头头状。蒴果长椭圆形,有喙,2 瓣裂。

约 12 种,我国 4 种。

① 锦带花 *Weigela florida* (Bunge) A. DC. 图 394:

树高达 3m。小枝细,幼时有 2 列柔毛。叶椭圆形至卵状椭圆形,长 5~10cm,先端渐尖,基部圆形至楔形,上面疏生短柔毛,下面毛较密。花 1~4 朵,成聚伞花序,腋生或顶生;萼裂片披针形,裂至中部,下部连合;花冠漏斗状钟形,玫瑰红色或粉红色;柱头 2 裂;种子无翅。花期 4~6 月,果熟期 10 月。

产东北、华北及华东北部,各地都有栽培。

喜光,耐寒,适应性强。对土壤要求不严,能耐瘠薄土壤,不耐水涝。萌芽、萌蘖力强。对 HCl 等有毒气体

图 394 锦带花
1. 花枝;2. 花萼展开;3. 花冠展开(示雄蕊);4. 雌蕊

257

图 395　海仙花

1. 花枝；2. 花萼展开；3. 花冠展开示雄、雌蕊

抗性强。

可扦插、压条、分株或播种繁殖。

花繁色艳，花期长，是东北、华北地区重要花灌木之一。花枝可切花插瓶。

新品种：红王子锦带花('Red Prince')，花红色，花密集；花叶锦带花('Variegata')，叶有银白或黄色斑点。

② 海仙花 *Weigela coraeensis* Thunb. 图 395：

与锦带花区别为：小枝粗壮，叶先端尾尖；花腋生，萼片线状披针形，裂达基部；花冠初时乳白色、淡红色后变深红色；柱头头状；种子有翅。花期 6～8 月，果熟期 9～10 月。

产华东各地。耐寒性不如锦带花。北京能露地越冬，辽宁有栽培。

(2) 猬实属 *Kolkwitzia* Graebn.

仅 1 种，我国特产。三级重点保护树种。

猬实 *Kolkwitzia amabilis* Graebn. 图 396：

落叶灌木，高达 3m。幼枝有柔毛，老枝皮剥落。冬芽有数对被柔毛的芽鳞。叶卵形至卵状椭圆形，长 3～8cm，先端渐尖，基部圆形，全缘或疏生浅齿。花数对组成聚伞花序，生于短枝上；花色有粉红、桃红、浅紫等；萼5 裂，外面密生长刚毛；花冠钟状，5 裂，喉部黄色；雄蕊4；子房椭圆状，3 室，仅 1 室发育。瘦果状核果，密被刺毛，萼宿存。花期 5～6 月，果熟期 8～9 月。

产湖北及安徽南部、陕西南部、山西、河南、甘肃南部，沈阳有栽培。

喜光，也耐半荫，喜温凉湿润的环境，对土壤要求不严，抗旱，耐寒。有自插繁衍能力。

可播种、扦插、分株繁殖。

树姿优美，花繁叶茂，花色艳丽，外被刚毛，形似刺猬，为著名观赏花木，值得推广应用。

(3) 忍冬属 *Lonicera* L.

直立或攀援状灌木。单叶对生，全缘，稀有裂。两侧对称或辐射对称，花成对腋生，稀 3 朵顶生，具总梗或缺；每对花具大苞片 2 和小苞片 4；萼 5 裂；花冠唇形或整齐 5 裂；雄蕊 5；子房 2～3 室。浆果。

约 200 种，我国 100 余种。

分种检索表

1. 藤本；苞片叶状，卵形 ·· 忍冬(*L. japonica*)

图 396　猬实

1. 花枝；2. 花；3. 花冠展开，示雄蕊；4. 雌蕊；
5. 子房横剖面

258

1. 直立灌木：
  2. 落叶；苞片线形，花初白后变黄 ·· 金银忍冬(*L. maackii*)
  2. 常绿或半常绿；苞片线状披针形，花瓣带粉红，先花后叶，芳香 ······ 郁香忍冬(*L. fragrantissima*)

① 金银花（忍冬）*Lonicera japonica* Thunb. 图 397：

常绿或半常绿缠绕藤本。茎皮条状剥落；枝中空，幼枝暗红褐色。密生柔毛和腺毛。叶卵形至卵状椭圆形，长 3～8cm，先端短钝尖，基部圆或心形；幼叶两面具柔毛，后上面无毛。花总梗及叶状苞片密生柔毛和腺毛；花冠唇形，上唇 4 裂而直立，下唇反转，花冠筒与裂片等长；先白色，渐变为略带紫色，后转黄色，有芳香。果蓝黑色，花期 5～7 月，果熟期 8～10 月。

华南、西南、陕西、北至辽宁均有分布，各地栽培和利用历史悠久。

适应性强，耐寒，耐旱，耐水湿；对土壤要求不严。根系发达，萌蘖性强，茎着地即能生根。

可播种、扦插、压条和分株繁殖。

为色香兼具、花叶皆美的蔓性藤本，秋叶常为紫红色，经冬不凋，故名"忍冬"。春夏开花不绝，先白后黄，黄白相映，故名"金银花"。可作垂直绿化材料。可植于山坡、沟边等处作地被植物。老桩可作盆景，叶、花可入药，亦为蜜源植物。

图 397　金银花

变种及品种：红白忍冬（var. *chinensis* Baker.），茎及嫩叶带紫红色，叶近光滑，背脉稍有毛，花冠外面带紫红。紫脉忍冬（var. *repens* Rehd.），叶近光滑，叶脉常带紫色，叶基部有时有裂，花冠白色带淡紫色。黄脉忍冬（var. *aureor-eticulata* Nichols.），叶较小，脉黄色。四季忍冬（'Semperflorens'），春至秋末陆续开花不断。

② 金银木（金银忍冬）*Lonicera maackii* (Rupr.) Maxim. 图 398：

落叶灌木，高达 5m。小枝髓心中空，幼时被短柔毛。叶卵状椭圆形至卵状披针形，长 5～8cm，先端渐尖，两面疏生柔毛。总花梗 1～2mm，短于叶柄，苞片线形；花冠唇形，花瓣长为花冠筒的 2～3 倍，先白色后变黄色，有芳香。果球形，红色。花期 5～6 月，果熟期 9～10 月。

变型：红花金银忍冬（f. *erubescens* Rehd.），小苞、花冠和幼叶均带淡红色，花较大。

产华东、华中、东北、华北、西南北部、西北东部。

喜光。耐半荫，耐寒性较强，耐干旱，耐水湿；喜湿润肥沃土壤。萌芽、萌蘖力强。

图 398　金银木

枝叶扶疏,春夏开花,清雅芳香,秋季红果累累,晶莹可爱。是良好的观花、观果树种,花可提取芳香油,全株可入药,亦为优良的蜜源植物。

③ 郁香忍冬(香忍冬) *Lonicera fragrantissima* Lindl. et Paxon. 图399:

半常绿灌木,枝髓充实,幼枝疏被倒生刚毛,淡紫色。叶革质,卵状椭圆形,长4～10cm,先端有短尖头,上面无毛,下面疏被平伏刚毛,叶柄长2～5mm,被硬毛。花总梗长2～10mm,苞片条状披汁形,萼筒连合,无毛;花冠唇形,白色或带淡红色斑纹,有芳香。果椭圆形,长约1cm,鲜红色,两果合生过半。花期2～4月,果熟期5～6月。

产安徽、江西、湖北、河南、河北、陕西南部、山西等地。枝叶茂盛,早春先叶开花,香气浓郁,优良观赏花木。老桩可作盆景。

图399　郁香忍冬
1. 花枝;2. 果枝;3. 花

图400　盘叶忍冬

④ 盘叶忍冬 *Lonicera tragophylla* Hemsl. 图400:

落叶缠绕藤本。叶长椭圆形。花序下的一对叶片基部合生,花在小枝顶端轮生,头状,有花9～18朵;花冠黄至橙黄色,筒部2～3倍长于裂片,裂片唇形;雄蕊5,伸出花冠外。浆果红色。花期6月。

产华北、西北、西南、华南。花大而美丽,为良好的观赏藤木,适于垂直绿化。

(4) 荚蒾属 *Viburnum* L.

灌木或小乔木,冬芽裸露或被芽鳞,常被星状毛。单叶对生,稀轮生;全缘,有齿或分裂。花小,排成圆锥状花序或伞房状聚伞花序,花序边缘常有大型不孕花;花辐射对称;萼5齿裂;花冠辐射状、钟状或高脚碟状;雄蕊5;子房1室,花柱极短。浆果状核果。

约200种,我国约80种。

分种检索表

1. 常绿性 ·· 法国冬青(V. *awabuki*)

1. 落叶性:

　2. 叶不裂,有锯齿,羽状脉:

　① 法国冬青(珊瑚树) *Viburnum awabuki* K. Koch. 图 401:

　　常绿小乔木或灌木,高达 10m。枝干挺直,树皮灰褐色而平滑。叶长椭圆形至倒披针形,先端钝尖,基部宽楔形,全缘或上部有不规则浅波状钝齿,革质,上面暗绿色,下面淡绿色。圆锥状聚伞花序,顶生;花小,白色,钟状,有芳香。果椭圆形,红色,似珊瑚,经久不变,熟后转黑色。花期 5～6 月,果熟期 10 月。

　　产浙江和台湾,长江流域以南广泛栽培,山东可露地栽培。

　　喜光,稍耐荫。喜温暖湿润气候及湿润肥沃土壤,不耐寒。耐烟尘,对 Cl_2、SO_2 等多种有毒气体抗性较强,又能抗烟尘、隔音。根系发达,萌芽力强,耐修剪,易整形。

　　以扦插为主,亦可播种。

　　枝叶繁密紧凑,树叶终年碧绿而有光泽,秋季红果累累盈枝头,状若珊瑚,极为美丽,是良好的观叶、观果树种。在庭园中可作为绿墙、绿门、绿廊、高篱,特别作高篱更优于其他树种。与大叶黄杨、大叶罗汉松,同为海岸绿篱三大树种,也可用于街道绿化。又因枝叶茂密,含水量多,可成行栽植作防火树种。

图 401　法国冬青
1. 花枝;2. 小花序

　② 木绣球 *Viburnum macrocephalum* Fort. 图 402:

　　落叶或半常绿灌木,高达 4m。树冠呈球形,裸芽,幼枝及叶下面密生星状毛。叶卵形至卵状椭圆形,长 5～10cm;先端钝,基部圆形,缘具细锯齿。大型聚伞花序呈球状,径约 15～20cm;全由白色不孕花组成。花期 4～5 月。

　　变型:琼花(f. *keteleeri*(Carr.)Nichols.),与原种主要区别:花序中央为可育花,仅边缘为大型白色不孕花,花后结果。果熟期 9～10 月。

　　产长江流域,福建、山东、河南、广西、四川、贵州也有分布,各地广泛栽培。

　　喜光,稍耐荫,喜温暖湿润气候,较耐寒。萌芽、萌蘖力强。

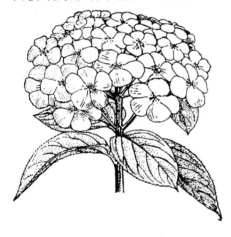

图 402　木绣球

　　可扦插、压条、分株繁殖。

　　树枝开展,繁花满树,洁白如雪球,极为美观。且花期较长,是优良的观花灌木。变型琼花,花形扁圆,边缘着生洁白不孕花,宛如群蝶起舞,逗人喜爱。

　③ 鸡树条荚蒾(鸡树条子) *Viburnum sargentii* Koehne. :

落叶灌木,高达 3m。树皮暗灰色,浅纵裂,有明显条棱。叶卵圆形至宽卵形,长 6～12cm。通常 3 裂,缘有不规则锯齿,掌状 3 出脉,叶柄顶端有 1～4 腺体,托叶钻形。头状聚伞花序,边缘为大形白色不孕花,中心为乳白色可孕花;花药紫红色。果红色。花期 5～6 月,果熟期 9～10 月。

天目琼花 var. *calvescens*(Rehd.) 图 403:

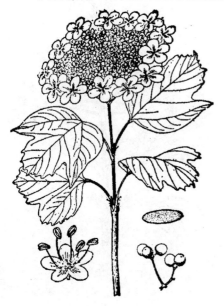

图 403 天目琼花

幼枝及花序无毛,叶下面脉腋有簇毛或沿脉疏生平伏长毛。

长江流域、华北、东北、内蒙古均有分布。

树姿清秀,叶形美丽,初夏花白似雪,深秋果似珊瑚。为优美的观花、观果树种。

④ 香荚蒾(香探春) *Viburnum farreri* Stearn.:

落叶灌木,高达 3m。小枝粗壮褐色,平滑,幼时有柔毛。叶菱状倒卵形至椭圆形,长 4～8cm,顶端尖,基部楔形;缘具三角状锯齿,羽状脉明显,直达齿端,下面脉腋有簇毛。聚伞花序圆锥状;花冠高脚碟状,5 裂,蕾时粉红色,开放后白色,有芳香。果椭球形,鲜红色。花期 3～4 月,先叶开放或花叶同放,果熟期 8～10 月。

产我国河北、河南、甘肃、青海及新疆。华北园林常见栽培,辽宁也有栽培。

可压条、分株或扦插繁殖。

树形优美,枝叶扶疏,早春开花,白色浓香,秋红果累累,挂满枝梢,是优良观花观果花木。

思考题:

1. 本科有哪些可用于观赏的灌木? 简述它们的主要特征。
2. 虎耳草科的绣球花与忍冬科的木绣球有何区别?

64. 禾本科 *Poaceae* (*Gramineae*)

本科共 660 属近 10 000 种,我国 225 属约 1 500 种。分为竹亚科、禾亚科。

竹亚科 *Bambusoideae*

常绿乔木、灌木,稀藤本。植物体分地上茎和地下茎。

① 地上茎:又称秆,由笋萌发出土形成,常为圆筒形,中空,有节,每节有 2 环,箨环在下,秆环在上,两环之间称节内,两节之间称节间,秆内的箨环与秆环之间有横隔板。主秆所生的叶称秆箨(原生叶),秆箨由箨鞘、箨耳、箨叶、箨舌及繸毛组成。枝条 1、2、3 或多条生于秆的每节上。枝上所生的叶(次生叶),由叶鞘、叶片、叶柄、叶舌(内叶舌、外叶舌)、繸毛(或叶耳)组成。花常两性,由多数小花穗排成穗状、总状、头状或圆锥花序;每小花穗有小花数朵,每小花穗下部有颖片 1～2 枚;每小花有外稃和内稃;鳞被常 3;雄蕊 3 或 6;子房上位,1 室,1 胚珠,花柱 1～3,柱头 2～3 裂,羽毛状。颖果,稀坚果、浆果。

② 地下茎：又称竹鞭，在地下横走，其上有节，节上生根发芽，芽出土成笋，笋脱箨成秆。地下茎分 3 种类型：合轴型，地下茎形成多节的假鞭，节上无根无芽，由顶芽出土成秆。其中，秆柄极短，秆密集丛生者为合轴丛生亚型；秆柄细长延伸，秆散生者为合轴散生亚型。单轴型，地下茎具横走的竹鞭，节上生根生芽，芽出土成秆，不出土则形成新竹鞭，秆散生。复轴型，同时具有以上两种地下茎的混生型，秆既有丛生又有散生。地下茎上或秆基上的芽能出土成秆。

共 50 余属 1 200 余种，我国约 39 属 520 种。主要分布于秦岭、淮河以南广大地区，包括华东、华中、华南、西南，黄河流域也有少量分布。

竹喜温暖湿润气候，喜深厚、肥沃、湿润而排水良好的土壤。有些种类适应性强，多种土壤都能适应。有些种类耐寒性强，能耐 −20℃ 的低温，在北京小气候优越处能露地越冬。

繁殖主要有母竹移栽、鞭根移栽、埋秆、埋节、枝插、播种等方法。

竹婀娜多姿，寒冬不凋，四时翠绿，风雅宜人，自古以来就是我国园林布景与缀景的植物材料。竹婆娑秀丽，正直挺拔，坦荡磊落，无偏无倚，被视为高风亮节的象征。竹傲霜欺雪，与松、梅共植，誉为岁寒三友。竹不与百花争艳，却常年绿郁葱葱，真是无花胜百花，与梅、兰、菊并称花苑四君子。竹是最富我国特色的园林树种，素为园林界所推崇及人民群众所喜爱。配植于庭园曲径、溪边池畔、山坡石际、天井屋隅或在风景区大面积布置竹林，深谷茂林，云雾缭绕，曲径通幽，形成"一径万竿绿参天"的美丽景观。此外，竹又可与花木配置，又可分割空间，矮形竹又可覆盖地面。以竹为材料进行园林绿化，日益受到重视。

分属检索表

1. 地下茎为单轴型或复轴型；秆在分枝一侧扁平或具纵沟或呈四方形：
　2. 地下茎为单轴型；秆每节分枝 2，基部数节无气根；秆箨革质或厚纸质 …… 刚竹属(*Phyllostachys*)
　2. 地下茎为复轴型；秆每节分枝 3，基部数节各具一圈气根，后变为小刺状或小瘤状突起；秆薄纸质
　　………………………………………………………………… 方竹属(*Chimonobambusa*)
1. 地下茎为复轴型或合轴型；秆圆筒形：
　3. 地下茎为合轴型：
　　4. 箨鞘顶端略宽于箨叶基部；箨叶直立，若有外反者，小枝呈刺状 ……………… 簕竹属(*Bambusa*)
　　4. 箨鞘顶端远宽于箨叶基部；箨叶外反；小枝不呈刺状；秆节间表面常有厚白粉…………………
　　　………………………………………………………………………… 单竹属(*Lingnania*)
　3. 地下茎为复轴型：
　　5. 秆每节分枝 1，粗细与主秆相近，节间圆筒形；秆箨宿存…………… 箬竹属(*Indocalamus*)
　　5. 秆每节分枝 3～7，粗细远小于主秆；秆箨宿存或脱落：
　　　6. 秆箨宿存；灌木或小乔木；秆圆筒形，小枝常具叶 4～13 片 ………… 苦竹属(*Pleioblastus*)
　　　6. 秆箨早落；小灌木，高仅 1m；秆半圆筒形，枝细短，每枝仅 2 节，小枝常具叶 1～2 片 …………
　　　………………………………………………………………………… 倭竹属(*Schibataea*)

(1) 刚竹属 *Phyllostachys* Sieb. et Zucc.

乔木或灌木状；单轴型；秆圆筒形，在分枝侧有 1 脊 2 沟的槽，每节 2 分枝。秆箨早落；箨叶披针形，外翻或直立；有箨舌、箨耳、繸毛发达或无。每小枝有 1 至数叶，叶片具小横脉。假花序由多数小穗组成，基部有叶片状佛焰苞；小穗轴逐节折断；颖 1～3 或缺；鳞片 3；雄蕊 3，花丝细长；柱头 3，羽毛状。颖果。

共 50 余种,我国 54 种。

分种检索表

1. 主秆之秆环不隆起,仅箨环隆起:
  2. 新秆密被细柔毛和白粉,径 6～20cm;秆箨紫褐色,密被棕色毛;具箨耳及繸毛 ……………
    …………………………………………………………………… 毛竹(*Ph. pubescens*)
  2. 新秆无毛,微被白粉,径 4～9cm;秆箨淡黄褐色,无毛;无箨耳及繸毛 ………… 刚竹(*Ph. viridis*)
1. 主秆之秆环和箨环均隆起:
  3. 秆节间不规则短缩,或畸形肿胀,或关节斜生,或显著膨大 ……………… 罗汉竹(*Ph. aurea*)
  3. 秆正常,不为上述情形:
    4. 新秆绿色无毛,凹沟槽黄色 ……………………………… 黄槽竹(*Ph. aureosulcata*)
    4. 新秆绿色,凹沟槽绿色:
      5. 有箨耳及繸毛:
        6. 新秆绿色,密被短柔毛和白粉,后渐变为紫黑褐色;箨环有毛;箨叶绿色至淡紫色 …………
        ………………………………………………………………… 紫竹(*Ph. nigra*)
        6. 新秆绿色,无毛及白粉;箨叶橘红色 ……………………… 桂竹(*Ph. bambusoides*)
      5. 无箨耳及繸毛:
        7. 箨叶披针形,绿色,有多数紫色脉纹,平直 ……………………… 淡竹(*Ph. glauca*)
        7. 箨叶带状披针形,紫褐色,平直反曲 ……………………… 早园竹(*Ph. propinqua*)

① 毛竹 *Phyllostachys pubescens* Mazel ex H. de Lehaie. 图 404:

秆高达 20m,直径达 20cm。基部节间短,中部节间长达 40cm;新秆密被细柔毛和白粉,后无毛;秆环不明显;箨环隆起,初被一圈毛,后脱落;箨环下有白粉圈,老时变为黑垢。箨鞘厚革质,紫褐色或褐色,密被棕色毛和黑褐色斑块;箨耳小,繸毛发达;箨舌宽短,弧形,两侧下延;箨叶绿色,初直立后外翻。每小枝具叶 2～3;叶片长 4～11cm;花序下不具叶。笋期 3 月下旬至 4 月上旬。

分布极广,东起台湾,西至云南,南自广东、广西中部,北至安徽北部、河南南部。为我国分布最广、面积最大、经济价值最高的特产竹种。河北、山西、山东、河南有引栽。

喜温暖湿润气候,要求年平均温度 15～20℃,年降水量 800～1 800mm。喜深厚、肥沃、湿润而排水良好的酸性土壤。

材质坚韧富有弹性,是良好的建筑材料和造纸原料;笋供食用;为理想的生产与园林绿化相结合的竹种。

变种:龟甲竹 var. *heterocycla*(Carr.)H. de Lehaie. 图 405:

秆下部各节间连续极度缩短、肿胀,节环交错斜

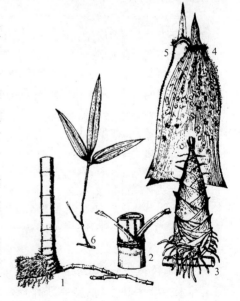

图 404　毛竹
1. 秆、秆基及地下茎;2. 竹节分枝;3. 笋;4. 秆箨背面;5. 秆箨腹面;6. 叶枝

列,斜面凸出呈龟甲状。面貌古怪,形态别致,观赏价值高。长江以南各城市及北方某些城市均有栽植。

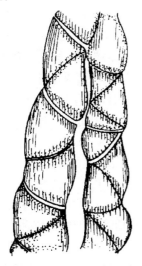

图 405　龟甲竹的秆

图 406　桂竹

② 桂竹（刚竹）*Phyllostachys bambusoides* Sieb. et Zucc. 图 406：

秆高达 22m,直径 8～14cm。中部节间最长 40cm;幼秆绿色,无毛及白粉;秆环、箨环均隆起。箨鞘黄褐色,密被黑紫色斑点或斑块,疏生直立硬毛,有箨耳或较小,箨有长繸毛。箨叶带形,橘红色,皱褶。每小枝具叶 3～6,叶片长 8～20cm,有叶耳和长繸毛,后脱落。小穗下方佛焰苞顶端具绿色叶片。笋期 5 月中旬至 7 月。

原产我国,分布极广,东起江苏,南达两广北部,西南至四川、云南,北达陕西、山西、河北均有生长。适应性广,耐寒性较强,能耐－18℃的低温。用途很广,仅次于毛竹。也是"南竹北移"最有希望的优良竹种。

变型:斑竹（f. *tanakae* Makino ex Tsuboi）,秆和分枝上有紫褐色斑块或斑点。河南博爱有大面积栽培,我国各大城市园林中多有栽培。

③ 紫竹 *Phyllostachys nigra*（Lodd. et Lindl.）Munro. 图 407：

秆高 3～6(10)m,直径 2～4cm,中部节间长 25～30cm。幼秆绿色,密被短柔毛和白粉,后变无毛而秆呈紫黑色;秆环与箨环均甚隆起,箨环有毛。箨鞘无毛,上部边缘有纤毛;箨耳显著,有繸毛;箨舌长,紫色;箨叶舟状隆起,绿色至淡紫色,皱褶。叶片 2～3 枚生小枝顶端,极薄。笋期 4～5 月。

分布长江流域及其以南各地;山东、河南、北京、河北、山西等地有栽培。抗寒性较强,可耐－20℃低温。紫竹秆紫黑,叶色翠绿,在竹林中别具一格,为著名观赏竹种。

图 407　紫竹
1. 秆之一段;2. 叶枝;3. 笋;4. 秆箨背面;
5. 秆箨顶端背面;6. 秆箨顶端腹面

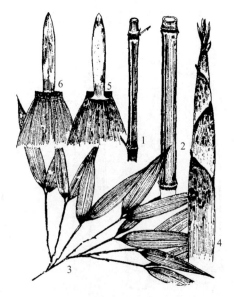

图 408 淡竹
1、2. 秆之节、节间及分枝；3. 叶枝；4. 笋；
5. 秆箨顶端背面；6. 秆箨顶端腹面

④ 淡竹（粉绿竹）*Phyllostachys glauca* McClure. 图 408：

秆高达 15m，径约 5cm，中部节间长达 45cm，无毛；新秆被白粉（节下较厚）呈蓝绿色；老秆绿色或灰绿色，仅节下有白粉环。秆环与箨环均隆起。箨鞘淡红褐色，有稀疏褐紫色斑点，无毛；无箨耳和繸毛；箨舌截平，微有波状缺齿；箨叶披针形，绿色，有多数紫色脉纹，平直。每小枝有叶 2～3。笋期 4 月中旬至 5 月底。

分布长江、黄河中下游，以江苏、安徽、山东、河南、陕西较多，北京有栽培。适应性强，适于沟谷、平地、河漫滩生长，能耐一定程度的干燥瘠薄和暂时的流水浸渍；在 -18℃ 左右的低温和轻度的盐碱土上也能正常生长。是"四旁"绿化、"南竹北移"的优良竹种之一。

变型：筠竹（f. *yunzhu* J. L. Lu），幼秆布满白粉，渐次出现紫褐色斑点或斑块，且多相重叠，箨舌平截，暗紫色。此竹秆色美观，竹材柔韧致密，匀齐劲直，是河南博爱著名清化竹器的原料。

⑤ 早园竹 *Phyllostachys propinqua* McClure：

高 3～8m，径不及 5cm，新秆具白粉；秆环与箨环均略隆起。箨鞘淡黄红褐色被白粉，具褐色斑点和条纹，无箨耳，箨舌弧形；箨叶带状披针形，紫褐色，平直反曲。小枝具 2～5 叶，叶舌弧形隆起。笋期 4～6 月。

主产华东，北方常见，北京、山东、山西、河南常见栽培。抗寒性强，能耐 -20℃ 低温；适应性强，稍耐盐碱，在低洼地、沙土中均能生长。秆高叶茂，是华北园林中栽培观赏的主要竹种。

⑥ 罗汉竹（人面竹）*Phyllostachys aurea* Carr. ex A. et C. Riviere：

秆高 5～12m，径 2～5cm，中部或以下节间不规则短缩，或畸形肿胀，或关节斜生，或节间正常而节下有长约 1cm 的一段显著膨大；节下有白粉环。箨鞘淡紫色，具黑色小斑点，无毛；无箨耳；叶舌短，平截。每枝具叶 2～3 枚。

长江流域各地均有栽培。山东、陕西、北京有引栽。耐寒性强，能耐 -20℃ 低温。该竹形如头面或罗汉祖肚，十分生动有趣。常与佛肚竹、方竹配植于庭园供观赏。

⑦ 刚竹 *Phyllostachys viridis*（Young）McClure. 图 409：

秆高达 15m，径 4～9cm，挺直，淡绿色，分枝以下的秆环不明显，箨环明显；新秆无毛，老秆仅节下有白粉环，秆表面在放大镜下可见白色晶状小点。箨鞘无毛，有深绿色纵脉和棕褐色斑纹；无箨耳，无繸毛。小枝具叶 2～6，有发达的叶耳与硬毛。笋期 5～7 月。

分布于黄河流域至长江流域以南的广大地区。抗性强，能耐 -18℃ 低温，在 pH8.5 的碱土和含盐

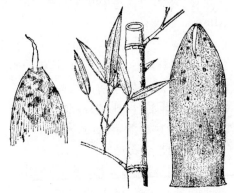

图 409　刚竹

0.1%的盐土上也能生长。是生产结合绿化的竹种。

常见变型:黄槽刚竹(f. *houzeau* McClure),秆、枝绿色,秆的纵沟槽黄色,绿秆上有宽窄不等的黄色纵条纹,故又名碧玉间黄金。观赏价值较高,是庭园观赏竹种之一。黄皮刚竹(f. *youngii* C. D. Chu et C. S. Chao),秆、枝、节金黄色,有时节间常具1~2条细长绿色条纹。节下面有绿色环带;叶片常有淡黄色纵条纹,该竹甚美观,是庭园常见观赏竹种。

⑧ 黄槽竹 *Phyllostachys aureosulcata* McClure:

秆高5~8m,径1~3cm,秆绿色无毛,凹沟槽黄色,秆环与箨环均隆起。箨鞘淡灰色,具淡红、淡黄色纵条纹,无斑点,无毛,有白粉;箨耳镰形,缘有紫褐色长毛;箨叶披针形,初皱褶后平直。

原产浙江余杭,山东、北京有栽培。适应性强,能耐-20℃低温。秆色优美,为优良观赏竹。

常见变型:黄皮京竹(f. *aureocaulis* Z. P. Wang et N. X. Ma),与黄槽竹区别是秆全部金黄色。金镶玉竹(f. *spectabilis* C. D. Chu et C. S. Chao),秆金黄色,节间纵沟槽绿色;叶绿色,偶有黄色条纹;幼笋淡黄色或淡紫色,是极优美的观赏竹。

(2) 箣竹属 *Bambusa* Schreb.

乔木或灌木,稀藤本;合轴型,秆丛生,秆圆筒形,秆壁厚或近于实心;每节分枝多数;主枝粗壮,基部常膨大,小枝有时硬化成刺。秆箨较迟落;箨叶直立,箨鞘顶端与基部近等宽;箨耳发达,边缘具繸毛。叶多小型,小横脉常不显著。小穗簇生,黄绿色,无柄,有小花2至多朵,小穗轴在各花之间易于逐节断落,颖1~4,有时具腋芽;鳞被3;雄蕊6;子房常具柄,花柱2~3。颖果。

共100余种,我国约60种。

① 佛肚竹 *Bambusa ventricosa* McClure. 图410:

乔木型或灌木型,无刺,幼竹绿色,稍有白粉,老竹黄绿色。秆2型,正常秆高2.5~5m,节间长10~20cm;畸形秆高25~50cm,节间短,节间下粗上细呈瓶状,形似佛肚;每节1~3分枝。箨鞘无毛,初为深绿色,老时橘红色;箨舌极短,长0.3~0.5mm;箨耳甚发达,圆形、倒卵形或镰刀形,鞘口具纤细刚毛。小枝具叶7~13,叶片卵状披针形至长圆状披针形,长12~21cm,下面被柔毛。

广东特产,南方温暖地区均有栽培。因其畸形秆,形态奇特,别具风情,是观赏价值较高的竹种;用于装饰庭园、公园,也可作盆景。北方温室栽培。

② 孝顺竹(凤凰竹)*Bambusa multiplex*(Lour.) Raeusch. 图411:

灌木型竹;秆高2~7m,径1~3cm,节间长20~40cm,幼时微被白粉和小刺毛,毛脱落后秆表面留有细凹痕。箨鞘脆硬,无毛,淡棕色,顶端与箨叶基部近等宽;箨叶直立;箨耳缺或微有纤毛。每节多分枝,每分枝

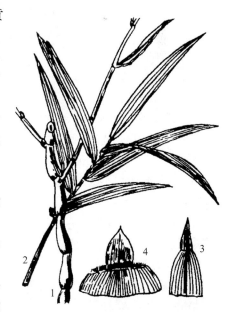

图410 佛肚竹
1. 畸形秆;2. 叶枝;3. 秆箨背面;4. 秆箨腹面

有叶 5～10 枚。

图 411　孝顺竹

1. 秆的一段(示节和节间);2. 叶枝;3、4. 花枝

分布于长江中下游及华南、西南地区,山东青岛有引种。适应性强,是我国丛生竹中最耐寒的竹种。竹秆青绿,叶密集下垂,姿态婆娑秀丽、潇洒。庭园中普遍栽培,供观赏。

常见栽培变种:花孝顺竹(小琴丝竹)(cv. *Alphonse—karri* Nakai),秆及枝金黄色,并兼有宽窄不等的绿色纵条纹。嫩叶浅红色,初夏出笋不久,秆箨脱落,新秆黄色,在阳光下呈鲜红色,为著名观赏竹。凤尾竹(cv. *Fernleaf* R. A. Young),植株低矮,高 1～2m,径 4～8mm。叶片小,长 2～5cm,宽不足 8mm,且数目甚多,排成羽毛状。枝叶稠密,纤细下弯。是著名观赏竹。

③ 黄金间碧玉竹(挂绿竹) *Bambusa vulgaris* Schrader cv. *Vittata* McClure:

秆高 6～15m,径 4～6cm,鲜黄色,有绿色纵条纹。箨鞘草黄色,具细条纹,背部密被暗棕色短硬毛,毛易脱落;箨耳近等大;箨舌较短,边缘具细齿或条裂;箨叶直立,腹面脉上密被短硬毛。叶披针形或线状披针形,两面无毛。笋期夏秋季。分布华南、西南。此竹秆色艳丽,是著名观赏竹。

(3) 方竹属 *Chimonobambusa* Makino

灌木或小乔木状,地下茎复轴型。秆直立,下部或中部以下方形或近方形;分枝一侧扁平或具沟槽,中下部数节具一圈瘤状气根。每节常 3 分枝。秆箨宿存或迟落,箨鞘纸质,三角形;箨耳缺;箨叶细小。叶片狭披针形,小横脉显著。花枝紧密簇生;颖 1～3 片;鳞被 3,披针形;雄蕊 3;花柱 2,分离;柱头羽毛状。颖果坚果状。

约 15 种,我国 3 种。

① 方竹 *Chimonobambusa quadrangularix* (Fenzi) Makino. 图 412:

秆散生,高 4～6m,径 2～4cm,表面浓绿而粗糙,下部节间四方形,秆环甚隆起,有刺。中下部各节节内有一圈刺状气根。秆箨纸质,早落;箨鞘外面无毛,具紫色小斑点;箨耳缺;箨舌极不明显;箨叶极小。叶片狭披针形,叶脉粗糙。四季可出笋,但笋期常在 8 月至翌年 1 月。

我国特产,分布于华东、华南,以福建武夷山、浙江天台山最为著名。郭沫若对它情有独钟,有"方竹满山绿满溪"的赞誉。优良观赏竹种。

② 观音竹(寒竹) *Chimonobambusa marmorea* (Mitford) Makino:

灌木状,秆高 1～3m,径 1～1.5cm,节间圆筒形,带紫褐色,粗秆者基部节具气生根。秆箨纸质,宿存,长于节间。箨鞘

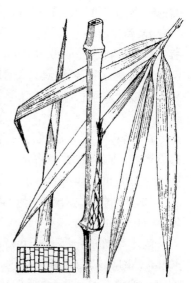

图 412　方竹

外面无毛或基部具淡黄色刚毛,间有灰白色圆斑;箨耳无;箨舌低平;箨片短锥形。末级小枝具3~4叶,叶片狭披针形。笋期10~11月。

分布浙江、福建及上海、天津、武汉、青岛等地。为传统观赏竹。

(4) 单竹属 *Lingnania* McClure

乔木状;地下茎合轴型。秆丛生,梢端下垂或弯曲,节间圆柱形,长达 1m,秆环不隆起;每节分枝多数,枝条近等粗。秆箨迟落;箨鞘顶端极宽,截平;箨耳缺;箨片外反。叶片不具小横脉。小穗紫色,小穗轴节间易逐节断落;鳞被 3;雄蕊 6;柱头 3,稀 2,羽毛状。

约 10 种,我国 7 种。

粉单竹 *Lingnania chungii* McClure. 图 413:

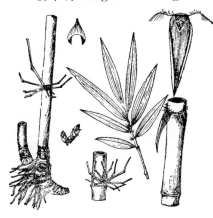

图 413 粉单竹

秆高 12~18m,径 3~8cm,节间圆筒形,长 0.5~1m,初密被白色蜡粉,无毛。秆环平,箨环木栓质,隆起,其上有倒生的棕色刺毛。箨鞘硬纸质,黄色,先端平截;箨耳狭长圆形;箨舌宽短,平截;箨叶强烈外反。每小枝具叶 6~7,叶片长圆状披针形。笋期 6~8 月。

我国南方特产,分布广东、广西、湖南、湖北、江西等省区,浙江有栽培。此竹秆色粉白艳丽,为良好的园林绿化竹种。

(5) 苦竹属 *Pleioblastus* Nakai

灌木或小乔木状。地下茎复轴型。秆散生或丛生,圆筒形,秆环很隆起,每节有 3~7 分枝。箨鞘厚革质,基部常宿存,使箨环上具一圈木栓质环状物;箨叶锥状披针形。每小枝具叶 2~13 片;叶鞘口部常有波状弯曲的刚毛;叶舌长或短;叶片有小横脉。总状花序生于枝下部各节,小穗绿色,具花数朵;颖 2~5,边缘有纤毛;外稃披针形,近革质,边缘粗糙,内稃背部 2 脊间有沟纹;鳞被 3 片;雄蕊 3 枚;花柱 1,柱头 3,羽毛状。颖果长圆形。

约 90 种,分布于东亚,以日本为多;我国约 10 余种。

苦竹(伞柄竹) *Pleioblastus amarus* (Keng) Keng f. 图 414:

秆高 3~7m,径 2~5cm,节间圆筒形,分枝侧稍扁平,箨环具箨鞘残留物。箨鞘近革质,绿色,有棕色或白色刺毛,边缘密生金黄色纤毛;箨耳细小,深褐色,有棕色缘毛;箨舌截平;箨叶细长披针形。叶鞘无毛,有横脉;叶舌坚韧,截平;叶片披针形,长 8~20cm。笋期 5~6 月。

分布长江流域及西南,北京小气候优越处能露地栽植。适应性强,较耐寒。常于庭园栽植观赏。笋味苦,不能食用。

变种:垂枝苦竹(var. *penduli folius* S. Y. Chen),枝叶下垂,箨鞘近无粉,箨舌凹截。笋期 5 月。此竹秆挺叶茂,下垂而光亮,十分秀丽,为优良观赏竹。产杭州。

(6) 泰竹属 *Thyrsostachys* Gamble

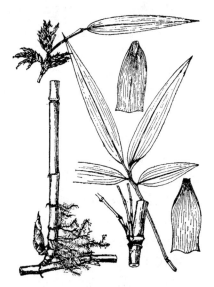

图 414 苦竹

地下茎合轴型,秆直立丛生。分枝节位高、多数,主枝不明显。秆箨宿存,箨鞘质薄、狭长,箨耳缺,叶小。

泰竹(南洋竹)*Thyrsostachys siamensis* (Kuyz et Munro) Gamble:

秆高 7～13m,径 3～5cm,密集丛生,节间长 15～30cm,秆壁厚,近实心。箨鞘宿存,紧包秆,幼时灰淡绿色,被白短毛,先端拱凸。无箨耳及繸毛;箨舌不明显;箨叶狭三角形,直立,边缘内卷。分枝多数、簇生、纤细。叶片线状披针形,长 8～15cm,宽 0.7～1.2cm。笋期 8～10月。

分布云南西双版纳,广东、广西、福建有栽培。此竹姿态优美,可广泛用于园林绿化。

附:"地被竹":通常是指秆低矮,叶密集,高度在 50cm 以下的灌木竹类。该类竹多有色彩,覆盖效果好,在园林中可作地被植物利用,或花坛铺地覆盖,或树木下层配置,或小型庭园栽植,或作园林小品、怪石、假山洞的缀景,护坡、镶边效果均极好,值得在园林绿化中推广应用。

常见栽培者有:

(1)赤竹属 *Sasa* **Makino**

灌木状,地下茎复轴型。秆矮小,节间圆筒形,节通常肿胀或平,每节 1 分枝;秆箨宿存,常短于节间,无毛或有毛;厚纸质至革质;箨片披针形至狭三角形。每枝有 5～7 片叶,叶大型。

① 爬地竹 *Sasa argenteastriatus* E. G. Camus:

秆高 30～50cm,径 0.2～0.3cm,节间长约 10cm。秆绿色无毛,节下具窄白粉环。箨鞘绿色,短于节间,基部具白色长纤毛,边缘具淡棕色纤毛;无箨耳;箨舌几不见;箨叶秆下部者小,上部为叶片状。叶片卵状披针形,绿色,偶具黄或白色纵条纹。笋期 4～5 月。宜于庭园铺地栽植。分布浙江、江苏。

② 菲黄竹 *Sasa auricoma* E. G. Camus:

秆高 20～40cm,径 1～2mm。发枝数条,每小枝着叶 6～8 枚,叶披针形,长 15～20cm,宽 15～26mm,初夏时,黄色的叶片上出现大量绿色条纹,显得特别美丽。在夏天,叶片上绿色的条纹与黄色的底色界限模糊。从春天到早夏可作盆景观赏。原产日本,在日本广泛用于室外地栽或室内盆栽,南京、杭州有引种。

③ 菲白竹 *Sasa angustifolius* (Mitford) Nakai:

低矮竹类,秆高 10～30cm。每节具 2 至数分枝或下部为 1 分枝。叶片狭披针形,绿色底上有黄白色纵条纹,边缘有纤毛,有明显的小横脉,叶柄极短;叶鞘淡绿色,边缘有明显纤毛,鞘口有数条白缘毛。笋期 4～5 月。

原产日本,我国华东地区有栽培。喜温暖湿润气候,耐荫性较强。植株低矮,叶片秀美,特别是春末夏初发叶时的黄白颜色,更显艳丽。常植于庭园观赏;栽作地被、绿篱或与假山石相配都很合适;也是盆栽或盆景中配植的好材料。

④ 翠竹 *Sasa pygmaea* (Miq.) E. G. Camus:

秆高 20～40cm,径 10～20mm。秆箨和节间无毛,节密被柔毛和短毛。叶线状披针形,排列成紧密的两列,纸状皮质,长 4～7cm,宽 0.7～1cm。宜作庭园地被物或盆栽观赏。原产日本,我国江苏、浙江等地有栽培。

⑤ 无毛翠竹 *Sasa pygmaea* var. *disticha* (Mitf) C. S. Chao et G. G. Tang:

又名日本绿竹。秆高 20～30cm,径 0.1～0.2cm。每节 1 分枝,直伸,枝较长。秆箨短于节间,无毛。每小枝具叶 4～10 枚,披针形,叶片长 3～5cm,宽 0.3～0.5cm,两列状排列,翠绿色。很适于布置地被物与盆栽观赏。原产日本,我国江苏、浙江及上海有栽培。

⑥ 白条赤竹 *Sasa glabra* f. *alba*－*striata* Muroi:

秆高 50～150cm,径 0.3～0.5cm。叶片长 10～15cm,宽 2～3.5cm,每叶片具 3～7 条白色或浅黄色条纹,是赤竹属中最美丽的竹种。原产日本,我国南京林业大学竹类植物园有引种。

⑦ 湖北华箬竹 *Sasa hubeiensis* C. H. Hu:

秆高 50～100cm,径 0.3～0.5cm,秆圆形,黄色或淡黄色,光亮。箨鞘较节间长,宿存。每节 1 分枝,每枝具 3 枚叶。笋期 5～6 月。此竹矮小,秆黄色或淡黄色,宜盆栽、庭园配植或山石小品缀景。分布湖北通山县。

⑧ 山白竹(隈赤竹) *Sasa veitchii* (Carr) Rehd:

秆高 100～150cm,径 3～8mm,圆柱形,绿色,平滑无毛,节略隆起。秆箨宿存数年,表面有细毛。叶长椭圆形,先端渐尖,基部圆形,有短柄,两面无毛。冬季叶缘呈白色,叶长约 24cm,宽约 7cm。原产日本,我国浙江、福建及南方各大城市园林部门栽培观赏。喜阴湿。叶色美丽,可作山石配置缀景。

⑨ 亮晕赤竹 *Sasa tuboiana* Makino f. *abedono* Muroi et Yuk Tanaka:

又名曙伊吹笹。秆高 70～100cm,径 0.3～0.5cm。秆箨长不及节间之半。叶长披针形,长 10～12cm,宽 3～6cm,开始长叶时有鲜明黄斑,斑中部是绿色与黄色的混合色,两边为绿色,此斑称亮晕斑。笋期 5～6 月。原产日本,我国南京林业大学竹类植物园有引种。

(2) 箬竹属 *Indocalamus* Nakai.

灌木状;地下茎复轴型;秆圆筒形,节间细长,每节常 1 分枝,枝条直立,与主秆近等粗;秆箨宿存,质脆。叶片大型,宽通常在 2.5cm 以上,纵脉多条,小横脉明显。圆锥花序,生于具叶小枝顶端;小穗具柄,具数小花;鳞被 3;雄蕊 3;柱头 2。颖果。约 30 种,我国 22 种。

阔叶箬竹 *Indocalamus latifolius* (Keng) McClure.:

秆高约 lm,直径 5mm,节间长 5～20cm。秆箨宿存,鞘背具棕色小刺毛;箨耳不明显,箨叶小,箨舌平截,长 0.5～1mm,繸毛长 1～3mm。叶片长 10～30(40)cm,宽 2～5(8)cm,上面翠绿色,下面灰白色。

原产华东、华中、陕西秦岭 1 000m 以下的向阳山坡和河岸,北京以南城市园林中常有栽培,作地被绿化材料。配植于庭院、岩石园、溪流岸边均优美。

(3) 倭竹属 *Schibataea*

小型竹,高 1～2m;地下茎复轴型;节甚隆起,节间的分枝一侧扁平,具 3～7 分枝。分枝短,常生 1～2 叶。约 5 种,分布于东亚;我国华东地区全产。

鹅毛竹(*Schibataea chinensis* Nakai。)

高 60～100cm,径 2～3mm,节间长 7～15cm;秆环隆起。箨早落。叶常单生枝端,卵状披针形至宽披针形,长 6～10cm,无毛。产江苏、浙江、安徽。华东常栽培。较耐荫,作地被或盆栽。

思考题:

1. 常用于观赏的佛肚竹和观音竹的主要区别是什么?

2. 竹的地上茎有哪些特点？竹一般用什么方法进行繁殖？

3. 紫竹、方竹、佛肚竹、罗汉竹、黄金间碧玉竹、凤尾竹、观音竹、泰竹各具哪些观赏特性？

4. 地下茎是合轴型的竹种,其地面的竹竿一定丛生吗？

5. 明确竹类各部分的术语。

65. 棕榈科 *Arecaceae* (**Palmaceae**)

常绿乔木或灌木;单干,多不分枝,树干上常具宿存叶基或环状叶痕。叶大型,羽状或掌状分裂,通常集生树干顶部;叶柄基部常扩大成纤维质叶鞘。花小,整齐,两性、单性或杂性;圆锥状肉穗花序,具1至数枚大型佛焰苞;萼片、花瓣各3,分离或合生,镊合状或覆瓦状排列;雄蕊通常6,2轮;子房上位,通常1～3室,心皮3,分离或基部合生,胚珠各1。浆果、核果或坚果。

共217属2500种;我国22属约70种。

分属检索表

1. 叶掌状分裂:

  2. 叶柄两侧有刺,小羽片先端2裂:

    3. 叶裂片整齐,边缘或裂隙无丝状纤维 …………………………………… 蒲葵属(*Livistona*)

    3. 叶裂片不整齐,边缘或裂隙至少在幼树上具丝状纤维 ………… 丝葵属(*Washingtonia*)

  2. 叶柄两侧无刺,或有细齿:

    4. 茎丛生,粗1～3cm;小羽片2～20片,先端常有几个细尖齿 …………… 棕竹属(*Rhapis*)

    4. 茎单生,粗6cm以上;小羽片20以上,先端2裂或不裂 ………… 棕榈属(*Trachycarpus*)

1. 叶一或二回羽状分裂:

  5. 叶二回羽状全裂,小羽片菱形或三角形,两侧有直边,顶端宽,边缘有啮蚀状齿缺 …………………

  …………………………………………………………………………… 鱼尾葵属(*Caryota*)

  5. 叶一回羽状全裂,小羽片一般窄,顶端不加宽,边缘全缘或有齿:

    6. 叶柄两侧具由小羽片退化而成的针刺:

      7. 小羽片在芽中或基部向内对折;花异株,花序梗长而扁 ………… 刺葵属(*Phoenix*)

      7. 小羽片在芽中或基部向外对折;花单性同株,花序梗短而圆 ……………… 油棕属(*Elaels*)

    6. 叶柄两侧及叶轴均无由小羽片退化而成的针刺:

      8. 叶鞘不成筒状,基部仅包茎一部分,粗糙或具纤维,不在茎端形成由光滑叶鞘组成的"冠茎";花序着生于叶丛间:

        9. 叶柄和叶轴被灰白色鳞秕状绒毛,小羽片在叶轴上排为不整齐数列,先端渐尖并2裂;果小,径约3cm …………………………………………………………… 金山葵属(*Arecastrum*)

        9. 叶柄和叶轴无灰白色鳞秕状绒毛,小羽片排为整齐两列,先端渐尖;果大,径15cm以上 …

        …………………………………………………………………………… 椰子属(*Cocos*)

      8. 叶鞘成筒状,光滑,无刺与纤维,后期与叶片对面或裂开,茎端由叶鞘组成光滑的"冠茎",花序着生于最低叶鞘的下方:

        10. 茎幼时基部膨大,成株中部膨大;小羽片在叶轴上通常排成4列 …… 王棕属(*Roystonea*)

        10. 茎基部膨大或不膨大,成株中部不膨大;小羽片在叶轴上排成2列

          11. 茎丛生;叶鞘、叶轴黄绿色 ………………………………… 散尾葵属(*Chrysalidocarpus*)

          11. 茎单生;叶革质,叶轴绿色

            12. 叶片背面被灰白色鳞秕状或绒毛状覆被物,小羽片先端不裂或2裂

12. 叶片背面光滑,无覆被物,小羽片先端常成不规则齿裂 …………… 槟榔属(*Areca*)

(1) 蒲葵属 *Livistona* R. Br.

乔木。茎直立,有环状叶痕。叶近圆形、扇状折叠,掌状分裂至叶片中部或中上部,顶端 2 裂;叶柄长,腹面平,背面圆凸,两侧具倒钩刺;叶鞘纤维棕色。花两性,肉穗花序,自叶丛中抽出;佛焰苞管状,多数,包被花梗;萼片 3,革质;雄蕊 6,花丝合生成一环;心皮 3,近分离,每心皮各有 1 胚珠。核果,球形至卵状椭圆形。种子 1 枚,腹面有凹穴。

共约 30 种,我国约 4 种,分布华南及云南西双版纳地区。

蒲葵(葵树) *Livistona chinensis*(qaxq)R. Br. 图 415:

树高达 20m。叶片阔肾状扇形,直径 1m 以上,掌状分裂至中部,裂片条状披针形,顶端长渐尖,再深裂为 2,端软下垂;叶柄长达 2m。花序长 1m,腋生;花无柄,黄绿色。核果椭圆形,长 1.8～2cm,熟时蓝黑色。花期春夏,果熟期 11 月。

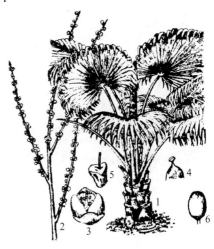

图 415 蒲葵
1. 植株;2. 部分花序;3. 花;4. 雄蕊;5. 雌蕊;
6. 果

原产华南,福建、台湾、广东、广西等地普遍栽培,湖南、江西、四川、云南亦多有引种。

喜高温、多湿的热带气候及湿润、肥沃、富含腐殖质的粘壤土。能耐 0℃左右的低温,能耐一定的水湿和咸潮。喜光,亦能耐荫。虽无主根,但侧根异常发达,密集丛生,抗风力强,能在沿海地区生长。生长缓慢。播种繁殖。

四季常青,树冠如伞,叶大如扇,树形美观,是热带及亚热带南部地区优美的绿阴树和行道树,可孤植、丛植、对植、列植,也可盆栽。工艺经济树种,主产葵叶,是园林结合生产的理想树种。

(2) 丝葵属 *Washingtonia* H.

高大乔木。叶掌状分裂为不整齐的单折裂片,裂片先端 2 裂,边缘及裂片间有丝状纤维;叶柄至少下半部具刺;叶凋枯后不落,下垂覆于茎周。花两性,花丝长,肉穗花序。核果。

约 2 种,产美国及墨西哥;我国有引种。

丝棕(华盛顿椰子) *Washingtonia filifera* (Lind. ex Andre) H. Wendl. :

高达 25m,茎近基部略膨大,向上稍细。叶掌状中裂,圆扇形,叶径达 1.8m,裂片 50～80 枚,先端 2 裂;裂片边缘及裂隙具永存灰白色丝状纤维,先端下垂;叶柄淡绿色,略具锐刺。花序多分枝,花小几无梗,白色。核果,椭圆形,熟时黑色。花期 6～8 月。

原产美国及墨西哥;我国长江以南地区均有栽培,以福建、广东等地较多。

喜温暖、湿润、向阳的环境,亦能耐荫,抗风抗旱力均很强。喜湿润、肥沃的粘性土壤,也能耐一定的水湿与咸潮,能在沿海地区生长良好。播种繁殖。

树冠优美,叶大如扇,四季常青,那干枯的叶子下垂覆盖于茎干之上形似裙子,而叶裂片间特有的白色纤维丝,犹如老翁的白发,奇特有趣。宜孤植于庭院中观赏或列植于大型建筑物前、池塘边以及道路两旁。

(3) 棕竹属 *Rhapis* L. f.

丛生灌木。茎上部常为纤维状叶鞘包围。叶片扇形,折叠状,掌状深裂几达基部;裂片 2 至多数;叶脉显著;叶柄纤细,上面无凹槽,顶端裂片连接处有小戟突。花单性异株,肉穗花序自叶丛中抽出;有管状佛焰苞 2～3 枚;花萼和花冠有 3 齿裂;雄蕊 6,雌花中具退化雄蕊;心皮 3,分离,胚珠 1 枚。浆果,种子单生,球形或近球形。

约 15 种,我国有 7 种或更多。

棕竹(筋头竹、观音竹) *Rhapis humilis* Bl. 图 416:

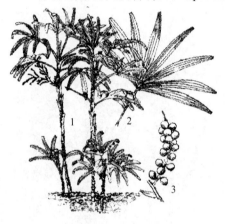

图 416 棕竹
1. 植株;2. 叶;3. 部分果序

树高达 2～3m。茎圆柱形,有节。叶片径 30～50cm,掌状 4～10 深裂,裂片条状披针形至宽披针形,叶缘和中脉有褐色小锐齿,顶端具不规则齿牙;叶柄长 8～20cm,扁平。花序长达 30cm,多分枝;佛焰苞有毛。果近球形,径 8～10mm;种子球形。花期 4～5 月,果熟期 11～12 月。

产海南、广东、广西、贵州、云南等地,北方盆栽,温室越冬。适应性强。喜温暖、阴湿及通风良好的环境和排水良好、富含腐殖质的沙壤土。夏季温度以 20～30℃为宜,冬季温度不可低于 4℃。萌蘖力强。分株或播种繁殖。

株丛挺拔,叶形秀丽,宜配置于花坛、廊隅、窗下、路边、丛植、列植均可。亦可盆栽或制作盆景,供室内装饰。

(4) 棕榈属 *Trachycarpus* H. Wendal.

乔木或灌木。叶片近圆形,掌状分裂,裂片先端直伸,2 裂;叶柄上面平,下面半圆,两侧具细齿。花杂性或单性,同株或异株;花序由叶丛中抽出,佛焰苞多数;花萼、花瓣各 3 枚;雄蕊 6;子房 3 室,心皮基部合生。核果;种子腹面有凹槽。

共约 10 种,我国约 6 种。

棕榈 *Trachycarpus fortunei* (Hook.) H. Wendl. 图 417:

高达 15m。树干常有残存的老叶柄及其下部黑褐色叶鞘。叶形如扇,径 50～70cm,掌状分裂至中部以下,裂片条形,坚硬,先端 2 浅裂,直伸;叶柄长 0.5～1m,两侧具细锯齿。花淡黄色。果肾形,径 5～10mm,熟时黑褐色,略被白粉。花期 4～6 月,果熟期 10～11 月。

产华南沿海至秦岭、长江流域以南,以湖南、湖北、陕西、四川、贵州、云南等地最多。

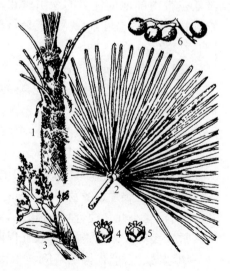

图 417 棕榈
1. 树干顶部;2. 叶;3. 花序;4. 雄花;5. 雌花;6. 果

274

喜温暖、湿润气候及肥沃、湿润、排水良好的石灰性、中性或微酸性土壤。喜光又耐荫，较耐寒，是棕榈科中最耐寒的植物。耐烟尘，对多种有毒气体抗性很强，且有吸收能力。浅根性，无主根，易被风吹倒。生长较慢。

播种繁殖。生产上可利用大树下自播苗培育。

树干挺拔，叶姿优雅，翠影婆娑，颇具南国风光。在工矿区可大面积种植。可盆栽，布置会场及庭院。为南方特有的经济树种，棕皮用途广。叶鞘纤维、柄、根、果均可入药。

(5) 鱼尾葵属 *Caryota* L.

常绿乔木，稀灌木。茎单生或丛生，有环状叶痕。叶聚生茎顶，2～3 回羽状全裂，裂片半菱形，成鱼尾状，顶端极偏斜而有不规则啮齿状缺刻；叶鞘纤维质。肉穗花序腋生，下垂；花单性同株，通常 3 朵聚生；雄花萼片 3 枚，花瓣 3 片，雄蕊 6 至多数；雌花萼片圆形，花瓣卵状三角形，子房 3 室，柱头 3 裂，罕 2 裂。浆果球形，有种子 1～2 颗。种子圆形或半圆形。

约 12 种，我国 4 种，产云南南部、广东、广西等地。

分种检索表

1. 树干单生。花序长约 3m：
  2. 茎绿色，表面被白色毡状绒毛 ·················· 鱼尾葵(*C. ochlandra*)
  2. 茎黑褐色，表面不被白色绒毛 ·················· 董棕(*C. urens*)
1. 树干丛生。花序长不及 1m ·················· 短穗鱼尾葵(*C. mitis*)

① 鱼尾葵(假恍榔) *Caryota ochlandra* Hance. 图 418：

乔木，高达 20m，干单生。茎绿色，表面被白色毡状绒毛。叶二回羽状全裂，长 2～3m，宽 1.15～1.65m，每侧羽片 14～20 片，下垂，裂片厚而硬，酷似鱼鳍，近对生；叶轴及羽片轴上均被棕褐色毛及鳞秕；叶柄长仅 1.5～3cm；叶鞘巨大，长圆筒形，抱茎，长约 1m。圆锥状肉穗花序长 1.5～3m，下垂；雄花花蕾卵状长圆形；雌花花蕾三角状卵形。果球形，径约 1.8～2cm，熟时淡红色，有种子 1～2 颗。花期 7 月。

原产亚洲热带、亚热带及大洋洲；我国海南、两广、云南等省均有分布，福建、台湾常见栽培。

喜温暖湿润的环境，较耐寒，不耐干旱，茎干忌曝晒。对土壤要求不严，但以疏松肥沃、排水良好的壤土最佳。根系浅。种子繁殖。

茎干挺直，树姿优美，叶片翠绿，叶形奇特，花色鲜黄，果实如圆珠成串，富有热带风光情调，是优良的庭园观赏植物与街道绿化树种，可作庭荫树、行道树。

② 董棕(粗糖棕) *Caryota urens* L.

与鱼尾葵的区别：茎黑褐色，不膨大或膨大成花瓶状，表面无白色的毡状绒毛，在相同环境条件下生长比鱼尾葵粗大。叶平展，长 5～7m，宽 3～5m，叶柄上面凹

图 418　鱼尾葵
1. 植株上部；2. 部分叶裂片；3. 雄花；4. 部分果序

275

下,下面凸圆,被脱落性的棕黑色毡状绒毛;叶鞘边缘具网状的棕黑色纤维。果实熟时红色。

原产我国广西、云南等省区以及印度、斯里兰卡、缅甸。

植株十分高大,树形美观,叶片排列十分整齐,适于公园、绿地中孤植,显得伟岸霸气。

③ 短穗鱼尾葵(尾槿棕、丛生鱼尾葵)*Caryota mitis* Lour.

与鱼尾葵的区别:丛生小乔木,干竹节状,近地面有棕褐色肉质气根。叶鞘较短,长50～70cm,肉穗花序密而短,长仅60cm,小穗长仅30～40cm;果蓝黑色。

分布广东、海南、广西、云南、福建、台湾。可播种或分株繁殖。

(6) 刺葵属 *Phoenix* L.

灌木或乔木。茎单生或丛生。叶羽状全裂;裂片条状披针形,最下部裂片常退化为坚硬的针状刺。肉穗花序直立,结果时下垂,佛焰苞鞘状,革质;花单性异株;雄花花萼碟状,3齿裂,花瓣3片,雄蕊常6枚,花丝极短;雌花球形,花萼碟状,且花后增长,花瓣3片,退化雄蕊6枚或连合呈杯状而有6齿裂,心皮3枚,分离,无花柱,柱头钩状。核果长圆形,种子1颗,腹面有槽纹。

约17种,我国2种,产广东南部和云南南部。

① 枣椰子(伊拉克蜜枣、海枣)*Phoenix dactylifera* L.

乔木,高达20～25m。茎单生,基部萌蘖丛生。叶长达6m,羽状全裂,裂片2～3枚聚生,条状披针形,在叶轴两侧常呈V字形上翘,基部裂片退化成坚硬锐刺;叶柄宿存,长约68cm。花单性异株,雄花序长约60cm;佛焰苞鞘状,花序轴扁平,宽约2.5cm;小穗短而密集,不规则横列于轴的上部;雄花黄色。果序长达2m,直立,扁平,淡橙黄色,被蜡粉,状如扁担;小穗长58～70cm,淡橙黄色,被蜡粉,不规则横列于果序轴的上部,果时被压下弯。果长圆形,长4～5.1cm,宽1.7～2.1cm,熟时深橙红色,果肉厚,味极甜。种子1颗,长圆形。

原产伊拉克、非洲撒哈拉沙漠及印度西部;我国两广、福建、云南有栽培。

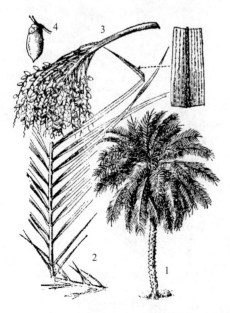

枣椰子为干热带果树。喜高温干燥气候及排水良好轻软的沙壤,耐盐碱。

萌蘖和播种繁殖均可。

为良好的行道树、庭荫树及园景树。

② 美丽针葵(软叶刺葵)*Phoenix roebelenii* Obrien . 图419:

高1～3m,通常单生,茎上有宿存三角形的叶柄基部。叶羽状全裂,长1～2m,稍弯曲下垂;裂片狭条形,长20～30cm,宽约1m,较柔软,在叶轴上排成2列,背面沿中脉被白色糠秕状鳞被,叶轴下部两侧具裂片退化而成的针刺。花序长30～50cm。果矩圆形,长1～1.5cm,直径5～6mm,具尖头,枣红色,果肉薄,有枣味。

原产印度及中印半岛;我国华南各省区广泛种植。

(7) 油棕属 *Elaels* Jacq.

本属2种,原产热带非洲;我国引栽1种。

油棕 *Elaels quineensis* Jacq. 图420:

图 419 美丽针葵
1. 植株;2. 叶;3. 花序;4. 果

乔木,高 10m。叶基宿存。叶羽状全裂,长 3～6 m;羽片条状披针形,长 70～80 cm,宽 2～4cm。叶柄及叶轴两侧有刺。花单性,同株异序;雄花序由多个荽荑花序组成,雄蕊 6;雌花序近头状,密集,长 20～30cm,子房 3 室。核果卵形,熟时黄褐色,长 4cm,聚生成密果束,外果皮光滑,中果皮肉质,具纤维,内果皮坚硬。花期 6 月,果期 9 月。

我国广东、广西、福建、云南、台湾有栽培。播种繁殖。

植株高大,树形优美。可作园景树、行道树。油棕也是重要的油料经济作物。

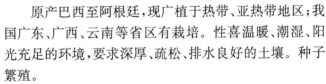

图 420 油棕
1. 植株;2. 核果

(8) 金山葵属 *Arecastrum* Becc.

乔木,叶聚生于茎顶,羽状全裂,裂片线形,极多数,排列不整齐;佛焰花序生于叶丛中,佛焰苞 1。花单性,雌雄同株;花被片 6,雄花卵状披针形,雄蕊 6 枚,雌花阔圆形;子房 3 室,柱头 3;果卵形或近球形,基部有宿存的花被片,外果皮纤维质,内果皮坚硬,近基部有 3 小孔。

本属 1 种,数变种,原产巴西至阿根廷北部,现广植于各热带地区;我国广东、广西、云南和福建栽培 1 变种。

金山葵(皇后葵) *Arecastrum romanzoffianum* Becc. var. *austale* Becc. 图 421:

高 10m 以上。叶羽状全裂,叶鞘扁,部分包茎,裂片条状披针形,顶端 2 裂,在叶上排成多列。肉穗花序生于下部叶腋中,多分枝,排成圆锥花序式,总苞 1 个;花单性,雌雄同株。果倒卵或卵形,径约 3cm。

原产巴西至阿根廷,现广植于热带、亚热带地区;我国广东、广西、云南等省区有栽培。性喜温暖、潮湿、阳光充足的环境,要求深厚、疏松、排水良好的土壤。种子繁殖。

金山葵树干挺直高大,叶簇生于茎顶,酷似皇后头上的冠饰。可作园景树、行道树。

(9) 椰子属 *Cocos* L.

本属仅 1 种。

椰子(椰树) *Cocos nucifera* L. 图 422:

树高 15～30m。树干有明显的环状叶痕和叶鞘残基。叶片簇生干顶,长 3～8m,羽状全裂;裂片多数,条状披针形,长达 lm,宽 3～4cm,裂片基部明显向外折叠;叶柄粗壮,长达 1m 以上,基部有网状褐色棕皮。花单性同序,由叶丛中抽出,多分枝;佛焰苞 2 至多个,长而木质;雄花小,多数,聚生于分枝的上部;雌花大,少数,生

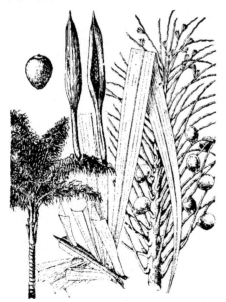

图 421 金山葵

于分枝的下部,子房 3 室。核果近球形,径达 25cm,熟时暗褐棕色;外果皮革质,中果皮纤维质,内果皮骨质坚硬,近基部有 3 个萌发孔;种子 1,胚乳(即椰肉)白色肉质,与内果皮粘着,内有一大空腔贮藏着液汁。全年开花,花后约 1 年果熟,以 7～9 月为采果最盛期。

产热带,以东南亚最多;海南、台湾及云南南部栽培历史至少 2 000 年以上;广东、广西、福建均有引栽。

典型喜光树种。在高温、湿润、阳光充足的海边生长发育良好。要求年平均气温 24℃ 以上,最低温度不低于 10℃,年雨量 1 500mm 以上且分布均匀。土壤以排水良好的海滨和河岸的深厚冲积土为佳,地下水位宜在 1～2.5m。根系发达,抗风力强。播种繁殖。

树形优美,苍翠挺拔,冠大叶多,在热带、南亚热带地区可作行道树,孤植、丛植、片植均宜,组成特殊的热带风光。椰子全身是宝,是热带佳果之一;也是重要的木本油料和纤维树种。树干坚实、致密而耐水湿,可作桥桩等用。液汁为优良饮料,椰壳可制工艺品。叶可编席。花序液可制糖。根可入药。

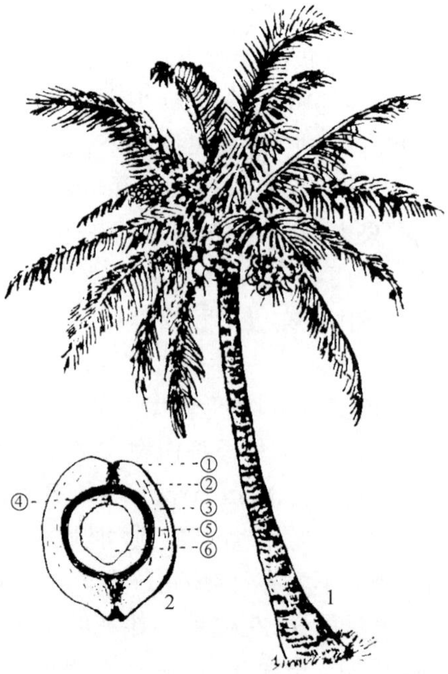

图 422　椰子

1. 全株;2. 果横剖面: ① 外果皮; ② 中果皮;
③ 内果皮; ④ 胚; ⑤ 胚乳; ⑥ 果腔(椰子水)

(10) 王棕属 *Roystonea* O. F. Cook.

乔木,茎单生,圆柱状,近基部或中部膨大。叶羽状全裂;裂片线状披针形,叶鞘长筒状,包茎。花序巨大,分枝长而下垂,生于叶鞘束下,佛焰苞 2,外面一枚早落,里面一枚全包花序,于开花时纵裂。花单性同株。雄花萼片 3,雄蕊 6～12。雌花花冠壶状,3 裂至中部;子房 3 室。果近球形或长圆形。种子 1 颗。

约 6 种,产热带美洲;我国引入栽培。

王棕(大王椰子) *Roystonea regia* (H. B. K.)O. F. Cook. 图 423:

高 10～29m。茎具整齐的环状叶鞘痕,幼时基部明显膨大,老时中部膨大。叶聚生茎顶,羽状全裂;裂片条状披针形,常 4 列排列;叶鞘长,紧包着干茎。肉穗花序二回分枝,排成圆锥花序式。有佛焰苞 2 枚。雄花淡黄色,花瓣镊合排列,雌花花冠壶状,3 裂至中部。果近球形,红褐色至淡紫色。花期 4～5 月,果熟期 7～8 月。

原产古巴;我国广东、广西、台湾、云南及福建均有栽培。喜温暖、潮湿、光照充足的环境,要求排水良好、土质疏松,土层深厚的土壤。播种繁殖。

树干挺直,高大雄伟,姿态优美,四季常青。作行道树,园景树。孤植、丛植和片植,均具良好效果。

图 423　王棕

(11) 散尾葵属 *Chrysalidocarpus* H. Wendl

丛生灌木。干无刺。叶长而柔弱,有多数狭的羽裂片;叶柄和叶轴上部有槽。穗状花序生干叶束下,花单性同林;萼片和花瓣 6 枚;花药短而阔,背着;子房 1,有短的花柱和阔的柱头。果稍作陀螺形。

约 20 种,产马达加斯加;我国引栽 3 种。

散尾葵(黄椰子)*Chrysalidocarpus lutescens* H. Wendl. 图 424:

高 7~8m。干光滑黄绿色,嫩时被蜡粉,环状鞘痕明显。叶稍曲拱,羽状全裂;裂片条状披针形;叶柄、叶轴、叶鞘均淡黄绿色;叶鞘圆筒形,包茎。肉穗花序圆锥状;雄花花蕾卵形,黄绿色,端钝;花萼覆瓦状排列;花瓣镊合状徘列;雌花花蕾卵形或三角状卵形;花萼、花瓣均覆瓦状排列。果近圆形,橙黄色。种子 1~3,卵形至阔椭圆形,腹面平坦,背具纵向深槽。

产马达加斯加。我国广州、深圳、台湾等地多用于庭园栽植。喜半阴、高温、高湿的环境,不耐寒。不耐积水。播种或分株繁殖。

图 424　散尾葵

植株枝叶繁茂,四季常青,分蘖较多,呈丛状生长在一起,形态优美悦目。丛植于成片草地上、假山旁、或水塘边,也可盆栽观赏,用于布置厅、堂、会场。

图 425　假槟榔

(12) 假槟榔属 *Archontophoenix* H. Wendl et Drude

乔木。干单生,有环纹。叶羽状全裂,裂片条状披针形。佛焰花序生于叶鞘束下方,具多数倒垂分枝。佛焰苞2。花无梗,单性,雌雄同株异序;雄花三角状,萼片 3,花瓣 3,雄蕊 9~24 枚,花丝近基部合生;雌花近球形,子房三角状卵形,1 室,柱头 3。坚果球形或椭圆状球形。

4 种,原产澳大利亚。我国常见栽培 1 种。

假槟榔(亚历山大椰子)*Archontophoenix alexandrae* H. wendl et Drude. 图 425:

高 20~30m。茎干具阶梯状环纹。叶羽状全裂;裂片条状披针形,外向折叠,表面绿色,背面灰绿,有白粉;叶鞘膨大抱茎,革质。肉穗花序悬垂叶鞘束下,雌雄异序;雄花为三角状长圆形,淡米黄色;萼片及花瓣均 3 枚;雌花单生,卵形,柱头 3,子房卵形,光滑,米黄色。果卵状球形,红色。

原产澳大利亚。我国广东、广西、云南、福建及台湾等地有栽培。喜高温、高湿和避风向阳的气候环境,不耐寒。播种繁殖。

身姿高大秀丽,树干通直,叶片披垂碧绿,随风招展,浓阴遍地。可作园景树、行道树。

（13）槟榔属 *Areca* L.

乔木或丛生灌木，具环状叶痕。叶簇生茎顶，羽状全裂；叶柄无刺。花序生于叶丛之下，分枝多；佛焰苞早落。花单性，雌雄同序；雄花生于花序上部，雄蕊 3 或 6；雌花生于花序下部，子房 1 室，柱头 3，胚珠 1，基生，直立。核果果肉纤维质；种子 1。

54 种，产亚洲热带和澳大利亚北部。我国 1 种，产云南南部、海南、广东南部、台湾。

三药槟榔 *Areca triandra* Roxb;

丛生常绿小乔木。茎绿色，间以灰白色环斑。羽状复叶，侧生羽叶有时与顶生叶合生。肉穗花序，多分枝，雌雄同株，单性花；顶生为雄花，有香气，雄蕊 3 枚；基部为雌花。果实橄榄形，熟时橙色或赭石色。

原产于印度、马来西亚等热带地区；我国华南各地有引种栽培。喜高温、湿润的环境，耐荫性很强。喜疏松肥沃的土壤。可用播种或分株繁殖。

形似翠竹，气势宏伟，姿态优雅，具浓厚的热带风光气息，是优良的景观树种和观叶植物。可作庭园、别墅绿化美化，也可用作会议室展厅、宾馆、酒店等豪华建筑物厅堂装饰。

思考题：

1. 棕榈和蒲葵在形态上有哪些主要区别？
2. 鱼尾葵和董棕在形态上有哪些区别？
3. 假槟榔与槟榔在形态和习性上有哪些主要区别？
4. 短穗鱼尾葵与鱼尾葵有哪些主要区别？

66. 百合科 *Liliaceae*

多年生草本，稀木本。常具鳞茎或根状茎。叶基生或茎生，茎生叶通常互生，少数对生近轮生，通常狭窄，厚或肉质，有纤维，全缘或有刺状锯齿。花两性或单性，单生或组成花序；花钟状、坛状或漏斗状，花被片多为 6 枚，少数 4 枚，排成 2 轮；雄蕊常与花被片同数，花丝分离或连合；子房上位或半下位，3 室，中轴胎座；稀 1 室，侧膜胎座。蒴果或浆果，种子多数。

约 230 属 3 500 余种，我国 60 属 560 种。

丝兰属 *Yucca* Linn.

常绿木本，茎不分枝或少分枝。叶狭长，剑形，多基生或集生茎端，叶缘常有细齿或丝状裂。圆锥或总状花序顶生，花大，杯状或碟状，白色、乳白色或蓝紫色，常下垂；花被片 6，离生或基部连合；子房上位，花柱短。蒴果，种子扁平，黑色。

约 30 种，分布于美洲，我国引入栽培 4 种。

① 凤尾兰 *Yucca gloriosa* Linn. 图 426:

常绿灌木、小乔木。主干短，有时有分枝，高可达 5m。叶剑形，略有白粉，长 60～75cm，宽约 5cm，挺直不

图 426 凤尾兰
1. 植株；2. 花序一部分（放大）；3. 叶端（放大）

下垂,叶质坚硬,全缘,老时疏有纤维丝。圆锥花序长1m以上,花杯状,下垂,乳白色,常有紫晕。花期5～10月,2次开花。蒴果椭圆状卵形,不开裂。

原产北美,我国长江流域普遍栽培,山东、河南可露地越冬。

喜光,亦耐荫。适应性强,较耐寒,－15℃仍能正常生长无冻害;除盐碱地外,各种土壤都能生长;耐干旱瘠薄,耐湿。耐烟尘,对多种有害气体抗性强。萌芽力强,易产生不定芽,生长快。

常用茎切块繁殖或分株繁殖。

树形挺直,四季青翠,叶形似剑,花茎高耸。花白素雅芳香。常丛植于花坛中心、草坪一角,树丛边缘。是岩石园、街头绿地、厂矿污染区常用的绿化树种,也可在车行道的绿带中列植,亦可作绿篱种植,起阻挡、遮掩作用。茎可切块水养,供室内观赏,或盆栽布置庭院。

②丝兰 *Yucca smalliana* Fern. 图427:

常绿灌木。植株低矮,近无茎。叶丛生,较硬直,线状披针形至剑形,长30～75cm,宽2～3cm,先端尖成针刺状,基部渐狭,边缘有卷曲白丝。圆锥花序宽大直立,高1～3m,花白色,下垂。蒴果3瓣裂。花期6～8月。

原产北美,我国长江流域及以南栽培较多。耐寒性不如凤尾兰。

繁殖、习性及用途同凤尾兰。

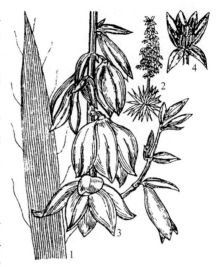

图 427　丝兰
1. 叶先端;2. 全株;3. 花序局部;4. 花

思考题:

凤尾兰与丝兰有何形态区别?

技 能 训 练

实训 1　落叶树种冬态识别

1. 技能训练目标

（1）掌握冬态观察的方法,增进树木冬态方面的知识。

（2）熟悉有关形态术语、描述方法,提高识别树种的能力。

2. 冬态观察的意义

树木的识别,主要是研究和掌握其外部形态特征,其对象不外乎茎(干、枝)、叶、花、果实及种子。就叶、花、果实及种子而言,不仅学习树木学,就是在与植物有关的其他学科的研究中,也占有极其重要的位置。但是到了冬季,植物进入休眠期,所有落叶树木全部呈现光秃状态。如何在树木失去了叶、花、果实和种子这些重要依据的情况下去识别它们、研究它们,就成了一个重要问题。树木冬态观察正是研究树木落叶以后的形态特征,以解决冬季的树木识别问题。它是树木学的一个组成部分,也是进行科学研究的一个重要内容。

3. 观察内容(下列树种仅供参考)

鹅掌楸——枝有环状托叶痕,顶芽无毛,芽鳞由 2 片托叶合生而成,表面略被白粉,叶痕圆形,维管束多而散生。

白玉兰——枝具环状托叶痕;顶芽密生淡黄色长绒毛,顶芽椭圆形,维管束痕多而散生。

二球悬铃木——枝有环状托叶痕;无顶芽,侧芽柄下芽,有钟罩形芽鳞 1 个;叶痕马蹄形,围绕侧芽基部。

杜仲——枝髓心片状横隔,折断有胶丝,无顶芽;叶痕半圆形。叶迹 1 个,C 形。

毛泡桐——树冠宽大,呈伞形;一年生枝绿色或灰褐色。顶端常被短绒毛;叶痕圆形,花序、果序较紧密,花蕾近球形;果实卵圆形。果皮厚近 1mm,宿存花萼深裂至一半。

薄壳山核桃——侧芽叠生,叶痕盾形,叶迹 3 组,每组 7 至 8 个,V 字形排列,顶芽芽鳞 2 片,侧芽芽鳞 1 片。

山核桃——树皮灰白色,平滑;一年生枝密被锈褐色腺鳞,叶痕心形;裸芽,具长柄,密被锈黄色腺鳞。

板栗——无顶芽,侧芽二列状互生,芽鳞 2 个;维管束痕不规则散生,叶痕半圆形。

七叶树——叶痕对生,叶迹 3 组;顶芽发达,棕色,有光泽,芽内多树脂。

苦楝——枝粗壮,灰绿色,密生白色皮孔;叶迹 3 组;无顶芽,侧芽芽鳞 3 枚。

国槐——枝绿色,密生白色皮孔,芽藏于叶痕内;荚果念珠状,经冬不落。

加杨——大枝节部有 3 条隆起纵脊,小枝有棱,叶迹 3 个;顶芽发达,有黄色粘树脂。

刺楸——枝有明显短枝,粗壮,密生皮刺,叶痕 U 形,叶迹单列。

鸡爪槭——侧芽对生,芽鳞 2 至 3 对,交互对生,叶痕 U 形,叶迹 3 个。

4. 作业

绘出所观察树种的叶痕、叶迹图。

实训 2　裸子植物球花、球果构造观察

1. 技能训练目标

(1) 观察苏铁、银杏标本,了解它们与蕨类植物相似的原始形态特征。

(2) 观察各种球果,熟悉球果构造及各部分形态术语。

2. 观察材料

苏铁大、小孢子叶和种子,银杏雌、雄球花和种子,日本冷杉球果,红皮云杉球果,金钱松球果,雪松球果,油松球果,黑松球花和球果,红松球果,华山松球果,杉木球果,日本柳杉球果,水杉雄球花和球果,侧柏雌、雄球花和球果,柏木球果,圆柏球果。

3. 作业

(1) 绘雪松球果的 1 枚种鳞,并画出苞鳞及种子的形态及着生位置。

(2) 绘油松球果的 1 枚种鳞,指出鳞盾、鳞脐、鳞脊。

实训 3　木兰科花形态特征观察

1. 技能训练目标

了解木兰科花部构造及排列方式,比较它们与其他被子植物花的不同点。

2. 观察材料

(1) 新鲜材料:白玉兰的花、紫玉兰的花、木莲的花、含笑的花。

(2) 蜡叶标本、液浸标本:白玉兰的果、广玉兰的花和果、鹅掌楸的花和果。

3. 作业

绘制白玉兰花纵剖面形态图,注明花托、花被片、雄蕊群、雌蕊群。

4. 思考题

根据哈钦松系统,木兰科生殖器官的结构保留了较多的古老和原始性状,具体来说表现在哪些方面?

实训 4　蔷薇科花形态特征观察

1. 技能训练目标

（1）通过对各亚科代表树种花的解剖观察，掌握本科花重要特征，如杯状花托，周位花，下位花，稀上位花，花各部均为 5 出数；了解花、果特征在分类上的重要意义。

（2）了解本科树种在我国果树生产、园林观赏方面的重要地位，以及野生资源开发利用方面的巨大潜力。

2. 观察材料

（1）新鲜材料：麻叶绣线菊的花、白鹃梅的花、贴梗海棠的花、湖北海棠的花、白梨的花、平枝枸子的花、桃树花、梅花、日本樱花的花、野蔷薇的花、黄刺玫的花。

（2）蜡叶标本、液浸标本：蔷薇科各类型果实陈列标本有蓇葖果、蒴果、瘦果、梨果、核果及果核。

3. 作业

绘制麻叶绣线菊、贴梗海棠、日本樱花、野蔷薇花的纵剖面图，注明花萼、花瓣、雄蕊、心皮的数目和着生位置，并写出花程式。

4. 思考题

（1）绣线菊亚科被认为是较原始的类群而列于本科之首，与李亚科、苹果亚科比较，哪些形态特征反映了本亚科的原始性？

（2）木兰科木兰属的果与本科绣线菊属的果有何相同和不同？

实训 5　豆科花、果形态特征观察

1. 技能训练目标

（1）通过花的解剖观察，弄清两侧对称、辐射对称、蝶形花冠、假蝶形花冠的概念，了解旗瓣、翼瓣、龙骨瓣的形态及着生位置。

（2）观察各种荚果的形状、种子数目、开裂与不开裂。

2. 观察材料

（1）新鲜材料：紫荆的花、羊蹄甲的花、相思树的花、金合欢的花、云实的花、刺槐的花、紫藤的花、红豆树的花、朱樱花的花、合欢的花、锦鸡儿根瘤菌。

（2）蜡叶标本：各种类型的荚果陈列标本。

3. 作业

绘制刺槐花形态图，并通过解剖分别绘出旗瓣、翼瓣、龙骨瓣、二体雄蕊形态图。

4. 思考题

1. 蝶形花科被认为是豆目中最高级的类群,它的进化特征表现在哪些方面?
2. 根瘤有何重要意义,是不是所有豆目植物的根系都与根瘤菌共生?

实训 6　木犀科花形态观察

1. 技能训练目标

了解木犀科花的构造及其在科内的高度一致性。

2. 观察材料

(1) 新鲜材料:连翘花枝、金钟花花枝、紫丁香花枝、雪柳花枝、白蜡花枝、迎春花枝、黄馨花枝。

(2) 蜡叶标本:白蜡、绒毛白蜡、女贞、小蜡、小叶女贞、桂花、流苏、茉莉。

3. 作业

绘制紫丁香、连翘的花形态图,并写出花程式。

4. 思考题

熟悉木犀科树种在我国林业生产和园林绿化方面的地位与作用。

实训 7　树木液浸标本的制作

1. 技能训练目标

树木的花果是树木分类的重要依据,但有些树木的花果体形大、浆汁多,难以制成蜡叶标本,也有些树木制成干标本后往往褪色变形,影响观察研究。为了供应解剖研究材料、陈列展览、科普宣传等需要,都要求标本能保持原形原色。而液浸标本就补充了蜡叶标本的不足,成为教学、科研和普及植物知识的一个重要手段,通过本次实验,要求掌握树木液浸标本制作的基本方法和操作技能,并能制作一定数量的树木液浸标本。

2. 液浸标本制作方法

由于植物种类不同及质地、颜色的差异,制作各种液浸标本需要采用不同的配方进行不同的固色处理。配方有许多种,应以实践的效果为准,不仅要求处理后的色泽与新鲜标本相同,而且保存时间要长,操作要简便。

盛放液浸标本一般要用透明的玻璃器皿,大口的标本瓶、标本筒、标本缸。规格可根据标本的大小而定。事先要配好药液,然后将标本洗净晾干,裁成一定大小,按配方要求浸泡。浸泡液的种类较多,可根据标本材料的色泽、种类和具备的物质条件选用不同的配方。

液浸标本的配方和操作步骤：

（1）适于绿色材料的浸液。

① 固定液。醋酸、醋酸铜溶液：将醋酸铜粉末以50％的冰醋酸溶解成饱和液，后加4倍的蒸馏水稀释。将整好的树木材料放入此液内蒸煮，待材料由绿黄褐色再重新变绿时为止，取出用蒸馏水冲洗后放入固定液中。

3％左右的硫酸铜水溶液：将30～50g硫酸铜结晶溶于100ml加热的净水中，然后加10倍的水配成天蓝色的硫酸铜溶液，将准备好的材料放入此液，浸泡24小时左右以达到正常色泽为准。

② 保存液。

1％的甲醛加酸水溶液：用975ml蒸馏水加入25ml 40％的甲醛，然后加入2.5ml工业用硫酸或3ml盐酸成为甲醛加酸水溶液。

亚硫酸甘油溶液（0.15％～0.2％）：用1 000ml蒸馏水溶解330～350ml 6％的亚硫酸，再加少许甘油，配成0.15％～0.2％的亚硫酸甘油溶液。

（2）适于红色、淡红色、紫红色材料的浸液。

① 固定液。

硼酸、甲醛水溶液：以硼酸粉10g溶于1 000ml的蒸馏水中，后加10ml 40％甲醛，配成硼酸、甲醛水溶液。

氯化锌、甲醛水溶液：以氯化锌50g溶于1 000ml蒸馏水中，后加甲醛和甘油25ml，配成氯化锌、甲醛水溶液。将准备好的材料放入上述任何一种固定液中，原则上是红色部分变为褐色为止，一般材料需浸泡1～3昼夜，如桃、杏。

② 保存液。这类材料多用亚硫酸、硼酸保存液：方法是在1 000ml的蒸馏水中加入330～350ml 6％的亚硫酸，再加入2～3g硼酸粉，配成1.5％～2％亚硫酸、硼酸保存液。

（3）适于黄白色、白色、淡绿色材料的浸液。这类材料的浸制一般不考虑褪色问题，只浸泡于防腐剂中即可，其配方如下：

① 甘油酒精溶液：用市售的白酒加水1倍，或用98％的无水酒精加水2倍，然后加入少量甘油配成30％～50％的甘油酒精溶液。

② 酒精、亚硫酸水溶液：按1∶1∶8的比例即100ml 6％的亚硫酸加100ml酒精和800ml蒸馏水配成酒精、亚硫酸水溶液。

③ 硫酸铜、亚硫酸混合液：在1 000ml的蒸馏水中加入31～330ml 6％的亚硫酸，配成0.1％～0.15％的亚硫酸溶液，再加入50ml 5％的硫酸铜水溶液。

（4）适于深紫色、黑色材料的浸液。这类材料一般也不需要进行特殊的固色处理。

浸液配方：

① 食盐甲醛水溶液：将15～17g食盐溶于100ml蒸馏水中配成饱和食盐水，再加7倍的水稀释，外加80～100ml 40％的甲醛和少许甘油。

② 明矾、硼酸、食盐水的澄清液：在1 000ml的蒸馏水中放入明矾30g、硼酸粉20g、食盐160g，后加40％甲醛10ml和1g亚硫酸钠。

（5）液浸标本的封存。为使液浸标本便于观察和长期保存，在封存时注意以下几点：

① 保存液内的标本应在液面以下，而不能露出。

② 如果标本上浮可用玻璃片下压或牵垂或将标本固定在瓶内竖立的玻璃片上，标本入液

后应立即封闭。

③ 标本瓶应有磨砂瓶塞或用涂蜡的软木塞,也可用一片厚纸按瓶口大小剪下一块圆纸板代替瓶塞,但这种纸板塞必须用4份虫蜡、2份石蜡、1份松脂熔化后的混合物浸透,再粘在瓶口上,并用石蜡涂严以把瓶倒转而浸液不外流为准。

④ 为防漏气,封固后的瓶口还需用硫酸纸包扎,并在瓶的适当位置贴上说明标签。

⑤ 标本应放在不受阳光直射和避免高温的地方。

4. 作业

每个学生选用一个树种的花,用所规定的配方进行配制,所用材料不得相同。每人交出一份液浸标本并说明配方。

实训 8　树木蜡叶标本的制作

1. 技能训练目标

掌握树木蜡叶标本制作的基本方法和操作技能,并能制作一定数量的蜡叶标本。

2. 蜡叶标本制作方法

(1) 蜡叶标本的制作。

制作标本的方法有:压干法、烙干法、沙干法。

① 压干法:此种方法应用最为普遍。具体做法是:把每日在野外采得的标本,压在标本夹内,当日晚间回来时,即更换一次干纸,并加整理一次。整理时要使花、叶展平,姿势美观,不使多数叶片重叠,要压正面叶片,也要压反面叶片。落下来的花、果和叶片,要用纸袋装起来,袋外写上该标本的采集号,与标本放在一起。标本与标本之间,须隔数页采集纸。夹在标本夹内,并加适当较重的压力,用绳子将标本夹捆起,放在通风处。次日换干纸时,须再仔细加工整理标本,以后每日均要换干纸至少一次,并应随时再加整理。在第3日换干纸后,可增加压力(大约夹有 250～300 份标本的夹板,可施压力 125～150kg),捆紧夹板,放在直射的日光中,使水分迅速蒸发,如此可防标本过度变色或发霉。通常在华北气候条件下,约换干纸七八天后,标本即可制干。若遇阴雨天气,可用微火或热炕烘烤。每日换下的湿纸,须放在日光下晒干或用火烤干,以备换纸时使用。已干的标本要及时提成单纸单号存放(以免干标本在夹板内压坏),即每隔一张单纸放一支标本,并应将同号标本放在一起,外用一张单纸夹起,在夹子纸的右下角,写上该号标本的采集号。在提单纸时,应特别注意,使上下两支标本错开放置。尽量避免粗枝与粗枝或叶片、花果重叠,以免损坏标本而自行压断,最后将每包标本用绳捆好,放在干燥通风处,勿使受潮。

此外,有些松柏科的树木如冷杉属(*Abies*)球果的鳞片容易脱落,应用线缠好;又如云杉属(*Picea*)叶子极易干后脱落,在采回时可用开水烫一次,再行压制,即不脱落。又如马齿苋科(*Portulacaceae*)、景天科(*Crassnlaceae*)的一些植物在压制数日后,尚在发芽生长,不能速干,也可用开水烫,破坏其组织后再压。采集工作告一段后或在休息时,应将提出的已干标本整理一次,将标本依号数按次排顺,每 10 号或 20 号作为 1 包,外包塑料布,用绳沿纵横方向捆好,以便搬运。

② 烙干法:这种方法的优点是能保持花的颜色不变,使其迅速干燥。具体做法是:将采回的新鲜标本整理好,放在标本夹内压1～2日,然后取出放在纸的中间,从纸的上面用热烙铁熨烫。这样干燥的花,颜色便能保存良好,可供展览使用。

③ 沙干法:这种方法的优点是保持植物各部体积的比例和姿态,这一方法可以制作成套的直观教具或大花、花序,整个草本植物体均可供陈列展览用。具体做法是:取细而均匀的河沙,供干燥标本时用,为了清除沙中的杂质,可将河沙仔细地用水洗净并烤干。如不使用洗净的河沙,会使干后的标本上紧紧粘附上土粒将标本弄脏。制干工作是在做好的厚纸盒中进行。先将花枝或草本植物的全株放在做好的厚纸盒内,用沙小心地填满,应注意使标本在沙的重力影响下,不要变形。然后可放在阳光处或炉子旁边,大而多汁的标本,可用7～8天,小植物则1～2天即可干燥。干燥后的标本,必须小心取出,以防损坏。用毛笔刷出粘着的细沙,然后用喷雾器,喷洒5%的石蜡甘油溶液,使标本鲜艳生动。再把标本放在有玻璃盖的盒中(盒的大小,可根据标本大小而制作)。盒底部用插门,盒面镶有玻璃,在放标本时,可把盒子倒放,玻璃面向下,然后将标本放入盒内玻璃上,加上标签,用棉花把盒内空处填满,放些樟脑,加上几层报纸,将门插上,即可供展览使用。此种方法,适用于制作少量标本,制作较多标本,也感不便。制作种子标本时如是浆果,可用清水先将果浆洗去晾干,然后再放在干燥的地方,放上一段时间,就可以保存了。可以把种子按植物分类系统排列,放入有玻璃盖的盒中或瓶子中,加上标签,即可保存。若种子极小,可先把种子用玻璃纸包好,放在棉花垫上,装入盒中,做成盒装存放。

(2) 标本的杀虫。野外采回来的标本或外单位赠来的标本,不免带有害虫或虫卵,存入日久,虫害滋延,往往酿成大害。故在标本入室前必须经过杀虫,以免后患。杀虫方法以升汞(氯化高汞)溶液将标本浸过一遍最为有效。此液配法简单,可将升汞制成0.5%的酒精溶液即成(可用75%的工业酒精即可)。此法可使标本每个部位均有升汞存在,即使以后再有害虫侵入,也会被毒死。应注意升汞性毒,切忌用手直接操作,可带上胶皮手套操作,操作后应用肥皂洗手。如果操作人员手上有破伤口时,不可操作,以防中毒,又此液与金属物起化学反应,一切用具禁用金属制品,可用瓷器、玻璃器皿或搪瓷器皿,钳取标本时,可用竹制镊子或其他非金属用具。

若标本已上台纸或标本不多,可用一种熏药方法,也很有效。其方法是:用二硫化碳1b(0.907kg),放在1.7m³容积的杀虫箱内此药即自行挥发,只把杀虫箱封闭,待两昼夜之后,即可打开杀虫箱,待毒气散尽取出标本,应注意二硫化碳发生的气体比空气重,盛药的器皿,要放在标本上面较高处。此外,在标本柜中放些樟脑球,也有防虫效果。

(3) 标本的装订。标本进行杀虫后,应将整份标本装订在一张台纸上。首先用毛笔将胶水(最好用植物胶)刷在标本背面,为便于解剖,花的部分不必上胶。然后移贴在台纸上,稍加压力,放置半日或一日,待其阴干,再用纸条或细线将植物粗壮部分穿订牢固,手续即告完成,也有不用刷胶水而直接用纸条或细线穿订标本的。方法多种,各有长短,根据情况,灵活运用,不必拘泥于一种方法。装订标本工作应细心从事,现将注意事项分述如下:

首先应选定标本的正反面,要使花、果等重要部分仰露向上,并把所有叶片调配合适,使叶片正反两面都有,置放适中,以利于研究,同时又艺术美观。如遇大型标本,在一张台纸上容纳不下,可分贴两张或多张台纸,但须在每张上都写明同一采集人姓名及采集号,使查阅者便于认识,这数张标本为同株树木。标本脆弱,花、果、叶片等极易脱落,脱落的任何部分,必须及时收起,随手装入纸袋或纸包中,附贴于原标本台纸上,便于查考,并应在纸袋上注明采集人和号数。标本上带有的野外采集记录签和定名签,务必随手贴上;记录签一般贴在台纸左上方,定名签一般贴在台纸右下方,台纸左下方可盖地区名戳,台纸左下方可盖标本室图章和标本总号。标本装订完毕后,应随手将标本衬纸盖上存放,以免标本互相摩擦损坏。

（4）标本的鉴定。一般均在标本上好台纸后方可鉴定。如果标本请外单位或专家鉴定学名时,每个标本上必须有一个同号标本的号牌,并连同这一号的野外采集记录夹在一起送出,照例这份送请鉴定的标本,即留在鉴定的单位或专家处,不再退还。这是鉴定单位对该标本学名负责的表示,以作将来复查之用。如果以后更改学名时,便于根据标本来源通知对方。鉴定者仅在各标本的号码下,抄写一个学名单,寄还原单位或本人查收即可。

3. 作业

每个学生装订 10 份标本,并鉴定出学名。

参考文献

［1］ 中国科学院植物研究所. 中国高等植物图鉴(1～5)［M］. 北京:科学出版社,1972～1976.

［2］ 郑万钧主编. 中国树木志(1～3)［M］. 北京:中国林业出版社,1983、1985、1997.

［3］ 孙立元,任宪威主编. 河北树木志［M］. 北京:中国林业出版社,1997.

［4］ 华北树木志编写组. 华北树木志［M］. 北京:中国林业出版社,1984.

［5］ 陈有民主编. 园林树木学［M］. 北京:中国林业出版社,1990.

［6］ 熊济华主编. 观赏树木学［M］. 北京:中国农业出版社,1998.

［7］ 任宪威主编. 树木学［M］. 北京:中国林业出版社,1997.

［8］ 南京林业学校主编. 园林树木学［M］. 北京:中国林业出版社,1998.

［9］ 刘金主编. 观赏竹［M］. 北京:中国农业出版社,1999.

［10］ 臧德奎主编. 园林树学［M］. 北京:中国建筑工业出版社,2007.

［11］ 卓丽环主编. 园林树木［M］. 北京:高等教育出版社,2006.

［12］ 臧德奎译. 国际栽培植物命名法规［M］. 北京:中国林业出版社,2004.